"十三五"国家重点出版物出版规划项目 现代土木工程精品系列图书
黑龙江省优秀学术著作出版资助项目 / "双一流"建设精品出版工程

地下防护结构

UNDERGROUND PROTECTIVE STRUCTURES

张博一 王 伟 周 威 编著

哈爾濱工業大學出版社
HARBIN INSTITUTE OF TECHNOLOGY PRESS

内容简介

本书系统介绍了地下防护结构相关理论和设计方法，主要内容包括绪论、武器战斗部毁伤效应、空气冲击波及其传播、岩土中的应力波、结构局部破坏、材料及结构构件动态力学性能、地下防护结构动力分析、防空地下室结构的武器爆炸动荷载作用、防空地下室结构设计与实例。

本书可供土木工程、防灾工程、地下工程相关专业学生和广大工程技术人员学习和参考。

图书在版编目(CIP)数据

地下防护结构/张博一，王伟，周威编著. —哈尔滨：哈尔滨工业大学出版社，2021.4(2024.1 重印)

(现代土木工程精品系列图书)

ISBN 978-7-5603-9211-0

Ⅰ.①地… Ⅱ.①张… ②王… ③周… Ⅲ.①地下建筑物—防护结构—结构设计 Ⅳ.①TU93

中国版本图书馆 CIP 数据核字(2020)第 231320 号

策划编辑　王桂芝　李长波
责任编辑　周一瞳　那兰兰　谢晓彤　孙　迪
出版发行　哈尔滨工业大学出版社
社　　址　哈尔滨市南岗区复华四道街 10 号　邮编 150006
传　　真　0451-86414749
网　　址　http://hitpress.hit.edu.cn
印　　刷　哈尔滨圣铂印刷有限公司
开　　本　787mm×1092mm　1/16　印张 18.5　字数 460 千字
版　　次　2021 年 4 月第 1 版　2024 年 1 月第 2 次印刷
书　　号　ISBN 978-7-5603-9211-0
定　　价　58.00 元

前　言

我国基础设施建设部分领域在世界处于领先地位，地下工程是其中之一。我国地下空间的开发利用始于20世纪60年代后期的人防工程建设。经过几十年的建设发展，人防工程已经步入快速发展期，成为我国城市地下空间利用的主体。21世纪无疑是城市建设向地下纵深发展的时代。随着对城市地下商业、交通枢纽以及综合体等设施建设需求的不断提升，未来几十年将是我国城市地下空间开发建设和利用的高峰期。

我国有相当大数量的地下民用建筑是考虑平战结合的人防工程，其建设目的是有效防御核武器和常规武器空袭爆炸造成的破坏，在和平时期和战时发挥重要作用。人防工程与非人防工程最重要的区别在于是否考虑武器爆炸冲击作用下的动载效应。现代高技术信息化战场条件下，武器的毁伤效应不断提升，对人防工程构成了严峻的挑战。因此，大力开发城市地下空间的同时，考虑可能的战争袭击并进行必要的准备，使地下结构具有足够可靠的防护能力，是我国国防战略防御的重要组成部分。近年来，有关防护工程的分析理论、科学研究和技术措施等研究备受国内外学者关注，也取得了许多进展。

为推动我国城市地下空间工程的进展，培养土木工程、防灾工程、岩土与地下工程等相关专业的技术人才，结合"十三五"国家重点出版物出版规划项目、现代土木工程精品系列图书、哈尔滨工业大学"双一流"出版项目以及黑龙江省优秀学术著作出版资助等项目建设，在归纳和分析大量国内外已有研究成果的基础上，我们撰写了本书，共包括以下内容：

第1章简要介绍地下防护结构的相关基本概念。第2章介绍当前国内外最具有代表性的各类常规武器和核武器战斗部分类、性能及其毁伤效应。第3章介绍空气冲击波基本概念、基本原理及其传播规律。第4章首先介绍固体中的一维应力波、波的相互作用原理、波的反射现象，然后介绍岩土中的压缩波，包括常规武器和核武器爆炸产生的地冲击。第5章简述结构的冲击与爆炸局部破坏效应，包括冲击侵彻的理论与经验计算方法，震塌效应及其防护措施等。第6章介绍常用建筑材料在快速动载作用下的动力性能，以及钢筋混凝土构件在爆炸冲击等强动载作用下的动力性能。第7章介绍结构动力分析基本原理、等效单自由度体系以及弹性和弹塑性的结构动力分析方法。第8章介绍防空地下室结构的动荷载计算方法，重点阐述等效静载法。第9章总结防空地下室结构设计步骤，讲述防空地下室结构设计实例，给出基础、底板、框架柱、外墙、临空墙、框架梁、楼板以及详细节点等施工图。

本书基本涵盖了民用地下防护结构所涉及的基础知识和概念体系，其特色是将爆炸冲击基本原理和防护工程设计与施工实践结合，加深对地下防护结构在体系上和设计方法上的认识，以促进地下防护结构在新材料、新型结构的技术、理论和方法等方面的发展。

本书凝结了作者十余年来从事地下防护工程教学、科研和工程设计的经验总结，撰写过程中参阅了大量国内外专著、教材、文章、报告、技术手册等文献资料，包括中国人民解放军陆军工程大学方秦教授等编著的《地下防护结构》、国防科技大学卢芳云教授等编著的《武器战斗部投射与毁伤》、晏麓晖教授编著的《高等防护结构理论》，以及北京理工大学宁建国教授对本书的撰写提供了许多有益的建议，衷心感谢为地下防护结构方向进行开拓和发展的学者和广大技术人员。

哈尔滨工业大学土木工程学院的博士生蒋月新、王理、张箭，硕士生高金涛、李辉以及本科生黄允执等人完成了收集资料、文字校对和部分图表绘制的工作，正是他们的孜孜不倦，协助作者完成此书，在此表示感谢。感谢沈阳市第二建筑设计院傅银新总工提供的有关技术资料。

鉴于作者水平有限，书中疏漏之处在所难免，敬请广大读者和专家同行批评指正。

作　者

2020 年 9 月

哈尔滨工业大学

目　录

第 1 章　绪论……………………………………………………………………… 1

1.1　防护工程与防护结构 ……………………………………………………… 1

1.2　防护结构等级 ……………………………………………………………… 4

1.3　防护结构类型 ……………………………………………………………… 7

1.4　防护结构的组成…………………………………………………………… 17

1.5　防护结构设计特点………………………………………………………… 19

1.6　防护结构的设计原则……………………………………………………… 21

1.7　防护工程防护原则及措施………………………………………………… 26

1.8　本章小结…………………………………………………………………… 28

第 2 章　武器战斗部毁伤效应 ……………………………………………………… 29

2.1　常规武器战斗部…………………………………………………………… 30

2.2　核战斗部…………………………………………………………………… 48

2.3　战斗部的毁伤效应………………………………………………………… 53

2.4　本章小结…………………………………………………………………… 62

第 3 章　空气冲击波及其传播 ……………………………………………………… 63

3.1　气体动力学基本概念与方程……………………………………………… 63

3.2　冲击波基本理论…………………………………………………………… 68

3.3　平面正冲击波参数………………………………………………………… 71

3.4　爆轰波 C—J 理论与参数计算 …………………………………………… 76

3.5　炸药爆炸空气冲击波……………………………………………………… 79

3.6　爆炸相似律………………………………………………………………… 94

3.7　炸药爆炸空气冲击波参数计算 ………………………………………… 102

3.8　核爆炸空气冲击波参数计算 …………………………………………… 104

3.9　化学爆炸空气冲击波 …………………………………………………… 109

3.10　空气冲击波在通道内的传播…………………………………………… 111

3.11　本章小结………………………………………………………………… 116

第 4 章　岩土中的应力波…………………………………………………………… 117

4.1　概述 ……………………………………………………………………… 117

4.2　一维应力波基本理论 …………………………………………………… 117

4.3　弹塑性波 ………………………………………………………………… 131

4.4　应力波在岩土中的传播 ………………………………………………… 140

4.5　岩土中的压缩波 ………………………………………………………… 145

4.6　本章小结 ………………………………………………………………… 155

第 5 章 结构局部破坏 …… 156
5.1 结构的破坏作用 …… 156
5.2 冲击侵彻作用的计算 …… 162
5.3 抗冲击侵彻工程防护措施 …… 169
5.4 震塌破坏与工程防护措施 …… 172
5.5 本章小结 …… 180
第 6 章 材料及结构构件动态力学性能 …… 181
6.1 岩土材料的动力性能 …… 181
6.2 常用建筑材料的动力性能 …… 185
6.3 钢筋混凝土构件的动力性能 …… 197
6.4 本章小结 …… 211
第 7 章 地下防护结构动力分析 …… 212
7.1 概述 …… 212
7.2 结构构件等效单自由度体系动力分析 …… 218
7.3 弹性体系动力分析 …… 221
7.4 弹塑性体系动力分析 …… 232
7.5 结构构件的动内力与动反力的确定 …… 239
7.6 本章小结 …… 242
第 8 章 防空地下室结构的武器爆炸动荷载作用 …… 243
8.1 概述 …… 243
8.2 常规武器爆炸动荷载 …… 243
8.3 核武器爆炸动荷载 …… 246
8.4 常规武器爆炸作用下结构等效静荷载 …… 249
8.5 核武器爆炸作用下结构等效静荷载 …… 254
8.6 结构动力计算 …… 261
8.7 荷载效应组合 …… 262
8.8 本章小结 …… 264
第 9 章 防空地下室结构设计与实例 …… 265
9.1 概述 …… 265
9.2 结构选型与布置 …… 265
9.3 承载能力极限状态计算 …… 267
9.4 梁板式结构设计 …… 268
9.5 板一柱结构设计 …… 270
9.6 构造规定 …… 274
9.7 设计实例 …… 277
9.8 本章小结 …… 284
参考文献 …… 285
名词索引 …… 287

第1章 绪 论

1.1 防护工程与防护结构

1.1.1 防护工程概念

防护工程是一类特殊的、具有预定防护功能的工程构筑物，是包括防护结构（国防工程或人防工程）在内的防护建筑、防护设备、各种防灾设施以及生命线工程防护等工程系统的总称，同时也是为避免或者减少敌武器对人员和物资的毁伤而构筑的建筑物和构筑物的总称。根据面向的服务对象，防护工程可分为两类。

(1)为保障军队作战使用的防护工程，称为国防工程（又称军事防护工程）。

国防工程包括各类指挥通信工程、飞机洞库、潜（舰）艇洞库、导弹发射井、后方仓库洞库、阵地工程、人员掩蔽工程及武器装备、物资掩蔽库等。国防工程根据重要性和用途可划分为若干等级。

(2)用于城市防空袭的人民防空工程，称为人防工程。

人防工程包括结合民用建筑修建的各类防空地下室等。人防工程按功能和用途分为五类，分别为人防指挥工程、医疗救护工程、人防专业队工程、人员掩蔽工程及配套工程。人防工程根据全国各省、自治区、直辖市和地区的战略地位、战备性质和功能用途等划分为若干等级。

显然，防护工程与民用建筑工程的本质区别在于其面向军事用途，且随着战争的发展而发展。古今中外的战争史表明，防护工程一直以来都是国防力量的重要组成部分，是国家赖以生存与发展的安全保障。和平时期它对于遏制外敌入侵、巩固国防、捍卫国家主权及领土完整具有十分突出的威慑作用，战时它是抵御外敌侵略和各种空袭，保障军队指挥控制的稳定和安全，以及保存有生力量（人员）、武器装备和人民生命财产的重要物质基础和防御手段。在信息化战争的条件下，随着武器装备的发展以及打击手段和方式的变化，防护工程的建设面临诸多新的挑战，例如高技术侦察监视、高精度打击、深钻地攻击等威胁，需要不断发展新的防护技术，提高防护工程的建设水平，增强防护效能，以适应未来信息化战争的要求。

1.1.2 防护工程发展演进史

我国著名防护工程专家，现代防护工程理论奠基人钱七虎院士曾言："世间万物，相生相克，有矛必有盾。整个人类战争史，就是一个'攻者利其器，守者坚其盾'的发展过程。"

(1)冷兵器时代。

人类原始社会结束后，战争武器主要以刀矛剑戟和弓弩为主，筑城的典型形式是城池，在高大的夯筑城墙上建有雉堞、敌台、城楼等防御设施，城外挖有宽而深的护城河。

(2)热兵器时代。

火药的发明,使得以火药为驱动材料的作战工具出现,滑膛枪炮武器得以应用,射程、精度及射速都大幅提高。这个时期的防护工程以炮台、堡垒、战壕等工程为主,是抵御枪炮进攻的有效防护手段。由于进攻武器由冷兵器进化为枪弹炸药,其威力日益增强,相应的防御手段由"高筑墙"转向"深挖洞",其工程抗力逐渐提高。在河北永清县境内就发现了一条1 000多年前建造的连通6个乡镇和11个村、深度1～5 m不等的宋辽地下古战道,被誉为"地下长城"(图1.1(a))。

(3)机械化战争时代。

第一次世界大战期间,飞机、坦克在战场上初次亮相,标志着机械化作战时代的来临,大量机械化军事武器的物质较量成为战场上胜负的关键。随着自动武器、火箭武器、坦克、装甲车辆、飞机、舰艇、运输工具及通信技术的广泛应用,在一定距离上的陆地堑壕式接触战争使得防护工程逐步演变成大型的"地下作战堡垒",如第一次世界大战期间法国修建的著名的"凡尔登要塞",以及第二次世界大战期间德国在欧洲大量修建的各类军事碉堡(图1.1(b)、(c))。

(4)核武器时代。

第二次世界大战末期,核能、电子计算机技术应用于军事,核武器时代出现,日本成为人类历史上首个遭受核爆炸攻击的国家。冷战期间,火箭推进技术成熟,能够携带核武器的洲际导弹成为重要的战略震慑,使得能抵抗核爆炸的深埋高抗力地下坚固工程成为防护工程的主要形式。例如,美国位于科罗拉多州斯普林斯市西南郊的夏延山地下指挥中心(图1.1(d)),山体为坚固的花岗岩石,覆盖厚度为370～530 m,内部所有建筑均由钢筋和钢板焊接而成,均安装在巨型弹簧底座上,抗震性能良好,可以抵抗百万吨级核弹直接命中,该中心就是这类工程的典型代表。

(5)信息化高技术时代。

随着计算机、人工智能、通信技术的高度发展,国家之间的战争主要依靠不同作战平台发射的常规高精度突击武器、超高音速导弹和防御武器、新物理原理武器、信息武器、电子对抗武器等,战争的主要目的是在任何距离上以非接触方式粉碎任何国家的军事、经济潜力,地面及地下防护工程将面临空前严峻的挑战,肩负起更加艰巨的使命。

(a) 中国河北永清县宋辽边关地下长城

(b) 法国巴黎凡尔登要塞

图1.1 古今中外各时期的防护工程

(c) 位于荷兰艾默伊登的德军583a/M178海岸防御工事

(d) 夏延山地下指挥中心

续图 1.1

纵观人类战争史，无论哪个时期，作为国家安全屏障的防护工程在战争中都一直扮演着“坚盾”的角色，其发展形势始终都是与战争形态密切相关的。每当战场上出现一种新的进攻武器削弱防护工程的作用时，防护工程的形式、材料和配置也会得到新的发展。信息化战场上，随着卫星侦察监视技术的发展、精确制导武器的应用，配备智能引信的钻地导弹命中率、钻地侵彻能力和破坏力越来越强。这些都对防护工程提出了更大挑战。

防护结构是指能够抵抗预定杀伤破坏作用的工程结构，常特指防常规武器、核武器、现代高技术武器爆炸冲击作用的结构，这是狭义的概念。在广义上，防护结构还泛指可能受到偶然性冲击和爆炸作用的结构物，通常包括工程结构和防护设备与设施（如防护门、防护密闭门、消波系统及特种防护舱等）。由于地下建筑工程能够利用岩石层天然良好地抵抗武器爆炸冲击破坏，因此，防护工程一般修建于地下或岩石层中，故而称为地下防护工程与结构。

1.2 防护结构等级

1.2.1 目标耐受度

人员、设备、炸药等目标对武器的各种杀伤破坏作用有一定的承受能力范围，即容许伤害、破坏值，称为目标耐受度。不同目标对各种杀伤破坏作用的耐受度差别很大。

(1)冲击波压力。

研究表明，在短时间(1～3 ms)空气冲击波(简称冲击波)作用下，能造成55 kg和75 kg重的人死亡率达50%的超压分别为2.53 MPa和3.09 MPa；在长时间(80～1 000 ms)冲击波作用下，能造成55 kg和75 kg重的人死亡率达50%的超压为0.276～0.345 MPa，比上述值低得多。设备抵抗冲击波超压的能力变化很大，发动机、发电机、空气压缩机等重型设备对超压的耐受度比人员要大得多，而某些电子设备有可能比人员耐受度更弱。对大多数炸药而言，只要不是在极高压力范围内，对冲击波压力就不敏感。

(2)运动与冲击。

人员受爆炸冲击或结构加速与减速作用时会产生惯性运动，当与坚硬物体相撞时会产生损伤。试验表明，撞击时人体运动速度为3.5 m/s时，重伤率约为50%；运动速度为5 m/s左右时，死亡率可达50%。无约束状态下，人经受小于0.44g的水平加速度不致摔倒。有约束人员的竖向振动允许值如下：小于10 Hz时为2g，10～20 Hz时为5g，20～40 Hz时为7g，40 Hz以上为10g，但采用允许值大于2g时需要专门设计的约束装置。与人员相比，设备能承受的最大冲击变化很大，与设备的强度、振动频率有关，试验数据显示，大多数机械和电气设备至少能经受3g的冲击，易损的仪器仪表(如电子器件)大约能经受1.5g的冲击，各类发动机、发电机、空气压缩机可以承受10g～40g的冲击。

(3)射弹与破片。

目前，关于射弹、破片对人员的杀伤标准有三种：质量标准、动能标准和比动能标准。造成人员严重伤害的破片阈值见表1.1。质量较大的破片(或物体)撞击人体时，速度大于2.54 m/s能对人体造成严重伤害；当质量较小的破片撞击速度较高时，也能导致人体遭受同样严重的伤害。当然，与破片击中的部位有关系。

设备(或装备)对射弹、破片的撞击破坏敏感性取决于它的外壳和部件的坚硬度，也与撞击体的质量和速度有关。低速轻质破片一般不会对重型设备产生影响，高速破片则可能贯穿设备外壳，但如果不击中设备的敏感部位，如电子仪器、油箱、电气连接或机械连接件，也不会造成较大影响。除坦克外，几乎所有设备(或装备)都不能承受大口径射弹、大质量破片、炮弹等的撞击、侵彻作用。

与冲击波压力和运动与冲击能引起爆炸品爆炸一样，破片的撞击也能引爆炸药。研究表明，用32 kg的混凝土碎块和砾石撞击外包薄壳的B炸药时，引爆的极限速度约为120 m/s；用重达454 kg的混凝土碎块撞击155 mm弹(厚钢壳榴弹)，撞击速度为150 m/s时，榴弹不会被引爆，但若将榴弹换成155 mm聚能弹，则一撞就爆，即爆炸品的耐撞性与炸药种类、外包材料和结构形式有一定的关系。

表 1.1　造成人员严重伤害的破片阈值

击中部位	破片质量/g	破片速度/(m·s^{-1})	破片动能/J
胸	>1 135	2.54	3.7
	45.4	20.32	9.4
	0.454	101.6	2.3
腹部和四肢	>2 724	2.54	8.9
	45.4	19.05	8.2
	0.454	139.7	4.4
头	3 632	2.54	11.7
	45.4	25.4	14.6
	0.454	114.3	3.0

1.2.2　防护结构的抗力等级

在进行防护工程设计时，需要确定建筑结构应当满足的设防等级。防护工程的抗力等级的确定是很复杂的，一般从事前分析着手，很多因素带有很大的不确定性。在战时状态中，何种杀伤武器、杀伤威力多大、何处为目标以及战争的性质等诸多因素均为模拟的。防护结构的设计任务是保证在满足一定的生存概率的条件下，能够抵抗预定杀伤武器的破坏作用，即满足规定的抗力要求。因此，防护工程的抗力等级是以一定的生存概率值为主要依据的，即要求对工程最重要的功能提供避免破坏因素的某种保证率。城市人防工程作为一个系统，其防护等级是针对在战争中敌方可能的攻击或空袭范围、重点打击区域及单个设施的分布及其重要程度和战略地位等因素决定的。具体来说主要包括以下几点。

①战争发生的性质、特点及目的分析。

②战争针对攻击区域的打击强度。

③被打击国家各区域及设施下的相对重要程度。

④敌方可能采用的攻击、打击方式，如远程精确空袭、核袭击、地面攻击等。

⑤受攻击后可能出现的毁伤后果。

⑥考虑作战的各种有关因素，尽可能合理地确定杀伤破坏武器对目标的总体破坏效应。

⑦分析敌方打击军事目标对民用目标的破坏效应等。

⑧根据上述因素来决定最大毁伤结果，提出要求保存作战能力及对有生力量、设施、物资的最低防护(避免破坏)保证率。

上述这些因素就是工程防护等级的抗力决定因素。当然，还有很多因素是可变的、预估的，必须依靠科学的系统分析才能取得良好的结果。工程抗力要求一般由上级领导机构或工程建设单位在下达的命令或任务书中提出。显然，防护结构的任务就是将武器的破坏作用降低到人员、设备和爆炸品等耐受度以下水平，避免或减轻其受到伤害破坏。一个确定的防护结构一般具有明确的保护对象：人员/装备/爆炸品/人员与设备。由于不同对象的耐受度不一样，防护结构的防护要求是不同的，根据美国陆海空三军 1969 年联合编写的《抗偶然性爆炸效应结构(设计手册)》,防护结构一般分为以下四个防护等级。

(1)一级防护。

能对人员形成有效防护,即把冲击波压力和结构运动衰减到人员耐受度以下的水平;遮护人员免受射弹、破片以及结构或设备崩落碎块的伤害;保护人员不受到有毒化学品、生物制品、放射性物质、高温高热的伤害。

(2)二级防护。

抗射弹、破片、冲击波和结构反应,保障装备、设备、水电系统和库存爆炸品的安全。

(3)三级防护。

防止破片、强冲击波和结构反应引起爆炸品的殉爆。

(4)四级防护。

防止在毗连场区或(和)结构之间发生连续殉爆所导致的爆炸器材群爆。除了允许在限定的区间内发生受控殉爆外,此级防护基本类似于三级防护。

我国防护工程的抗力分级按照相关规范采用如下分级方式。

(1)国防工程的分级。

常规武器和核武器的防护有以下分级,见表1.2。

表1.2　国防工程的防护分级

常规武器	常1	常2	常3	常4	常5	常6	
核武器	核1	核2	核3	核4	核5	核6	核6B

表1.2中,常1～4、核1～4一般都是国家防空指挥及救援用工程。

(2)人防工程的分级。

①防常规武器抗力级别。人防工程防常规武器的抗力根据打击方式分为直接命中和非直接命中两类。直接命中的抗力级别按常规武器战斗部侵彻与爆炸破坏效用分为四级,分别为1级、2级、3级、4级;非直接命中的抗力级别按常规武器战斗部爆炸破坏效应分为两级,分别为5级和6级,不考虑战斗部对介质的侵彻作用。

②防核武器抗力级别。人防工程的抗力等级主要用以反映人防建筑能够抵御敌人核袭击能力的强弱。其性质与地面建筑的抗震度有些类似,是一种国家设防能力的体现。抗力等级是按照防核爆炸冲击波地面超压的大小划分的。人防建筑的抗力等级与其建筑类型之间有一定的关联,但没有直接的关系。防核武器抗力级别共分为九级,即1级、2级、2B级、3级、4级、4B级、5级、6级和6B级。至于某抗力等级的人防建筑,其对应的防冲击波地面超压的大小和相应的防护要求,需根据国家制定的《人防工程战术技术要求》的规定确定。

③防化级别。人防工程对军用毒剂、生物战剂和放射性气溶胶的防护(简称防化),根据工程的功能需要和技术与装备条件,共分为甲、乙、丙、丁四级。防化分级是以对化学武器的不同防护标准和防护要求划分的等级。实际上,防化等级也反映了对生物武器和放射性沾染等的防护。防化等级是依据人防建筑的使用功能确定的,防化等级与其抗力等级没有直接关系。

1.3　防护结构类型

根据施工方法、结构受力形式，地下防护结构可分为单建掘开式结构、附建掘开式结构、成层式结构、坑道式结构、地(隧)道式结构、深埋高抗力结构以及特殊工程结构(如军用洞库结构)等结构类型。

地下防护结构的形式主要由使用功能、地质条件和施工技术等因素确定，特别是地下防护结构中与地层直接接触部分的衬砌结构断面形式的选取，更是受到上述三个因素的制约。此外，施工方法对地下防护结构的形式也有重要影响。

衬砌结构的断面形式首先由受力条件来控制，即在一定地质条件下的水土压力和一定的爆炸与地震等动荷载条件下求出合理和相对经济的断面形式。按照不同的受力条件，地下衬砌结构的断面有以下几种形式，如图1.2所示。

(1)矩形结构。

矩形结构适用于工业、民用、交通等各类地下建筑物，这类结构往往长度方向远远大于断面尺寸，属于直线形构件，不利于抗弯，故在荷载较小、地质条件较好或埋深较浅时采用。

(2)圆形结构。

断面受到均匀径向受压时，弯矩为0，可充分发挥混凝土的抗压强度，故在地质条件较差时采用。

(3)拱形结构。

对于地下结构荷载比地面结构大，且主要承受竖向荷载工况时，多采用拱形结构。拱形结构就其受力性能而言，要好于平顶结构(竖向荷载作用下，弯矩较小)。

(4)其他形式。

还有一些介于矩形和圆形断面之间的结构断面形式，如开敞式结构、正方形底球壳、曲墙拱、落地拱、扁圆形截面等。

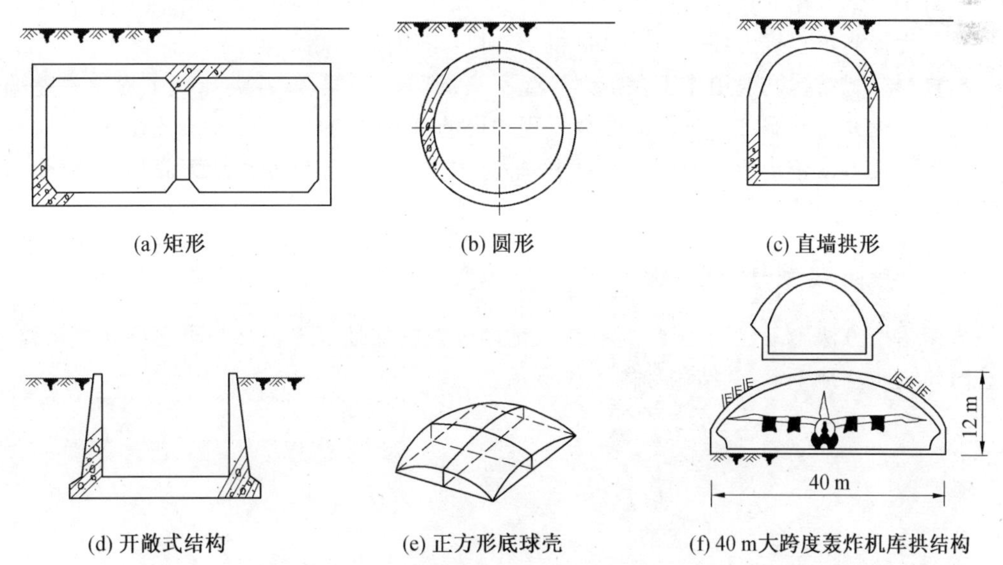

图1.2　地下衬砌结构按断面形式分类

此外，为了满足设计中的使用要求，地下结构中衬砌断面形式必须考虑使用需要。如地下人行通道，可做成单跨矩形或直墙拱形结构；地铁车站或地下车库等应采用多跨结构，既能减小内力，又利于使用；地下飞机库由于特殊要求，中间不能设柱，常采用大跨度落地拱结构；地下工业厂房车间，矩形隧道接近使用界限。

1.3.1 单建掘开式结构

采用明挖方法施工建造，其上部没有永久性地面建筑物的工程称为单建掘开式工程，其结构如图 1.3 所示。

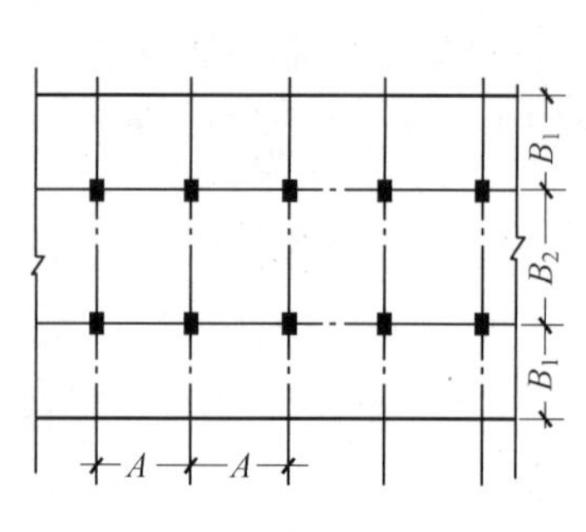

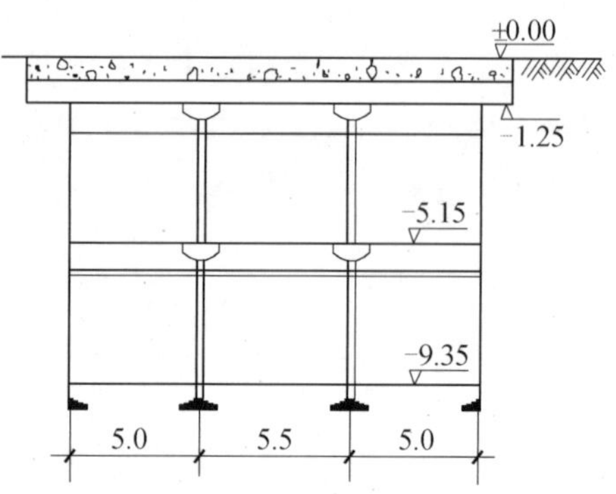

图 1.3 单建掘开式结构

单建掘开式工程具有以下几个特点。

①埋深浅，出入通路短，便于平时利用。

②作业面大，便于快速施工。

③受地形、地质条件限制较少。

④对地面建筑和管线埋设影响较大，通常需要的作业场地较大。

⑤由于上部回填的自然地层较薄，工程抗力几乎全部由结构自身承担，需耗费较多的建筑材料。为提高工程抗力和节约建筑材料，有时也采用成层式结构。

单建掘开式结构一般用作工程抗力等级不高的防护工程，如各类掩蔽工程。单建掘开式工程也是近几年来城市人防平战结合工程建设的基本结构形式之一，多建在火车站、汽车站的广场下及城市繁华地段的十字路口下，平时用作过街通道或兼作地下商场，战时作为人员掩蔽部和物资库等。

1.3.2 附建掘开式结构

采用明挖方法施工建造，上部建有永久地面建筑物的地下工程称为附建掘开式工程，又称为附建式防空地下室，其结构如图 1.4 所示。

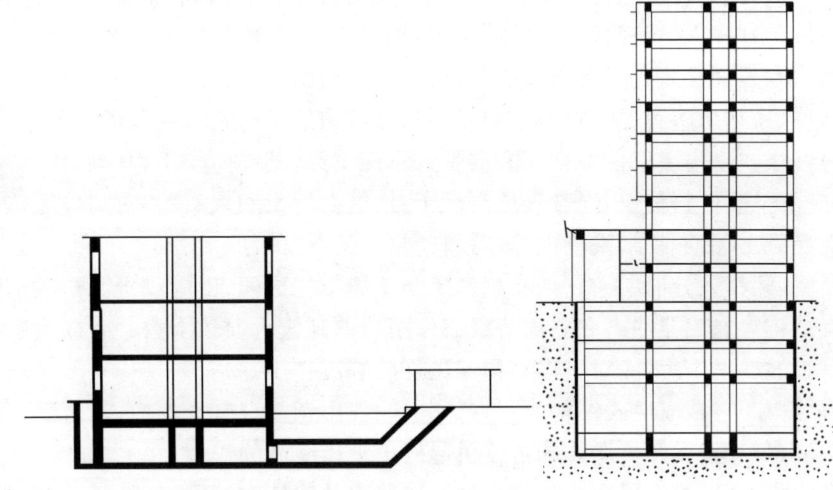

图 1.4 附建式防空地下室结构

附建式防空地下室具有以下几个特点。

①防空地下室与上部建筑同时构筑,便于平战结合,节约总造价,构筑防空地下室可减少上部建筑物基础投资,防空地下室面积又是地面建筑面积的补充。

②使上、下建筑物互为增强,上部建筑物有利于削弱冲击波、早期核辐射和炸弹的作用,下部地下室对上部建筑物的抗爆抗震稳定性有较大提高。

③不单独占用土地,这对我国地少人多的国情具有特殊的意义。

④战时人员掩蔽迅速,人员可从建筑物内直接进入防护工程。

⑤工程平面形状和尺寸通常受上部建筑物的制约。防空地下室是城市居民战时防护的主要场所,多用于居民掩蔽、物资储放、医疗救护以及专业队等人防工程。西方发达国家许多楼房建有防空地下室。

防空地下室和普通地下室的相同点在于:二者都是埋于地下的工程,在平时使用功能上都可用作商场、停车场、医院、娱乐场所,甚至是生产车间;都有相应的通风、照明、消防、给排水设施。因此,仅从工程的外表和用途上很难区分该地下工程是否为防空地下室。

它们的不同点在于:在工程设计中,普通地下室只需要按照该地下室的使用功能和荷载进行设计,可以全埋或半埋于地下,而防空地下室只能是全部埋于地下的;由于战时工程所承受的荷载较大,防空地下室的顶板、外墙、底板、柱子和梁都要比普通地下室的尺寸大;有时为了满足平时的使用功能需要,普通地下室还需要进行临战前转换设计,例如战时封堵墙、洞口,临战加柱等。

对重要人防工程,还必须在结构顶板上方设置水平遮弹层用来抵挡导弹、炸弹的袭击。

1.3.3 成层式结构

对于掘开式工程,为了提高其防常规武器直接命中的抗打击能力,一般在主体结构上方设置钢筋混凝土遮弹层,使常规武器战斗部首先命中遮弹层并在遮弹层中爆炸,以保障防护工程安全,并能降低工程造价,这种结构形式称为成层式结构。典型的成层式结构如图 1.5 所示,主要有伪装土层、遮弹层、分配层和支撑结构四部分:

①伪装土层，又称为覆土层。该层一般由铺设的自然土层构成，主要作用是对下部防护结构进行伪装。这一层不宜太厚，只要满足种植普通植物的要求即可，一般可取 30～50 cm，因为太厚反而会增加对常规武器爆炸的填塞作用。

②遮弹层，又称为防弹层。这一层的作用是抵抗炮航弹等常规武器的冲击、侵彻并迫使其在该层内爆炸。遮弹层应保障常规武器弹丸不能贯穿，其在防护工程中的作用极为重大。因此，该层应由坚硬材料构成，通常采用混凝土、钢筋混凝土和块石等，对高等级防护工程可采用钢纤维混凝土、活性粉末混凝土等高强材料。

③分配层，又称为分散层。它处在遮弹层与支撑结构之间，由砂或干燥松散土构成。该层的作用就是将常规武器冲击和爆炸荷载的作用分散到较大面积上去。砂或土层同时也会削弱爆炸引起的震塌作用，能对支撑结构起良好的减震作用。

④支撑结构。它是成层式结构的基本部分，一般由钢筋混凝土构成，其主要起承受常规武器爆炸的整体作用，以及核爆炸冲击波引起的土中压缩波的作用。

通常将伪装土层、遮弹层和分配层合称为成层式结构的防护层。

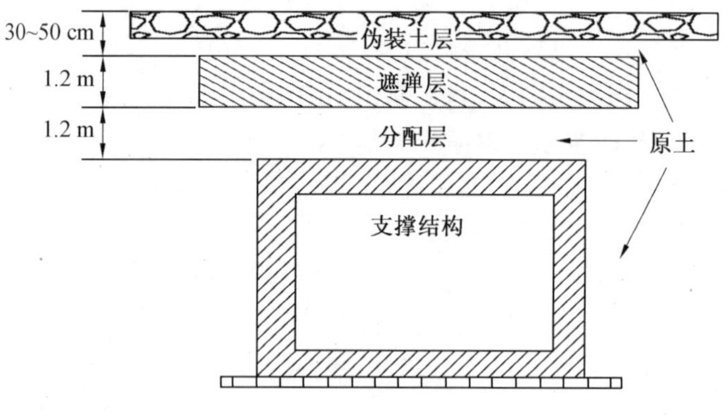

图 1.5　成层式结构

1.3.4　坑道式结构

坑道工事一般由口部、主体两部分组成，多修建于山地或丘陵地，其大部分主体地面与出入口基本呈水平的暗挖式工程，称为坑道式工程。其结构形式有直墙拱形、马蹄形和圆形，其跨度和长度依使用要求确定。坑道工事按用途可分为指挥所坑道、战斗坑道、屯兵坑道、救护所坑道、弹药物资坑道、交通坑道和其他特殊用途的坑道；按工程性质可分为野战坑道和永备坑道。永备坑道与野战坑道相比，一般有较厚的自然防护层，采用石料、混凝土等坚固耐久的建筑材料被覆，内部有较完善的通风、照明、工作和生活等设施，对核、化学、生物武器和常规武器所产生的综合杀伤破坏因素，通常采取较全面的集体防护措施。从结构上讲，坑道式工程是利用工程上部覆盖的岩石层与工程支护（被覆）结构共同组成的承载结构的工程。坑道式工程一般由头部、动荷重段和静荷重段三部分组成，其结构如图 1.6 所示。

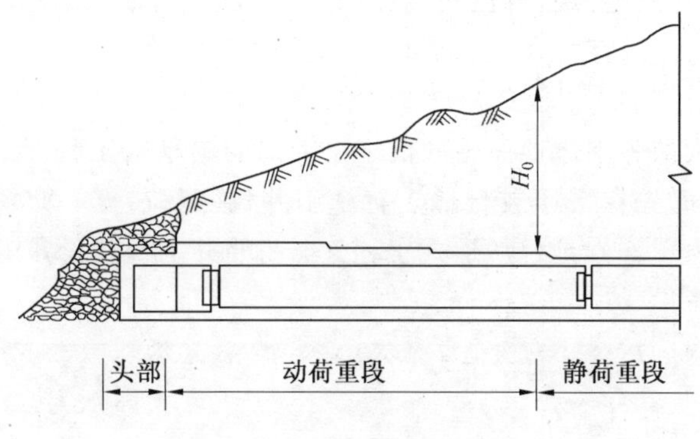

图1.6　坑道式结构示意

(1)头部。

头部是坑道进入岩体的开口削坡部分,可以是掘开式施工的结构,需要承受常规武器的作用荷载或核武器冲击波的作用荷载。从结构类型而言,坑道头部通常是整体式钢筋混凝土或成层式结构。在个别较特殊的地形山体,如坑道口部有陡峭的近于垂直面的岩层面,也可以不构筑头部,直接开始暗挖进入山体内部。

(2)动荷重段。

暗挖施工。动荷重段要抵御常规武器或核武器爆炸冲击波的作用,支撑被覆结构能够承受杀伤武器作用的动荷载。为保持围岩的静态稳定并增强其抗动载的能力,在施工时应进行喷锚支护,少数抗力要求不高而围护石质条件好的坑道,也可不做动被覆结构,仅对围岩按抗动载要求用喷锚网支护加固。

(3)静荷重段。

坑道静荷重段的被覆结构不承受抗力要求的计算杀伤兵器的荷载作用,仅承受围岩的山体压力或岩层中地下水压力以及结构自重等荷载。显然,静荷重段设计和一般民用暗挖的地下工程及隧道工程等类似。由此可见,静荷重段与动荷重段的分界处,支撑被覆结构的动荷载等于0,其岩体覆盖层的厚度称为最小安全防护层厚度。

坑道式结构是防护结构常用的一种结构形式,它具有以下主要特点。

①防护能力强。坑道式工程通常构筑在较肥厚的岩体中,岩石覆盖层随进入距离的增大不断增厚,坚硬的自然岩层具有良好的抗御杀伤武器特别是大口径常规武器的防护能力。因此,重要的大型防护工程或抗力要求较高的工程多在岩石中修筑成坑道式工程,例如,指挥、通信工程,飞机、舰艇掩蔽库以及重型装备物资洞库工程等。

②坑道式工程主体围护结构作用荷载小。坑道围岩能自然形成卸荷拱,具有较强的自承载能力,可以大大减小常规武器或核武器爆炸产生的动力荷载(简称为动载)以及岩石覆盖层的重力荷载。同时,采用适当的围护结构形式还可以利用围岩的被动抗力以改善结构的受力状态。

③坑道式工程内部掩蔽容量大,便于各种不同功能防护工程的建筑布局,但相应的非有效利用面积也会增多。

④岩体中的坑道式工程需要用钻爆法暗挖施工,比掘开式工程施工复杂。

综上所述,从防护的角度出发,只要能满足工程使用的功能要求,工程地质条件又允许,国防和人防工程就应尽可能修筑坑道式工程。

1.3.5 地(隧)道式结构

建筑于平地,其大部分主体地面明显低于出入口的暗挖式工程,称为地(隧)道式工程。地(隧)道式工程施工时先在平原或台地上打施工井(施工口)至一定深度,然后开口掘进。根据施工井的倾角(大于 5°),地(隧)道式工程又分为竖井工程和斜井工程,如图 1.7 所示。

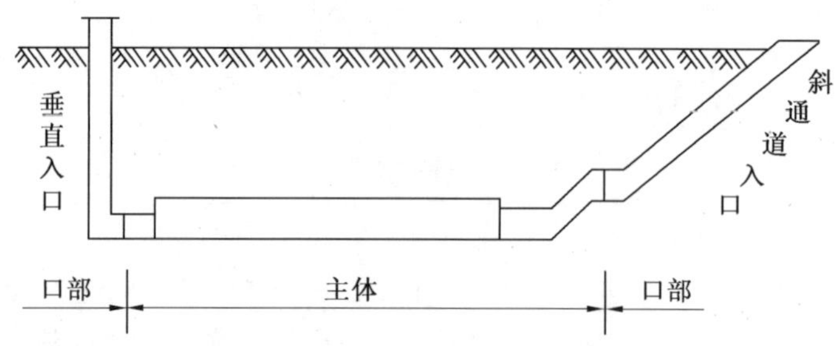

图 1.7 地(隧)道式结构示意图

地(隧)道式工程具有以下几个特点。

①防护能力强。与坑道式工程一样,地(隧)道式工程埋置一定深度后,能充分发挥自然地层的作用,使工程获得较高的抗力。当然,覆土深度浅,其防护能力就差。

②受地面建筑物和地下管线影响较小,其影响程度随工程埋深的增加而减小。

③受地质影响较大。通常作业断面较小,施工比较困难。一般情况下,地质条件较坑道式工程差。

④自流排水困难。地(隧)道式工程由于多在平地建设,主体部分较出入口低,因此不能自流排水,自然通风也较困难。地(隧)道式工程究竟埋置多深为好,要依工程的重要程度、工程所在地区的地质条件、对地面建筑物和地下管线的影响以及技术经济分析等因素综合考虑确定。

为缓解城市地面交通拥挤,国内外许多城市已经修建或正在修建地下快速通道,如地下铁道、地下公路隧道以及地下交通干道等,这些民用地下隧道往往都埋置较深,具有较强的防护能力,在建设时应考虑人防功能或兼顾人防,充分发挥其战备效益。

1.3.6 深埋高抗力结构

当工程结构抗力要求很高时,应考虑深埋高抗力结构。深埋高抗力结构指的是为抵抗核武器近地爆、触地爆,甚至地下爆炸的工程结构。该类工程埋置很深,往往深入地下几十米甚至数百米,大多建在岩层中,主要用于重要战略工程,具有极高的抗力。例如,位于美国科罗拉多州夏延山的地下指挥中心,工程主体位于深达 370～530 m 的花岗岩层中,是一道天然的防御工事。在坚固的花岗岩山体上挖出了一个面积为20 000 m^2、高 25 m 的人工洞穴,与之配套的还有三条长 500 m、高 15 m 的主隧道。军方在山洞里修建了 15 座大楼,楼体全部用钢筋和钢板焊接而成,底部由 1 319 个巨型弹簧撑起,每个弹簧重达 4.5 t,可抵消核爆时产生的剧烈震动。大楼顶部是厚达 500 m 的花岗岩层,通往洞外的隧道装有两道厚达 2 m 的钢铁大门,关闭后彻底与外界隔绝,可承受 1×10^7 t 当量核弹的直接轰击,能抵御核爆时产生的冲击波和核辐射，确保洞内人员的安全。对于深埋结构主体，常规的钻地弹难以破坏它，核武器空中爆炸对它几乎也不构成威胁。这一类结构主要考虑的是核武器的触地爆炸或地下爆炸。

该类工程结构除了要求抵抗很高的核爆炸自由场荷载作用外，还要考虑强烈的地冲击震动作用，所以应采取相应的减震措施以使结构的振动加速度达到容许值。此外，工程结构所在位置的地应力水平往往较高，地下核爆炸可能诱发更大能量的岩石地质块体的运动，对工程结构的承载能力要求很高，应采用深埋高抗力复合式结构。

深埋高抗力复合式结构一般由围岩加固层、软回填层和钢筋混凝土或钢支撑结构组成，如图 1.8 所示。围岩加固层指的是由洞室周边采用喷锚网加固的围岩部分。软回填层指的是在围岩加固层与钢筋混凝土或钢支撑结构之间回填的软性材料，通常采用泡沫混凝土、聚氨酯泡沫塑料等。

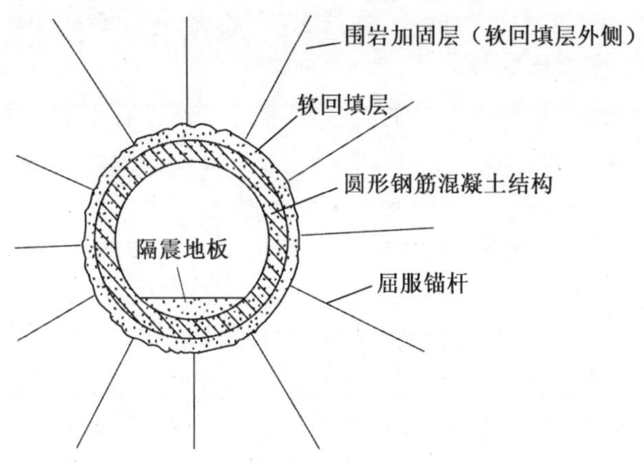

图 1.8　深埋高抗力复合式结构

1.3.7　军用洞库结构

防护工程中还有一些特殊的结构形式，例如，军用停机库、舰(潜)艇等大型设备的洞库工程，以及导弹发射井等工程。

(1)军用停机库。

军用停机库跨度常大于高度，大都是在地形地质许可的情况下依山而建，空军地下机库最简单的内部布局是在笔直、弯曲或弓形隧道内开两个前后相连的洞门，按照首尾相连的方式停放飞机。军用停机库如图 1.9 所示。

图 1.9　军用停机库

(2)舰(潜)艇洞库。

第一次世界大战期间,德国曾构筑掘开式钢筋混凝土舰艇掩体。第二次世界大战中,舰艇掩体进一步发展,从德国的南部到挪威的北部海岸构筑潜艇、快艇等一系列舰艇掩体。第二次世界大战后欧洲国家对构筑地下洞库颇为重视,认为地下洞库设施是海军作战和后勤保障中重要的组成部分,投入很大力量进行研究和试验,舰(潜)艇洞库得到广泛应用。苏联、德国等国都建有供核潜艇隐蔽、修理和更换燃料的洞库。瑞典位于斯德哥尔摩附近的穆斯克海军基地是规模很大的地下海军基地,该基地建于 1969 年,深入地下 30 m,占地面积高达 1.5×10^4 m^2,包括指挥所、潜艇/驱逐舰暗港、船坞、数千米长的隧道、修理车间以及仓库和医院等设备,驱逐舰等可直接进入。由于有坚固的花岗岩形成保护层,基地甚至可以抵御核弹的直接攻击。

舰(潜)艇洞库一般高度大于跨度,且部分结构处于水中。洞库通常由停泊坑道和辅助坑道两部分组成。停泊坑道有停泊港池、补给码头、船坞、工作平台和桥式吊车设备等,属于舰艇停泊区域,是洞库的主体部分。一般建有两个方向不同的出入口,坑道口部设有大型防护门,可防御核爆炸冲击波和普通炸弹的直接命中。口外设有供舰艇临时停靠和方便进出的导航墙。辅助坑道通常配置在停泊坑道的旁侧,主要设有油水、弹药和物资储存,武器检修,指挥通信及后勤保障设施。由多条支坑道组成技术保障区域,有通道与停泊区连接,并设有防核密闭门相互隔开。辅助坑道通向地面的出入口设有防护、消波、洗消和密闭设施,具有防原子、防化学等武器的综合防护能力。核潜艇洞库相应增设核反应堆换料、装弹、消磁和防核污染等保障设施。单一用途的舰(潜)艇洞库,如用于舰艇隐蔽停泊为主,则按停泊坑道要求进行构筑;如用于舰艇修理为主,则相应构筑船坞、船台、车间等设施。舰艇进出洞库通常采用航道式或滑道式和提升式结构形式。航道式洞库,舰艇可直接进入;滑道式和提升式洞库,舰艇可经过滑道或升船设施由水面沿轨道牵引或提升进入。

构筑舰(潜)艇洞库,施工技术要求高,设备安装工艺复杂。需根据战术技术要求、水文地质资料和坚固、适用、经济的原则,全面规划,严密组织实施。为减少工程量和提高防护能力,一般选择邻近深水岸边的山岭切口开挖,主体部分构筑在自然防护层有一定厚度的地段;口部动荷部分防护层较薄的部位用钢筋混凝土结构加强被覆。在地形或地质条件不具备构筑坑道的地域,也有采用钢筋混凝土结构的掘开式洞库。停泊坑道通常布局在便于舰艇航行或出击的水域,出入口设在隐蔽和有掩护的水域或构筑防浪设施。

舰(潜)艇洞库施工场地小,为扩大作业面,在洞库掘进中,通常采用"上下导洞"开挖或用打品字形导洞的实施方案改水下开挖为陆上作业,坑道石方挖完再将两头的口部炸开放水,由作业船清理块石和碎石。地下海军舰(潜)艇洞库如图 1.10 所示。

(3)导弹发射井。

导弹发射井(图 1.11)是指供陆基战略弹道导弹垂直储存、准备和实施发射的地下工程设施。发射井为钢筋混凝土构筑物,导弹发射井的组成和配备的设备取决于导弹的种类、发射方式和对抗力、抗震、抗核辐射、抗电磁脉冲等核爆炸效应的防护要求。导弹发射井由井筒、设备室、井盖三部分组成。

①井筒。井筒是导弹发射井的工程主体,通常用钢筋混凝土现场浇灌而成,也可用分段预制的钢筋混凝土管或金属管装配而成,或在多层同心钢圈之间浇灌混凝土制成。为防止水通过井筒渗透到井内,在井筒内壁或外壁设一层或几层防水材料,或在井筒外壁上设金属

图 1.10　地下海军舰(潜)艇洞库

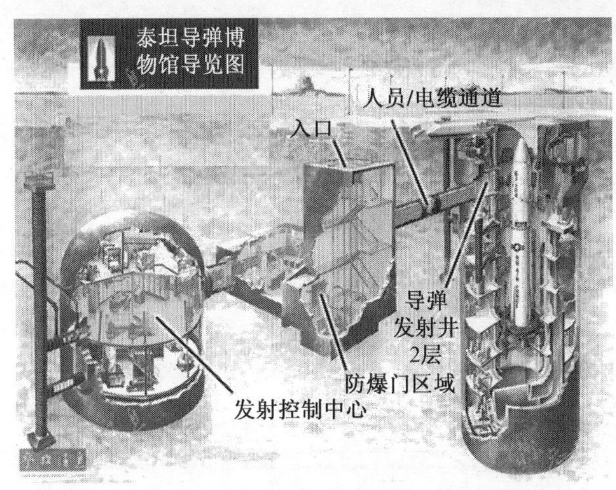

图 1.11　导弹发射井

防水层。热发射井的井筒内表面还附有降低声振的消音层。

②设备室。设备室通常为钢筋混凝土结构，与井筒可建成一个整体，也可分开建筑，用管廊与井筒相连，用于安装专用技术设备和工程设备。专用技术设备包括导弹的装配、储

存、维护、测试、瞄准、发射控制、减震等设备,液体推进剂导弹发射井还有加注设备。为对导弹进行技术维护和发射准备,发射井内还设升降吊篮或多层工作台。不同的发射井还有不同的设备,例如,井口发射井设有提升装置;有的热发射井发射台下设有导流锥,燃气冲击导流锥后,沿排焰道或井壁与导弹之间的空隙排出井外;冷发射井设有专用弹射装置,导弹弹射出井口后发动机点火。工程设备指保证导弹长期处于戒备状态、保持发射井内必要温度和湿度所需的设备,包括恒温、降湿、通风、给排水、电源设备等。

③井盖。井盖由防护盖和开启机构组成,用以保护井内导弹和设备。防护盖用碳钢或合金钢骨架、钢筋混凝土等材料制成。开启机构有机械式、液压式、气动式和爆炸式。井盖有单扇和双扇两种。单扇井盖向井口一边滑动或翻转,双扇井盖向井口两边滑动或翻转。

随着导弹命中精度的提高,发射井也必须提高抗冲击波和抗电磁脉冲破坏的能力。遭受对方的核袭击之后,处于井内的导弹必须安然无恙。

1979 年 9 月,美国完成了 1 000 个"民兵"导弹发射井的全面抗核加固,使发射井抗力由 2.1 MPa 提高到 14 MPa,截至 1988 年年底,将少量用于部署"和平卫士"导弹的发射井抗力提高到 28 MPa。

导弹发射井抗核加固主要措施如下:增大井筒和井盖钢筋混凝土的强度和厚度,以加强对冲击波超压的防护;将导弹弹性悬吊在井内,将整个发射控制设备室放在减震平台上,将应急发电机和电池组悬挂在发射控制设备室的减震平台下面,以加强对地震波的防护;内井壁采用钢板进行整体屏蔽,发射井可靠接地,加固电路,选用加固的电子元件,设置高灵敏度电磁脉冲检测器和传感器,在电磁脉冲来到之前瞬时断开关键电路,以加强对电磁脉冲的防护;在井盖边沿设置碎片收集器,用来清除核爆炸后沉积在井盖上的碎片等,以加强对弹坑效应的防护。为了克服导弹发射井因位置固定而生存能力低的弱点,导弹发射井将向超加固和深地下发展。

发射井井盖的可靠性应能保证抗击百万吨级以上核弹的非直接命中,并能顺利打开实施导弹发射。在建造导弹发射井时,有着极为严格的标准。除导弹发射井四周必须采用坚固的钢筋混凝土结构以外,每座导弹发射井的井盖质量就高达 760 t,对于这样的防御力度,除非是大当量核弹直接命中,否则根本不会对其造成威胁。苏联在洲际弹道导弹发射井建设初期,发射井井盖质量达 100 t 以上,以横向牵引方式打开,即在井口两侧各安装有两条导轨。打开时,通过牵引装置将井盖沿导轨向两侧拉开。随着侦察和核武器及常规武器打击精度的不断提高,发射井遭遇"定点"打击成为可能,这种导轨及其牵引装置很容易在遭到打击时被毁,甚至一般常规武器都可将其毁坏,导致井盖无法打开。因此,20 世纪 70 年代末至 80 年代初期,苏联对井盖进行了改造,采用垂直方式打开:井盖一端由铰链固定,井盖底下两侧安装两个液压千斤顶和两个固体火药蓄力器。平时,在进行导弹装填、燃料加注和导弹维护时利用千斤顶,战时或导弹发射时,利用固体火药蓄力器只需 7～9 s 就能打开,打开角度为 105°。这样,井盖既可对导弹进行防护,也保护了打开装置,可靠性有了很大提高。

这些特殊工程相对普通人防工程而言数量较少,但对于国防安全作用重大,在防护工程中占有重要地位。

1.4 防护结构的组成

一般来说，防护结构由主体和口部以及防护设备与设施组成。

主体指能够满足战时防护要求且能满足其主要功能要求的部分。例如，医疗救护工程中能够开展救治伤员工作的区域；二等人员掩蔽所中的人员休息室以及附属的生活服务房间、设备房间等；专业队装备掩蔽部的停车间及其附属设备用房；等等。由于战时防护方面的需要，防空地下室主体应是一个封闭空间，为使主体与室外地面保持必要的联系，必须设置必要的出入口、通风口、水电口等孔口。

口部指防护工程的主体与地表面，主体与其他地下建筑的连接部分。口部是防护工程中的薄弱部位，口部防护尤其重要。在防空地下室的建筑设计中，口部主要指出入口和通风口。

1.4.1 主体

在敌人空袭时工程主体中是否有人员停留，其防护要求大不相同。有人员停留的主体必须满足防毒要求；无人员停留的主体战时允许染毒。按照空袭时主体内有无人员停留，可将主体分为以下三种。

(1)空袭时有人员停留的主体。

医疗救护工程、专业队队员掩蔽部、人员掩蔽工程以及人防物资库、食品站、生产车间、区域供水站等人防工程，在空袭时其主体内均有人员停留，该主体应该满足防毒要求(又称为清洁区)。这些工程的主体应达到集体防护的程度，即战时主体中的掩蔽人员不需要穿戴任何防护服和防毒面具。清洁区的主体不仅应该满足防爆波要求，还需要防毒剂、防辐射。

(2)空袭时无人员停留的主体。

专业队装备掩蔽部、移动电站和人防汽车库等人防工程的主体，在空袭时无人员停留。这些工程的主体可按染毒区设计，其主体仅需满足防爆波要求，不要求防毒剂和防辐射。

(3)空袭时一部分为清洁区，另一部分为染毒区的主体。

固定电站是由控制室和发电机房两部分组成的，其中的控制室部分空袭时有人员停留，要求防爆波、防毒剂、防辐射(属清洁区)，其发电机房部分按空袭时无人员停留设计，仅要求防爆波，不要求防毒剂和防辐射(属染毒区)。另外，对于由队员掩蔽部和装备掩蔽部组成的防空专业队掩蔽所与固定电站相似，其队员掩蔽部的主体应按清洁区设计，装备掩蔽部可按染毒区设计。

1.4.2 口部

(1)战时出入口。

战时出入口是指战时(人员或车辆进出)使用的出入口。按照其使用时机，战时出入口可划分为主要出入口、次要出入口和备用出入口三种。

①主要出入口。

使用时机：主要出入口是空袭前、空袭后都要使用的出入口。因此，该出入口应该进出较为方便，空袭后地面建筑遭到破坏的情况下，进出应有保障。与室内出入口相比，室外出入口被堵塞的可能性较小，故主要出入口一般设在室外。

基本要求：主要出入口并非是最宽敞的出入口，而是需要重点保证在空袭后不易被破坏，不易被堵塞，满足空袭后能够使用的出入口。其中包括有些工程（如专业队队员掩蔽部、人员掩蔽工程等）要求在空袭后室外染毒情况下，主要出入口能够进出人员，并要求设置洗消设施等。

设置数量：一个防护单元设置一个主要出入口。

②次要出入口。

使用时机：次要出入口是主要供空袭前使用，空袭后可不使用的出入口。对该出入口只要求方便进出，在地面建筑遭到破坏或室外染毒的情况下，可不使用。次要出入口一般选用室内出入口，也可以设在通往普通地下室的通道处（该普通地下室应有通往地面的出入口）。

基本要求：依据主体防护要求，做到相应的防护、密闭（如果主体有防毒要求，次要出入口应该做到密闭防毒）。防护密闭门外的结构（如楼梯）可按照平时荷载组合设计，而且也不需要考虑防堵塞。

设置数量：一个防护单元至少设置一个。根据需要和可能，有的防护单元可能设多个次要出入口（如满足二等人员掩蔽所的掩蔽入口总宽度要求而设置次要出入口）。

③备用出入口。

使用时机：备用出入口是空袭前基本不使用，空袭后当其他出入口不能使用时，应急使用的出入口。一般采用竖井式出入口，应依据主体防护要求，做到相应的防护、密闭。

设置数量：设计规范没有硬性规定备用出入口的设置数量。备用出入口通常与通风竖井结合设置（对于设有滤毒通风的进风口，当附近没有通往地面的出入口时，可与进风竖井结合设置成为备用出入口）。

(2)战时通风口。

①按通风性质划分。

通风口可划分为进风口、排风口以及柴油机排烟口（亦可称为排烟口）。对于使用机械进风的进风口，又可划分为设有滤毒通风的和不设滤毒通风的两种。由于进风口的性质及其重要性，在设计中需要格外重视进风口的位置以及防倒塌、防堵塞等措施到位。

②按通风连续性划分。

a. 连续通风的通风口。对于空袭警报之后需要继续通风的通风口（如人员密集的二等人员掩蔽所），在空袭时通风口处于开口状态。为了防止空气冲击波的突然到来，在其通风口处需要设置消波设施。消波设施能够明显地削弱空气冲击波的压力，以便保证室内人员、设备的安全。消波设施一般由防爆波活门和扩散室组成。

b. 间断通风的通风口。对于空袭时可以暂停通风的通风口（如室内没有人员停留的专业队装备掩蔽部），空袭时可采用类似出入口的防护做法，设置防护密闭门，以防止冲击波从通风口进入室内。

通常，为增强防护能力，防护工程一般位于地表以下，工程结构上方覆有土壤、岩石以及混凝土等其他覆盖材料。结构上方覆盖的、能起到防护作用的岩石、土壤或其他覆盖材料称为防护层。防护层按成因分为人工防护层和自然防护层。结构施工后回填、人工设置的防护层，称为人工防护层。施工过程中未被扰动或没有人工设置的防护层，称为自然防护层。

1.4.3　防护设备与设施

防护工程口部往往会设置必要的防护设备与设施，如防护门、密闭门、防护密闭门、防爆波活门及消波系统等，主要用来阻挡冲击波、毒剂和放射性物质等从孔口进入主体，或限制泄漏进入工程内部的冲击波压力小于人员或设备的容许值。

能阻挡冲击波但不能阻挡毒剂等通过的门称为防护门；与之功能相反的门称为密闭门；两种功能均具备的门称为防护密闭门。

防爆波活门简称活门，是用于通风或排烟口的防冲击波设备。

一般防护工程多采用小型防护设备。小型防护设备已有定型产品，在设计中只需正确选用即可。一些特殊或大型防护设备，例如军用停机库、舰(潜)艇洞库、后方仓库、导弹发射井的防护门或防护盖板等，则需专门设计。

防护结构是防护工程抵抗武器破坏效应和确保人员生存能力的主要依托。武器产生的侵彻爆炸效应直接或通过岩土等防护层介质作用到防护结构上，针对不同等级的防护工程，防护结构要分别依据设定的抗力等级进行计算与设计。防护结构计算与设计是防护工程建设的重要环节，了解和掌握武器破坏效应、爆炸冲击荷载、防护设计原理以及结构抗爆设计计算方法是提高防护结构设计能力和水平的基础。

当然，防护工程的生存能力不仅仅取决于防护结构的抗力，在很大程度上还与工程地域的防护配置、伪装措施、保密程度等密切相关。也就是说，防护结构抗力相同的工程，由于环境条件不同，其生存概率可能有很大差异。因此，在防护工程建设时，不能一味地追求防护结构的高抗力，单纯地依靠防护结构抗力来提高工程的生存能力并不是最有效和最经济的做法，而应当讲究各种条件的相互协调和匹配。

1.5　防护结构设计特点

防护结构设计的主要任务是保证满足一定生存概率的条件下，能够抵抗预定杀伤武器的破坏作用，即满足按工程重要等级确定的防护等级而提出的抗力级别。因此，合理的抗力级别标准是防护工程结构设计的重要条件。目前，各国都依据本国的政治、经济条件提出了相应的防护规则及单体工程的防护抗力等级，相对来说，该防护体系具有一定的保密规则及使用范围。防护效果一方面取决于工程抗力等级，另一方面也取决于该区域的重要程度、地形、地貌、伪装条件等多种因素，而后一种因素往往是最重要的。因此，防护的综合设计与规划是必不可缺的重要内容。

对于防护工程结构的荷载来说，虽然平时正常使用时承受的静荷载占有一定的或相当大的比例，但战时炮航弹冲击爆炸或核武器爆炸产生的动荷载仍然是防护结构设计计算的主要荷载。这种动荷载作用的效应不同于普通工业与民用建筑的情况，而且与《建筑结构可靠度设计统一标准》(GB 50068—2001)所明确的偶然性爆炸荷载既相似又不完全相同。因此，与一般工业与民用建筑设计相比，防护结构设计具有以下几个特点。

(1)与防护结构相配套的防护建筑要求。

防护结构要有与防护设施相吻合的防护体系，如需要考虑防护及抗爆单元，设置防护门及防护密闭门，考虑核武器的冲击波超压及压缩波的作用，有一套完整可行的消波及防污染措施等。

(2)目标可靠性指标可适当降低。

一般的工业和民用建筑在正常使用时的恒荷载和活荷载等，也是其主要受控制的荷载。建筑物一旦破坏，将对生命财产造成严重的后果。因此，民用建筑结构设计对安全度的要求很高，或者说建筑物的破坏概率或失效概率必须很低。

防护结构承受的炮航弹冲击爆炸荷载或者核爆炸冲击波荷载，并不是经常出现和固定不变的，这种荷载只有在战争状态下且仅为一次瞬间作用，因此与民用建筑结构相比，防护结构安全度可以适当降低。国防与人防工程的防护结构设计中，其总安全系数相当于民用建筑安全系数乘以 0.7。民用建筑结构设计延性构件的失效概率为 $10^{-3}\sim10^{-4}$，防护结构的失效概率则为 5%～8%。

(3)防护结构的材料强度值可以提高。

研究试验表明，防护结构在快速加载的状态下，材料自身的弹性极限、强度极限，甚至弹性模量都有了相应提高。其材料强度值提高的程度由加载时荷载作用时间、材料的应变速率这两条主要因素决定。试验指出，材料应变率越大或荷载作用持续的时间越短，材料强度提高越大。在防护结构承受爆炸荷载的快速变形范围内，钢筋的弹性模量没有变化，而屈服强度有提高；混凝土的强度极限和弹性模量均有提高；两种材料的变形指标，如极限延伸率、极限变形、泊松比等，则基本不变。

另外，应注意钢筋、混凝土两种材料强度提高的具体取值，还应兼顾二者强度的匹配问题。如果钢筋强度提高取值相对较小，而混凝土材料的强度提高过大，则设计受弯构件也可能出现受压区混凝土先期压碎的脆性破坏状态。

(4)防护结构允许进入塑性状态。

在动力分析中，只考虑弹性工作阶段的结构称为弹性体系；既考虑弹性工作阶段，又考虑塑性工作阶段的结构称为弹塑性体系。一般工业与民用建筑的钢筋混凝土构件，在静载的大小超过了静定构件的抗力状态下，就会因持续作用失去承载能力而破坏。防护结构的受力状态同一般工业与民用建筑的钢筋混凝土构件相比有较大差别，由于防护结构主要承受的是瞬间作用的荷载，并随时间而快速衰减，因此，进入塑性屈服阶段的构件，动荷载引起的构件最大变形不超过结构要求的极限变形，在荷载消失后，构件仍处在阻尼振动状态，并且由于阻尼的影响而不断衰减，最后恢复到一定的静止平衡状态。对于这种超过弹性变形不大的塑性变形并不妨碍结构在受到冲击和爆炸作用后的使用，结构常常允许出现裂缝和一定的残余变形。此阶段的结构已经产生变形，但仍然具有一定的承载能力。因此，防护结构的动力计算允许在塑性阶段内的工作。这样可以充分利用材料的潜在能力，使构件能够承担更大的设计荷载，因而具有重要的经济效应。根据防护结构的密闭和防水要求可考虑不同工作阶段(弹性或塑性)的设计。应当指出的是，防护结构不论按弹性体系或弹塑性体系设计，都应防止脆性破坏的出现，对于特别重要或防毒密闭要求高的防护结构，仍应限制在弹性阶段工作，并按弹性体系进行动力分析。

各组结构体系各构件受力状态不相同，因而其塑性阶段也不一样，从而使得各部分构件对于最后破坏的安全储备程度相差很大，所以设计时应使结构体系的抗弯截面先出现塑性铰，防止抗压和抗剪截面先达到最大抗力。另外，应先使结构体系的上部构件进入塑性工作阶段，还能减轻下部支撑构件的负载。因此，对于较复杂的结构体系，如果上部梁板构件过强而下部支柱相对较弱，构件不但可能出现脆性破坏，而且会降低结构可靠度，在设计中应当格外注意。

(5)防护结构主要考虑爆炸冲击作用。

防护结构承受的主要是由炮航弹或核武器爆炸产生的动荷载，防护层土压力和支撑结构自重等静荷载通常只占较小的比例。在爆炸冲击动荷载作用下，结构将产生振动，由于惯性力的影响，防护结构的动应力和动位移并不同于静载作用下的应力和位移。此外，同一般工业与民用建筑结构承受的动力作用相比，防护结构的动荷载作用是瞬时或短暂的，防护结构的动力分析，往往是经过计算等效单自由度体系的动力系数、相互作用系数等，采用等效静载法将动力计算转化为静力计算。仅对少数特殊的防护工程结构，才进行比较严格的分析，按多自由度体系直接计算结构的动应力和动位移。防护结构的动力分析通常要确定将动力计算转化为静力计算时所需增大的倍数，或直接计算出结构的动应力和动位移。

在实际工作设计中，对爆炸荷载作用下的结构可划分为两种不同类型的结构：一种是在炮航弹直接或炸药爆炸作用下的整体小跨度结构，另一种是在核爆炸动荷载作用下的整体大跨度结构。前者适用于国防工程，后者大多为人防工程。

(6)防护结构应具有提高抗倒塌性能的构造。

对于承受动荷载的防护结构，不能仅考虑依靠构件强度来满足设计要求，还应考虑结构的整体破坏形态，提高整体的抗毁能力。必要的构造措施与强度校核同等重要，对于有些构件来说，构造措施可能更为重要。由于防护结构通常允许进入塑性阶段工作，如果构件不能保证有足够的延性，将会出现屈服后的次生剪坏。因此，采取一定的构造措施，提高屈服截面的抗剪性能仍是一个重要问题。例如，目前人防工程较多采用反梁设计，为了保证力的传递，必须采用足够的构造措施。另外，防护结构是在大变形状态下工作，因此民用钢筋混凝土结构的一般构造要求不能简单套用，如跨中拉筋伸入支座的锚固长度要增加，钢筋搭接截面和最大受力截面处的箍筋间距要加密，主筋最小配筋率和最小箍筋率要提高等。防护结构的配筋方式应有利于防止塌毁。静载作用下的某些配筋方式，如双向板中的分离式配筋，不一定适合防护工程。

有些防护构件主要靠构造方法去解决。一般工业与民用建筑结构构造方面的要求须在防护结构中重新检验并予以加强。例如，某些锚固长度要加长，钢筋搭接处和锚固处的箍筋要加密，主筋最小配筋率要提高，螺纹钢筋的混凝土保护层要加厚，重要的受力部位宜采用箍筋约束混凝土，主筋及箍筋要提高配箍率等。

1.6　防护结构的设计原则

《中华人民共和国人民防空法》(简称《人防法》)明确规定，人民防空实行长期准备、重点建设、平战结合的方针，贯彻与经济建设协调发展，与城市建设相结合的原则。将城市建设(特别是地下空间开发)与人防建设结合起来的人防工程不仅战时可用来掩蔽人员和物资等，平时还能为城市人民生活和经济建设服务，实现战备效益、社会效益和经济效益的统一。

我国城市地下空间开发利用始于人防工程建设。在开发利用城市地下空间与进行重要基础设施建设中兼顾人防要求，也越来越成为全社会的共识和国家发展的战略选择。人防工程建设周期长、投资大，靠临战突击来不及，必须结合国家基础建设和城市空间开发利用，先期积极协调、统一规划、同步建设，在设计之初就要考虑到平战结合、军民兼容，才能真正实现城市人防工程的合理布局。在城市地下空间的开发建设中兼顾国防需求，是一项长期的系统工程，涉及国家发展改革委、自然资源局、住房城乡建设部、交通运输部、人民防空办公室等多个管理部门，这既需要建立相应的军民融合发展管理体制，更要建立健全相关符合我国经济社会发展和军事战略实际的法律法规，统筹制定完善国家标准、行业标准、企业标准和军用标准。

1.6.1 地下防护结构设计基本设计原则

(1)总则。

①地下防护结构设计首先要保证能够承受规定的常规武器或核武器的作用。

②防护工程对早期核辐射、放射性沾染、热辐射、核爆震动和核电磁脉冲等杀伤破坏效应的防护能力，应与抗力级别相协调。

③防护工程应能抗御化学武器和生物武器的作用，以及杀伤破坏武器引起的其他次生灾害的作用。

④地下防护结构各组成部分应具有相等的生存能力，保证工程达到整体均衡的防护。

⑤地下防护结构除了按武器作用下的抗力要求进行设计外，还应单独考虑在平时荷载作用下的承载力要求以及平时使用状态下的要求。

(2)抗力要求。

抗力要求是指防护结构要抵抗的预定武器杀伤破坏作用，即防护结构设计所依据的计算荷载和作用。

防护结构设计的任务是保证在满足一定生存概率的条件下，能够抵抗预定杀伤武器的破坏作用，即满足规定的抗力要求。因而科学合理地确定工程抗力标准是进行防护工程结构设计的前提和基础。工程抗力要求一般应由上级领导机关或工程建设单位在下达的命令或工程任务书中提出。为了使工程设计更好地符合战术技术要求，设计人员应当对这方面的知识有基本的了解。

一般来说，防护结构设计的计算杀伤武器应按常规武器、核武器和生化武器分别提出。对于常规武器，一般应规定其口径、弹型(包括引信种类)、射击或投掷方式(如命中速度、命中角等)。对于核武器，一般应规定其当量、爆高、爆心投影点距离目标工程的距离，或直接给出核爆炸地面冲击波等参数。对于生化武器，一般应规定密闭、消毒及滤毒等要求。

国防工程和人防工程结构防护设计选定杀伤武器(或抗力要求)的具体规定均属于国家机密，实际进行工程设计时，应当依据有关的文件或指示。这里只能就如何根据工程的重要性和现实条件做一般的说明。

较坚固的或者重要的军事防护工程通常要求抵抗较大口径的航炮弹或精确制导常规武器直接命中的破坏作用。临战或战时构筑的野战防护工程由于其军事作战运用的特点，一般只要求抵抗较小口径的航炮弹的杀伤作用，甚至只能抗御枪弹或破片的杀伤。对于指挥通信等重要人防工程，要求能抵抗一定口径的常规武器的直接命中；对于量大面广的普通人防工程，一般不考虑航炮弹的直接命中，仅考虑常规武器的非直接命中，也即离开人防工程外墙一定距离处地面爆炸。

关于可能受到的核攻击，对较坚固的或重要的军事防护工程，敌方可能采用核武器空中爆炸或低空爆炸的方式;对战略工程,敌方可能采用地面爆炸或钻地爆炸的方式。此外,除了个别特别重要的战略工程外,通常都不考虑核武器直接命中工程所处位置,而是离开工程一定距离处爆炸。对人防工程,由于城市一般的工业与民用建筑物抗爆能力均较低,破坏结构只需较小的冲击波超压值,为了取得最大破坏范围的效果,敌方对城市进行的核袭击通常都采用一定当量的核武器空中爆炸。因此,防护工程一般是区分不同的工程类别等级,分别考虑不同的抗力级别。

(3)防空地下室设计的基本要求。

①满足战时的功能要求。与平时使用的民用建筑设计有所不同,防空地下室是战时使用的建筑物,因此其设计应从战时的需要出发,满足战时的功能要求。所谓战时的功能要求,包括战时的防护要求、使用要求和生存要求三个方面。为此,一般民用建筑设计单位的建筑师、工程师们要想做好防空地下室设计,必须对战时的防护、使用等情况有所了解。

战时的防护要求归纳为防爆波、防命中、防倒塌、防毒剂和防辐射五项要求。其中,前三项防护要求对于所有的(包括有人员停留的和无人员停留的)防空地下室设计都应做到,对于室内有人员停留的防空地下室还应附加后两项要求,即防毒剂和防辐射。

战时的使用要求与防空地下室战时的用途及掩蔽状态密切相关。室内有人员的防空地下室,其主体内的服务设施就会多些;处于工作状态的(例如医疗救护工程)还要满足其工艺过程;室外染毒情况下有人员进出要求的,其主要出入口就要设置防毒通道,需要洗消的,还应设置洗消间等。

战时的生存要求是考虑在城市遭空袭破坏,城市管网、城市供应中断的情况下,防空地下室能够为留城的居民提供必要的生存条件,如储水、供电、通风等。虽然标准较低,但必须要有。

②满足平战结合的要求。《中华人民共和国人民防空法》规定,人民防空实行长期准备、重点建设、平战结合的方针。因此,除了人防指挥所以外,一般的防空地下室设计都应该符合平战结合的需要。

a.满足平时和战时不同的功能要求。平战结合要求在同一个建筑物中,在两个不同时段(即战时与平时),分别满足两种不同的功能要求。例如,一个平时用作汽车库,战时用作二等人员掩蔽所的工程,就应该既满足平时状态下地下车库的功能要求,又必须满足在战时状态下二等人员掩蔽所的功能要求。因此,要求设计人员必须将平时和战时两个时段区分清楚,对于处于平时状态下的工程(如地下车库)就应该按照平时的功能要求设计;对于处于战时状态下的工程(如二等人员掩蔽所)就应该按照战时的功能要求设计。当其平时要求与战时要求相矛盾时,可以采取适当的转换措施(例如对因平时需要设置的出入口实行临战封堵),使得这个工程在平、战两个时段分别满足不同的功能要求,即在同楼层会形成战时和平时两个不同的平面图。

b.平时防火与战时防火。平战结合的防空地下室设计在平时不仅应该满足其相应的使用要求,而且应该符合有关的消防、防水、抗浮、抗震、节能、环保、卫生等各项设计要求,尤其是消防方面的要求相当突出。

现行的各个消防设计规范都是针对平时使用的各类建筑设计制定的,即使是国家标准《人民防空工程设计防火规范》(GB 50038—2005)也是针对平战结合人防工程的平时使用制定的。其总则中明确规定,该规范适用于平时使用的人防工程防火设计,而且平时使用的范围仅限于商场、医院、旅馆、餐厅、展览厅、公共娱乐场所、健身体育场所等；按火灾危险性分类属于丙、丁、戊类的生产车间和物品库房等。因此，平时状态下的防空地下室设计必须执行现行的相应消防规范的规定。但也应注意平时防火与战时防火是两回事，不要把针对平时的消防设计规定随便套用到战时的防空地下室设计中去。

战时是个特殊时期，防空地下室的战时防火设计应以《人民防空地下室设计规范》(GB 50038—2019)为准。对于战时防火，规范对内部装修选材和柴油电站储油间防火这两项做了明确规定，设计中应该按照规定严格执行。

c. 房间布局与战时通风。为了满足战时的防护要求，防空地下室必须做到封闭。封闭的地下空间离不开机械通风，于是气流组织以及穿管的需要会直接影响房间的布局。例如一个设有滤毒通风的进风口，由于穿管的需要，其进风扩散室必须与滤毒室相邻，滤毒室必须与进风机房相邻，而且为了便于操作人员的往来，滤毒室与进风机房之间还需要设置一个密闭通道(或防毒通道)等。

d. 设计顺序的影响。按照《中华人民共和国人民防空法》和国家现行的有关规定，需要结合民用建筑修建防空地下室。一般防空地下室设计是随着地面建筑的立项而确定的。目前的工程设计都是先从满足平时功能需要(包括地上和地下)出发的。因此，往往是在地面建筑以及地下室的方案确定后，防空地下室设计才能开始。于是防空地下室设计通常是在人防范围、墙柱位置、出入口设置等基本确定的条件下，以完善战时防护为主(尽量满足战时使用)的后续设计。总之，为设计带来了相当高的难度，选择多个方案的可能性往往不大。

1.6.2 防护结构设计的一般规定与设计步骤

(1)防护结构设计的一般规定。

①防护结构设计一般只考虑杀伤武器的一次作用，并分别计算，不考虑常规武器与核武器同时或重复作用。如果必须考虑同一类杀伤武器的多次袭击时，应根据构件的塑性性能分别按弹性体系或者弹塑性体系设计，考虑多次袭击，结构按弹塑性体系设计时，每次袭击后的结构残余变形量的总和，加上额定次数的最后一次爆炸荷载作用下结构产生的变形，其累计总变形量应不超过设计规定的允许值，通常钢筋混凝土中心受压或小偏压柱应按弹性设计，且应适当降低材料的设计强度。梁和大偏压构件仍可按弹塑性设计。

②防护结构中各部分构件的抗力应尽量相互适应，防止出现因个别薄弱环节而降低整个结构的防护能力。因此，应从各个方面加强结构的延性。构件之间的连接尽可能保持整体连续性，防护结构不可能在任何情况下都不被破坏，所以一个合格的结构设计不仅应能抵抗预定的武器的冲击爆炸作用，而且还应分析结构最后破坏的过程，充分利用构件延性，提高结构整体抵抗最后破坏的能力。

③防护结构的计算荷载有以下几类。

a. 静荷载等永久荷载——这类荷载包括围岩压力、土压力、水压力、回填材料自重、战时不拆迁的固定设备自重以及上部建筑物质量等。

b. 核爆动荷载——这类荷载包括核爆空气冲击波及土中压缩波荷载。

c. 化爆动荷载——这类荷载包括化爆空气冲击波及土中压缩波荷载。

爆炸动载是防护结构考虑的重要设计荷载。与静荷载相比，爆炸动荷载峰值大，作用时间短。

④防护结构计算的荷载工况有以下两种。

a. 平时使用状态的结构设计荷载——此时按现行工业和民用建筑的结构设计规范设计，包括考虑各种活荷载等。

b. 动荷载与静荷载同时作用——根据相关防护结构设计规范考虑核爆动荷载与静荷载的组合、常规武器爆炸与静荷载的组合，此时荷载组合中不考虑活荷载等其他不相关的荷载。

防护结构截面设计应取上述的最不利效应组合作为设计依据。

⑤防护结构在动载作用下，其动力分析可采用等效静荷载法近似确定，但对少数重要结构或者复杂结构，最好采用更为精确的动力分析方法。

⑥防护结构在动载作用下应验算结构承载力，对结构变形、裂缝开展及地基承载力与地基变形等可不进行验算。有特殊要求的结构才作为刚度或裂缝开展的验算或结构稳定性验算。

由于在动荷载作用下结构产生的最大塑性变形用延性比来控制，在确定各种结构构件允许延性比时，已考虑了对变形的限制和防护密闭要求，因而在结构计算中不必再单独进行结构变形和裂缝的验算。

结构地基的沉陷量在一般情况下也不必验算。这是因为在许多抗爆试验中，无论是整体基础还是独立基础，均未发现地基有剪切或滑动破坏的情况。但要避免同一结构中的各个基础由于承受的动力荷载过于悬殊而造成过度不均匀的沉陷变形，引起上部结构的破坏。

动载作用下结构强度的验算方法或根据内里确定截面尺寸的方法，可以参照工业与民用建筑的现行设计规范，但构件安全系数可适当降低，材料的设计强度可考虑快速变形下有所提高，并可考虑混凝土材料的后期强度的增加。

⑦结构和用于支护或加固坑(地)道围岩的建筑材料，可用混凝土、喷射混凝土、钢筋混凝土、高性能混凝土、建筑钢材、锚杆和预应力锚索(杆)等，在满足设计要求的前提下，就地取材。当有侵蚀性地下水时，各种材料必须采取防侵蚀措施。

(2)防护结构设计的设计步骤。

一个工程的全部设计工作包括建筑设计、结构设计、内部设备设计及施工设计等。各部分一般分工进行，但设计中应紧密联系，相互配合。工程结构设计通常在一定的建筑设计的基础上进行。

地下防护结构的设计过程一般分为初步设计、技术设计和施工图设计三个阶段，也有采用扩大初步设计(有时不需技术设计，即仅初步设计)和施工图设计两个阶段进行的。

①扩大初步设计。扩大初步设计包括初步设计和技术设计的主要内容。

a. 初步设计。初步设计又称为方案设计，其目的在于得出一个最佳的结构方案，从而能概略估算出工程所需的材料、工期和经费，作为主管部门审批的依据，同时也是下一个阶段技术设计的基础。

初步设计内容包括结构材料、结构形式、截面初步尺寸，并提供进行方案比较所需的图纸。

初步设计通常首先根据工程的战术技术要求，考虑实际条件和与其他专业的关系，提出2～3种可能的结构方案。然后，采用迅速、简单的设计和计算方法，或参考利用已有的同类结构的资料和经验，得出各个方案比较所需要的基本数据。最后，全面分析比较各个方案与建筑设计的相互配合、结构抗力可靠性、材料消耗量、施工和伪装条件等内容，选出其中最佳者。

初步设计要求思想开阔、计算迅速，并保证适当的准确度。

b. 技术设计。技术设计是在初步设计的基础上，进一步检验结构形式的适用性和合理性，采用较精确的计算方法得出比较接近实际的各种数据，提出结构截面设计和主要的构造要求，供施工单位作为备料、编制施工组织计划、考虑材料加工等内容的依据；同时，为下一个阶段结构施工图设计打下良好的基础。

结构技术设计一般包括以下步骤：按常规武器局部作用确定结构尺寸；按常规武器和核武器爆炸荷载的整体作用确定作用于结构的动载、进行结构动力分析、截面选择和配筋，并按早期核辐射进行校核。

技术设计要求考虑全面，计算精确。在技术设计阶段应呈交的文件包括说明书、计算书和技术设计图纸。

②施工图设计。施工图设计是在技术设计的基础上，根据施工图设计深度的要求，完成全套工程的施工图、计算书和说明书。施工图要求达到图纸配套、齐全，各部尺寸完整、准确（包括细部大样和材料明细表），施工要求、技术措施明确的标准。施工图设计的明细程度应达到施工单位能按图施工的标准。

1.7 防护工程防护原则及措施

国防和人防工程对武器作用的防护必须从建筑规划、工程布置以及伪装等多方面考虑，这里主要从结构的角度提供一些防护原则。

1.7.1 工程防护原则

工程防护原则如下：

(1)一次作用原则。

防空地下室抵抗常规武器或抵抗核武器作用时，仅分别考虑一次作用。

(2)综合防护的原则。

人防工程应能抗御核爆炸空气冲击波及热辐射、早期核辐射、放射性沾染的作用，抗御化学武器和生物武器的作用，以及杀伤破坏武器引起的其他次生灾害的作用。

(3)等生存能力原则。

人防工程各组成部分应具有相等的生存能力，保证工程达到整体均衡的防护。

1.7.2 对常规武器的防护

按常规武器直接命中并且要求不产生局部震塌破坏的工程，如果以结构直接防护，则需要具有很大的结构厚度。例如，抗 350 kg 的普通爆破弹，就需要 2.0～2.5 m 厚的钢筋混凝土，如果常规武器口径越大，则需要的结构厚度也就越大。因此，对于等级较高、要求防常规武器直接命中的防护工程，宜采用成层式结构，即在工程结构上方设置遮弹层；或采用岩石中的坑道式结构以及深埋结构，使常规武器离开工程结构一定距离以外爆炸，而不是贴近或侵彻到工程结构内爆炸。

对于防护等级较低的一般防护工程，通常不考虑常规武器的直接命中，仅考虑常规武器的非直接命中。例如，按平战结合修建的、量大面广的防空地下室等普通人防工程。即便如此，也必须在设计中采取分散布置等措施，将常规武器可能直接命中所带来的杀伤效果降到最低程度。为了防止孔口设备被炸坏，使工程丧失进一步抵抗爆炸冲击波和防毒的能力，防护门、防爆波活门等应尽量靠里设置。工程出入口应分散布置，以减少同时遭到破坏的可能性。此外，在人防工程内还应采用防护单元隔墙以及防爆隔墙来进行分隔等措施提高工程的生存概率。

对于常规武器爆炸产生的空气冲击波以及土中压缩波的整体作用，防护结构和口部防护设备(包括口部通道、门框墙等口部构件)必须要具有足够的抗力。

1.7.3 对核爆空气冲击波的防护

核爆空气冲击波对地下工程的破坏途径主要有以下几种。

①直接进入工程的各种孔口，破坏口部通道、临空墙以及孔口防护设备，杀伤内部人员，或者直接作用在高于室外地面的结构外墙及顶板。

②压缩地表面产生土中压缩波，通过土中压缩波破坏地下防护结构。

③破坏出入口和通风口附近的地面建筑物或挡土墙造成工程口部堵塞。

④若防空地下室与地面结构连接牢固时，核爆空气冲击波可通过地面结构对地下室施加巨大的倾覆力矩，可能使防空地下室发生转动甚至倾覆。研究表明，对于上下整体连接的钢筋混凝土框架结构，上部结构受核爆空气冲击波作用时一般不会对地下室结构造成明显危害；而对于上下整体连接的钢筋混凝土剪力墙结构，核爆空气冲击波可能对地下室造成危险后果。

因此，工程结构和口部构件要按照空气冲击波和土中压缩波的动力作用进行设计。出入口的防护门、防护密闭门和防护盖板，通风口的防爆波活门和阀门，进排水系统的消波防爆装置，以及电力通信管道的防爆密闭装置等口部防护设备必须具有足够的抗力，并能使通过各种消波设施的冲击波余压低于允许值。此外，专供平时使用的出入口、通风口和其他孔洞应在临战前进行封堵。

出入口露出地面部分宜做成破坏后易于清除的轻型构筑物且应该设置两个以上的出入口，并保持不同朝向和一定距离以降低同时遭到破坏的可能性。直通地面的工程出入口和通风口应避开地面建筑物的倒塌范围，或设置防倒塌棚架。防倒塌棚架要能承受核爆炸动压以及地面建筑物倒塌荷载的作用，其中的围护墙应采用在冲击波作用下易破碎的材料构筑，否则反而会堵塞出入口。

1.7.4 对早期核辐射的防护

早期核辐射进入工程内部的途径主要有以下两种。

①透过覆土和工程被覆结构进入室内。

②从出入口通道并穿透防护门、密闭门或穿过临空墙进入室内。

但如前所述，早期核辐射在穿透一定厚度的材料后会被削弱，且材料的厚度和密度越大，削弱程度越显著，因此，对于有一定埋深的地下工程，一般不必考虑早期核辐射透过土壤覆盖层和工程被覆结构进入内部的危害。但对于高出室外地面的防护结构，其围护结构必须要满足一定的厚度要求，必要时在顶板上方进行覆土或在外墙外堆土。

为了减少从出入口通道进来的核辐射，各道防护门、防护密闭门以及密闭门加起来要有一定的总厚度，通道也要有一定的长度。增加通道拐弯数量对削弱来自口部的辐射最为有效，每经过一个直角拐弯，辐射剂量就可以减弱到原来的 7%。此外，与通道临空紧邻的个别房间如果能透入较大剂量的辐射，则必须增大临空墙的厚度或改变建筑布局。

1.7.5 对生化武器及放射性沾染的防护

生物武器、化学武器和放射性沾染虽属三种不同性质的杀伤武器(因素)，但它们具有共同点，即都可以从孔口进入工程内部，因此，在工程上均可采用相近的防护措施，即主要采用密闭措施使工程与外界隔绝。为此，地下围护结构要满足密闭要求，所有孔口均要有密闭装置，例如，战时出入口要设置密闭门、通风口要设置密闭阀门等，当外界染毒但仍要进风时，在进风系统中应设置滤毒通风设施。

生化武器虽然也能对防护工程内的有生力量造成伤害，但对防护结构的强度影响不大，防护结构对生化武器的防护方法主要是保障防毒密闭性能以及在口部采用防护密闭设备和设施。一般不允许钢筋混凝土结构因裂缝开展过大以及防护密闭设备变形过大等造成密闭不严致使毒剂或生物细菌泄漏进去。

生化武器工程防毒措施主要包括个人防护和集体防护措施。露天工事只能采取个人防护措施；掩盖工事才能实现集体防护，主要途径是在工程内部形成一个完整的密闭区，以及在室外染毒情况下能给室内人员提供必要的新风和人员能够进出的防护工程条件。这里主要阐述集体防护的主要措施。

①围护结构要满足密闭要求。一般情况下，工程主体采用钢筋混凝土整浇结构。

②战时在隔绝防护间内，为了能给室内人员提供起码的生存条件，防护工程主体内部应具有足够的人员生存空间。

③通风系统中设置滤毒通风设施和相应的密闭阀门。

④战时主要出入口设置密闭门和通风换气设施构成的防毒通道以及洗消间或简易洗消设施。

⑤战时次要出入口设置密闭门和密闭通道。

1.8 本章小结

外部武器攻击作用对军用和民用地下防护结构的影响程度是不同的，相对而言，民用地下防空结构主要应着重强调其作为附建式或单建式或二者结合的防空地下室，在防护武器爆炸作用效应上的能力，这不但体现在战时使用功能的划分及其附属设施的布置上，更重要的是，应在主体结构体系和口部设计上予以保障。因此，在获得武器爆炸动荷载作用下结构构件性能的基础上，应针对不同防护等级，有步骤地开展地下防空结构设计，以保障战时使用，并实现平战结合。

第 2 章　武器战斗部毁伤效应

防护工程所承受的武器主要包括常规武器、核武器及生化武器(生物及化学武器),防护结构承受的作用是一种由武器所产生的爆炸、冲击作用叠加而成的特殊作用,大部分是由各种武器的毁伤破坏效应所施加的。本书中武器对防护结构的破坏作用主要指常规武器和核武器的爆炸、冲击效应。对于从事防护工程的设计和科研人员,有必要掌握一部分关于现代高技术武器的基本知识。

战斗部是各类弹药(包括导弹等)武器系统毁伤目标的最终毁伤单元。通常可将战斗部分为常规战斗部和核战斗部两大类。常规战斗部内部装填高能炸药,以炸药的化学能爆炸或战斗部自身的动能作为毁伤目标的能量;核战斗部内部装填核装料(核裂变或核聚变材料),以核裂变或核聚变反应释放的核能为毁伤目标的能量。尽管核战斗部威力巨大,但由于众所周知的原因,在实际作战中应用概率很低,其存在主要起到威慑敌方的战略目的。目前,常规武器战斗部仍然是应用最广泛的战斗部。

战斗部一般由壳体、装填物和传爆序列所组成。壳体是战斗部的基体,是容纳装填物的容器,也起到支撑和连接的作用。在战斗部被引爆后,壳体破裂,可形成能毁伤目标的高速破片或其他形式的毁伤元素。装填物是战斗部毁伤目标的能源物质,其作用是将本身储藏的能量(如化学能或核能)通过剧烈的反应(化学反应或核反应)释放出来,产生毁伤目标的毁伤元素。常规武器战斗部的主要装填物是高能炸药,在引爆后,炸药通过剧烈的化学反应释放出能量,并产生金属射流、破片、冲击波等毁伤元素。核战斗部的主要装填物为核装料(核裂变和核聚变材料),引爆后,核装料通过剧烈的核反应(核裂变和核聚变反应)释放出巨大的能量,并引发一系列复杂的物理过程,产生热辐射(光辐射)、冲击波、核辐射、核电磁脉冲及放射性尘埃等毁伤元素。对于其他特种战斗部,其装填物还可能是各种化学、生物战剂,如化学毒剂、细菌、病毒以及燃烧剂等。战斗部的传爆序列是把引信所接收到的起始信号转变为爆轰波,并逐级放大,最终引爆战斗部的主装药的装置,它通常由雷管、主传爆药柱、辅助传爆药柱和扩爆药柱等组成。

常规武器命中目标的弹丸中的装药可以是各种炸药。弹丸命中目标时,在其巨大的动能作用下,冲击、侵彻、贯穿目标,继而炸药爆炸以破坏工程结构和杀伤人员。一些特种炮、航弹在弹丸内装有燃烧剂(燃烧弹),还可造成地面目标大火。由于炸药爆炸过程是一种在极短时间内释放出大量能量的化学反应,故又称炮航弹及炸药的爆炸为化学爆炸(化爆),以区别于核武器的核爆炸(核爆)。核爆和化爆在破坏效应方面既有许多相似之处,又有非常明显的差异,这点将在后文详细叙述。

现代高技术战争中,对防护结构威胁最大的是常规武器,主要为各类精确制导武器。如美军的 GBU－28“宝石路”Ⅲ激光制导炸弹,从外部组成看,由战斗部(或弹丸)、激光寻的器、控制翼及稳定尾翼组成,如图 2.1 所示。GBU－28 质量达 2.3 t,最大直径约 440 mm,长约 5.84 m,炸弹内装填了 306 kg 高爆炸药。由于使用激光制导,精度在 5 m 以内,采用

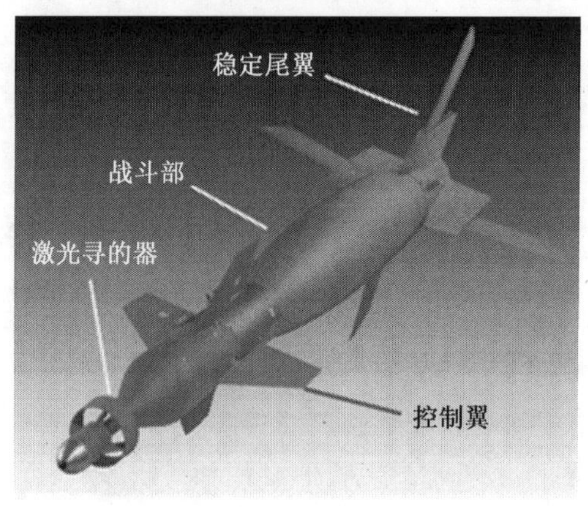

图 2.1 美军 GBU－28“宝石路”Ⅲ激光制导炸弹

智能化引信，通过传感器将炸弹钻地过程与预置程序进行比较，可确定钻地深度，能够自动记录穿过的掩体层数，可以在指定的掩体层爆炸，能穿透地下 3 m 深的加固混凝土或 30 m 深土层。美军还将 GBU－28 改造为智能钻地弹，使其可以穿透至少 3 层钢筋混凝土或钢板。这种智能钻地弹采用多级引信：炸弹触地后先钻入地下一定深度，由引信 A 引爆，炸开一个洞，炸弹继续钻地；遇到混凝土结构时，引信 B 再引爆，炸开混凝土结构，并继续往下钻；遇到钢板加固工事时，引信 C 引爆；炸弹钻透钢板后进入掩体内部后，战斗部才爆炸。

高爆炸药炸弹和制导导弹对工程结构的破坏最终是由战斗部（弹丸）产生的，针对不同攻击目标，弹丸有不同的破坏效应。常规武器战斗部种类很多，能够对防护工程造成破坏作用较大的常规武器战斗部主要包括杀爆战斗部、成型装药战斗部、穿甲/侵彻战斗部、攻坚战斗部、云爆弹战斗部（燃料空气弹战斗部）、温压弹型战斗部、子母弹型战斗部。

2.1 常规武器战斗部

2.1.1 杀爆战斗部

杀爆战斗部是常规武器弹药中应用最广泛的战斗部类型，主要依靠弹药爆炸后产生的爆轰产物、冲击波和破片杀伤目标。杀爆战斗部主要用于摧毁地面或水面、地下或水下的目标。典型的杀爆战斗部壳体采用金属材料，其内部装填高能炸药，并可以在壳体内侧装填预制破片，以提高杀伤破片数量。在引信起爆的作用下，内部装药发生爆轰作用，生成的高温高压气体迅速向外膨胀，使壳体破裂，产生高速碎片，周围空气在爆轰产物的推动作用下产生空气冲击波，最终通过空气冲击波和破片杀伤目标。另外，爆炸产生的爆轰产物也可在近距离内对目标产生强烈破坏。图 2.2 所示为榴弹典型的杀爆战斗部结构。

根据战斗部壳体类型的不同，杀爆战斗部可分为自然破片战斗部、半预制破片战斗部和预制破片战斗部三种形式。

（1）自然破片战斗部。

自然破片战斗部的壳体通常是整体加工，在环向和轴向都没有预设的薄弱环节。战斗部爆炸后所形成的破片数量、质量、速度、飞散方向与装药性能、装药比、壳体材料性能、热处

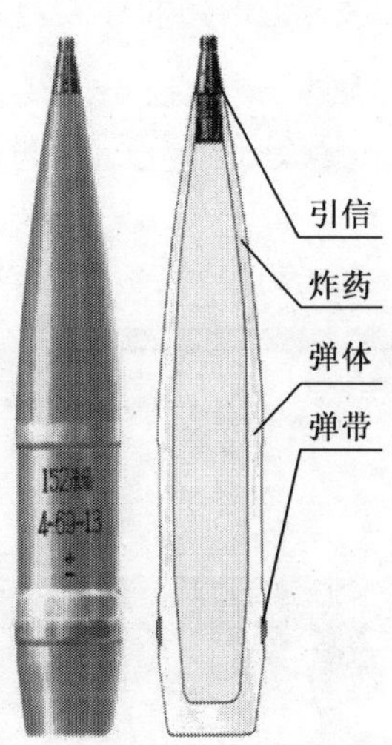

图 2.2　国产 66 式 152 mm 加农炮杀爆战斗部结构

理工艺、壳体形状、起爆方式等有关。提高自然破片战斗部威力的主要途径是选择优良的壳体材料，并与适当性能的装药相匹配，以提高速度和质量都符合要求的破片的比例。与半预制破片和预制破片相比，自然破片的数量不够稳定，破片质量散布较大，特别是破片形状很不规则，速度衰减快。破片能量过小往往不能对目标造成杀伤效应，而能量过大则意味着破片总数减少或破片密度降低。因而，这种战斗部的破片特性是不理想的。

普通炸弹(GP)装药率为 50%，可穿透轻质钢筋混凝土和薄装甲，主要通过爆炸形成的爆炸波和碎片进行一般性的破坏。薄壳炸弹(LC)装药率为 75%～80%，弹壳撞击到坚固物质时很容易变形，通常采用瞬时引信，主要的破坏作用来自于爆炸波效应。破片弹(FRAG)的装药量仅能产生破片和最大破片速度，能够有效杀伤人员和破坏轻型装备，但爆炸波作用较小。

榴弹是弹丸内装有猛炸药，主要利用爆炸时产生的破片和炸药爆炸的能量以形成杀伤和爆破作用的弹药的总称。榴弹是弹药家族中最平凡又最神通广大的成员，属于战术进攻压制武器。发射后，装上引信适时控制弹丸爆炸，用以压制、毁灭敌方集群有生力量、坦克装甲车辆、机场设施、指挥通信系统、地下防御工事、水面舰艇等目标。榴弹弹丸通常由引信、弹体、弹带、炸药等组成。

图 2.3 为美军炮兵现役 XM982 式 155 mm“神剑”增程炮弹。“神剑”是一种远距弹药，弹径为 155 mm、质量为 124 kg、射程为 37 km，可在任何环境气候条件下打击高价值、高风险的目标。它通过精确制导提高了火炮的杀伤力，并大大降低了附带伤亡的可能性。“神剑”也是美军第一种具备 GPS(全球定位系统)的制导火炮弹药，打击范围广泛，包括加固工事和楼房。

(2)半预制破片战斗部。

半预制破片战斗部是破片战斗部应用最广泛的形式之一。它采用各种较为有效的方法来控制破片形状和尺寸，避免产生过大和过小的破片，因而减小了壳体质量的损失，显著地改善了战斗部的杀伤性能。图 2.4 为半预制破片战斗部，这种结构的设计使壳体的破碎形式可控，大大增强了破片的杀伤性能。

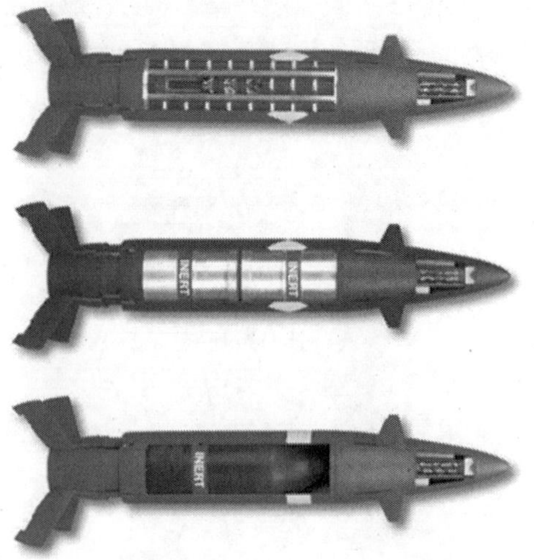

图 2.3　美军 XM982 式 155 mm“神剑”增程炮弹

图 2.4　半预制破片战斗部

(3)预制破片战斗部。

在预制破片战斗部结构中,破片按照需要的尺寸和形状,用规定的材料先制造好,再用黏结剂黏结在装药外的内衬上。预制破片战斗部的典型结构如图 2.5 所示。球形破片可直接装入外套和内衬之间,其间隙以环氧树脂或其他适当材料填充。装药爆炸后,预制破片被爆炸作用直接抛出,因此壳体几乎不存在膨胀过程,爆轰产物较早逸出。在各种破片战斗部

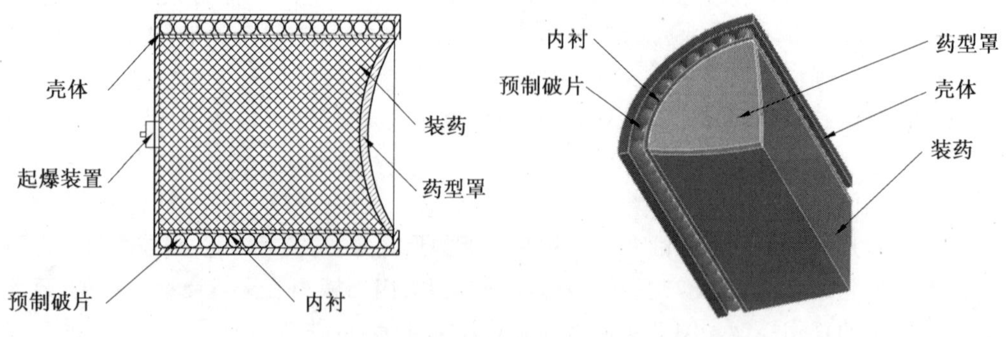

图 2.5　预制破片战斗部的典型结构

中，装药质量比相同的情况下，预制式战斗部的破片速度是最低的，与刻槽式半预制破片相比要低 10%～15%。因此，相同条件下，预制破片的侵彻能力也相应变弱。

2.1.2　成型装药战斗部

成型装药战斗部也称为空心装药战斗部或聚能装药战斗部，是有效毁伤装甲目标的战斗部类型之一。与具有高速动能的穿甲弹相比，成型装药战斗部不需要具备很大的飞行速度。成型装药战斗部按照形成的毁伤元素类型主要分为金属射流战斗部和爆炸成型战斗部。

(1)金属射流战斗部。

1888 年，美国科学家门罗在实验室发现了聚能效应。他将炸药块和钢板接触进行起爆，发现当炸药一端存在一定形状的空穴时，靶板上的孔洞深度有所增加，即用较少质量的炸药可以在钢板上形成较深的凹坑。图 2.6 形象地描述了不同装药结构的穿孔能力。

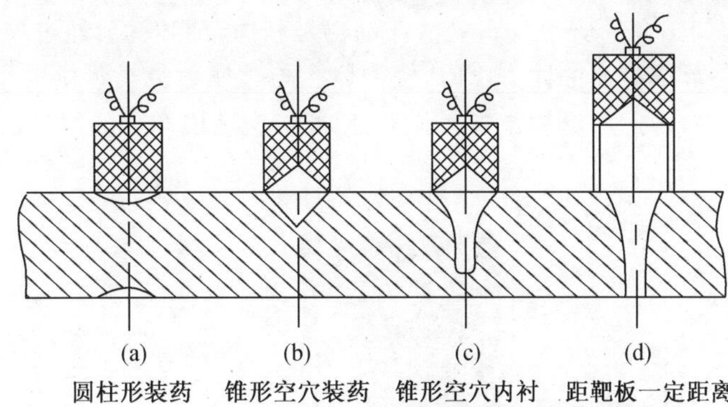

图 2.6　门罗聚能效应实验

对于圆柱形装药，只能在靶板上炸出很浅的凹坑，如图 2.6(a)所示；对于带有锥形空穴的装药，可以炸出较浅的坑，如图 2.6(b)所示；当锥形空穴内衬金属药罩时，可以炸出更深的坑，如图 2.6(c)所示；当装药距离靶板一定距离时，靶板形成了入口大、出口小的喇叭形穿孔，如图 2.6(d)所示。门罗实验发现炸药装药凹槽上衬以薄金属罩能够产生很强的破甲能力。炸药爆炸时产生的高温高压爆轰产物压垮锥形金属药型罩，使其在轴线上闭合形成能量密度更高的金属射流。由于金属射流可压缩性很小，它获得能量后绝大部分表现为动能形式，避免了高压膨胀引起的能量耗散，聚能效应大为增强，大大提升了对靶板的侵彻能力。这种利用装药一端的空穴来提高局部破坏作用的效应称为聚能效应。

金属射流战斗部的作用原理为：装药凹槽内衬有金属药型罩的装药爆炸时，产生的高温高压爆轰产物会迅速压垮金属药型罩，使之在轴线上汇聚，形成超高速的金属射流，依靠金属射流的高速动能实现对装甲的侵彻。

一般情况下，破甲弹是指成型装药破甲弹，也称空心装药破甲弹或聚能装药破甲弹。破甲弹和穿甲弹是击毁装甲目标的两种有效弹种。穿甲弹依靠弹丸动能来击穿装甲，因此，只有高速火炮才适用。而破甲弹是靠成型装药的聚能效应压垮药型罩，形成一股高速金属射流来击穿装甲的，不要求弹丸必须具有很高的弹着速度。

金属射流战斗部的典型结构主要由装药、药型罩、隔板和引信等组成，其中隔板是用来改善药型罩压垮波形的，部分小口径战斗部通常不装配隔板。金属射流的形成过程如图2.7所示。

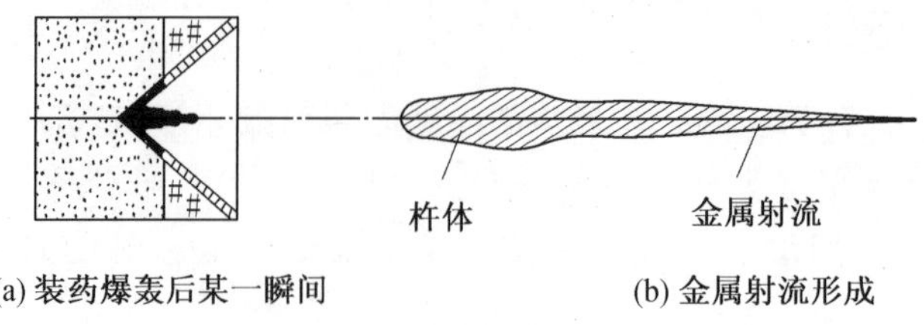

图 2.7　金属射流的形成过程

(2)爆炸成型战斗部。

爆炸成型战斗部爆炸后一般会形成金属射流和杵体，但当其药型罩的锥角较大时，例如锥角为120°～160°时，爆炸仅会形成高速的杵体，称为爆炸成型弹丸(EFP)。两种典型的EFP战斗部的结构如图2.8所示。EFP战斗部也是利用聚能效应，通过爆轰产物的汇聚作用压垮药型罩，最终形成高速的固态EFP侵彻体。与金属射流类型的成型装药相比，这种战斗部对炸高不敏感，因此广泛用于末敏弹上，以此打击装甲车辆的薄弱顶部。

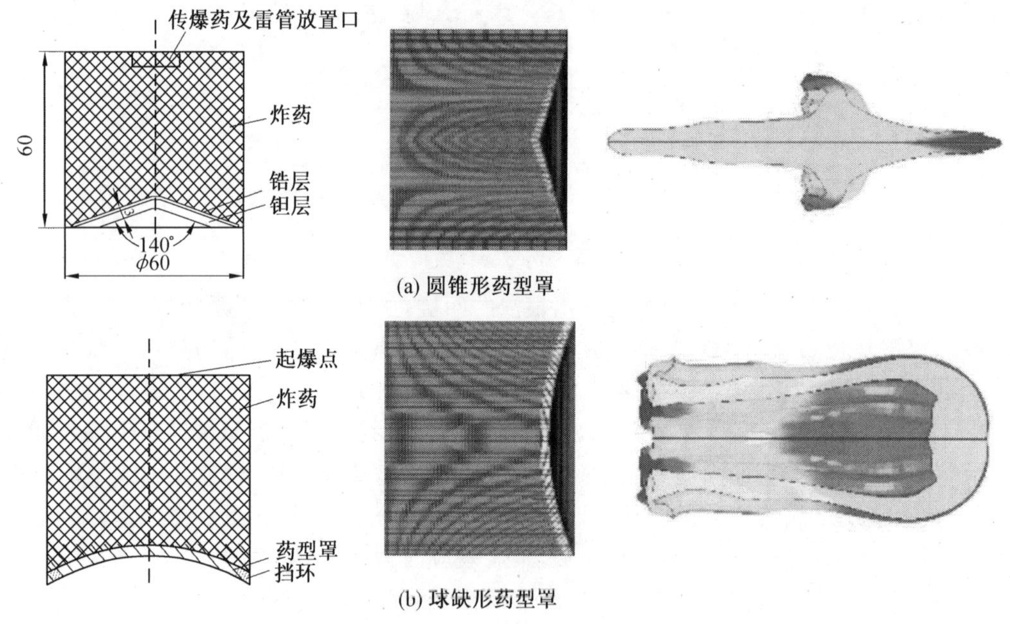

图 2.8　两种典型的EFP战斗部结构

根据成型装药战斗部爆炸形成毁伤元的特点可知，爆炸成型战斗部特别适合对装甲目标实施侵彻毁伤作用。以美军研制的BGM－71 TOW式反坦克导弹为例，该导弹由美国休斯飞机公司研制，1965年发射试验成功，1970年大量生产并装备部队，可车载和直升机发射，也可步兵携带发射，但主要采用车载发射方式。

BGM－71 TOW式导弹属于第二代重型反坦克导弹武器系统，其综合性能在第二代反坦克导弹中处于领先地位。这种导弹采用车载筒式发射、光学跟踪、导线传输指令、红外半主动制导等先进技术，主要用于攻击各种坦克、装甲车辆、碉堡和火炮阵地。这种导弹具有多种型号，但其战斗部均采用成型装药，其中 A/B/C/D/E 型采用金属射流类型的成型装药，F 型采用 EFP 类型的成型装药。部分型号 TOW 式导弹如图 2.9 所示。

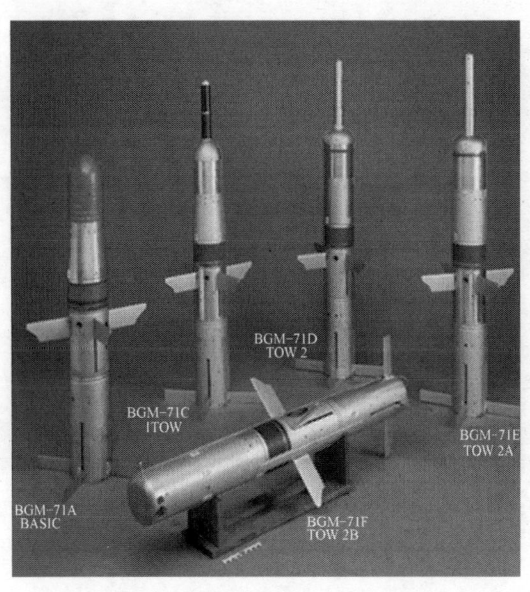

图 2.9　部分型号 TOW 式导弹

2.1.3　穿甲/侵彻战斗部

穿甲/侵彻战斗部对目标的毁伤原理是：硬质合金弹头以足够大的动能侵彻目标，然后靠冲击波、破片等作用毁伤目标。其作用特点是穿甲能力强，穿甲后效好。穿甲后效是指撞击效应、破片杀伤、爆破和燃烧作用等。穿甲弹主要依靠动能来侵彻装甲目标，因此需要很快的炮口初速度，一般用身管火炮进行发射。穿甲弹弹体采用高密度材料，往往通过增大长细比、提高初速度、增大弹丸的比动能等方法提高穿甲能力。穿甲弹已经发展到第四代。按结构性能，第一代是适口径的普通穿甲弹，第二代是次口径超速穿甲弹，第三代是旋转稳定脱壳穿甲弹，第四代是尾翼稳定脱壳穿甲弹（也称为杆式穿甲弹）。普通穿甲弹的结构如图 2.10 所示。

次口径超速穿甲弹的次口径指的是有穿甲效果的部分小于火炮口径，也就是里面的硬质穿甲核心，并不是整个弹头的口径小于火炮口径。例如，坦克的尾翼稳定脱壳穿甲弹，中间细长的弹芯称为弹丸、弹头（Projectiles），而外面的弹托不属于弹头。在标注穿甲弹弹种时，普通穿甲弹简称 AP（Armour-Piercing），脱壳穿甲弹简称 APDS（Armour-Piercing Discarding Sabot），尾翼稳定脱壳穿甲弹简称 APFSDS（Armour-Piercing Fin-Stabilized Discarding Sabot）。

目前采用高密度合金钨（或贫铀合金）制作弹体，使穿甲能力和后效作用大幅提高。贫铀合金密度约为 18.6 g/cm^3，弹体前端都是实心的，还有防裂槽，不怕在撞击目标的瞬间破碎或折断。采用脱壳方式提高初速度能洞穿较厚的装甲和流线型外形，还配有延期引信，钻进目标“内脏”后再爆炸；采用尾翼稳定方式加大长细比，增大比动能，射击精度高，流线型弹

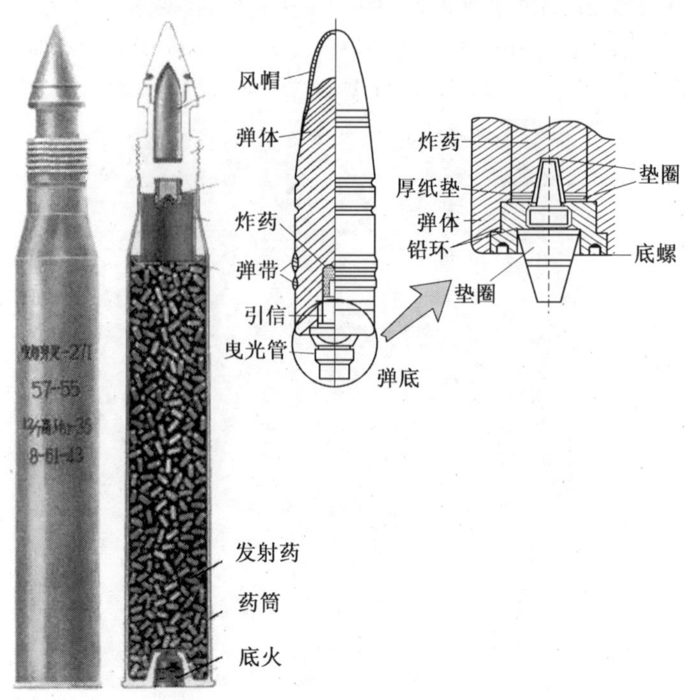

图 2.10　普通穿甲弹的结构

形飞行中空气阻力小，可瞬间命中坦克或飞机等活动目标。

尾翼稳定脱壳穿甲弹是由最初的普通穿甲弹逐步进化而来的，穿甲弹的穿甲能力取决于炮弹击中目标时的动能（速度、质量）和炮弹材料自身的物理特性。穿甲弹在炮膛中被发射药加速出膛之后只受阻力和重力的作用，为了使穿甲弹在击中目标时仍然存有较大的速度，穿甲弹在设计时就必须采用有利于减小阻力的形状，从而使弹体获得较高的初速度，如图 2.11 所示的尾翼稳定脱壳穿甲弹，采用一个轻质弹托把穿甲弹弹体夹在中间，弹托的口径与大炮口径一致，穿甲弹被做成细长的杆状，出膛之后弹托由于阻力的作用自动脱落，弹体沿着炮管指向继续飞行，这便是"脱壳"一词的由来。为了保证细长的弹体在飞行过程中的平稳性和精度，制造穿甲弹时，在其尾部安装四片尾翼，呈十字形排列，故称尾翼稳定。

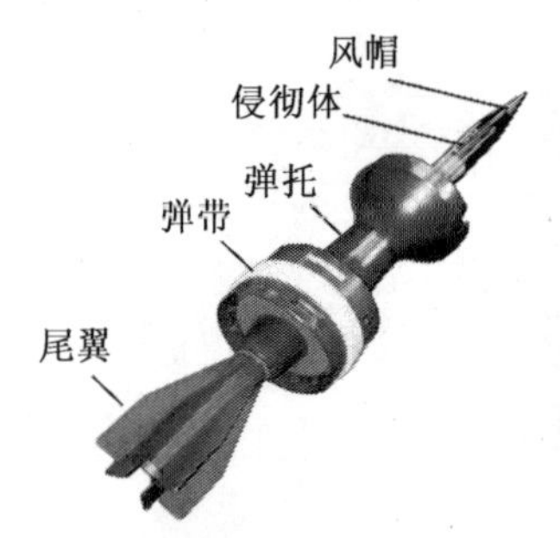

(a) 尾翼稳定脱壳穿甲弹

(b) 穿甲弹脱壳过程

图 2.11　尾翼稳定脱壳穿甲弹

目前美军装备的 120 mm 贫铀穿甲弹为 M829A1 式、M829A2 式和 M829E3 式。在

M829A2 式炮弹中，弹托采用碳—环氧树脂复合材料制造，采用新的机械加工工艺改进贫铀侵彻弹芯的结构性能，采用特殊的加工工艺对药包进行处理。与 M829A1 式炮弹相比，M829A2 的初速度提高了将近 100 m/s，该炮弹在 2 000 m 距离上的穿甲深度为 750 mm。M829E3 式炮弹在 2 000 m 距离上的穿甲深度为 800 mm。美军 M829A 系列穿甲弹如图 2.12 所示。

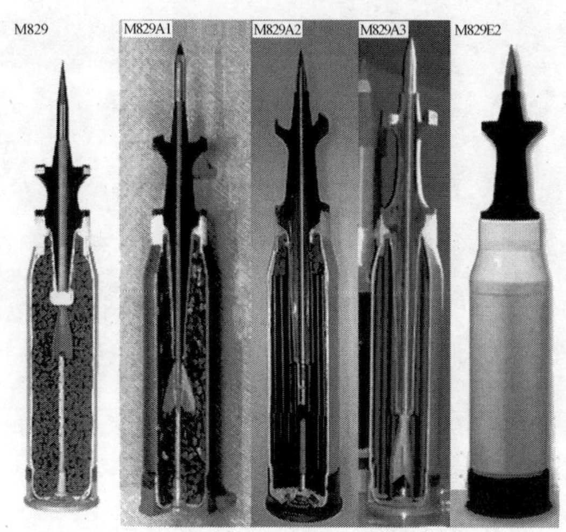

图 2.12　美军 M829A 系列穿甲弹

所谓半穿甲，即指先穿甲后杀伤，因此半穿甲弹的装药量也是一个重要指标。半穿甲战斗部依靠弹丸的冲击动能侵入目标，又同时依靠一定量的装药的爆炸作用来破坏目标。半穿甲弹形体较为细长，弹壳比普通爆破弹厚，装药占整个炸弹质量分数较大，装填系数约为 30%。装填爆炸威力较高的炸药时一般装有延期引信，命中钢筋混凝土结构及岩石介质时，弹壳不会破裂，因而它可以侵入较坚硬的介质(如钢筋混凝土材料及岩石材料)中爆炸，并具有相当大的爆炸威力，主要用于破坏坚固的钢筋混凝土防护结构，俄制 BETAB—500 就是一种典型的混凝土破坏弹，外形如图 2.13 所示。

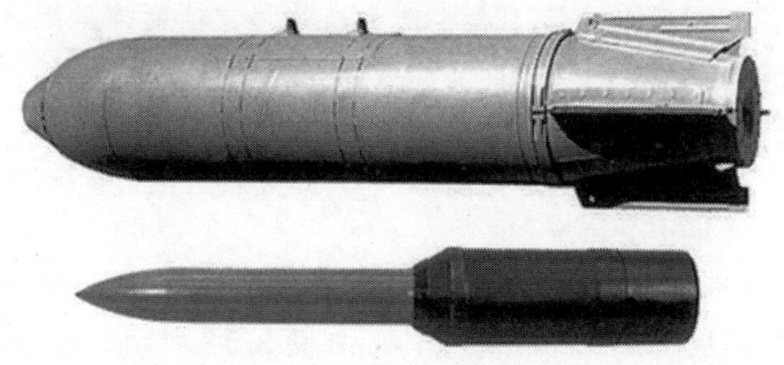

图 2.13　俄制 BETAB—500 混凝土破坏弹外形

半穿甲弹最初是在穿甲弹的基础上发展起来的、用于对付舰船目标的弹药，大中口径半穿甲弹主要配用在舰炮上。如图 2.14 所示，美海军“依阿华”级战列舰的火力核心由三座三联装 Mk7 型 406 mm 主炮(共 9 门)构成，根据美海军试验数据，单艘“依阿华”级 1 min 可发射 18 枚 Mk8 重型穿甲弹，共计 21.6 t 弹药。Mk8 重型穿甲弹是 Mk7 主炮反舰(攻坚)的主力弹药，单枚质量达 1.2 t，可穿透 500 mm 厚的钢装甲或 6.4 m 厚的钢筋混凝土层。

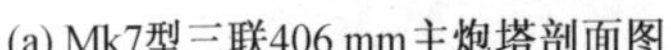

(a) Mk7型三联406 mm主炮塔剖面图　　(b) Mk8重型穿甲弹

图 2.14　美海军“依阿华”级战列舰三座三联装 Mk7 型 406 mm 主炮塔剖面图

装有半穿甲弹战斗部的还有美军“宝石路”Ⅲ GBU－24 激光制导导弹，该弹质量为 900 kg，长径比为 14∶1，能够钻入混凝土的深度为 1.8～2.4 m，用于摧毁加固点目标。

2.1.4　攻坚战斗部

随着战斗部毁伤能力的增强，目标的坚固性也在提高。典型的强防护目标是大量加固结构和地下深层硬目标等（如地下指挥所、地下深埋防空袭掩体设施等）。为了有效毁伤这些目标，需要研发专用的反深层次硬目标毁伤战斗部，于是攻坚战斗部应运而生，各国都对钻地弹的研制给予了高度重视。

攻坚战斗部的工作原理是高强度弹体依靠动能侵入目标一定深度，然后发生爆炸，实现对目标的有效毁伤。这类弹药的战斗部通常采用高强度材料，且长径比较大，因此，在一定的侵彻速度下，其弹体截面动能很高，其侵彻能力也很强。钻地弹是携带钻地弹头（也常称为侵彻战斗部），用于攻击机场跑道、地面加固目标和地下设施等的对地攻击弹药。钻地弹钻入地下爆炸的威力是通过爆炸时向地下介质耦合能量来实现的，其破坏效能比同当量炸药地面爆炸要大 10～30 倍。即使钻地深度不深，其爆炸威力也会远大于普通常规弹药的地面爆炸威力，因此作战效果十分显著。

对地面硬目标的侵彻打击最早使用的是常规航空炸弹，例如 20 世纪 50 年代美军研发的 Mk80 系列航空炸弹，属于常规低阻航空炸弹，如图 2.15 所示。这类武器由道格拉斯飞机公司设计，长径比约为 8∶1，对炸弹载体（飞行器）的阻力影响较小。Mk80 系列航空炸弹包括以下四种基本型。

①Mk81——标称质量 250 lb（lb 为磅，1 lb＝0.453 6 kg）。

②Mk82——标称质量 500 lb。

③Mk83——标称质量 1 000 lb。

④Mk84——标称质量 2 000 lb。

从实战数据来看，Mk80 系列常规炸弹针对坚固目标的侵彻能力有限。为获得更强的

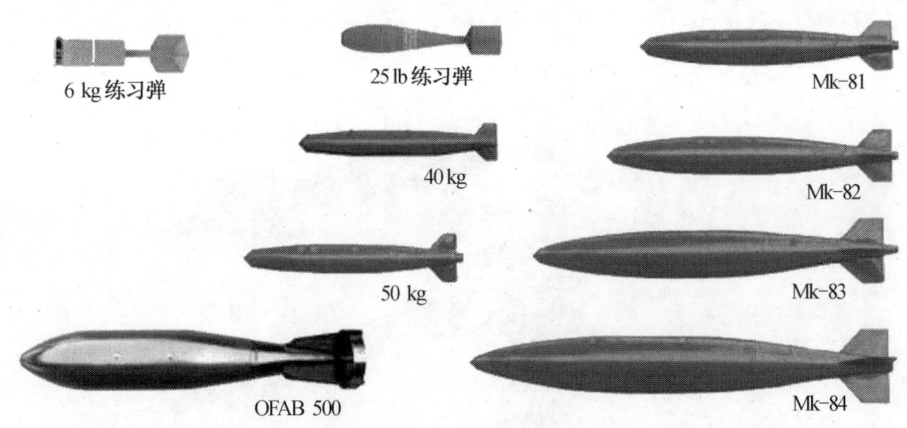

图 2.15　美军 Mk80 系列航空炸弹

侵彻能力，各国都在进行新型攻坚战斗部的研发工作。攻坚战斗部性能的提高主要从几个方面进行，如采用高强度弹体材料、增加战斗部壳体的厚度、增大战斗部的长径比、提高战斗部的着靶速度等。

需要明确一个概念，美军将航空弹药和航空弹药战斗部分为两个不同的概念，战斗部通常都是单独研制的，配装制导和控制元件，或者安装在空地导弹上，才成为整体的炸弹或导弹。最为著名和有代表性的是美军“宝石路”Ⅲ激光制导炸弹家族，例如，227 公斤级的 GBU－38 制导炸弹，可配有 BLU－111 战斗部；454 公斤级的 GBU－32 制导炸弹，可配有 BLU－110/B 战斗部。针对战场上日益增多的坚固目标，各国均在开发强侵彻战斗部，表 2.1 列出了国外典型攻坚战斗部/弹药的关键参数。

表 2.1　国外典型攻坚战斗部/弹药的关键参数

战斗部/弹药型号	BETAB－500	BLU－109/B	BLU－116/B	BLU－122/B	GBU－57A/B
国家	俄罗斯	美国	美国	美国	美国
弹重	1 000 磅级	2 000 磅级	2 000 磅级	5 000 磅级	30 000 磅级
装药量	98 kg	243 kg Tritonal	109 kg PBXN	286 kg AFX－757	2 404 kg 高爆炸药
钢筋混凝土侵彻能力	约 1 m	约 3 m	2.4～3.6 m	约 5.5 m	强度为 34 MPa 的钢筋混凝土 60 m

GBU－24/B 系列包括采用 2 000 磅级战斗部的“宝石路”Ⅲ激光制导炸弹系列。它们是目前为止“宝石路”系统最重要、数量最多的型号，如图 2.16 所示。以下战斗部均可用于 GBU－24/B 系列激光制导炸弹：Mk84（标准 2 000 磅低阻多用途炸弹）、BLU－109/B（2 000磅级钻地战斗部炸弹）和 BLU－116/B（2 000 磅级先进一体钻地战斗部炸弹）。

在钻地武器研究领域，通常把侵彻深度与弹径比值达到 50 定义为先进钻地弹。GBU－28钻地炸弹，长为 7.6 m，弹径为 356 mm，质量为 2 268 kg，配备 BLU－122/B 战斗部，可侵彻 9 m 深的钢筋混凝土，按照量纲－侵彻深度比值为 25（$X/D=25$，其中，X 和 D

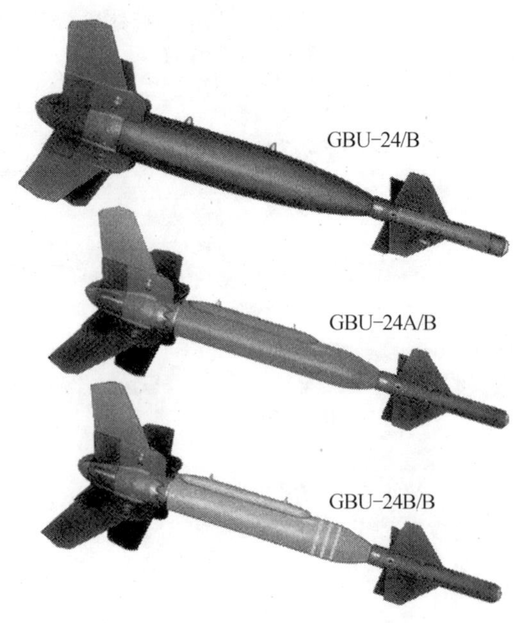

图 2.16 美军“宝石路”Ⅲ激光制导炸弹 GBU－24/B 系列

分别为侵彻深度和弹径）。投射时，首先由操作者使用激光目标指示器照射目标；然后炸弹根据目标发射的激光信号，在制导执行机构的作用下命中目标；当 GBU－28 接触地面后，引信经过短的时间延迟后起爆战斗部，实现对地下目标的毁伤。1991 年海湾战争期间，GBU－28 激光制导炸弹由 F－111 战斗机首次进行投射测试，图 2.17 为 GBU－28 钻地炸弹命中目标及目标毁伤效果。

图 2.17 GBU－28 钻地炸弹命中目标及目标毁伤效果

GBU－57 巨型钻地炸弹(Massive Ordnance Penetrator, MOP)由美国波音公司研制，是目前最大的常规钻地炸弹，质量约 13.6 t，其中战斗部质量为 2.4 t，装药为高爆炸药，外壳长约 6.25 m，直径约 0.8 m，可由 B－52“同温层堡垒”轰炸机及 B－2“幽灵”隐形战略轰炸机在 12 km 以上高空投放。“炸弹之祖”GBU－57 如图 2.18 所示。和其他钻地炸弹一样，GBU－57A/B 弹体也由侵彻部、战斗部和尾部制导组件三大部分组成。它采用了 GPS 制导和惯性制导，在炸弹中部十字形安装 4 个短横翼，尾部有 4 个可折叠栅格尾翼。在 GPS 信号受到干扰时，它能利用惯性制导实施精确打击，精度可达 1.2 m。侵彻部由高强度镍钴钢合金制成，可穿透 60 m 厚的普通混凝土(34 MPa)、8 m 厚的高强加固混凝土(69 MPa)或 40 m 厚的中等硬度岩石，其侵彻深度与弹径比值高达 75，远远超过了 BLU－122 保持的

9 m混凝土层或30 m厚土层的现有钻地深度记录，有“掩体粉碎机”之称。

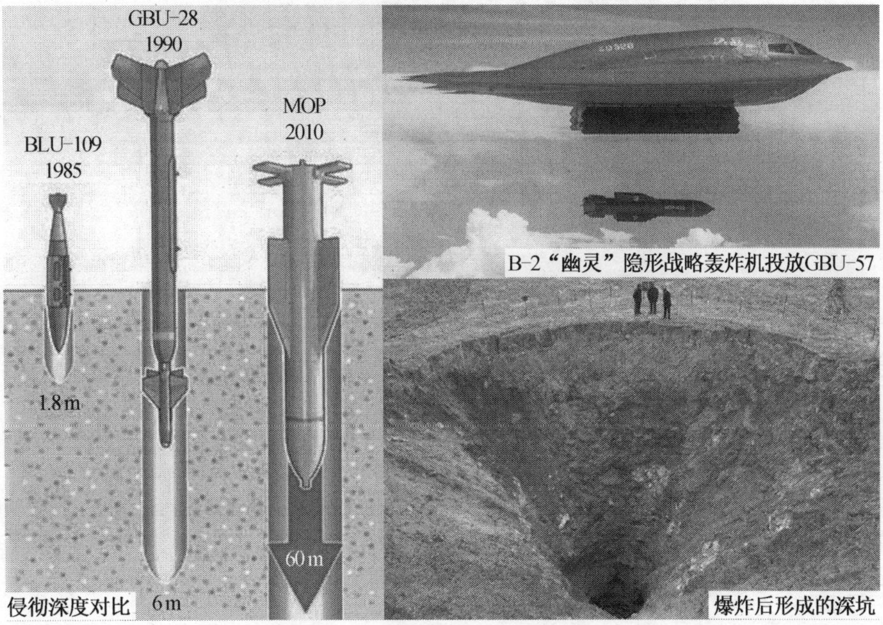

GBU-28
1990
MOP
2010
BLU-109
1985
1.8 m
6 m
60 m
侵彻深度对比
B-2“幽灵”隐形战略轰炸机投放GBU-57
爆炸后形成的深坑

图2.18 “炸弹之祖”GBU－57

GBU－57A/B巨型钻地炸弹采用GPS制导，精度极高，圆概率误差仅为1.2 m。由于精度极高，实战中GBU－57A/B一般都是两连投，第一枚下去钻地，第二枚紧接着从第一枚钻开的缺口中进去继续钻地侵彻，以提高对地下高价值目标的毁伤成功率。这种巨型钻地炸弹主要用于攻击地下机库、地下核设施、地下指挥所、地下弹药库等钢筋混凝土加固的深埋高价值目标。

除BLU－122/B这种“先侵后爆”型攻坚战斗部外，美军还研发了破爆型攻坚战斗部。以美国雷神公司研制的AGM－154 JSOW(Joint Standoff Weapon)系列联合防区外武器(简称JSOW或“杰索”)为例，它是一种低成本、高杀伤性的防区外攻击武器，具有多种型号，其中AGM－154C型采用BROACH战斗部。BROACH为两级串联战斗部，由英国航宇公司研制。AGM－154系列联合防区外武器如图2.19所示。

AGM－154C的串联随进战斗部由两部分组成，前部的是100 kg的WDU－44聚能成型装药侵彻战斗部，用于在装甲、钢筋混凝土、土层等目标上开辟通道；后部的是145 kg的WDU－45常规战斗部，能够实现爆轰和破片杀伤效果。它的攻击原理是：当弹体接近目标时，前部的聚能战斗部先起爆，形成爆炸成型弹丸，沿着弹头方向在混凝土上炸出一个洞，然后第二级战斗部沿着洞侵彻进入目标内部爆炸，彻底摧毁目标。串联式侵彻战斗部相对于同等质量的普通装药战斗部的主要优势是：能量提高1～2倍，其中70%来自聚能战斗部，且占用空间较小。

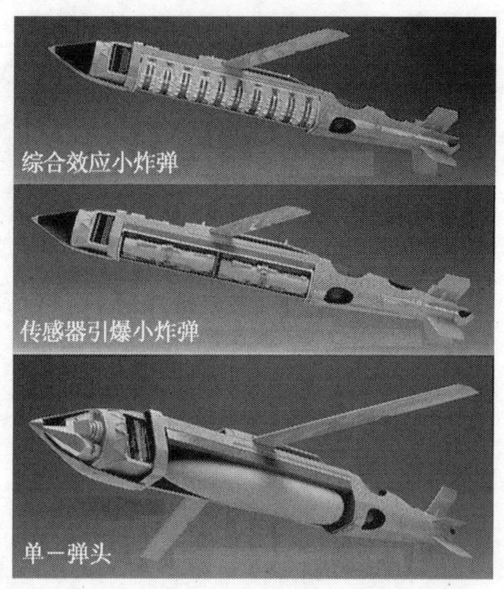

图 2.19 AGM－154 系列联合防区外武器

2.1.5 云爆弹战斗部(燃料空气弹战斗部)

云爆弹又称燃料空气弹、油气炸弹(Fuel Air Explosives，FAE)，它是以燃料空气炸药在空气中爆炸产生的爆炸冲击效应获得大面积杀伤和破坏效果的武器，通常由装填燃料空气炸药(主要由环氧烷烃类有机物构成，如环氧乙烷、环氧丙烷或其他高可燃混合物质等)的容器和定时起爆装置构成。环氧烷烃类有机物化学性质非常活跃，在较低温度下呈液态，但温度稍高就极容易挥发成气态。这些气体一旦与空气混合，就形成气溶胶混合物，极具爆炸性。同时，爆燃会消耗大量氧气，产生有窒息性的二氧化碳、强大的冲击波和巨大的压力。云爆弹的核心原理是可燃物与空气混合点燃产生爆燃效应。

如图 2.20 所示，云爆弹与普通高爆弹装药质量相同时，云爆弹的爆轰区超压不高，但具有体积庞大的云雾作用区；而高爆弹在爆点附近可产生很高的超压，但超压随其与爆点距离的增加急剧下降。因此，云爆弹爆炸场超压随传播距离衰减的速率明显缓于高爆弹，当与爆心的距离超过某一范围后，云爆弹的超压将大于高爆弹，其有效作用范围更大。另外，云爆弹的超压随时间的衰减也比高爆弹迟缓很多，即在某处超压相同的情况下，云爆弹超压作用

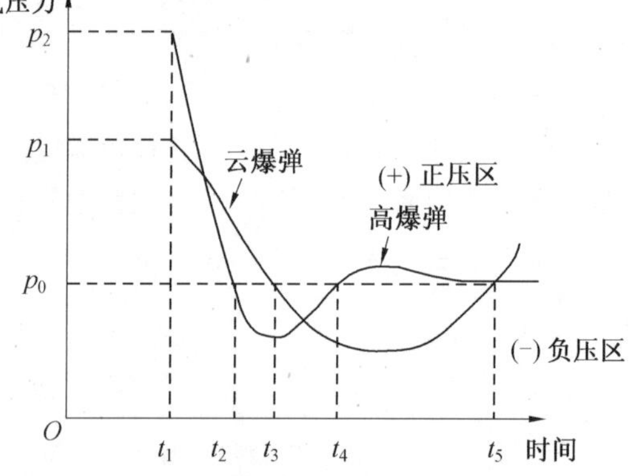

图 2.20 高爆弹和云爆弹爆炸后压力曲线

时间要比高爆弹长。因此，除了产生爆轰波的最大超压值比高爆弹稍低，云爆弹的毁伤性能全面优于高爆弹，其爆轰反应时间（包括爆燃反应时间）高出高爆弹，即云爆弹爆炸形成的高温、高压持续时间更长，冲击波的破坏作用和面积比高爆弹要大 50%以上。

云爆弹一般采取两次引爆模式：当云爆弹被投放到目标上空一定高度时进行第一次引爆，将弹体内的燃料抛撒到空中；抛撒过程中，燃料迅速弥散成雾状小液滴，并与周围空气充分混合，形成由挥发性气体、液体或悬浮固体颗粒物组成的气溶胶状云团；当云团在距地面一定高度时第二次引爆，形成云雾爆轰，典型云爆弹爆炸作用过程如图 2.21 所示，注意一次起爆后形成的白色雾团。由于燃料散布到空中形成云雾状态，云雾爆轰后形成蘑菇状烟云，并产生高温、高压和大面积缺氧区域，形成大范围的冲击波传播，对目标造成毁伤。

由于云爆剂的主要成分是液体，形成的雾团也会受到特殊天气的影响，加之云爆剂燃烧需要氧气，在空气稀薄地区（比如高压地区）的爆炸效果并不理想，所以才有后续的发展——温压弹。

图 2.21　云爆弹爆炸作用过程

云雾爆轰对目标的破坏作用主要是靠爆轰产生的超压和温度场效应，以及高温、高压爆轰产物的冲刷作用。云雾爆轰会消耗周围的氧气，在作用范围内能形成一个缺氧区域，使生物窒息，所以云爆弹的杀伤作用在密闭空间内效果更大。云爆弹独特的杀伤爆破效能使之适用于多种作战行动，如杀伤阵地作战人员，破坏机场、码头、车站、油库、弹药库等大型目标，攻击舰艇、雷达站、导弹发射系统等技术装备，在爆炸性障碍物中开辟通路（如排雷）等。云爆弹可采用大口径身管炮和飞机等投射，打击战役战术目标，也可以用导弹运送打击战略目标。

图 2.22 所示为美军 BLU－82 云爆弹，它主要由壳体、燃料空气炸药和引爆序列及控制组件等组成。云爆弹燃料舱为薄壁圆柱结构，质量达 6 750 kg，弹长为 5.37 m，直径为 1.56 m，战斗部装有 5 715 kg 稠状混合物。该炸弹外形较短粗，弹体宛如一个大铁桶，内装

有 GSX(硝酸铵、铝粉和聚苯乙烯)炸药,弹头为圆锥形,前端装有一根探杆,探杆的前端装有 M904 引信,用于保证炸弹在距地面一定的高度处起爆。弹壁为 6.35 mm 厚钢板。炸弹没有尾翼装置,但装有降落伞系统,以保证炸弹下降时的飞行稳定性。

图 2.22 美军 C－130 大力神运输机投放 BLU－82 云爆弹

美军研制的 GBU－43/B 又称为"炸弹之母"(Massive Ordnance Air Blast Bombs, MOAB),是一款巨型真空炸弹,长度约为 9.2 m,直径为 1 m,质量为 9.8 t,装药质量为 8.2 t,杀伤半径为 150 m,爆炸中心的温度为 2 500 °C,弹头爆炸当量相当于 11 t TNT,其实物图如图 2.23 所示。MOAB 可由 MC－130 运输机和 B－2 隐形战略轰炸机全天候投放。

图 2.23 "炸弹之母"实物图

MOAB 装填 8.2 t H6 烈性爆炸物(H6 由质量分数为 44.0%的黑索金和硝化纤维、质量分数为 29.5%的三硝基甲苯(TNT)、质量分数为 21.0%的铝粉、质量分数为 5.0%的石蜡(作为钝感剂)和质量分数为 0.5%的氯化钙制成),采用二次起爆方式引爆,作用原理是:炸弹被投放到空中一定高度时被引爆,高爆炸药被释放到空中,与空气混合形成一定浓度的气溶胶云雾,再经第二次引爆,可产生 2 500 ℃左右的高温火球,从而产生高压冲击波、高热能和无氧区,以摧毁武器装备、建筑物,并导致生物窒息。目前,已可以将这种新型燃料空气炸弹的两次爆炸过程通过一次爆炸来完成。炸弹爆炸时可形成高强度、长历时空气冲击波,同时爆轰过程会迅速耗费周围空间的氧气,产生大量的二氧化碳和一氧化碳,爆炸现场的氧气含量仅为正常含量的 1/3,而一氧化碳浓度却大大超过允许值,造成局部严重缺氧、空气剧毒。

俄罗斯研发了一种高功率真空炸弹,俗称"炸弹之父"。2007 年 9 月 11 日,俄罗斯空军以图－160 战略轰炸机对其进行了成功的投放测试,如图 2.24 所示。该弹内装填 7.1 t 新型高爆炸药,采用先进的配方和纳米技术(可能加有纳米铝粉和黑索金),尽管总装药量少于

图 2.24　俄罗斯空军图—160 战略轰炸机投放“炸弹之父”

美军“炸弹之母”的 8.2 t，但因其配方先进，所以威力反而要大得多，真空设备能产生相当于 44 t TNT的爆炸威力，是美军“炸弹之母”的 4 倍，300 m 的爆炸半径是“炸弹之母”的 2 倍，杀伤面积更是其 20 倍。炸弹会在半空中爆炸，主要破坏是由爆炸产生的超音波冲击波和极高温所造成。“炸弹之父”采用了两级引爆技术，首先通过第一级触感式引信控制第一次引爆的炸高，第一次引爆用于炸开装有燃料的弹体，燃料抛撒后立即挥发，在空中形成炸药云雾；第二次引爆利用延时起爆的方式，引爆空气和可燃液体炸药的混合物，形成爆轰火球，利用高温、高强冲击波来毁伤目标。与传统的炸弹相比，这种新型炸弹产生的冲击波与超高温作用距离更远，爆炸后产生的局部真空环境更能加剧这种炸弹的破坏力，堪称小型核武器。

2.1.6　温压弹型战斗部

温压弹，顾名思义就是利用空气炸药产生的温压效应来造成杀伤效果的弹药，也称为热压武器。温压弹是在云爆弹的基础上研制出来的，它与云爆弹最大的区别就是其中的云爆剂换成了一种特制的温压炸药。这种炸药兼具高爆弹和燃料空气炸药的特点，准确地说是一种富含燃料的高爆弹，其爆速较低，只有 3～4 km/s，远低于高爆弹 8 km/s 左右的爆速，炸药内还添加了铝、硼、硅、钛、镁、锆等物质的粉末，作为添加剂，能够大大增加云爆弹的热效应和压力效应，特别是在有限空间中，杀伤力比云爆弹更强，对藏匿于地下的设备和系统能够造成严重损毁，也更适合武器的小型化。

温压弹到达目标区域之后，在引信的作用下，在炸药内部起爆，这种特制的低爆速温压炸药起爆后，内部的炸药在传播时将外部的炸药炸开，起到了抛撒炸药的作用，最终效果就是爆炸云团“边爆边扩”，产生一个不断膨胀、内部也在不停发生爆轰的火球。只需要一次引爆，就能达到作用效果。

温压弹在地面爆炸时，爆炸后一般会形成三个毁伤区，即温压杀伤区、冲击波杀伤区及碎片杀伤区，如图 2.25 所示。温压弹爆炸后产生的高温、高压场向四周扩散，通过目标上尚未关闭的各种孔洞及通道（如射击孔、炮塔座圈缝隙、通气部位等）进入目标结构内部，以高温高压造成人员伤亡。因此，温压弹更多用来杀伤有限空间内的有生力量。在有限空间中爆炸时，毁伤效果比开阔区域爆炸要高许多。

由于温压弹主要起作用的战斗装药由云爆剂升级为特指温压炸药，杀伤力大大增加，加之炸药燃烧无须氧气，对环境适应性也更好。固体的装药也便于武器形式的改变，既可以做

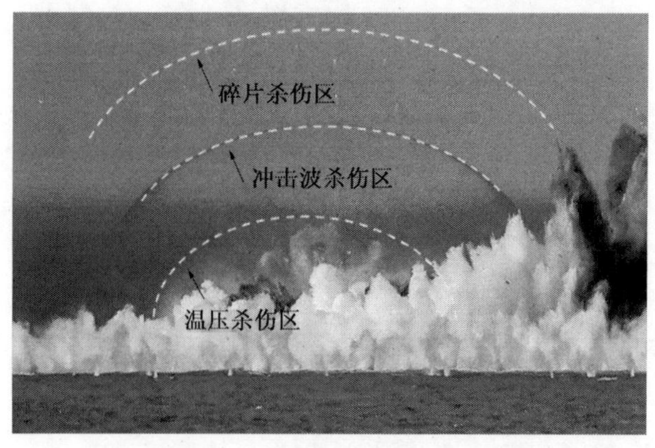

图 2.25 温压弹爆炸毁伤机制

成大型航弹,也可以做成小型枪榴弹。目前,温压弹是很多国家研究发展的重点,因为其巨大的威力和杀伤力,被视为仅次于核武器的"亚核武器"。

2.1.7 子母弹型战斗部

将若干个小型战斗部(子弹)集合到一般战斗部壳体(母弹)内的战斗部,称为子母弹型战斗部。子母弹又称为集束弹药(Cluster Munition),主要用于攻击集群目标。子母弹战斗部的作用原理是:其内部装有一定数量的子弹,当母弹飞抵目标区上空时开仓或解爆,将子弹全部或逐次抛撒出来,形成一定的空间分布,然后子弹无控下落,分别爆炸并毁伤目标。由于利用其数量特性,增加涵盖面积和杀伤范围,可用于攻击集群坦克、装甲战斗车辆、部队集结地等集群目标,或机场跑道等大面积目标,具有较强的毁伤能力。子母弹毁伤目标的过程如图 2.26 所示。

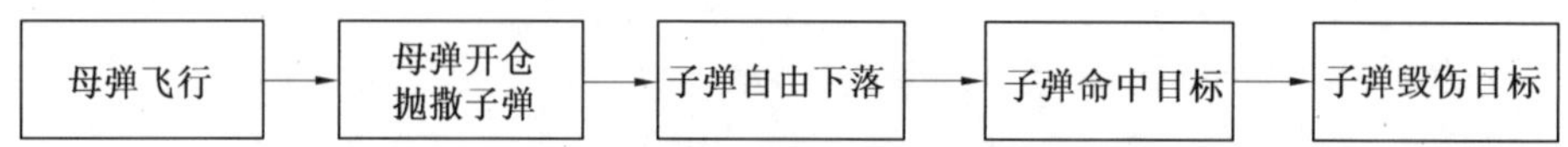

图 2.26 子母弹毁伤目标的过程

最早用于实战的机载末敏弹是美国的 CBU－97/B 子母炸弹,内装 10 枚 BLU－108/B 子弹药,每枚 BLU－108/B 又带有 4 个小型反坦克战斗部。炸弹在预定高度抛撒出子弹药后,BLU－108/B 上的降落伞和微型火箭发动机使其处于垂直稳定旋转状态,弹上的红外传感器开始大面积扫描下方。探测到目标红外辐射后,4 个战斗部就被弹射出去实施攻击,CBU－97 集束炸弹构造及其投放过程如图 2.27 所示。

子母弹虽然有较高的作战效能,但受工作可靠性和环境因素的影响,通常未爆率较高,这会给当地的民众造成生命和财产的威胁。近年来,随着电子技术的进步,在子弹药上安装了红外传感器、毫米波雷达和毫米波辐射计等,使其具备了探测、识别目标,以及自主攻击的能力,这种子弹药称为末敏弹。

实际上,末敏弹并不是制导武器系统,因为它不能自动跟踪目标,也没有制导系统。它的作战原理为:装有末敏弹的母弹发射后按照预定弹道以无控或者有控方式飞向目标区,在目标区域上空预定高度,时间引信起作用,点燃抛射药,将末敏弹从弹体内抛出。末敏弹被抛出后,依靠减速伞或者翼片达到预定的稳定下降旋转扫描状态。末敏弹在旋转下降的过

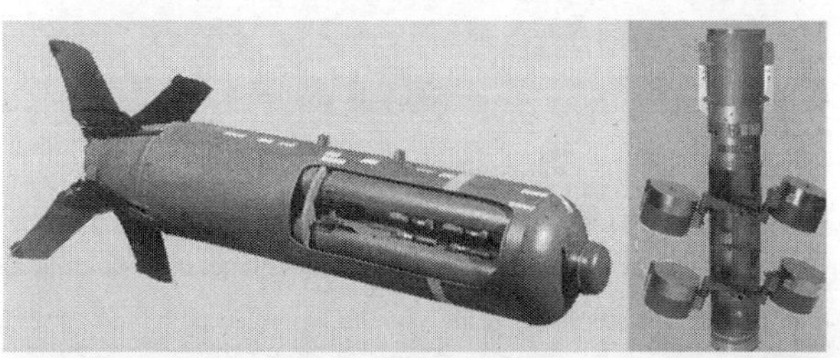

(a) CBU-97/B炸弹内部装有10枚BLU-108/B　　(b) BLU-108/B

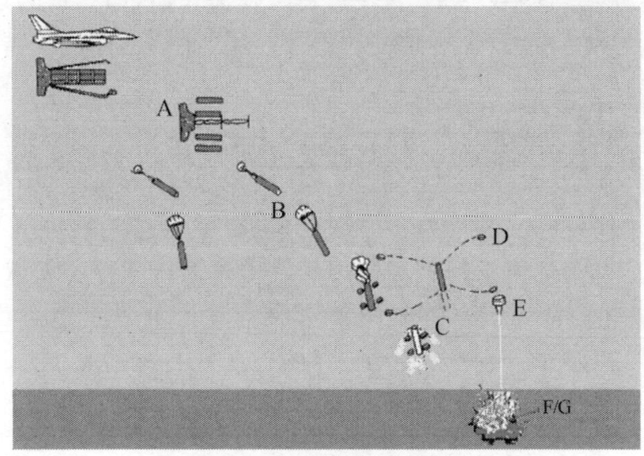

(c) CBU-97集束炸弹投放示意图

图 2.27　CBU－97 集束炸弹构造及其投放过程

程中，弹上的传感器对地面做螺旋扫描。距离传感器测出末敏弹下降到预定高度时就接触引爆机构保险，一旦在传感器搜索范围内发现目标，弹上控制器就发出战斗部起爆信号。末敏弹一般采用自锻成型反装甲战斗部，起爆后瞬时形成速度为 2 000～3 000 m/s 的侵彻体去攻击装甲目标。如果末敏弹没有搜索到目标，即按照预定程序自毁。末敏弹攻击示意图如图 2.28 所示。

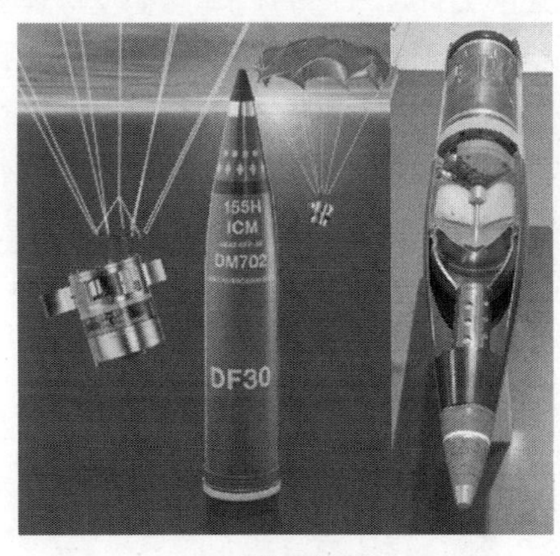

(a) 末敏弹构造

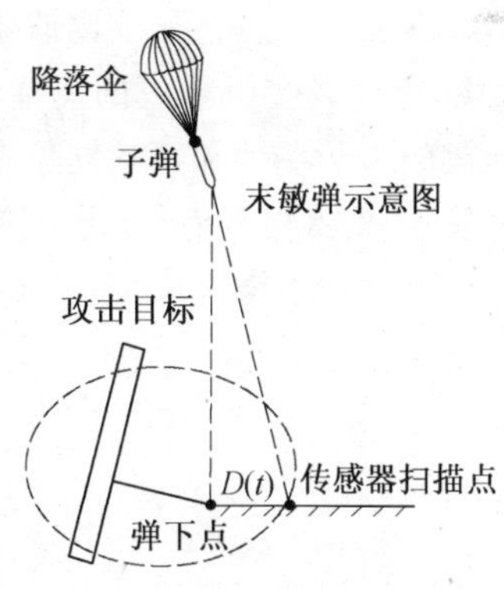

(b) 末敏弹攻击原理

图 2.28　末敏弹攻击示意图

2.2 核战斗部

由于核武器释放的能量大、破坏效应方式多，在防护工程进行防护时，核武器是主要防护的目标之一。核武器通常指狭义的核武器，即由核战斗部与制导、突防等装置装入弹头壳体组成的核弹。核战斗部的主体是核爆炸装置，简称核装置。核装置与引爆控制系统等组成核战斗部。将核战斗部与制导、突防等装置装入弹头壳体，即构成弹道导弹的核弹头。广义的核武器通常指由核弹、投掷/发射系统和指挥控制、通信及作战支持系统等组成的、具有作战能力的核武器系统。

核战斗部一般分为核裂变战斗部与核聚变战斗部两大类，它们分别以核裂变和核聚变反应释放出巨大能量作为其毁伤能量的来源。核战斗部爆炸后还会引发一系列复杂的物理过程，从而造成多种毁伤效应。利用原子核裂变(原子弹)或聚变(氢弹)反应时释放的巨大能量产生爆炸作用，具有大规模杀伤破坏作用的武器称为核武器。核武器的威力以“梯恩梯(TNT)当量”来衡量。例如，“15 ktTNT 当量”的核武器是指核武器爆炸可释放出的能量相当于 15 kt 的 TNT 炸药爆炸时放出的能量。工程上常以千吨(kt)作为核武器当量的质量单位。

2.2.1 核裂变战斗部

(1)核裂变及链式反应原理。

核裂变反应是核反应的一种。当某些重原子同位素(如铀和钚的同位素：${}^{235}_{92}U$ 和${}^{239}_{94}P_U$)的原子核受到中子轰击并捕获中子时，就有可能发生核裂变反应。由于这些重原子同位素本身不太稳定，捕获中子时，中子的能量将使这些同位素的原子核分裂成两个质量大致相等的较轻的原子核(如 Kr、Ba 等，称为产物或碎片)，同时产生中子，释放出能量。图 2.29 说明了这个过程。核裂变释放出来的能量非常巨大，以${}^{235}_{92}U$ 为例，其裂变反应释放的平均能量在 2 000 MeV 左右，这个能量比原子的化学反应能(在几电子伏量级)要大得多。经测算，1 g 的${}^{235}_{92}U$ 完全裂变所释放的能量相当于 2.5 t 煤燃烧产生的热量。在理论上，当核裂变反应所释放的中子在铀和钚的同位素制成的核装料中继续运动时，就有可能和另外的同位素原子核发生核裂变反应，这个核裂变反应又再放出中子，中子又导致新的核裂变反应……于是这就形成了链式反应，如图 2.30 所示。

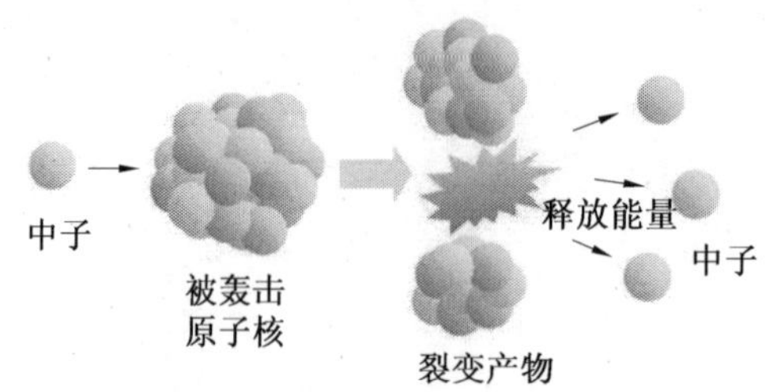

图 2.29 核裂变反应示意图

链式反应使得参与反应的原子核数量在很短的时间内(0.1～1 μs 量级)呈指数增长，其结果是一系列核裂变反应所释放的能量在有限的空间内急剧累积，最后导致巨大的爆炸。

这就是核裂变战斗部的爆炸原理。

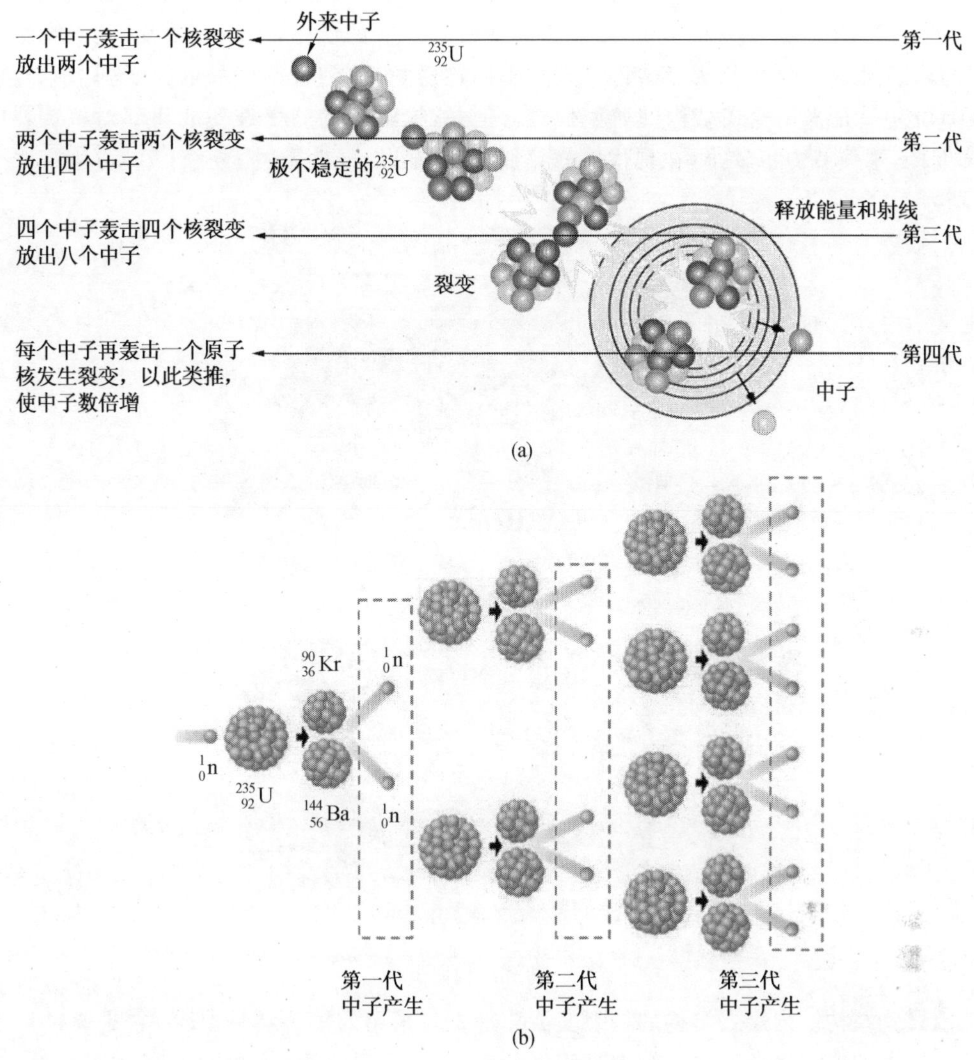

图 2.30　核裂变链式反应示意图

在工程上，实现核裂变的链式反应是有条件的，即要求参与下一代核裂变反应的中子总数要大于本代参与核裂变反应的中子总数(图 2.30)，否则链式反应就不能自持，这个条件称为超临界条件。要实现超临界条件，首先要采用高纯无杂质的核装料(如超浓缩铀，其中铀的同位素$^{235}_{92}U$的质量分数要达到 90%以上)，以减少中子被杂质捕获的概率；同时增大核装料块体的质量，即增大体积，减少边界表面体积，以减少中子从边界泄露的概率；增大核装料的密度，以增加中子与核装料原子核发生核裂变反应的概率。做到以上几点，就可以实现核裂变链式反应导致的核爆炸。

(2)核裂变战斗部的典型结构。

使用核裂变战斗部的弹药(或导弹)也称为原子弹，它以核裂变反应能量为主要能量来源。按实现核裂变链式反应超临界条件的方法，核裂变战斗部可分为以下两种典型结构。

①枪式结构。枪式结构的核裂变战斗部主要采用的核装料是$^{235}_{92}U$，它是利用常规炸药的能量，将一块次临界质量的核装料高速发射到另一块中去，从而使核装料迅速达到超临界质量，与此同时，中子源释放出中子，触发核裂变链式反应的产生，实现核爆炸，其典型结构如图 2.31(a)所示。1945 年第二次世界大战末期，美国投放到日本广岛的原子弹“小男孩”(图 2.31(b))就是采用枪式结构的典型代表。但是，枪式结构的核裂变战斗部对核装料的利用率偏低，爆炸威力也较小，在现代核战斗部设计中已经很少采用了。

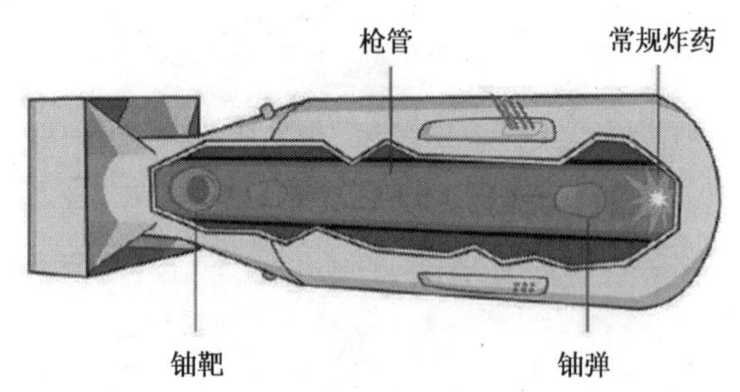

(a) 枪式结构示意

(b) 投放到日本广岛的原子弹“小男孩”

图 2.31　枪式结构原子弹

②内爆式结构。内爆式结构的核裂变战斗部主要采用的核装料是$^{239}_{94}P_U$，它是通过常规炸药聚心爆轰的方式将核装料压缩到高密度状态，以此达到核裂变链式反应的临界条件，从而实现核爆炸，其典型结构如图 2.32(a)所示。1945 年美国在日本长崎投放的原子弹“胖子”(图 2.32(b))就是这种结构的典型代表。这种结构的核裂变战斗部对核装料的利用率较高，爆炸威力也较大。内爆式核裂变战斗部的设计和制造涉及装药设计、起爆时间控制等一系列问题，与枪式结构相比具有更高的技术水平。在现代核战斗部设计中，内爆式结构仍然是一个主流的设计方向，并在此基础之上进行了一系列的改进。

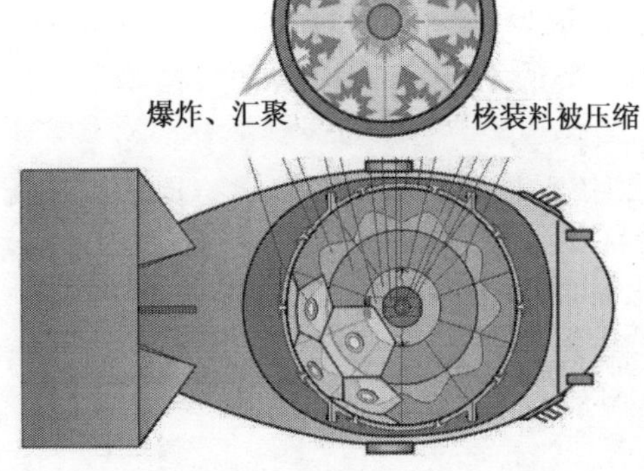

(a) 内爆式原子弹典型结构及原理

(b) 投放到日本长崎的原子弹“胖子”

图 2.32　内爆式结构原子弹

2.2.2　核聚变战斗部

(1)核聚变反应原理。

某些氢原子同位素(如氘${}^{2}_{1}$D 和氚${}^{3}_{1}$T)的原子核在一定条件下聚合在一起,形成一个较重的原子核(如氦${}^{4}_{2}$He 或其同位素${}^{3}_{2}$He),同时释放出中子和能量,这就是核聚变反应。典型的核聚变反应有${}^{2}_{1}$D—${}^{2}_{1}$D 聚变和${}^{2}_{1}$D—${}^{3}_{1}$T 聚变。核聚变战斗部主要使用的是${}^{2}_{1}$D—${}^{3}_{1}$T 聚变反应,图 2.33 是其反应示意图。

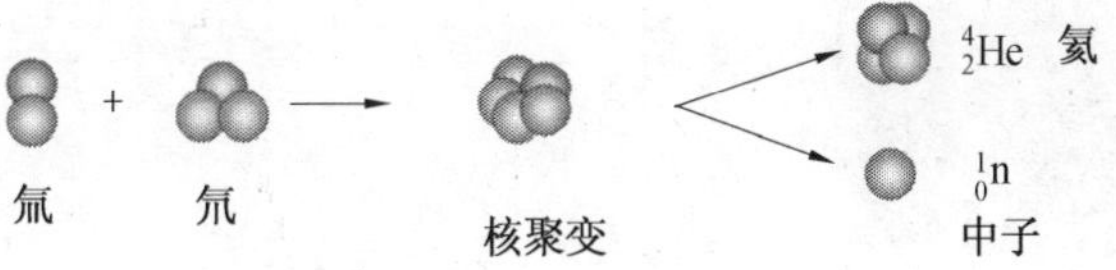

图 2.33　核聚变反应示意图

要实现${}^{2}_{1}$D—${}^{3}_{1}$T 聚变反应,需要将${}^{2}_{1}$D、${}^{3}_{1}$T 加热到很高的温度(108 K 以上),在这种温度下,已经被电离的${}^{2}_{1}$D、${}^{3}_{1}$T 离子(原子核)剧烈运动,当${}^{2}_{1}$D、${}^{3}_{1}$T 的密度达到一定要求时,同时能够维持一定的约束时间,${}^{2}_{1}$D—${}^{3}_{1}$T 聚变反应就能够发生。由于需要很高的温度,所以这种核聚变反应也称为热核反应。

(2)核聚变战斗部的典型结构。

使用核聚变战斗部的弹药(或导弹)也称之为氢弹,它以核聚变反应能量为主要能量来源,又称聚变弹、热核弹和热核武器。氢弹的杀伤破坏因素与原子弹相同,但其威力比原子弹大得多。原子弹的威力通常为几百至几万吨级 TNT 当量,氢弹的威力则可大至几千万吨 TNT 当量。还可通过设计增强或减弱其某些杀伤破坏因素,其战术技术性能比原子弹更好,用途也更广泛,其爆炸达到的温度约为 3.5×10^{9}℃,远远高于太阳中心温度(约 1.5×10^{8}℃)。原子弹受临界质量限制不能造得很大,而氢弹没有临界质量的限制,可以造得很大,它只要求由原子弹爆炸的极高温度条件能引发核聚变反应。通常,氢弹的爆炸威力比原子弹大得多。要说明一点,从技术上讲,实际上没有纯粹的仅利用核聚变反应能量的战斗部，核聚变战斗部也需要核裂变反应的能量来加热核聚变装料，从而触发核聚变反应的发生。所以严格地讲，核聚变战斗部都是核裂变一聚变混合型的战斗部。

核聚变战斗部的典型结构为两级起爆式结构，这种结构又称为 Teller－Ulam 结构。Teller－Ulam结构的核战斗部是现代大威力核战斗部的主流，下面对这种结构原理进行简单概括。

典型的 Teller－Ulam 结构如图 2.34 所示，其核心是采用了两级起爆结构。第一级是球形内爆式核裂变起爆装置（原子弹），位于图 2.34 的上部，第二级是柱状的核聚变燃料箱，中心还有一个核裂变材料（$^{235}_{92}U$ 或 $^{239}_{94}P_U$）制成的中空柱体，称为裂变火花塞，位于图 2.34 的下半部分。两级起爆结构封装在由重金属（如铅）制成的容器中，容器中其他的空间填充聚苯乙烯泡沫。

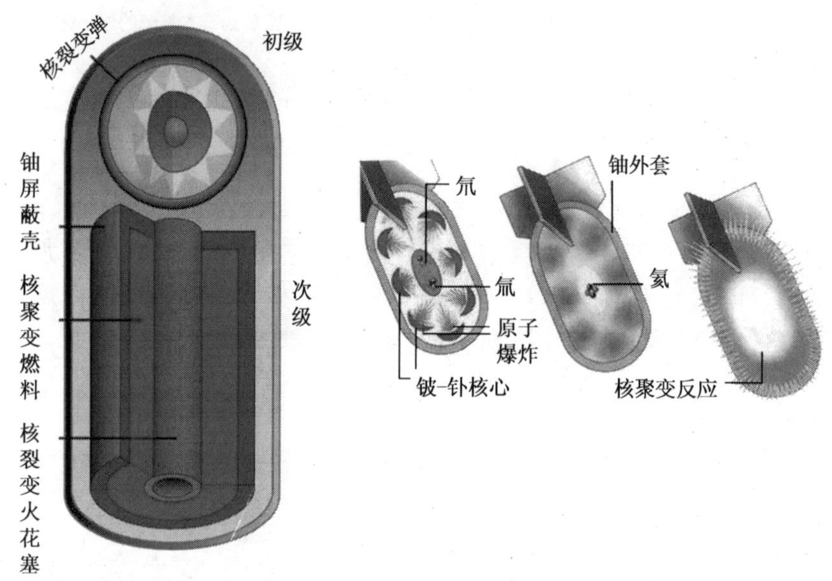

图 2.34　Teller－Ulam 结构的核聚变战斗部示意图

Teller－Ulam 结构在起爆时，第一级结构首先起爆，并形成核裂变链式反应，从而导致核爆炸，这个过程产生了大量的高能 X 射线。X 射线在容器内多次反射，在 X 射线的作用下，容器内的材料气化电离，具有极高的温度和压力，从而对第二次的柱形核聚变燃料箱进行聚心压缩，获得核聚变反应所需要的高温、高压环境，并最终实现$^{2}_{1}D$－$^{3}_{1}T$ 聚变反应，迅速释放出巨大能量，最终实现核爆炸。需要说明的是，根据两级起爆的 Teller－Ulam 结构原理，还可以扩展到三级（第三级又是核裂变反应，起爆过程为核裂变—核聚变—核裂变）或更多级，理论上可以达到非常大的爆炸威力。

（3）其他战斗部。

中子弹是一种小型的核聚变战斗部，在这种战斗部中进行一定的设计使核聚变反应所产生的高能中子尽量辐射出来，主要利用中子的辐射对目标进行毁伤。由于中子不带电荷，具有更强的穿透能力，一般能防护 γ 射线的材料通常不足以防护中子流。因为只有水和电解质才能吸收中子，而生物体中含有大量水分，所以中子流对生物体的伤害比 γ 射线更大，因而中子弹能达到杀伤有生力量而不毁伤装备的目的。但事实上，中子弹爆炸产生的热辐射和冲击波还是很强的，仍旧可以对各种装备造成毁伤，所谓“杀人不毁物”只是相对其他热核武器而言。

钴弹也是一种小型的核聚变战斗部，其原理是在壳体内使用钴元素（Cobalt，$^{59}_{27}$Co），核聚变反应释放出的中子会令$^{59}_{27}$Co 变成$^{60}_{27}$Co，后者是一种会长期（约 5 年内）辐射强烈射线的同位素，所以能造成长时间强辐射污染。除了使用钴以外，也可以使用金造成数天的污染，或者使用锌及钽（Tantalum）造成数月的污染。

2.2.3　特种和新型战斗部

特种和新型战斗部在结构和毁伤机制上有别于传统常规战斗部和核战斗部，但是在特定的战场环境下，它们能够起到意想不到的重要作用，是传统常规和核武器的重要补充，生物武器和化学武器就是其中的代表。

生物武器又称为细菌武器，生物战剂战斗部也称为细菌战斗部，能释放细菌、病毒等。它由生物战剂和施放装置两部分组成，生物战剂包括致病微生物及其产生的毒素。生物武器的杀伤力是靠散布生物战剂，使人员、牲畜和农作物致病死亡，以达到大规模杀伤对方有生力量和扰乱、破坏其后方的目的。生物武器是一种战略武器，在特定条件下某些生物战剂也可用于战术目的。生物武器造成的伤亡率不亚于核武器。

化学武器指各种毒剂弹等。军用毒剂可分为神经性、糜烂性、全身中毒性、窒息性和刺激性等毒剂。化学战斗部能释放毒剂，如芥子气（糜烂性毒剂）、二甲胺氰磷酸乙酯（神经麻痹性毒剂）、氢氰酸（全身中毒性毒剂）、苯氯乙酮（催泪剂）等。化学武器具有杀伤威力大、中毒途径多、作用时间长、价格低廉及不破坏建筑物和武器装备等特点，是一种大规模杀伤性武器。随着科学技术的发展以及二元化学武器和“超毒性”毒剂的出现，化学武器在战场上仍具有重要地位。

其他特种战斗部有光辐射战斗部，能释放强光束，如激光束，以此杀伤有生力量或使精密武器失效。此外，还有燃烧战斗部、发烟战斗部和侦察战斗部等。

近年来，各国不断发展新型和新概念武器，已经出现了携带导电复合（碳）纤维、燃料空气炸药、温压炸药等装填物的新型战斗部，并研发了电磁核脉冲、强光致盲、复合干扰与电子诱饵等新概念武器。这些新武器的有效性已经得到现代战争的检验。有些武器正在从概念研究转向实践应用研究，如激光武器、高功率微波武器等。在现代战争日新月异的形式下，战场的目标特点也在不断翻新，呈现多样化，某些重要重大民用工程目标（如大跨桥梁、大坝、大型储油基地、核电发电厂、公路与铁路交通枢纽等）在战争时期也可能成为重点打击对象，同时国防与公共安全并重正成为各国制定安全策略的共识。因此，除了积极研发传统武器，开展软杀伤武器战斗部技术的研究也成为目前战斗部发展的一个重要方向。

2.3　战斗部的毁伤效应

毁伤效应分析的主要作用是研究武器战斗部对目标的毁伤效果，可用于武器打击效果的预测与评估。毁伤效应分析主要包括战斗部威力分析和目标易损性分析两方面的内容。在弹道终点处，常规战斗部将发生爆炸或与目标撞击，依托爆炸能产生毁伤元素（冲击波、破片和射流等）或利用其自身的动能对目标进行力学、热学的效应破坏。所以，常规战斗部的基本毁伤效应主要是爆炸冲击效应和侵彻毁伤效应，其他毁伤效应可以归并为这两种效应的组合或派生。

2.3.1 常规战斗部的基本毁伤效应

(1)爆炸冲击效应。

爆炸冲击效应主要是指战斗部在介质(空气、土、岩石等)中爆炸产生的爆轰产物、冲击波对目标形成的破坏作用，是常规武器战斗部最基本的毁伤效应，并以空气中的冲击波效应最为典型，多用于毁伤地面有生力量、建筑物等目标。爆轰产物和冲击波是爆炸冲击效应中毁伤目标的主要元素，它们的具体情况将在后续章节详细讨论，这里仅做简单介绍。爆轰产物是常规战斗部炸药爆炸产生的高温、高压气体，爆炸发生后它将向四周急速膨胀。爆轰产物的膨胀对周围空气做功，空气中将被激发出冲击波向四周传播。冲击波是一个空气压力、密度、温度等物理参数发生突跃变化的高速运动界面。常规战斗部爆炸产生的爆轰产物及冲击波如图 2.35 所示。图中，地面爆炸中心升腾起的巨大火球部分是高温、高压爆轰产物，这是由于高温而产生的光辐射现象。图中可见爆轰产物四周有一道半球形、边界清晰的冲击波波阵面，这是由于冲击波波前后的空气密度发生突变，波前后空气对光的折射率不同，所以可以通过高速摄影机较为清晰地拍摄出来。

图 2.35 常规战斗部爆炸产生的爆轰产物及冲击波

一般军用炸药的爆轰产物的温度可达 3 000 K，压力为 20～40 GPa，其膨胀速度约为 1 500 m/s，其膨胀距离较为可观，能对离爆炸点较近的目标实施力一热效应的毁伤。冲击波超压 Δp，即冲击波波后压力 p 超过环境压力(标准大气压 p_0)的大小($\Delta p=p-p_0$)，是描述冲击波特性的重要参数之一，它表征了冲击波的强度。冲击波超压与炸药能量、传播距离都有关，爆炸能量越大，冲击波超压越大，并随传播距离增加而逐渐衰减。相对于爆轰产物而言，冲击波能够传播到较远的地方，能对离爆炸点较远的目标实施力学效应的毁伤(如使目标变形、移动、抛掷等)。

(2)侵彻毁伤效应。

侵彻毁伤效应是指侵彻体(如钻地战斗部、高速飞行的破片、射流、穿甲弹等)利用动能，对目标实施撞击并贯穿而产生的破坏作用。侵彻体的动能可以来自于战斗部炸药爆炸的能量，也可以来自于战斗部的发射和推进过程。侵彻毁伤效应也是常规战斗部的基本毁伤效应之一，可用于有生力量、轻重装甲目标和硬目标等。

侵彻体是侵彻毁伤中的主要毁伤元素。按照侵彻体的不同，侵彻毁伤效应可以分为破片毁伤效应、破甲毁伤效应和穿甲毁伤效应。这里仅对破片毁伤效应进行介绍。如前所述，炸药一般被装入由战斗部壳体构成的容器中。炸药爆炸时，爆炸能量能够使得战斗部壳体破裂并形成若干碎片。在爆轰产物的驱动下，壳体破裂后形成的破片向四周高速飞散，形成高速飞散的破片（高速飞片），如图 2.36 所示。按破片的大小是否可控，可以分为自然破片和预制破片（或半预制破片），前者由壳体自然破裂而产生，破片大小随机分布，后者人为预制了破片的大小，破片尺寸较为均匀。

图 2.36　常规战斗部爆炸飞片射向靶标

高速飞散的破片若撞击到目标，将对目标形成侵彻毁伤效应，主要是击穿目标表层或内部部件，并导致进一步的次生毁伤效果。通常情况下，破片的初始速度为 2 000 m/s 左右。在破片飞散的过程中，由于空气阻力的作用，其速度将很快衰减，破片动能下降，毁伤能力下降。因此，破片也只能在有限的距离内毁伤目标，但这个距离比爆轰产物和冲击波的作用距离要大得多。

2.3.2　核战斗部的基本毁伤效应

由于核爆炸具有极大的能量密度，而且还伴随着剧烈的核反应过程（核裂变与核聚变），同时放射出高能粒子流和高能射线脉冲，因此核战斗部爆炸不但跟常规战斗部爆炸一样产生冲击波（冲击波更强，毁伤区域更大），而且还产生其他多种毁伤元素，这些元素造成的毁伤效应有些是瞬时的，有些则可持续达数天、数十天、数月，甚至数十年。从这一点来讲，核战斗部的毁伤效应比常规战斗部的毁伤效应更为复杂，影响也更为深远。

从核爆炸的发展过程可知，核战斗部爆炸产生的毁伤元素主要有热辐射(光辐射)、冲击波、核电磁脉冲、早期核辐射和放射性沾染(剩余核辐射)，这几种毁伤元素将各自导致不同的毁伤效应。其中，热辐射(光辐射)、冲击波、核电磁脉冲、早期核辐射在核爆炸后几秒或几分钟内发生，称为瞬时毁伤元素，一般产生瞬时毁伤效应，而放射性沾染则形成较长期的毁伤效应。

值得指出的是，不同的核爆炸方式(指核战斗部在地下或水下、地面、空中爆炸等)产生的毁伤元素的能量分配有差异。对空中爆炸而言，以核裂变战斗部为例，其毁伤元素的能量分配如图 2.37 所示。

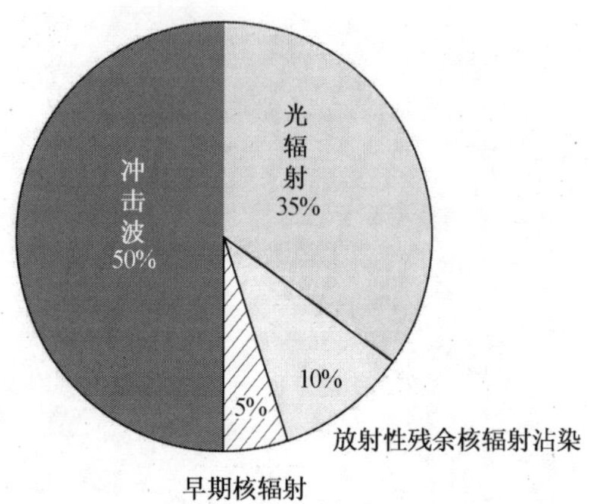

图 2.37　原子弹爆炸毁伤元素的能量分配

普通核爆的核电磁脉冲所占能量份额很小，在 1% 以下(所以没有在图中体现出来)。对核聚变战斗部，放射性残余核辐射沾染(剩余核辐射)的能量相对很小，早期核辐射能量所占份额不变，冲击波和光辐射(热辐射)所占能量份额增加到 95%。对其他核爆方式，各毁伤元素所占能量份额将有所不同，部分数据可参考表 2.2。

表 2.2　几种核爆方式下毁伤元素所占能量份额

核爆方式	冲击波	热辐射(光辐射)	早期核辐射
高空核爆(10 km$<h\leqslant$80 km)	25%	60%～70%	5%
超高空核爆($h>$80 km)	15%	70%～80%	5%
空间(太空)核爆	5%	70%～90%	5%

注：h 是核战斗部炸点的海拔高度。

下面对核战斗部爆炸产生的几种主要毁伤元素所造成的毁伤效应进行简要介绍，更具体的情况可以参考其他相关专著。

(1)光辐射(热辐射)效应。

核爆炸时，在反应区内可达几千万摄氏度的高温，即发出耀眼的闪光，时间极短，主要是低频紫外线及可见光。闪光过后紧接着形成明亮的火球，其表面温度可达 6 000 ℃以上，接近太阳表面的温度。从火球表面辐射出光和红外线，时间为 1～3 s，闪光和火球就是核爆炸光辐射的光源，光辐射(热辐射)的杀伤破坏作用主要发生在这一阶段。

光辐射是热传导的方式之一，它使被辐射的材料受热并迅速升温，从而使材料焦化或燃烧造成毁伤，因而核爆炸的光辐射也称为热辐射。核爆炸的光辐射(热辐射)是引起人员烧伤，造成武器装备、物资器材和其他易燃物燃烧的主要原因。

直视核爆炸闪光可使人员眼睛暂时失明。光辐射能引起人体受照面直接烧伤。若用眼睛直视，则会造成眼底烧伤失明的永久性伤害。由于光辐射作用时间很短，人体表面的浅色衣服或建筑物表面涂成浅色时，可减轻直接烧蚀。如果是打击城市，由于城市中可燃建筑物密集，将引起严重的城市大火，因为光辐射(热辐射)可能引燃建筑物表面雨棚、窗帘等附属设施，也可能透过窗户引燃屋内的家具，造成屋内的大火。

1945 年 8 月 6 日，美国将一颗重达 5 t 的原子弹投放到日本广岛，原子弹在离地 600 m 的空中爆炸，立即发出令人眼花目眩的强烈的白色闪光，广岛市中心上空随即发生震耳欲聋的大爆炸。顷刻之间，城市突然卷起巨大的蘑菇状烟云，接着便竖起几百根火柱，广岛市马上沦为焦热的火海。原子弹爆炸的强烈光辐射使成千上万人双目失明；1×10^{10}℃的高温把一切都化为灰烬；放射雨使一些人在以后的 20 年中缓慢地走向死亡；冲击波形成的狂风又把所有的建筑物摧毁殆尽。在十几千米以外的地方，人们仍然可以感受到闷热的气流。遭受原子弹袭击后的广岛市形同废墟，如图 2.38 所示。

图 2.38　日本广岛遭受原子弹袭击后的场景

光辐射对于地下防护结构而言，不致构成严重威胁，只需注意减少易燃部分暴露在外部的面积，并对易燃物的暴露部分涂以白涂料或防火涂料，就可有效地减少燃烧的危害。光辐射引起的城市大火会威胁人防工程的安全，应采取综合防火措施来解决。地下工程具有良好的防火功能，但应注意出入口的防火、防堵，保证大火引起的热环境所需的内部通风、空调和给氧等。

光辐射的强度用光冲量表示，光冲量是指火球在整个发光期间与光线传播方向垂直的单位面积上的热量，其单位用 cal/m²(cal 为惯用的非法定计量单位，1 cal=4.186 8 J)。核武器空中爆炸时，光辐射能量约占总能量的 35%。

(2)冲击波效应。

大气层中的核爆炸(地面、低空、中空核爆)都会形成空气中的冲击波，这是核爆的主要毁伤元素，其能量占核爆总能量的一半。在军事上，通常以冲击波的毁伤半径来衡量核爆炸的毁伤范围。总体来讲，核战斗部爆炸冲击波的主要特征和毁伤效应与常规战斗部形成的冲击波类似，但是核爆炸冲击波的压力更高，毁伤范围更大。

核爆炸时，核反应在微秒级时间内放出巨大的能量。在反应区内形成几十亿至几百亿个大气压的高压和几千万摄氏度的高温。核武器空中爆炸时，高温、高压的爆炸产物强烈压缩周围空气，从而形成空气冲击波向外传播。空气冲击波是核武器爆炸的主要破坏杀伤因素，其主要特征是在波阵面到达处压力骤然跃升到最大值，压力沿空间的分布是朝向爆心方向逐渐减少，并形成稀疏区(负压区)，如图 2.39 所示。因此，空气冲击波在大气中的传播包括两种压力状态的传播，即压缩区和稀疏区(负压区)。

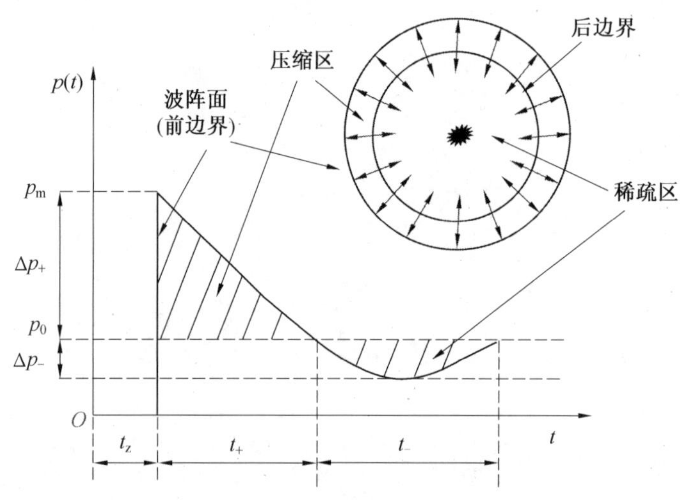

图 2.39　冲击波曲线压缩区和稀疏区

空气冲击波到达空间某位置时，该处空气质点骤然受到强烈压缩而压力上升。压力超过大气压力的部分称为超压。同时，还使空气质点获得一个很大的速度，向冲击波的前进方向运动。这种由于空气质点高速运动冲击所能产生的压力称为动压。动压的作用只有当空气质点运动受阻时才会表现出来。暴露于地面的人体或建筑物等受冲击波作用时，冲击波的超压将使人体和建筑物受到挤压作用，动压将使人体和建筑物受到冲击和抛掷作用。由于冲击波的作用时间长达零点几秒至一秒以上，因而它可以绕过障碍物，从出入口、通风口等孔洞进入工程内部而使人员或设备受到损伤。

空气冲击波沿地面(水面)传播时，一部分能量传入地下在岩土地层内形成压缩波或在水中形成冲击波，进而破坏岩土中的防护工程或水中目标。

空中核爆炸所释放的能量有 50%～60%形成了冲击波。因此，空气冲击波是对人员和防护工程主要的破坏杀伤因素。

(3)早期核辐射效应。

核爆炸将释放高能粒子流和高能射线,形成核辐射效应,依据我国的试验经验和研究结论,核爆炸后 15 s 以内的核辐射具有瞬时毁伤效应,称为早期核辐射;15 s 以后核辐射其瞬时毁伤效应已经不明显,称为剩余核辐射(放射性沾染形成的核辐射)。核爆炸的早期核辐射主要是中子流和 γ 射线辐射。

早期核辐射主要是爆炸最初十几秒钟内放出的 α 射线、β 射线、γ 射线和中子流。其中,α 射线、β 射线穿透力弱,传播距离近,在早期核辐射中对有掩蔽的人员危害不大。

早期核辐射(主要指 γ 射线和中子流)具有下列特点。

①穿透力强。γ 射线和中子流能穿透较厚的物质层,能透入人体造成伤害。

②引起放射性损伤。γ 射线和中子流能引起机体组织电离,使机体生理机能改变而形成"放射病",严重者可以致死。早期核辐射还能使电子器件失效、光学玻璃变暗、药品变质等,从而使指挥通信系统、光学瞄准系统和战时医疗器械物品受损。

③传播时发生散射。早期核辐射刚发生时以直线传播,但它在通过空气层时与空气分子碰撞而改变传播方向,这种作用被称为散射,会使隐蔽在障碍物后的人员受到伤害。

④中子会造成其他物质发生感生放射性。例如,土壤、灰尘、兵器和食物等易吸收中子而变成放射性同位素。它们在衰变过程中会发出 β 射线和 γ 射线,使人员受伤害。

⑤早期核辐射作用时间很短,仅几秒到十几秒钟。

早期核辐射会对有生力量(人员)和武器装备、物资造成毁伤。人员受早期核辐射超过一定剂量后,大量的人体细胞将死亡,人体生理机能发生改变或失调,人员会患上急性放射病(Acute Radiation Syndrome),从而丧失战斗力或死亡。武器装备受到早期核辐射会产生感生放射性,可导致照相感光器材或光学观瞄系统失效、电子电气设备故障等问题。对含盐量、含碱量较高的腌制食品和含有钠、钾等金属元素的药品,早期核辐射较容易导致其产生感生放射性,需要谨慎使用。

核防护中将核辐射的度量单位称为"戈瑞(Gy)"。

对于防护结构设计,必须核算结构防护层对早期核辐射的削弱能力,使早期核辐射进入工程内的剂量不大于允许标准值。各种介质材料对于早期核辐射均具有一定的削弱能力,几种常见材料对早期核辐射的削弱效果见表 2.3。国内外研究表明,当地面剂量为百万伦时,有 10 m 厚度防护层的地下空间,剂量还不到 1 伦(1 伦$=2.58\times10^{-4}$ C/kg)。大多地下空间建筑都有 1～20 m 厚度的土和几十厘米的结构厚度,因此,地下防护结构对于早期核辐射的防护效果是十分安全可靠的。

表 2.3　几种常见材料对早期核辐射的削弱效果

削弱效果	厚度/cm					
	钢铁	混凝土	砖	木材	土壤	水
剩下 1/10	10	35	47	90	50	70
剩下 1/100	20	70	94	180	100	140
剩下 1/1 000	30	105	141	270	150	210

(4)核电磁脉冲。

核爆炸时伴有核电磁脉冲(简称为电磁脉冲)发射。电磁脉冲的成分大部分是能量位于无线电频谱内的电磁波，其范围大致在输电频率到雷达系统的频率之间。与闪电和无线电广播台产生的电磁波相似，电磁脉冲具有很宽的频带。核电磁脉冲是核爆炸瞬间产生的一种强电磁波。它与自然界的雷电十分相似，其作用半径随爆炸高度的升高而增大，可达几千千米。核电磁脉冲对人、畜没有直接杀伤作用，但它能使计算机信息丢失，自动控制系统失灵，无线通信器材和家用电器受到干扰或损坏。

近地核爆炸和高空核爆炸由不同的机制产生电磁脉冲。高空核爆炸由于源区的位置很高，因而干扰的脉冲场可能影响地球很大的范围，有时可达几千千米。地下核爆炸中也会产生电磁脉冲，但岩土的封闭作用使得武器碎片的膨胀被限制在很小的范围内，因而电磁脉冲影响的范围较小。

电磁脉冲可以透过一定厚度的钢筋混凝土及未经屏蔽的钢板等结构物，使位于防护工程内的电气、电子设备系统造成干扰或损坏，对指挥通信工程的C3I(指挥、控制、通信和情报)系统构成严重的威胁。为抵御电磁脉冲的破坏作用，除这些电子、电气设备自身在线路结构上考虑抗干扰及屏蔽措施外，在工程结构上也应采取必要的屏蔽措施。最有效的办法是用钢板等金属材料将需要屏蔽的房间乃至整个工程结构封闭式地包起来并良好接地。对于一般的装备及人员，电磁脉冲不致造成危害。

(5)放射性沾染效应。

在核武器的杀伤因素中，早期核辐射、光辐射、核电磁脉冲和冲击波的持续时间都极短，至多为秒级。核爆炸后期杀伤是通过长期的放射性沾染物和部分被辐射后具有辐射性的物体实现的，放射性沾染物的留存是长期的。放射性沾染物的构成主要包括核爆中卷扬的土壤、核武器部件碎片、空气中的尘埃物质等，其中又以土壤为主。地面爆炸和近地爆炸的核武器会形成较多的放射性沾染物。核爆炸产生的大量放射性物质中，绝大部分存在火球及烟云中，主要是核裂变碎片及未反应的核装料。当火球及烟云上升膨胀时，吸进来的土壤及其他物质在中子照射下变成放射性同位素(感生放射性物质)。它们随风飘散下落(又称为核沉降)，在地面及附近空间形成一个被放射性物质污染的地带。此外，在核爆炸早期核辐射作用下，地面物质也会产生感生放射性。这些总称为放射性沾染(又称为剩余核辐射)。

放射性沾染对人体的危害主要是由于放射性物质放射出β射线(粒子)和γ射线。人体皮肤接触放射性物质或将其吸入体内导致“放射病”是主要的受害形式，病害与早期核辐射相似。放射性沾染危害的作用时间可长达数周，以至几个月。

防护工程对其防护的主要措施是通过防止放射性物质从出入口、门缝、孔洞和进排风口进入工程内部。为此，要设置防护密闭门、密闭门、排气活门，必要时采取隔绝式通风等措施。

(6)地冲击与地震动。

直接地冲击是指核爆炸由爆心处直接耦合入地内的能量所产生的初始应力波引起的地冲击。对于完全封闭的地下核爆炸，它是实际存在的唯一的地冲击形式；对于空中核爆炸，一般不存在直接地冲击；对于触地爆或近地爆，直接地冲击是爆心下地冲击的主要形式。

对于重要的防护工程，要求抗核武器触地爆，因为直接地冲击是主要的毁伤破坏因素。人防(民防)工程均以考虑核武器空中爆炸为主，一般不考虑直接地冲击对人防(民防)工程的危害。

由直接地冲击或空气冲击波沿地面传播产生的间接地冲击，有时虽然没有造成结构破坏，但有可能使防护结构产生强烈震动。当震动产生的加速度等效应值超过人员或设备可以耐受的允许限度时，就会造成人员伤亡和设备损坏。因此，对于重要的防护工程，需要考虑工程的隔震、减震设计。

2.3.3　核战斗部的爆炸方式

在上节中所述的核武器爆炸后产生的各种杀伤破坏因素，并非每一次（或每一种类型）的核爆炸都会对防护工程的毁伤产生重要影响。究竟哪些核武器效应在防护工程设计中必须重视，主要取决于核爆炸时核武器与地表（水面）的相对位置。区分核武器的爆炸方式主要以参数比例爆高 H_S 划分。比例爆高定义如下：

$$H_S = H/\sqrt[3]{W}$$

式中，H 为爆炸高度（m）；W 为核武器 TNT 当量（kt）。

按照核武器与地表（水面）的相对位置，即比例爆高的不同，核武器的爆炸方式分为空中爆炸、地面（水面）爆炸以及地下（水下）爆炸。

(1)空中爆炸。

空中爆炸是指火球不与地面接触的一种核爆炸，通常 $H_S > 40$ 时，几乎不产生弹坑效应。空气冲击波、光辐射、早期核辐射、放射性沾染和电磁脉冲效应主要取决于爆炸高度。其中，空气冲击波是对防护工程主要的破坏因素。地冲击效应主要是由空气冲击波的能量与大地耦合产生的间接效应，一般强度不大。一次典型的空中核爆炸（$120 < H_S \leqslant 300$）的各种杀伤破坏因素所占总能量的比例如图 2.37 所示。

空中爆炸又分为低空爆炸、中空爆炸和高空爆炸。

低空爆炸用于破坏较坚固的地面和地下目标，地面放射污染严重。中空爆炸用于破坏不太坚固的地面目标以及浅埋的地下目标，地面放射污染稍轻一些。高空爆炸是在大气层以上的核爆炸，通常 $H_S > 300$，由于空气稀薄，核爆炸能量主要以光辐射而很少以冲击波的形式出现。因此，高空爆炸对地面及地下工程不致引起破坏，但电磁脉冲是重要的破坏因素。

(2) 地面爆炸。

火球与地表接触的爆炸称为地面爆炸。当核弹的端部或边缘与地面直接接触时又称为触地爆炸（$H_S = 0$）。地面爆炸时，前述的诸种爆炸效应均存在。其中，空气冲击波和地冲击效应显得更为重要。而且放射性沾染也比空中爆炸时的严重。这是因为地面爆炸时掀起更多的地面物质及尘埃，带到空中并使其具有强烈的放射性。对于坚固设防地域，常采用核武器地面爆炸的方式。对于特别重要的防护工程则可能采用触地爆炸的方式，因为触地爆炸产生的强烈、直接的冲击是摧毁深埋坚固防护工程的有效手段。

(3)地下爆炸。

地下爆炸（$H_S < 0$）是核装料重心位于地表以下的一种核爆炸方式，又称为钻地爆炸。地下爆炸包括两种情况，即近地表（浅层）爆炸和完全封闭式爆炸。完全封闭式爆炸时火球不冒出地表面。随着地下爆炸埋置深度的增加，爆炸的能量越来越多地消耗于形成弹坑和地冲击效应方面，而空气冲击波和辐射效应却相应地降低。封闭式地下爆炸则不产生空气冲击波效应。与触地爆炸类似，地下爆炸产生的强烈、直接的冲击是摧毁深埋坚固防护工程的有效手段。

水面和水下爆炸则主要用于破坏水面和水下目标。

2.4 本章小结

本章内容中提及的武器战斗部为已公开的文献中报道的。武器战斗部对防护结构的毁伤包含了局部效应和冲击压缩波的整体效应，对于整体效应的防护将是防空地下室结构设计的着重点，也是后文对承载能力极限状态计算的主要内容。

第 3 章 空气冲击波及其传播

冲击波是爆炸引起的重要现象之一。从物理层面上讲，冲击波是介质中宏观状态参量发生急剧变化的一个相当薄的区域，也就是说，冲击波阵面是一个强间断面。冲击波在炸药介质中传播时，炸药受到冲击波压缩作用发生剧烈的化学反应，这种伴有剧烈化学反应的冲击波称为爆轰波。研究爆轰波的传播及爆炸对外界的作用，必然涉及爆轰产物、空气等气体的高速膨胀和流动，要研究相关的波的知识，有必要先学习一些关于气体的流动、扰动波的传播及冲击波的经典理论等爆炸力学方面的知识。本章主要包括气体动力学基本概念与方程、冲击波基本理论和爆轰波 C－J 理论与参数计算等内容，建立冲击波基本关系式，讨论冲击波在介质中的传播规律及性质。

3.1 气体动力学基本概念与方程

3.1.1 气体的物理性质

气体动力学主要研究气体在其可压缩性起显著作用时的宏观流动规律及气体与所流过物体之间的相互作用，研究中往往把气体看作连续的、可压缩的流体，且不考虑气体的黏性和导热性，即做以下假设或简化。

(1)连续性假设。

连续性假设具有三个层面的含义。

①物质分布连续。实际气体是由分子组成的，这些分子是有间距的，其平均间距用平均自由程表示，也就是说，实际气体是不连续的。但是，气体动力学不关心个别气体分子的微观运动，只关心大量分子组成的气体微团的宏观运动。这种气体微团虽然与所研究的物体相比足够小，以致可以视为质点，但与分子的平均自由程相比又足够大，以致可以不考虑其内部分子之间的空隙。因此，可以将所研究的整个气体物质视为连续的。总之，在气体动力学中，常将气体看成中间没有空隙的连续介质，这就是气体连续性假设。

② 热力学参量、动力学参量分布连续。由于把气体看成连续介质，因此除非出现突变的情况，如在爆轰波阵面、冲击波阵面前后，否则可以把流动气体的热力学参量（如压力 p、密度 ρ、热力学能 E、温度 T 等）及动力学参量（如压力 p、质点流动速度 u 等）表示为时间 t 和空间变量 (x,y,z) 的连续函数。这样，便可以利用连续函数的数学工具来研究和描述气体动力学的各种问题。

③ 限制条件。一是在出现突变的情况下，即在所谓间断面上，连续性假设不再适用；二是如果在研究的问题中把气体微团取得过小（如小于气体的平均自由程）或者气体相当稀薄（如在 100 km 以上的高空时），气体的连续性假设将不再成立。在这些情况下，气体各个基本参量就不能再表示为连续函数了。

(2) 可压缩性。

可压缩性是在压力和温度发生变化时，体积(或密度) 发生改变的能力。压力增大时，气体的体积缩小，密度提高，压力变化剧烈。只有当压力变化很小时，密度变化才可以忽略不计，此时才可近似地把介质视为不可压缩的流体。但是当气体做高速运动时，压力变化很大，气体的密度变化就不能再被忽略，此时就必须考虑气体的可压缩性。炸药爆炸后形成的气体产物的流动属于高速流动，此时需要考虑气体的可压缩性。因此，气体动力学认为，气体是可压缩性很大的介质，必须考虑这种可压缩性。

(3) 黏性。

一切真实的气体都具有黏性。流层之间存在的相对流动引起切向应力，从而阻碍了流层之间的相对滑动，表现为流速高的气层流速下降、流速低的气层流速上升。这种能够阻碍气体流层相对滑动的性质称为黏性，这是因为气体中存在内摩擦，这种内摩擦是气体分子在流动过程中一部分动量因分子的热运动从一流层迁移到另一流层引起的。

平板上方黏性流体的流动如图 3.1 所示。假设有一股流速为 u 的气体从静止平板上方流过，受黏性作用，平板表面处的气流质点流动速度为 0，随着距表面距离的增大流速逐渐升高，即 $u=f(h)$。

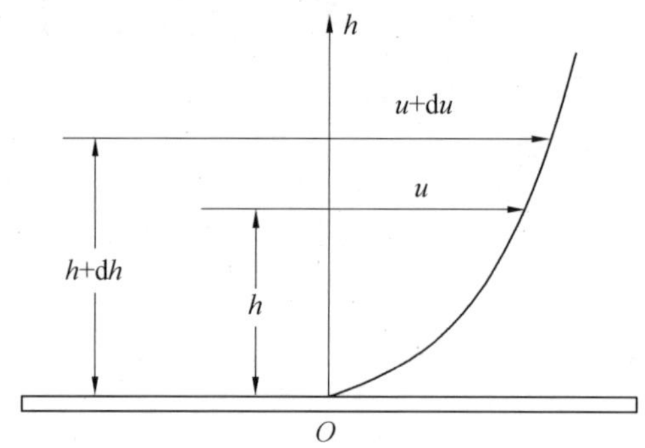

图 3.1　平板上方黏性流体的流动

流层之间速度不同而引起的切向应力 τ 按照牛顿黏性定律(即牛顿内摩擦定律) 可表示为

$$\tau=\mu\frac{\partial u}{\partial h} \tag{3.1}$$

式中，u 为流速；μ 为动力黏性系数。

一般来说，气体的黏性是很小的，特别是当 $\frac{\partial u}{\partial h}$ 不是很大时，可以忽略气体的黏性，从而不考虑摩擦产生的内部能耗而将气体看作理想流体。对于平面一维流动，由于无横向流速梯度，因此不考虑气体黏性。

(4) 导热性。

与凝聚介质一样，气体也具有导热性，即在不同温度的气体区域之间存在着热从高温区向低温区的传递。热传导示意图如图 3.2 所示，按照傅里叶热传导定律，有

$$\dot{q}=-\eta\frac{\mathrm{d}t}{\mathrm{d}x} \tag{3.2}$$

式中，$\dot{q}$ 为单位时间内通过垂直于 x 轴的单位面积内的热流量($\mathrm{J\cdot m^{-2}\cdot s^{-1}}$)；$\eta$ 为导热系数

($W \cdot m^{-1} \cdot K^{-1}$)。

式(3.2)中负号表示热流的方向与温度梯度方向相反。气体的导热系数 η 一般随温度的升高而增大,这是因为温度的提高加快了气体分子的迁移。通常气体的 η 值都很小,因此在温度梯度不太大或过程极为短暂时,可以忽略热传导效应而视为绝热过程。

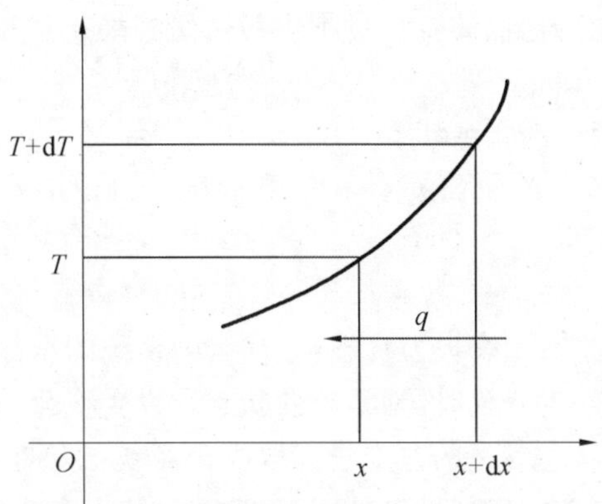

图 3.2 热传导示意图

3.1.2 气体的状态参量与状态方程

(1) 状态与过程。

① 状态与平衡状态。本书研究的气体物质属于热力学体系或热力学系统,即除受机械力的作用之外,还存在热交换或热转换,以下简称为体系或系统。

状态是指系统某一瞬间所呈现的宏观物理状况,即由一系列表征气体性质的物理量确定的系统的一种存在形式。

平衡状态是指在没有外界影响(重力场除外)的条件下,系统经过一定时间所达到的一种稳定的、宏观性质不随时间变化的状态,简称平衡态。平衡态是自发过程的终点,最大的特点就是宏观性质的稳定性,即不随时间变化。系统达到平衡态的充分必要条件是系统内部与外界之间的各种不平衡势差(力差、温差、化学势差等)的消失。具体地说,就是力差消失而建立的平衡称为力平衡,温差消失而建立的平衡称为热平衡,化学势差消失而建立的平衡称为化学或物理化学平衡。建立"平衡状态"概念的意义在于,有关状态方程所表述的状态参量之间的相互关系是在平衡条件下实验得到的。但在系统变化过程中,未必每一时刻都达到平衡条件,则状态方程能否适用就是一个问题,这就需要引申出"准平衡过程",即假定系统变化过程中每一时刻都满足平衡条件。

自然界的物质实际上都处于非平衡状态,平衡只是一种极限的理想状态。但是在多数情况下,忽略不平衡的影响而得出的结论能够满足工程需要。

② 过程与途径。所谓过程,是指系统从一个状态向另一个状态变化时所经历的全部状态的总和。若系统在恒温条件下发生了状态变化,则称系统的变化为"恒温过程",同样可以理解"恒压过程""恒容过程"等。若系统状态变化时与环境之间无热量交换,则称为"绝热过程"。

途径是指状态变化所经历的具体步骤。过程与途径是相辅相成的,过程的描述强调状态变化的共同特点(如恒温、绝热等),途径是过程的细节。

(2) 状态参量。

① 定义。标示和描述一个热力学系统的宏观状态的物理量称为状态参量，又称状态参数。状态参量虽然很多，但独立量并不多，一个状态参量可以用少数几个选定的独立参数的函数表达，因此状态参量又称状态函数。与状态参量相对应的是过程量，气体动力学中的过程量主要有功量和热量两类，它们的变化量不仅与初始和终止状态有关，还与变化过程或途径有关。

例如，某理想气体系统，$n=2$ mol，$p=1.013\times10^5$ Pa，$V=44.8\times10^{-3}$ m^3，$T=273$ K。这就是一种状态，是由摩尔数 n、压强 p、体积 V 和温度 T 确定的系统存在的一种形式，而 n、p、V、T 都是系统的状态参量。

需要说明以下几点。

a. 状态和状态参量的关系。表现为状态确定时，则系统的全部状态参量都确定；系统的任意一个或多个状态参量发生变化时，则系统的状态均发生变化。

b. 状态参量的特性。状态参量的改变量只取决于系统的始态和终态，而与变化途径无关，即当系统从一种宏观状态转变到另一种宏观状态时，状态参量的改变量与所经历的变化过程或路径无关，而仅决定于系统的初态和终态。若某系统初始状态的温度为 T_0，终止状态的温度为 T_1，则这个过程中的温度变化量为 $\Delta T=T_1-T_0$，与变化的具体过程无关，而这个过程中系统对外做功 W 则不确定，与具体过程有关。

c. 状态参量的种类。热力学中常用的状态参量有 6 个，分别为压力 p、温度 T、密度 ρ、比容 ν、热力学能 E 和熵 S，可以分为强度量（与系统中的气体数量无关，系统总量与子系统分量之间不具有可加性，如 p、ρ、T 等）和广延量（与系统中的气体数量有关，系统总量与子系统分量之间具有可加性，如 E、H、S 和质量 m 等）两类。广延量具有可加性，在系统中，它的总和等于系统内各部分同名参量之和。

② 基本状态参量的含义及单位。

a. 气体压强 p。气体容器如图 3.3 所示，定义作用于容器壁上单位面积的正压力（力学描述）为气体压强，简称压强或压力，标准单位为 Pa，1 Pa $=1$ N · m^{-2}。

压强过去常用的单位有标准大气压，其含义是 45° 纬线海平面处，15 ℃ 时的大气压力记为 1 atm。两个单位的换算关系为

$$1\ \text{atm}=1.013\times10^5\ \text{Pa}=0.1\ \text{MPa}$$

b. 气体体积 V。定义气体所能达到的最大空间时的体积为气体体积，简称体积，标准单位为 m^3。一定质量气体，温度、压力一定，则体积一定，该体积即为“最大空间”的体积，与容器容积无关。也可理解为在质量一定的条件下，容器容积变化必引起气体压力或温度变化。

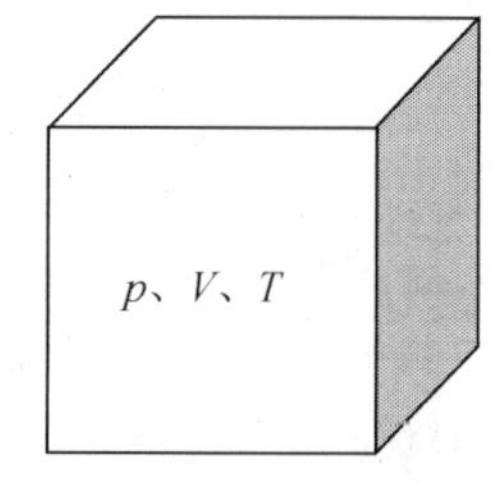

图 3.3　气体容器

c. 温度 T。温度是物体冷热程度的量度，是描述和判断某个系统是否与其他系统处于热平衡的唯一状态参量。也就是说，温度是热平衡的唯一判据。

温度的数量表示法称为温标。热力学温标采用开尔文(K) 作为度量温度的单位，它规定水的气、液、固三相平衡共存的状态点（三相点）为基准点，并规定此点的温度为 273.15 K，由此得到的温度数值称为绝对温度。此外，与绝对温度并用的还有摄氏温度，常用符号 t 表示，单位是摄氏度(℃)，定义为 $t(℃)=T(\text{K})-273.15(\text{K})$。

(3) 理想气体状态方程。

① 状态公理与状态方程。状态公理提供了确定热力学系统平衡态所需的独立状态参量数目的经验规则，即对于组成一定的物质系统，若存在 n 种可逆功的作用，则决定该系统平衡态的独立状态参量数为 $(n+1)$ 个。

对状态公理，本书不做更多的解释。根据这个公理，在所研究的范围内，可逆功的个数 $n=1$(仅有机械功和热功两种，但二者不独立，存在换算关系)，系统的独立状态参量数有两个。原则上，可以选择可测参量 p、V 和 T 中的任意两个作为自变量，其他状态参量则为因变量，可以通过一定的函数关系求取。

对于基本状态参量，可以描述其相互关系为 $V=V(p,T)$ 或 $f(V,p,T)=0$。这个公式建立了平衡态下基本状态参量的关系，称为状态方程，它是由气体性质决定的。

② 理想气体与实际气体。理想气体(Ideal Gas, IG) 是指分子不占体积、无相互作用力的气体，是一种假想的气体。任何实际气体(Real Gas, RG) 都不能严格满足理想气体的条件，但在低压、高温(不至于呈液态或固态) 等情况下，实际气体的分子间距很大，相互作用很弱，分子本身所占体积相对于所研究的整个气体来说可以忽略不计，因此可以近似地看作理想气体。

理想气体的宏观表现服从下列三个实验定律。

a. 波义耳定律(1662 年)，即等温条件下，p、V 为常数。

b. 阿伏伽德罗定律(1811 年)，即相同的 T、p 条件下，相等体积气体的摩尔数相等。

c. 焦耳定律(1852 年)，即气体热力学能仅是温度的单值函数。

③ 理想气体状态方程。由此，可得理想气体的状态方程为

$$pV=\frac{m}{M}R_0T \tag{3.3}$$

式中，m 为气体质量(kg)；M 为气体摩尔质量(kg/mol)；R_0 为摩尔气体常数($\mathrm{J\cdot mol^{-1}\cdot K^{-1}}$)，计算式为

$$R_0=\frac{p_0V_0}{T_0} \tag{3.4}$$

式中，p_0 为标准状况下大气的压力，即 $1.013\,25\times10^5\,\mathrm{Pa}$；$T_0$ 为 273.15 K；V_0 为标准状况下每摩尔气体所占有的体积，即 $22.4\times10^{-3}\,\mathrm{m^3}$。因此，摩尔气体常数 R_0 为

$$R_0=\frac{(1.013\,25\times10^5)\times(22.414\,1\times10^{-3})}{273.15}=8.314\,5(\mathrm{J\cdot mol^{-1}\cdot K^{-1}})$$

对单位质量的理想气体，有

$$p\nu=RT \tag{3.5}$$

式中，ν 为比容($\mathrm{m^3/kg}$)；R 为一个只与气体性质有关，与气体状态无关的常数，$R=\dfrac{R_0}{M}$。

(4) 实际气体状态方程。

对于密度较大、压力在数兆帕到数十兆帕范围内的实际气体，其状态方程比较符合范德瓦耳斯的经验公式，即

$$p+a\rho^2=\frac{n\rho}{1-b\rho}RT \tag{3.6}$$

式中，等式左侧第二项 $a\rho^2$ 为冷压强，反映了在高密度下分子间相互吸引作用对压力的贡

献；等式右侧为热压项，b 为气体分子的余容，每一摩尔余容等于分子体积的四倍乘以阿伏伽德罗常数（6.023×10^{23}），n 为气体介质的摩尔数。

注意：当气体压力和密度更高，如火炮炮膛内火药燃烧及火箭燃烧室内推进剂速燃所形成的压力高达数百兆帕，而凝聚炸药爆轰瞬间所形成的气体产物压力高达数万兆帕或更高，密度高达 $1\sim2.5\ \mathrm{g/cm^3}$ 时，范德瓦耳斯状态方程不能很好地描述它们的状态变化行为，需要建立更加稠密的气体模型以构造它们的状态方程。有关这方面的研究成果可查阅相关文献。

3.2 冲击波基本理论

3.2.1 扰动与波

波是自然界的一种现象，波的形成与扰动分不开，实际上波是扰动式传播。当外界荷载作用于介质时，首先受到荷载作用的介质点离开了初始平衡位置，这部分介质质点与相邻介质质点之间发生了相对运动（变形），受到相邻介质质点给予的作用力（应力），但同时也给相邻介质质点以反作用力，使它们也离开了初始平衡位置而运动起来。外界荷载在物质上所引起的扰动就这样在介质中逐渐由近及远地传播出去而形成弹性波（机械波）。

从物理本质上，波可分成两大类：一类是电磁波，如广播电台发射的无线电波、太阳发出的光波及电磁武器的微波等；另一类称为机械波，人们日常说话时发出的声音、石子投入水中形成的水波、地震时出现的地震波、炸药爆炸瞬间爆炸产物膨胀压缩周围空气所形成的冲击波等。本书涉及的主要是机械波。

波的形成是与扰动分不开的。在一定条件下，介质（如气、液、固体）都是以一定的热力学状态（如一定压力、温度、密度等）存在的。如果外部的作用使介质的某一局部发生了变化，如压力、温度、密度等的改变，则称之为扰动，而波就是扰动的传播。空气、水、土壤、岩石、金属、炸药等一切可以传播扰动的物质统称为介质。介质的某个部位受到扰动后，便立即通过波由近及远地逐层传播下去，即介质状态变化的传播称为波。在传播过程中，总存在着已扰动区域和未扰动区域的分界面，此分界面称为波阵面。波阵面在一定方向上移动的速度就是波传播的速度，简称波速，它的传播方向就是波阵面的推进方向。在连续介质力学中，不从微观上考虑物体的真实物质运动，而只在宏观上数学模型化地把物体看作由连续不断的点构成的系统，这些点就是质点。质点的存在用其占有空间位置来表示，不同的质点在一定时刻占有不同的空间位置。扰动引起的质点运动速度称为质点速度。这里需要特别注意，波速是扰动的传播速度，并不是质点的运动速度，波的传播是状态参量的传播而不是质点的传播。

扰动前后状态参数变化量与原来的状态参数值相比很微小（波引起介质压力与密度的变化很小，以致介质在这种压力作用下的应力－应变保持线性关系）的扰动称为弹性波或弱扰动，其波形如图 3.4(a) 所示。空气中传播的声波就是一种典型的弱扰动。弱扰动的特点是状态变化是微小的、逐渐的和连续的。理论与实验表明，在非线性弹性介质中，声波的传播速度与介质的状态有关，在压缩比较大（压力和密度都比较大）的介质中，声波的传播速度也较大，反之则较小。标准大气压下，空气中声波的传播速度为 340 m/s。

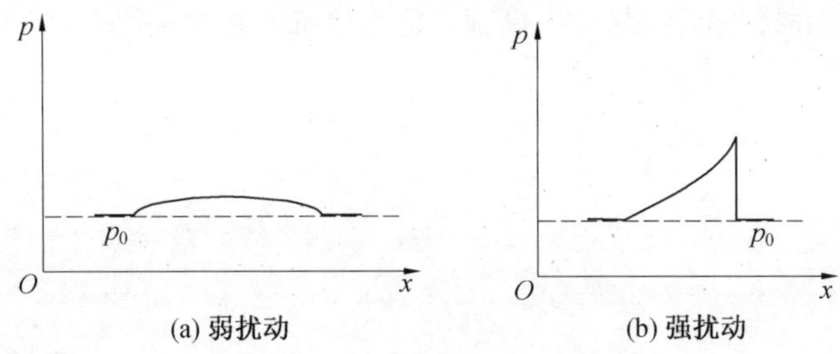

图 3.4　波扰动传播示意图

状态参数变化很剧烈或介质状态呈突跃变化的扰动称为强扰动，其波形如图 3.4(b) 所示。冲击波就是一种强扰动。冲击波是一种强烈的压缩波，波阵面前后介质的状态参数发生突跃变化。冲击波实质上是一种状态突跃变化的传播。

压缩波是指介质受扰动后，压力、密度、温度等参数都增加的波；稀疏波是指介质受扰动后，压力、密度、温度等参数都降低的波。它们都是纵波，即介质质点振动方向与波传播方向平行的波。

由于波是借助于介质质点的运动传播的，因此不同的介质特性、不同的边界条件及不同的应力幅值会产生不同特征的波。例如，波的传播方向与它引起的介质质点振动方向平行时，这种波称为纵波(图 3.5(a))；应力波的传播方向与它引起的介质质点振动方向垂直时，这种波称为横波(图 3.5(b))。传播压应力的纵波为压缩波，其传播方向与波前质点运动方向一致；传播拉应力的纵波为拉伸波，其传播方向与波前质点运动方向相反。

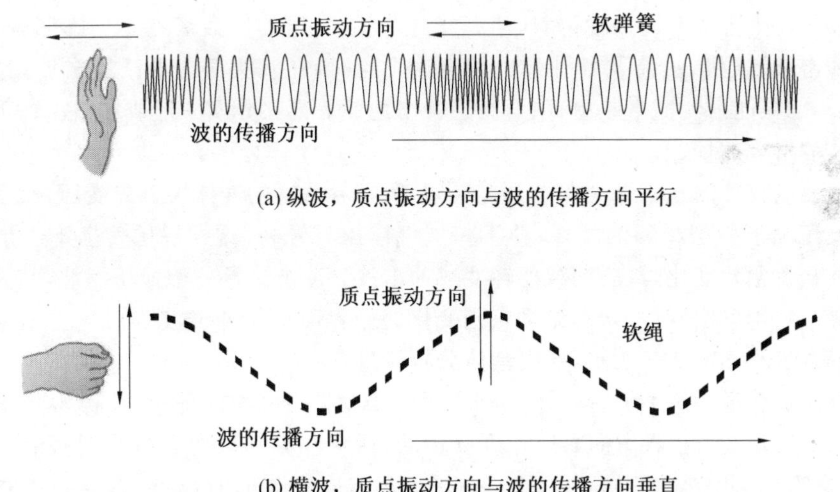

图 3.5　纵波与横波示意图

一维管道内空气压缩波形成过程如图 3.6 所示，在初始时刻，无限长管中右侧充满气体，此时左侧活塞尚未推动，管中气体处于$\rho_0=0$、$p_0=0$、$T_0=0$和流速$u_0=0$的初始状态。当活塞在压力F的作用下向右运动时，活塞中便有一个自左向右传播的波。这时，活塞前紧贴着的一薄层气体受到推压，压力升高，密度增大，随后这层已受压缩的气体又压缩其紧邻接的一层气体并使其压力、密度也升高。这样，压力有所升高的这种压缩状态便逐层传播开去,形成了压缩扰动的传播,而 $A—A'$ 断面是已受压缩区域与未受压缩区域的分界面,称为波阵面。

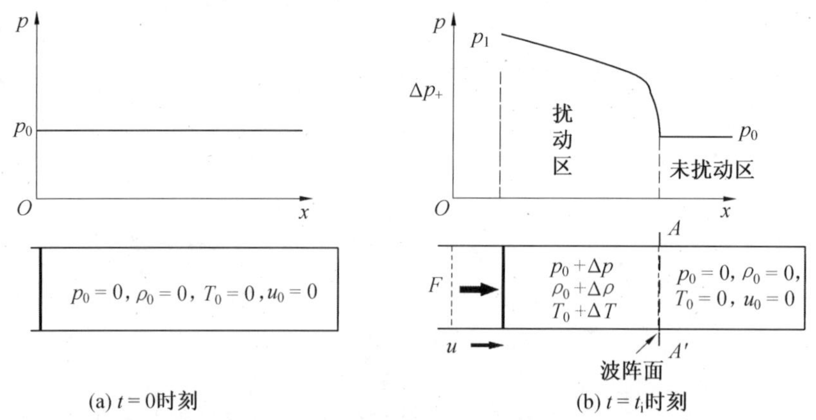

图 3.6　一维管道内空气压缩波形成过程

波在介质中的传播速度即波阵面相对未扰动介质的运动速度称为波速,它以单位时间内波阵面沿介质移动的距离来度量,单位为 m/s 或 mm/ms。波的传播不可与受扰动质点的运动混淆。例如,声带振动形成声波,它以空气中的声速传至耳膜处,但不是声带附近的空气质点也移动到耳膜处了。这两个概念必须注意区分。

3.2.2　冲击波的形成

冲击波的产生方法有许多种,如炸药爆炸时,高温高压的爆轰产物迅速膨胀,在周围介质中形成冲击波;飞机、火箭及各种弹丸超音速飞行时,在其头部会形成冲击波;穿甲战斗部、破甲战斗部聚能射流撞击装甲、陨石高速冲击地面等都在介质中形成冲击波。下面举例说明冲击波的形成过程。

在一个装满气体的长直管中向右推进活塞,紧靠着活塞的气体层首先受压,然后这层受压气体层又压缩下一层相邻的气体,使下一层气体压力升高,这样层层传播下去形成压缩波。当这种状态剧烈变化时,压缩波便转变成冲击波。冲击波是一种强压缩波,其波前后介质的状态参量发生急剧变化,状态参量急剧变化的分界面称为冲击波阵面。一维管道中空气冲击波形成过程如图 3.7 所示,下面具体分析该过程。

一维无限长管道中,当活塞未受扰动时,管中气体是静止的。假设其初始状态参数为 ρ_0、p_0、T_0、u_0,活塞从静止状态向右以速度 u 运动,活塞右侧邻近的介质受到压缩,压力、密度增大,波速为D_1,状态参数为ρ_1、p_1、T_1、u_1。这种状态变化向右传播,形成一道右行弱压缩波。当活塞再做等加速运动时,在已经被第一个弱压缩波扰动过的介质中又有一道新的弱压缩波传播,波速为D_2,状态参数为ρ_2、p_2、T_2、u_2。显然,倘若活塞做连续等加速度运动,便有一系列相应的弱压缩波向右传播,介质状态发生连续的变化,直至波速为D_n,状态参数为ρ_n、p_n、T_n、u_n。

当活塞做连续加速运动时,其右侧产生这一系列的压缩波由于已被压缩的介质密度增大,因此后来者的当地声速大于前行者的当地声速,也就是这一系列压缩波中,后波能够追赶前波,一旦后面的压缩波都赶上了第一个波,便叠加形成了一道新的以当地声速继续向右

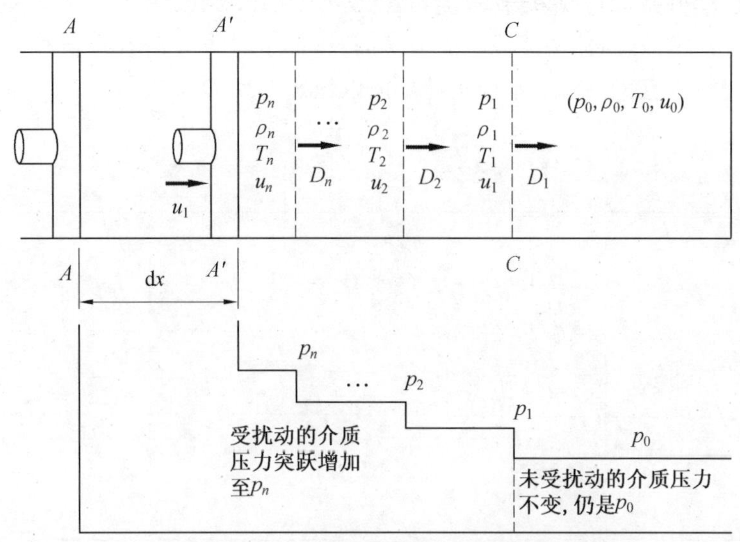

图 3.7　一维管道中空气冲击波形成过程

传播且压力突跃升高的压缩波，它的波阵面是突跃面，波阵面上压力、密度、温度和介质运动速度等参数都突跃升高。由于经过第一道波压缩后，第二道波的当地声速增加，因此叠加形成的压缩波波速比原始状态下的波速要高，即叠加形成的压缩波相对于波前介质以超声速传播。由于活塞的压缩，因此此时不断地产生第三道、第四道压缩波，直至第 n 道，第三道压缩波追赶上前行的、叠加而成的压缩波再次叠加。依此类推，直至第 n 道压缩波追赶上前行波，使所有的压缩波都叠加起来，形成了强压缩波或冲击波，波速高于波前介质的声速。

上述过程的总的结果就是：状态参量连续变化的压缩波区将由状态参量急剧变化的突跃面代替，直至形成压力梯度为无穷大的冲击波。

可见，冲击波是波阵面过后，介质状态参数突跃变化的一种强压缩波。波阵面的传播速度称为冲击波波速。如果此时活塞速度不变，继续向右运动，则波阵面压力、波速等冲击波参数保持恒定，即冲击波定常传播。

若活塞停止运动，冲击波的传播不能连续得到外部能量支持，即形成冲击波的自由传播。这时，在冲击波传播过程中，波速即开始下降，波阵面压力等参数相应衰减，直至变成声波(或应力波)。可见，冲击波传播过程中要保持其固定的波速和波阵面的压力，则必须不断从外部获得能量的补充。

3.3　平面正冲击波参数

3.3.1　平面正冲击波的基本关系式

数学上将冲击波阵面视为一个无宽度的数学间断面，该波阵面通过前后介质的各个物理量发生跃变(间断)。由于冲击波传播速度很快，因此可把其传播过程视为绝热过程。这样便可利用质量、动量和能量三个守恒定律将波阵面通过前介质的初态参量 p_0、ρ_0、u_0、$e_0(T_0)$ 与通过后介质跳跃到的终态参量 p、ρ、u、$e(T)$ 联系起来，建立描述冲击波阵面前后物理量之间的数学关系，即冲击波基本关系式。

所谓平面正冲击波，即冲击波波阵面为平面，该面上各点介质状态相等，且波阵面运动速度方向与波阵面垂直。设有一平面正冲击波以恒定速度 D 向右传播，平面冲击波间断面如图3.8 所示。

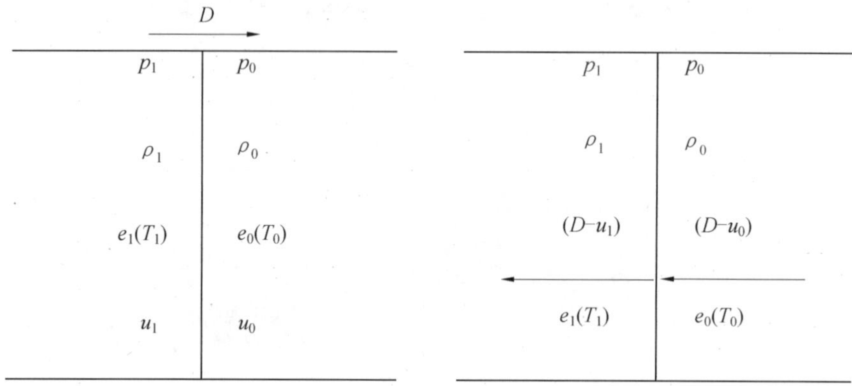

图 3.8　平面冲击波间断面

为方便推导公式，将坐标取在波阵面上，则在该坐标系上将会看到未受扰动的原始物质以$(D-u_0)$的速度向左流入冲击波阵面，而以$(D-u_1)$的速度从波阵面后流出。现取波阵面面积为一单位，按照质量守恒原理，在波阵面稳定传播条件下，单位时间内从波阵面右侧流入的介质质量等于从其左侧流出的质量，即

$$\rho_0(D-u_0)=\rho_1(D-u_1) \tag{3.7}$$

式(3.7) 为冲击波的质量守恒方程。

按照动量守恒定律，冲击波传播过程中，单位时间内作用于介质上的冲量等于其动量的改变。

其中，单位时间内、单位面积上的作用冲量为

$$(p_1-p_0)t=(p_1-p_0)$$

而介质的动量变化为

$$\rho_0(D-u_0)(u_1-u_0)$$

由此得到动量守恒方程为

$$p_1-p_0=\rho_0(D-u_0)(u_1-u_0) \tag{3.8}$$

由于冲击波传播过程可视为绝热过程，并且忽略介质的黏性及热传导效应等能量耗散，因此按照能量守恒定律，在冲击波传播过程中单位时间内波阵面前后能量的变化应当等于外界对其所做的功。

(1) 初态能量包括两部分。

① 介质热力学能。

$$\rho_0(D-u_0)e_0$$

② 介质动能。

$$\frac{1}{2}\times\rho_0(D-u_0)u_0^2$$

(2) 终态能量包括两部分。

① 介质热力学能。

$$\rho_1(D-u_1)e_1=\rho_0(D-u_0)e_1$$

② 介质动能。

$$\frac{1}{2}\times\rho_1(D-u_1)u_1^2=\frac{1}{2}\times\rho_0(D-u_0)u_1^2$$

(3) 外界做功包括两部分。

① 阻力功。

$$-p_0u_0$$

② 推力功。

$$p_1u_1$$

根据能量守恒定律,有

$$\left[\rho_0(D-u_0)e_1+\frac{1}{2}\rho_0(D-u_0)u_1^2\right]-\left[\rho_0(D-u_0)e_0+\frac{1}{2}\rho_0\ (D-u_0)u_0^2\right]=p_1u_1-p_0u_0$$

即有

$$\rho_0(D-u_0)-\left[(e_1-e_0)+\frac{1}{2}\ (u_1^2-u_0^2)u_0^2\right]=p_1u_1-p_0u_0 \tag{3.9}$$

式(3.9) 常改写为

$$(e_1-e_0)+\frac{1}{2}(u_1^2-u_0^2)=\frac{p_1u_1-p_0u_0}{\rho_0(D-u_0)} \tag{3.10}$$

式(3.9) 和式(3.10) 即为由三个守恒定律导出的平面正冲击波的基本关系式。

为方便应用,将冲击波关系式做如下变换:用比容 ν 代替密度 ρ。为此,将质量守恒方程写成

$$\frac{D-u_0}{\nu_0}=\frac{D-u_1}{\nu_1} \tag{3.11}$$

式(3.11) 还可写成

$$\frac{D-u_0}{\nu_0}=\frac{u_1-u_0}{\nu_0-\nu_1}$$

类似地,动量守恒方程式(3.11) 可以改写为

$$\frac{p_1-p_0}{u_1-u_0}=\frac{u_1-u_0}{\nu_0-\nu_1} \tag{3.12}$$

由此得到冲击波阵面通过前后介质运动速度的变化为

$$u_1-u_0=\sqrt{(p_1-p_0)(\nu_0-\nu_1)} \tag{3.12a}$$

或为

$$u_1-u_0=(\nu_0-\nu_1)\sqrt{\frac{p_1-p_0}{\nu_0-\nu_1}} \tag{3.12b}$$

将该结果代入式(3.11) 中,整理得到冲击波速度的表达式为

$$D-u_0=\nu_0\sqrt{\frac{p_1-p_0}{\nu_0-\nu_1}} \tag{3.13}$$

下面将能量守恒方程做类似的变换。将式(3.8) 代入式(3.9) 中,整理得

$$e_1-e_0=\frac{(p_1u_1-p_0u_0)(u_1-u_0)}{p_1-p_0}-\frac{1}{2}(u_1^2-u_0^2)$$

$$=\frac{1}{2}(u_1-u_0)^2\left(\frac{p_1+p_0}{p_1-p_0}\right)$$

再将式(3.12a)代入上式，可整理得

$$e_1-e_0=\frac{1}{2}(p_1+p_0)(\nu_0-\nu_1) \tag{3.14}$$

这就是著名的兰钦－雨果尼奥方程，它体现了冲击波阵面通过前后介质热力学能变化与波阵面压力 p 及比容 ν 之间的关系。当介质的状态方程 $e=e(p,\nu)$ 为已知时，它给出了波阵面上介质压力与密度之间的关系，故称为冲击波的冲击绝热压缩方程。

上面推导出的式(3.11)、式(3.13)及式(3.14)称为冲击波的基本关系式，它们将波阵面前后的介质参量联系了起来。在推导这三个基本关系式时，只用到了质量守恒、动量守恒和能量守恒三个定律，但并未涉及冲击波究竟是在哪一种介质当中传播的。因此，这三个关系式可适用于在任何介质中传播的冲击波。但是，介质必须满足绝热、无源(没有内摩擦能耗和内生热量等)条件，显然，该方程组只有 3 个方程，却有 4 个变量。若要求解，则必须与具体介质相联系，即补充该介质的状态方程，有

$$p=p(e,\nu) \text{ 或 } p=p(\rho,T) \tag{3.15}$$

考查上述 4 个方程，有 5 个未知量，它们是冲击波速 D 及波阵面后参数 p、ρ、u、e。因此，只要给定 5 个量中的任何一个，就可以确定冲击波阵面上的所有其他参量。

3.3.2　多方气体中平面正冲击波

(1) 状态方程。

多方气体，是指满足下列状态方程的气体，即

$$pv^{\gamma}=\text{const} \tag{3.16}$$

式中，γ 为多方指数。

空气可以近似看作理想气体，是多方指数等于绝热指数的一种多方气体。

(2) 热力学能表达式。

对于多方气体，其热力学能 e 可表示为

$$e=\frac{pv}{\gamma-1} \tag{3.17}$$

将式(3.16)和式(3.17)代入冲击波基本方程中，即可得到多方气体中平面正冲击波参数的各种形式的表达式。

(3) 冲击波的基本性质。

① 冲击波阵面通过前后介质的参数是突跃变化的。

② 冲击波的传播过程虽是绝热的，但却不是等熵的。

③ 冲击波的传播速度相对于未扰动介质是超声速的。

④ 冲击波传过后介质获得了一个与传播方向相同的移动速度。

⑤ 冲击波的传播速度相对于波阵面已受扰动介质是亚声速的。

3.3.3　平面正冲击波在刚性壁面的反射

当冲击波在传播过程中遇到障碍物时，会发生反射现象。入射波传播方向恰好垂直于障碍物的表面时，在障碍物表面发生的反射现象称为正反射，此时所形成的反射波的传播方

向与入射波相反，同时也垂直于障碍物的表面。当入射波的入射方向与障碍物表面成一定角度时，将发生斜反射现象。后者要比前者复杂得多。下面讨论多方气体中传播的平面冲击波在刚性壁面上的正反射现象。

冲击波在刚壁面上的正反射如图3.9所示，有一稳定传播的平面冲击波以 D_1 的速度向刚性壁面垂直入射。

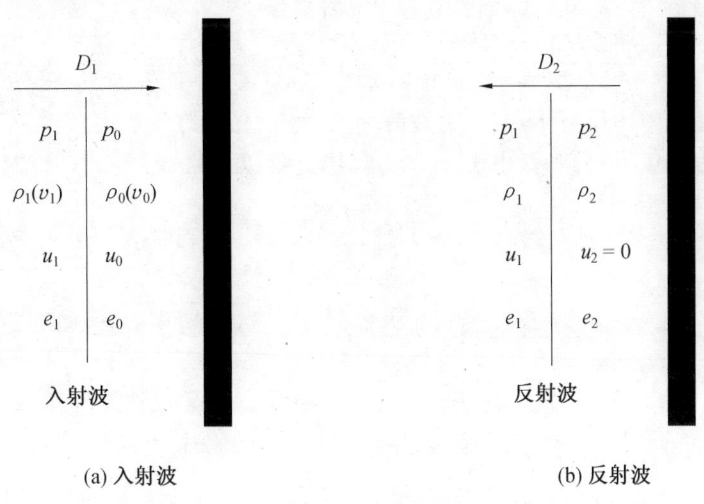

图3.9　冲击波在刚壁面上的正反射

入射波阵面前介质为绝热指数 k 的多方气体，具有初态 p_0、$\rho_0(\nu_0)$、u_0 和比热力学能 e_0，波阵面后的参数为 p_1、$\rho_1(\nu_1)$、u_1、e_1，则波阵面前后参数间关系为

$$D_1-u_0=\nu_0\sqrt{\frac{p_1-p_0}{\nu_0-\nu_1}} \tag{3.18}$$

$$u_1-u_0=\sqrt{(p_1-p_0)(\nu_0-\nu_1)} \tag{3.19}$$

$$\frac{\rho_1}{\rho_0}=\frac{\nu_0}{\nu_1}=\frac{(k-1)p_1+(k+1)p_0}{(k+1)p_1+(k-1)p_0} \tag{3.20}$$

当入射波阵面碰到刚壁面时(图3.9(b))，由于刚壁面不变形，因此波阵面后气体流的速度立即由 u_1 变为0。就在这一瞬间，速度为 u_1 的气体介质的动能便立即转化为静压势能，从而使壁面处的气体压密，密度由 ρ_1 突跃为 ρ_2，压力由 p_1 突跃为 p_2，比热力学能由 e_1 突跃为 e_2。由于 $p_2>p_1$，$\rho_2>\rho_1$，因此受到第二次冲击压缩的气体必然反过来冲击压缩已被入射波压缩过的气体，这样就形成反射冲击波远离刚体壁面向左传播。

由于反射冲击波是在已受入射冲击波压缩过的气体介质中传播的，因此它传过之后介质的参数可用下面三个方程联系起来，即

$$D_2-u_1=-\nu_1\sqrt{\frac{p_2-p_1}{\nu_1-\nu_2}} \tag{3.21}$$

$$u_1-u_2=\sqrt{(p_2-p_1)(\nu_1-\nu_2)} \tag{3.22}$$

$$\frac{\rho_1}{\rho_2}=\frac{\nu_2}{\nu_1}=\frac{(k-1)p_2+(k+1)p_1}{(k+1)p_2+(k-1)p_1} \tag{3.23}$$

假设 $u_0=0$，而且由刚壁(强度无穷大，不变形不破坏，质量无穷大，不位移)条件知 $u_2=$

0,故由式(3.19)及式(3.22)可得

$$\sqrt{(p_1-p_0)(\nu_0-\nu_1)}=\sqrt{(p_2-p_1)(\nu_1-\nu_2)}$$

两边平方后整理得

$$\frac{p_1-p_0}{\rho_0}\left(1-\frac{\rho_0}{\rho_1}\right)=\frac{p_2-p_1}{\rho_1}\left(1-\frac{\rho_1}{\rho_2}\right) \tag{3.24}$$

将式(3.17)及式(3.20)代入式(3.21)中后得

$$\frac{p_2}{p_1}=\frac{(3k-1)p_1-(k-1)p_0}{(k-1)p_1+(k+1)p_0},\quad \frac{\rho_2}{\rho_1}=\frac{\nu_1}{\nu_2}=\frac{kp_1}{(k-1)p_1+p_0} \tag{3.25}$$

此即反射冲击波波阵面压力 p_2 与入射波阵面压力 p_1 之间的关系式。

当入射冲击波压力很高时,由于 $p_1 \gg p_0$,因此可以忽略 p_0,则式(3.22)可化简为

$$\frac{p_2}{p_1}=\frac{3k-1}{k-1},\quad \frac{\rho_2}{\rho_1}=\frac{\nu_1}{\nu_2}=\frac{k}{k-1} \tag{3.26}$$

当 $k=1.4$ 时,有 $\frac{p_2}{p_1}=8$。

3.4 爆轰波 C—J 理论与参数计算

3.4.1 稳定爆轰条件

炸药起爆实验(图 3.10)表明,在一定的装药条件下,每种爆炸物的爆轰波传播速度都为特定的数值,即爆炸物在一定装药条件下都以某个特定的速度定型传播,该传播速度称为理想特性爆速,简称特性爆速或爆速,记为 D_i。

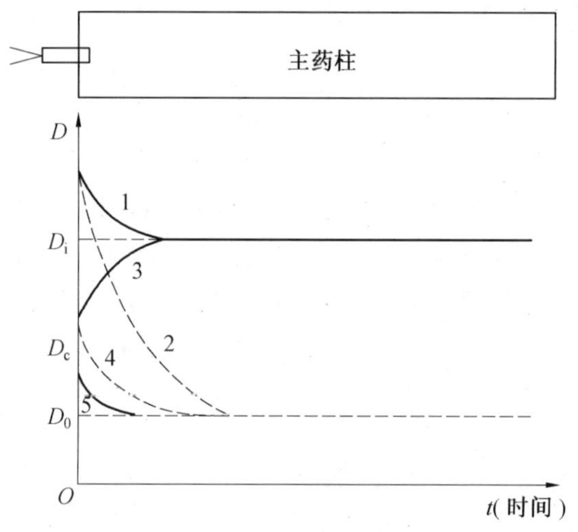

图 3.10 炸药起爆过程

但是,实验结果还表明,从起爆开始到特性爆速形成,中间存在一个不稳定的爆轰过程,可能出现五种情形。

当传入主药柱的冲击波速度大于特性爆速 D_i 且能量足够时,主药柱前端有一段爆速大下 D_i 的不稳定爆区(曲线 1),且传入的冲击波速度比特性爆速大得越多,不稳定区就越长。

若能量不足，则有可能出现熄爆（曲线 2）。当传入主药柱的冲击波速度小于临界爆速 D_c 时，由于强度太弱，因此不足以激发主药柱的自加速化学反应，迅速衰减为声波而不能引发爆炸（曲线 5），但有可能引起药柱碎裂、抛散，严重时可能引起药柱燃烧。当传入主药柱的冲击波速度大于临界爆速 D_c，但小于特性爆速 D_i 时，一般情况下会成长为稳定爆轰（曲线 3），也有个别情况出现熄爆（曲线 4）。

总之，稳定爆轰的条件是起爆药爆速大于临界爆速 D_c 且能量足够。综上所述，当传入主药柱的冲击波强度足够大时，主药柱就能够被引爆。而爆轰一旦发生，一般情况下就会自动地迅速趋于某一理想的特性爆速 D_i，并以此速度稳定传播直至爆轰结束。爆轰波传播过后，爆轰产物由于流动、膨胀等，因此其状态要发生变化，如压力 p 下降等。但是，变化的结果与最初的状态直接相关。

要计算某时刻、某位置处的爆轰产物状态，必须首先计算紧跟爆轰波之后的爆轰产物初始状态，这就有必要应用有关爆轰的一些理论，最常用的有爆轰波 C－J 理论。

3.4.2　爆轰波 C－J 理论

为认识爆轰波沿爆炸物稳定传播的规律，在实验研究的基础上提出了一些爆轰波理论。其中，契普曼－柔格于19世纪提出的一套经典的爆轰波流体力学理论（简称爆轰波C－J 理论）至今仍广泛应用。

爆轰波结构示意图如图 3.11 所示，真实的爆轰过程是存在一个反应区的，但这个反应区相对厚度很窄，作用时间很短，因此可以做一些简化。

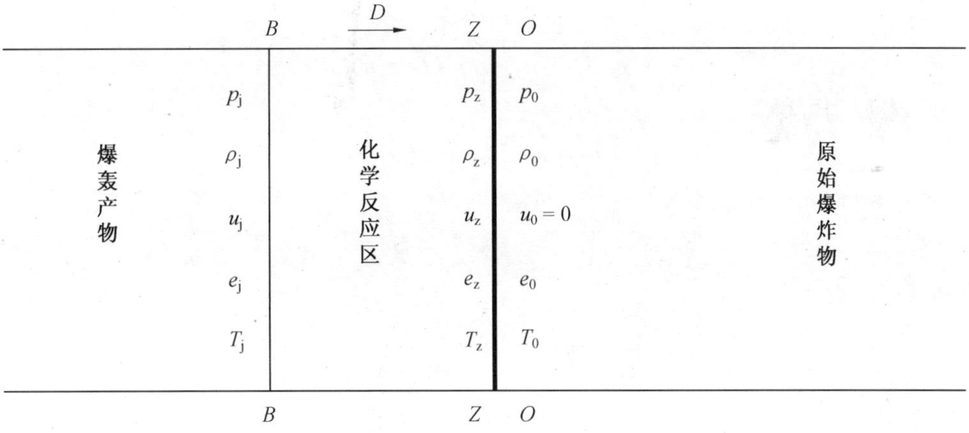

图 3.11　爆轰波结构示意图

爆轰波 C－J 理论是在热力学和流体力学的基础上建立起来的，它考查的是平面一维的理想爆轰波的定型（稳定）传播过程，即假定以下条件。

① 爆轰波波阵面为无限宽的一个平面。

② 爆轰波传播过程中没有能量耗散，即炸药化学反应释出的能量全部用于爆轰产物的热力学能和运动能的增加，故有

$$e_j - e_0 = Q_V + \frac{1}{2}(u_j^2 - u_0^2) \tag{3.27}$$

③ 爆轰波的实质是后面带有化学反应区的冲击波，但相对爆轰产物的运动而言，可以不计化学反应区的厚度和反应所需时间（瞬间完成），故有

$$D = u_j + c_j \tag{3.28}$$

根据上述假设和平面一维正冲击波的基本方程，就可以计算爆轰产物的初始状态，即爆轰参数。

3.4.3 爆轰波参数计算

根据爆轰波C－J理论，可以将爆轰波的结构简化为图3.12所示爆轰波C－J理论结构示意图。

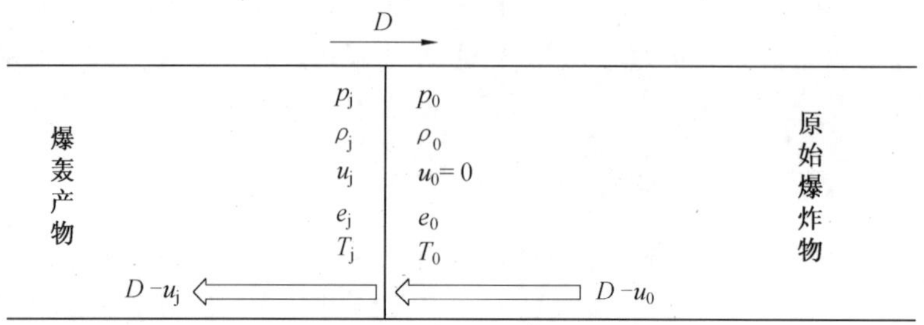

图3.12　爆轰波C－J理论结构示意图

爆轰波阵面前的介质状态为 p_0、ρ_0、e_0、u_0，爆波波阵面后的介质状态为 p_j、ρ_j、e_j、u_j，爆轰波以 D 稳定地向右传播。

将坐标系固定在波阵面上，则由质量守恒定律可得

$$\rho_0(D - u_0) = p_j(D - u_j) \tag{3.29}$$

由动量原理可得

$$p_j - p_0 = \rho_0(D - u_0)(u_j - u_0) \tag{3.30}$$

当 $u_0 = 0$ 时，有

$$\rho_0 D = \rho_j(D - u_j)$$

代入式(3.26)中可得

$$u_j = \left(1 - \frac{\rho_0}{\rho_j}\right) D \tag{3.31}$$

代入式(3.25)中可得

$$c_j = D - u_j = \frac{\rho_0}{\rho_j} D \tag{3.32}$$

当 $u_0 = 0$，$p_j \gg p_0$ 时，由式(3.30)可得

$$p_j = \rho_0 D u_j = \left(1 - \frac{\rho_0}{\rho_j}\right) \rho_0 D^2 \tag{3.33}$$

根据爆轰产物绝热等熵流动过程中的能量方程，有

$$p\rho^{-\gamma} = \text{const} = A(s) \Rightarrow p = A(s)\rho^{\gamma}$$

式中，γ 为爆轰产物的多方指数。

因此，根据声速定义，可得

$$c_j^2 = \gamma \frac{p_j}{\rho_j}$$

将式(3.33)代入上式后可得

$$c_j^2 = \gamma \left(1 - \frac{\rho_0}{\rho_j}\right) \frac{\rho_0}{\rho_j} D^2 \tag{3.34}$$

比较式(3.32)和式(3.34)后可得

$$\frac{\rho_0}{\rho_j} = \frac{\gamma}{\gamma + 1} \tag{3.35a}$$

由此可得爆轰产物初始密度为

$$\rho_j = \frac{\gamma + 1}{\gamma} \rho_0 \tag{3.35b}$$

将式(3.35a)代入式(3.33)中得爆轰产物初始压力为

$$p_j = \frac{1}{\gamma + 1} \rho_0 D^2 \tag{3.36}$$

将式(3.35a)代入式(3.31)中得爆轰产物初始流速为

$$u_j = \frac{1}{\gamma + 1} D \tag{3.37}$$

将式(3.35a)代入式(3.34)中得爆轰产物初始声速为

$$c_j = \frac{\gamma}{\gamma + 1} D \tag{3.38}$$

式中，γ 为爆轰产物多方指数；D 为炸药特性爆速。

由此可得爆轰产物初始比热力学能为

$$e_j = \frac{\dfrac{p_j}{\rho_j}}{\gamma - 1} = \frac{\gamma \cdot D^2}{(\gamma + 1)^2 (\gamma - 1)} \tag{3.39}$$

将式(3.39)代入式(3.27)中，略去 e_0 和 u_0，可得

$$e_j = Q_V + \frac{1}{2} u_j^2$$

进而可得

$$D = \sqrt{2(\gamma^2 - 1) Q_V} \tag{3.40}$$

式中，Q_V 为炸药定容爆热(J/kg)。

3.5　炸药爆炸空气冲击波

3.5.1　空气冲击波的形成

为说明空气冲击波的形成过程，以一维平面流动为例。爆轰波到达炸药与空气的分界面之前及其初始阶段的压力分布如图 3.13 所示。图中，p_0 为未经扰动时的空气压力；p 为空气冲击波波阵面的压力；p_x 为爆轰产物和压缩空气层界面处的压力；p_H 为爆轰波压力。

图 3.13(a)表示炸药爆轰尚未结束，此时的介质分界面是指尚未受到爆轰波作用前的空气初始界面，即炸药端面的空气层。

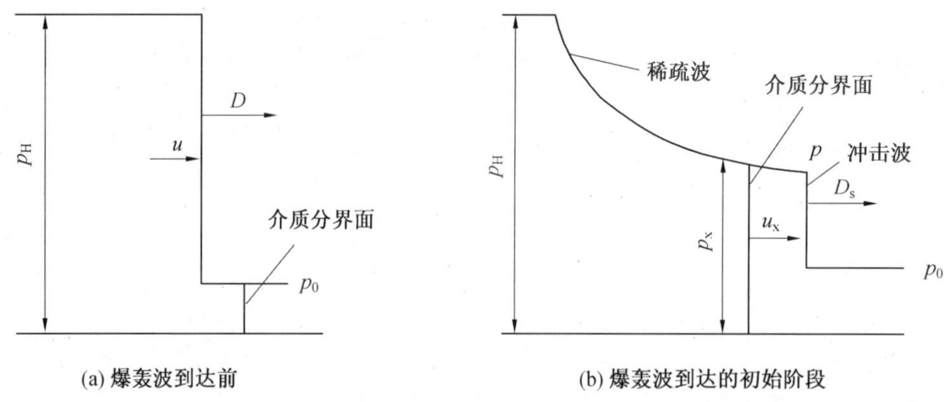

图 3.13　爆轰波到达炸药与空气的分界面之前及其初始阶段的压力分布

图 3.13(b) 表示爆轰波到达空气初始界面后的初始阶段，此时整个爆轰已经结束，爆轰波不复存在，初始爆轰产物最先与空气接触。由于初始爆轰产物的流速 $u_j = D/4$，远大于一般空气中的声速(常温约 340 m/s)，因而以超声速方式强烈压缩空气(强扰动)，在空气中形成冲击波。但此时爆轰产物压力、膨胀势能很大，驱使爆轰产物流速持续增加，导致爆轰产物和空气的分界面紧跟空气冲击波波阵面而使后者速度继续增加。随着爆轰产物的继续膨胀，空气稀疏波不断传入爆轰产物(即不断消耗爆轰产物能量)，爆轰产物与空气的分界面上的压力由 p_H 急剧衰减为 p_x 时，流速增至 u_x，但流速加速度下降，不能保持与空气冲击波波阵面接触。此时，空气冲击波与爆轰产物脱离，独立地以 D_s 的速度向前传播，意味着空气初始冲击波形成。冲击波所到之处，空气介质压力由 p_0 上升为 p 之后，空气介质压力开始下降。

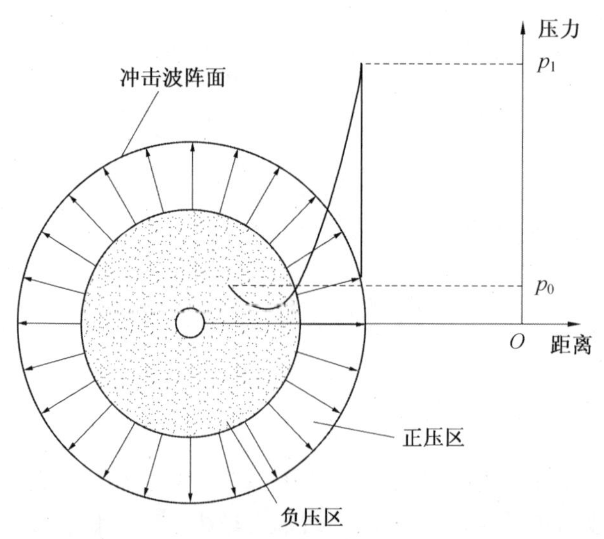

图 3.14　0.45 kg 某球形装药爆炸后，在不同位置处测得的空气压力

总之，空气冲击波形成的直接原因是高压爆轰产物的膨胀和高速流动，根本原因是炸药

爆炸能量在空气中的快速释放。

0.45 kg 某球形装药爆炸后，在不同位置处测得的空气压力。中心为药柱爆炸前的位置，中间虚点部分表示爆轰产物，其外是空气介质，最外面为空气冲击波波阵面，其压力最大，又称峰值压力。波阵面后压缩区压力衰减很快，在压缩空气层的后面有一负压区（又称稀疏区），其压力低于未经扰动介质的压力 p_0。

如果在距离 r 处进行压力测定，那么冲击波通过后就测得该点空气冲击波超压随时间变化的 $\Delta p(t)$ 曲线。1 kg TNT 爆炸后在 5 m 远处的 $\Delta p(t)$ 曲线如图 3.15 所示。空气冲击波到达该点的瞬间，介质压力由 p_0 突跃到 p_1，随后压力很快衰减，经过 t_+ 时间后压力低于未扰动介质的压力。通常把这种冲击波称为理想空气冲击波，其中 AB 段过 t_+ 时间后压力低于未扰动介质的压力。通常将 AB 段称为正压区，BC 段称为负压区。对于带壳装药来说，虽然空气冲击波曲线存在细节不同，但大的变化规律基本与无壳装药相同。

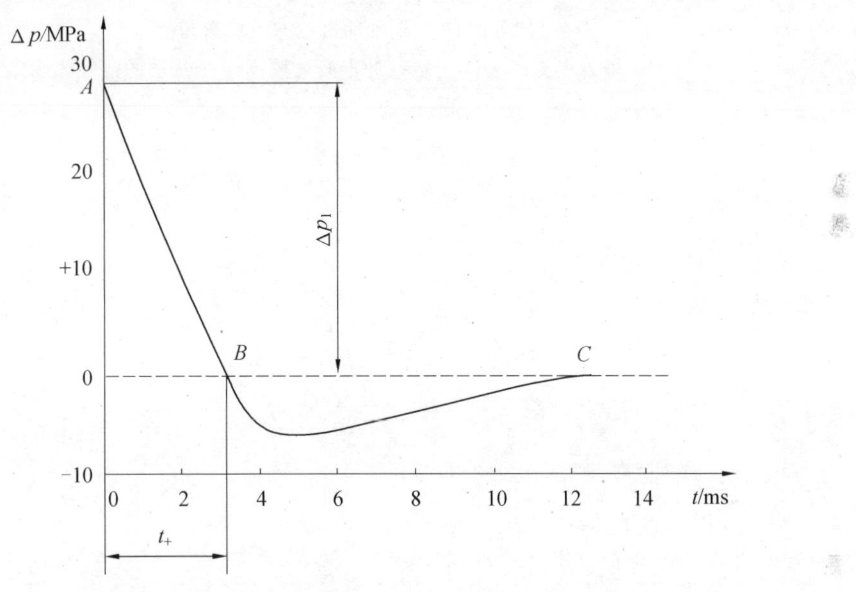

图 3.15　1 kg TNT 爆炸后在 5 m 远处的 $\Delta p(t)$ 曲线

3.5.2　空气冲击波的传播

简化起见，把弹丸装药看成球形装药，从中心起爆。归纳上述有关内容，空气冲击波形成与发展过程可以结合图 3.16 和图 3.17 表示。

空气冲击波产生示意图如图 3.16 所示，炸药在爆轰过程中转变为高温高压的爆轰产物。在爆轰波传至装药表面以前，空气不受扰动如图 3.17(a) 所示。待装药全部爆轰完毕，区域 1 内的爆轰产物开始向外膨胀，并压缩与之邻接的空气层。在被压缩的空气层（区域 2）与未被压缩的空气（区域 3）中间形成一个突变的界面，这个突变的界面称为波阵面。这时各区域内的压力分布如图 3.17(b) 所示。

某固定位置处的空气受冲击波扰动以后某时刻的压力与未受扰动之前的压力差称为冲击波超压，其最大值称为超压峰值，即冲击波阵面的压力 p_j 相对于波前未被压缩的大气压力 p_0 的差 $\Delta p_m = p_j - p_0$，故又称 Δp_m 为峰值超压。

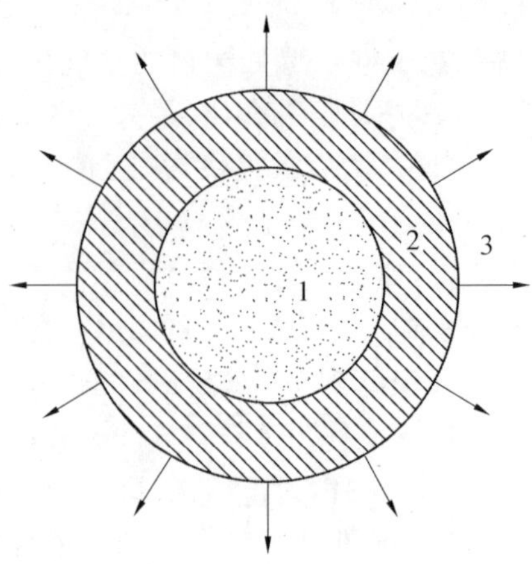

图 3.16 空气冲击波产生示意图

1— 爆轰产物区域;2— 空气冲击波区域;3— 未扰动的空气区域

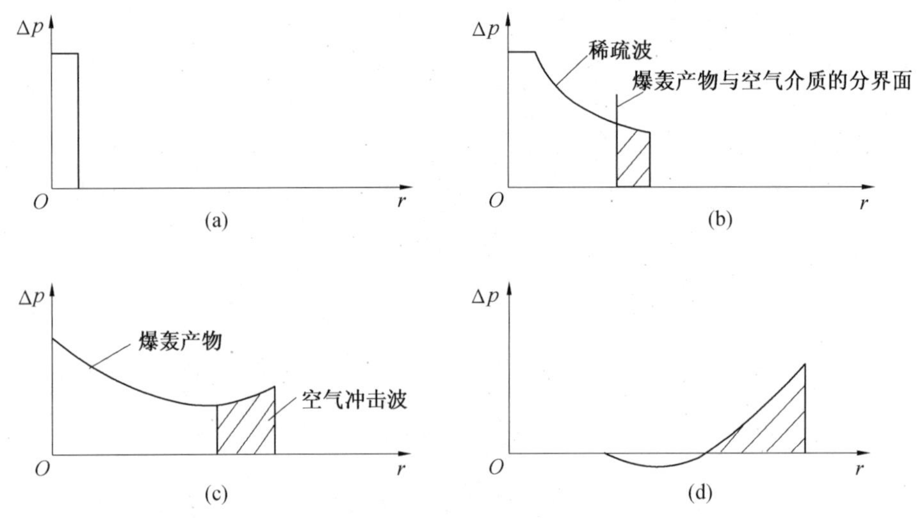

图 3.17 爆轰产物的膨胀

随着爆轰产物的继续膨胀,能量不断地传给空气冲击波。区域 1 的压力迅速下降,膨胀速度减缓,致使相邻的空气冲击波波尾压力随之下降,如图 3.17(c) 所示。当爆轰产物压力下降至大气压力时,由于惯性作用,爆轰产物继续向前流动,形成“过度”膨胀,致使区域 1 的外缘压力低于大气压力,造成冲击波尾部带有一个低于大气压力的负压区,如图 3.17(d) 所示。

冲击波波阵面所过之处,空气质点获得一个向前运动的加速度和速度,加速度的大小取决于该质点处的压力值。由于波阵面处压力最大,因此该处质点运动加速度最大,而后逐渐减小,到波尾处压力 $p = p_0$,此时质点加速度亦为 0,导致冲击波波头传播速度最大,波尾速度最小,二者之间的空气层厚度越来越大。

空气冲击波在传播过程中,波阵面上的压力、密度、流速等参量迅速下降,下降的原因是多方面的。球形冲击波向外传播时，波阵面的表面积不断增大，同时，冲击波的厚度也在增加。冲击波的压缩区域随着传播越来越大，即使没有其他能量消耗，冲击波单位体积的能量也将越来越小，其强度必然下降。同时，冲击波通过介质时，部分能量变成热能，使空气温度升高，这也减弱了冲击波的强度，冲击波的参量这样下降下去，最终衰减成声波。

上述空气冲击波的形成和传播过程如图 3.18 所示。图中分别画出了在爆炸以后不同瞬间（t_1，t_2，…）冲击波的压力、位置与厚度，在 t_4 时刻冲击波开始与爆轰产物分离，t_6 时刻出现了负压区。

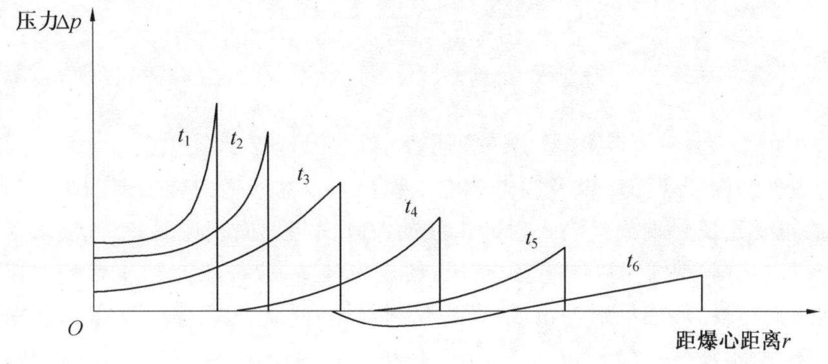

图 3.18　空气冲击波的形成和传播过程

对于某个确定位置（固定目标）来说，它所遭受冲击波作用的超压－时间曲线 $\Delta p(t)$ 如图 3.15 所示。可见，冲击波阵面在 t_0 时刻到达此点，经历 t_+ 时间后 Δp 衰减为 0，将 t_+ 称为正压作用时间，此阶段的压力冲量为

$$i_+=\int_{t_0}^{t_0+t_+}\Delta p(t)\mathrm{d}t$$

在中等距离上还存在负压阶段。当距离较大时，负压阶段不明显。

3.5.3　空气冲击波的反射

当自爆心向外传播的空气冲击波与目标表面接触时，将发生波的反射现象，形成反射冲击波。当空气冲击波遇到刚性壁面时，质点速度骤然降为 0，壁面处质点不断聚集，使压力和密度增加，于是形成反射冲击波，且反射冲击波压力超过入射冲击波压力。根据入射波波阵面传播方向或前进方向与目标表面法向交角的不同，空气冲击波的反射可分为规则反射和不规则反射，这个交角又称入射角。当入射角为 0° 时，称为正反射，正反射时将产生最大反射冲击波压力；当入射角为 90°，即入射波波阵面传播方向与目标表面平行时，不产生反射现象。反射冲击波压力就在这两极值之间变化，并且其最小反射冲击波压力与入射冲击波压力相等。反射压力系数（反射冲击波压力与入射冲击波压力的比值）与入射角 α 和入射冲击波压力有关。一般反射压力与入射压力具有相同的波形，只是反射波压力峰值比入射波高。典型冲击波反射压力时程曲线如图 3.19 所示。

(1) 在刚性面上的正反射。

所谓正反射，就是空气冲击波波阵面与目标法向平行。例如，在爆心正下方，冲击波波阵面的传播方向与地面垂直，发生的就是正反射现象。又如，合成冲击波遇到垂直于冲击波

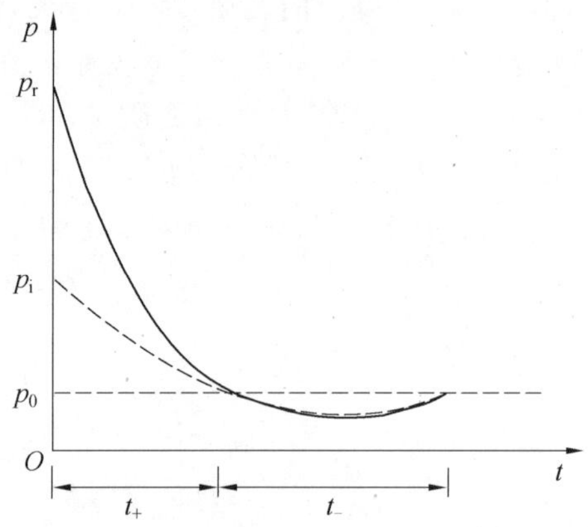

图 3.19　典型冲击波反射压力时程曲线

传播方向的地面结构迎爆面墙壁及冲击波在工程出入口的通道内传播遇到防护门或端墙阻挡时，发生的也是正反射现象。当入射冲击波的波阵面与地面相遇后，空气质点运动受阻被滞止，于是目标(地面)附近的空气受到挤压，使压力升高，这种压力和质点运动速度变化的状态将逐渐反向传播，形成反射冲击波(简称反射波)。平面定常冲击波在无限刚壁上的正反射如图 3.20 所示。

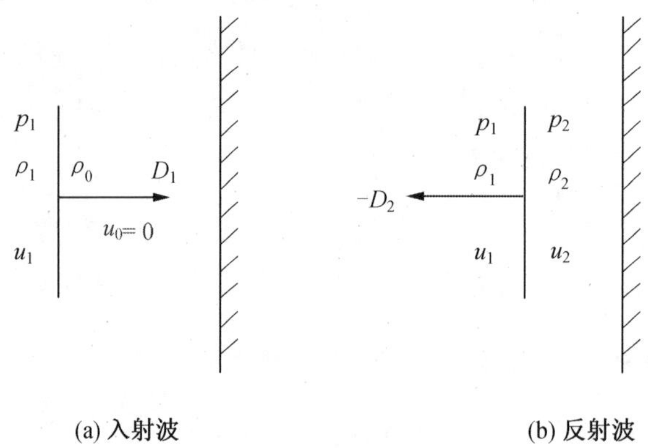

图 3.20　平面定常冲击波在无限刚壁上的正反射

令 $\Delta p_1 = p_1 - p_0$，$\Delta p_2 = p_2 - p_0$，对入射波，有质量守恒方程

$$\rho_0(D_1 - u_0) = \rho_1(D_1 - u_1) \Rightarrow \rho_0 D_1 = \rho_1(D_1 - u_1)$$

因此，有

$$\begin{cases} u_1 = \left(1 - \dfrac{\rho_0}{\rho_1}\right) D_1 \\ D_1 = \dfrac{u_1}{1 - \dfrac{\rho_0}{\rho_1}} \end{cases} \tag{3.41}$$

由动量守恒方程得

$$p_1 - p_0 = \rho_0 D_1(u_1 - u_0) = \rho_0 D_1 u_1$$

将式(3.41)代入上式得

$$p_1 - p_0 = \rho_0 \frac{u_1^2}{1 - \dfrac{\rho_0}{\rho_1}}$$

因此，有

$$u_1^2 = \frac{p_1 - p_0}{\rho_0}\left(1 - \frac{\rho_0}{\rho_1}\right) \tag{3.42}$$

由能量守恒方程可得

$$e_1 - e_0 = \frac{\dfrac{p_1}{\rho_1}}{k-1} - \frac{\dfrac{p_0}{\rho_0}}{k-1} = \frac{1}{2}(p_1 + p_0)\left(\frac{1}{\rho_0} - \frac{1}{\rho_1}\right)$$

即有

$$\frac{p_1}{\rho_1} - \frac{p_0}{\rho_0} = \frac{k-1}{2}(p_1 + p_0)\left(\frac{1}{\rho_0} - \frac{1}{\rho_1}\right)$$

即有

$$\frac{p_1}{\rho_1} + \frac{k-1}{2}(p_1 + p_0)\frac{1}{\rho_1} = \frac{p_0}{\rho_0} + \frac{k-1}{2}(p_1 + p_0)\frac{1}{\rho_0}$$

由此可得

$$\frac{\rho_0}{\rho_1} = \frac{(k-1)p_1 + (k+1)p_0}{(k+1)p_1 + (k-1)p_0} \tag{3.43}$$

对反射波，有质量守恒方程(注意速度方向)

$$\rho_1(-D_2 - u_1) = \rho_2(-D_2 - u_1) \Rightarrow \rho_1(D_2 + u_1) = \rho_2 D_2$$

因此，有

$$u_1 = \left(\frac{\rho_2}{\rho_1} - 1\right)D_2$$

$$D_2 = \frac{u_1}{\dfrac{\rho_2}{\rho_1} - 1} \tag{3.44}$$

由动量守恒方程可得

$$p_1 - p_2 = \rho_2 D_2(u_2 - u_1) = -\rho_2 D_2 u_1$$

即有

$$p_2 - p_1 = \rho_2 D_2 u_1$$

将式(3.44)代入上式得

$$p_2 - p_1 = \rho_2 \frac{u_1}{\dfrac{\rho_2}{\rho_1} - 1} u_1$$

即有

$$u_1^2 = \frac{p_2 - p_1}{\rho_2}\left(\frac{\rho_2}{\rho_1} - 1\right) \tag{3.45}$$

由能量守恒方程可得

$$\frac{\rho_1}{\rho_2} = \frac{(k-1)p_2 + (k+1)p_1}{(k+1)p_2 + (k-1)p_1} \tag{3.46}$$

由式(3.42)和式(3.45)可知

$$\frac{p_2-p_1}{\rho_2}\left(\frac{\rho_2}{\rho_1}-1\right)=\frac{p_1-p_0}{\rho_0}\left(1-\frac{\rho_0}{\rho_1}\right)$$

因此，有

$$\frac{p_2-p_1}{p_1-p_0}=\frac{\Delta p_2-\Delta p_1}{\Delta p_1}=\frac{\dfrac{\rho_1}{\rho_0}-1}{1-\dfrac{\rho_1}{\rho_2}}$$

将式(3.43)和式(3.46)代入上式可得

$$\Delta p_2=2\Delta p_1+\frac{(k+1)\Delta p_1^2}{(k-1)\Delta p_1+2kp_0} \tag{3.47}$$

对空气来说，取 $k=1.4$，代入式(3.47)后得

$$\Delta p_2=2\Delta p_1+\frac{6\Delta p_1^2}{\Delta p_1+7p_0} \tag{3.48}$$

由式(3.48)可知，对于弱冲击波，即 $\Delta p_1\ll p_0$，有 $\dfrac{\Delta p_2}{\Delta p_1}=2$，这种情况与声波反射一致；对于很强的冲击波，即 $\Delta p_1\gg p_0$，有 $\dfrac{\Delta p_2}{\Delta p_1}=8$。

还可得

$$\frac{p_2}{p_1}=\frac{(3k-1)p_1-(k-1)p_0}{(k-1)p_1+(k+1)p_0} \tag{3.49}$$

由式(3.49)可以看出，对于弱波(很小扰动)，反射超压接近于入射超压的2倍；对于峰值超压很高的入射波，反射超压可以达到入射超压的8倍。当然，在高温、高压下(入射波压力大于2 MPa)，空气的绝热指数 k 是变化的，不是常数，也不等于1.4。实际上，高温、高压条件下的反射超压远大于入射超压的8倍。对于实际的爆炸冲击波而言，因其作用时间很短，上述正反射时空气被压密，空气质点被滞止，压力升高的状态只能发生在地面附近，在离开地面较远的地方，反射波压力会逐渐下降。

(2) 在刚性面上的斜反射。

在爆心投影点以外的各点，由于入射波波阵面的传播方向与地面互不垂直，因此被滞止的并非入射波波阵之后空气质点的整个运动，而只是垂直于地面的分运动，这种反射现象称为斜反射。

入射角从0增加到某个极限角(称为临界角 α_e)为止，产生的反射波仅为单一的反射冲击波，爆炸冲击波在地面处的这种性质的反射称为规则反射，距爆心投影点为 $r\leqslant H\tan\alpha_e$ 的地面区域称为规则反射区。这个区域内的地面工程目标都要承受两次冲击波的作用，即入射冲击波和反射冲击波的作用。当入射角超过临界角 α_e 时，称为不规则反射，也称为马赫反射。临界角与入射波压力的关系如图3.21所示。由图可知，随入射压力的增大，临界角 φ_{cr} 不断减小，并趋于一个极限值40°。

当冲击波以 φ_i 角入射刚性面时，发生规则斜入射。类似于正反射，考虑冲击质量、动量和能量守恒，可导出下述方程，即

$$\frac{(\eta_i-1)\tan\varphi_i}{(\eta_r-1)\tan\varphi_r}=\frac{\eta_i+\lambda+(1+\lambda\eta_i)(\tan\varphi_i)^2}{1+\lambda\eta_r+(\eta_r+\lambda)(\tan\varphi_r)^2} \tag{3.50}$$

$$\frac{(\eta_i-1)^2}{(\eta_r-1)^2}=\frac{(\lambda\eta_i^2+\eta_i)(\cos\varphi_r)^2}{(\lambda+\eta_r)(\cos\varphi_i)^2} \tag{3.51}$$

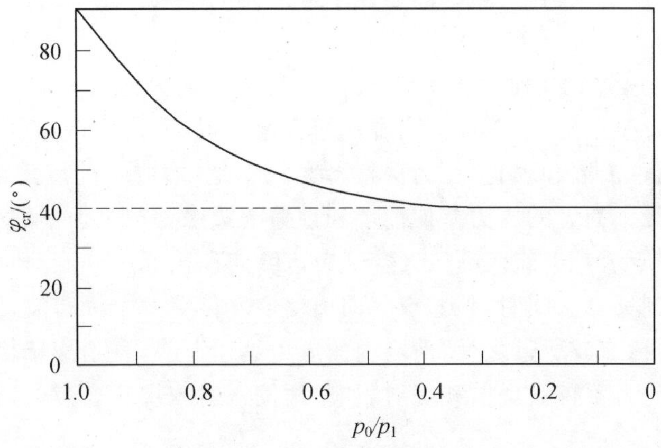

图 3.21　临界角与入射波压力的关系

式中，$\eta_i = p_i/p_0$；$\eta_r = p_r/p_i$；$\lambda = (k-1)/(k+1)$。

由上式可求得反射压力 p_r 和反射角 φ_r。结果表明，若冲击波强度不大，则反射压力与入射角关系不大，可按正反射计算压力或反射超压。

由于反射波是在已被入射波压缩过的温度上升的大气中传播的，因此反射波波阵面传播速度大于入射波波阵面的传播速度。当入射角超过临界角α_c时，反射波和入射波开始在地面汇聚，形成一个新的波阵面，这个波称为合成冲击波，其波阵面称为合成冲击波波阵面，又称马赫杆。马赫杆在地面附近垂直于地面，三个波的交会点称为三重点。随着波的向外传播，反射波赶上入射波的范围逐渐扩大，三重点逐渐上升，合成冲击波波阵面的高度也逐渐增大(图 3.22)。相应产生新的合成冲击波的这种反射现象称为不规则反射(又称马赫反射)，产生这种反射的地面区域称为不规则反射区(又称马赫反射区)。在不规则反射区内的地面工程目标承受沿地面传播的合成冲击波的作用。

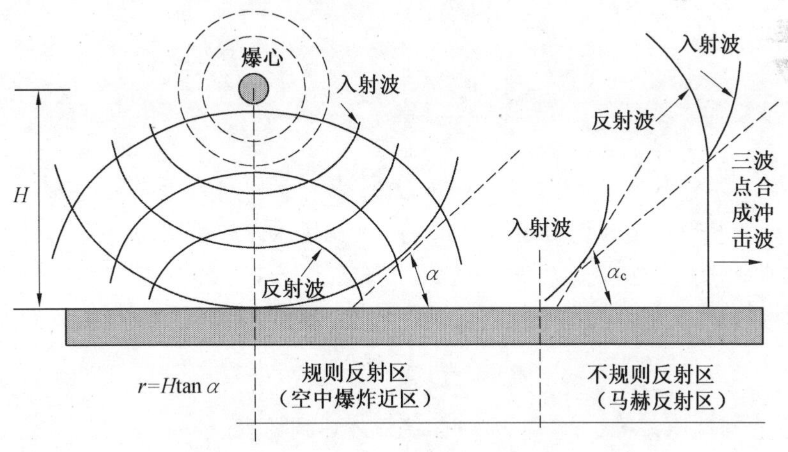

图 3.22　规则反射与不规则反射

3.5.4　空气冲击波的绕射作用

上面曾假定冲击波对无限尺寸的刚壁作用。实际上，冲击波在传播时遇到目标往往是有限尺寸的。这时，除有反射冲击波外，还发生冲击波的绕射作用，又称环流作用。

(1) 垂直绕射。

当空中爆炸的马赫波或地面爆炸的空气冲击波水平传播遇到一定高度的矩形目标时，冲击波将在前墙处发生反射，波阵面压力骤然增大至反射压力；而目标顶部以上没有受到阻碍，可继续无阻碍通过前墙和顶盖，压力保持不变。于是，形成了前墙反射的高压区和顶部无反射的相对低压区。二者的压力差使前墙和顶盖的边缘处产生由前墙向顶盖的气流绕射现象，如图 3.23(a) 所示。当前墙高压区空气由边缘向顶盖低压区流动时，前墙内的空气由边缘至内部逐渐得到稀释。同时，顶盖空气向前墙空气传播一个稀疏波，波速等于反射波阵面后空气平均声速，稀疏波所过之处，前墙内的压力迅速下降，直到绕流相对稳定(即稀疏波消失)。然后，前墙压力不再受反射和绕射影响，而按入射波规律衰减。

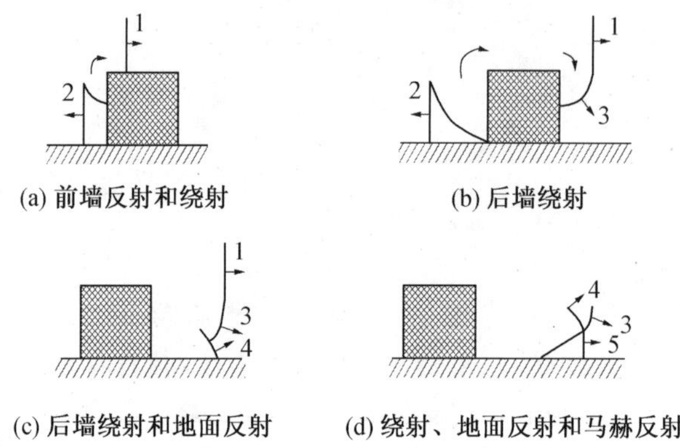

(a) 前墙反射和绕射　(b) 后墙绕射

(c) 后墙绕射和地面反射　(d) 绕射、地面反射和马赫反射

图 3.23　空气冲击波垂直绕射

根据流体力学理论，稳定流场的压力和质点运动速度符合伯努利方程，即

$$p + \frac{1}{2}\rho v^2 = \text{const} \tag{3.52}$$

则驻点处的压力为

$$p_s = p_0 + \frac{1}{2}\rho v_0^2 = p_0 + q_0 \tag{3.53}$$

或为

$$\Delta p_s = \Delta p_0 + q_0 \tag{3.54}$$

式中，p_s、Δp_s 为绕射压力和绕射超压；p_0、Δp_0 为流场压力和超压；$q_0 = 0.5\rho v_0^2$ 为流场动压；v_0 为质点运动速度。

对于核爆炸空气冲击波，当$\Delta p_0 < 1.0$ MPa 时，动压峰值与超压峰值有如下关系，即

$$q_{0m} = \frac{2.5\Delta p_0^2}{\Delta p_0 + 0.709} \tag{3.55}$$

因此，当且仅当前墙压力等于$(p_0 + q_0)$时，绕流才达到稳定。

如图 3.23(b)、(c)、(d) 所示，当沿着顶盖传播的冲击波达到顶盖与后墙边缘时，空气会在后墙产生涡流绕射，使后墙压力逐渐增加；当绕射波到达地面时，地面产生反射，后墙压力进一步增大，大约在离墙 $2H$ 处(H 为墙高) 形成马赫反射，此时后墙压力最大。

(2) 水平绕射。

如果空气冲击波在传播时遇到高而不宽的目标，如高楼、烟囱等建筑物，会发生水平绕

射，空气冲击波水平绕射如图 3.24 所示。

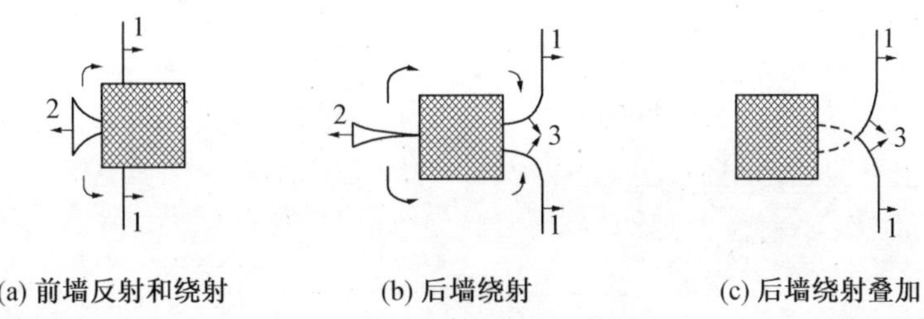

(a) 前墙反射和绕射　　(b) 后墙绕射　　(c) 后墙绕射叠加

图 3.24　空气冲击波水平绕射

当冲击波到达前墙时，在前墙处发生反射，同时在前墙边缘两侧产生绕射，绕射的稀疏波向前墙中心传播，导致反射压力快速降低，直至绕流稳定后，前墙压力继续按入射波压力波形衰减；当沿侧墙传播的冲击波到达侧墙与后墙的交界处时，也会发生绕射，使后墙压力升高；当两侧绕射波相遇时，会发生碰撞，类似于波在刚性面的反射，碰撞区压力急剧增大。

最后要说明的是，若目标的高、宽尺寸都有限，会同时产生垂直绕射和水平绕射现象，特别对后墙，可能出现三波（两侧绕射波与顶部绕射波或其反射波）汇聚现象，该处压力很高。因此，当利用墙体作防爆设施时，应当注意墙后某距离处压力可能比无墙时带来更大的破坏作用。

3.5.5　地面结构的等效荷载

(1) 理想化压力时程。

爆炸空气冲击波及其反射波的波形比较复杂，为简化计算，防护结构的分析、设计都采用理想化压力时程曲线。冲击波压力时程曲线的理想化原则是在不减弱实际冲击波作用效应的前提下，将波形进行线性化等效。

根据冲击波为衰减荷载的特点，结构动力响应的第一个峰值通常为结构的最大响应，因此为在不减弱实际荷载作用效应的情况下保证简化荷载作用下结构响应的第一个峰值不小于实际荷载作用的响应峰值，常将空气冲击波做如下几种理想化简化。

① 脉冲荷载。在小当量常规装药的爆炸近区，空气冲击波峰值高、衰减极快，正压作用时间往往小于结构最大主振型的四分之一振动周期，因此可无须考虑空气冲击波荷载作用时间，直接将其理想化为等冲量的脉冲荷载。

② 平台荷载。对于核装药爆炸远区，空气冲击波波形平缓、衰减较小，通常近似为不衰减的平台荷载，如图 3.25(a) 所示。

③ 线性衰减荷载。一般情况下，按照等冲量原则，将空气冲击波图理想化为图 3.25(b) 所示的线性衰减荷载。对于位于核爆炸近区且固有频率较低的结构，也可近似处理为切线衰减荷载，即从压力峰值作波形曲线的切线，得到线性衰减的三角形荷载，如图 3.25(b) 所示。

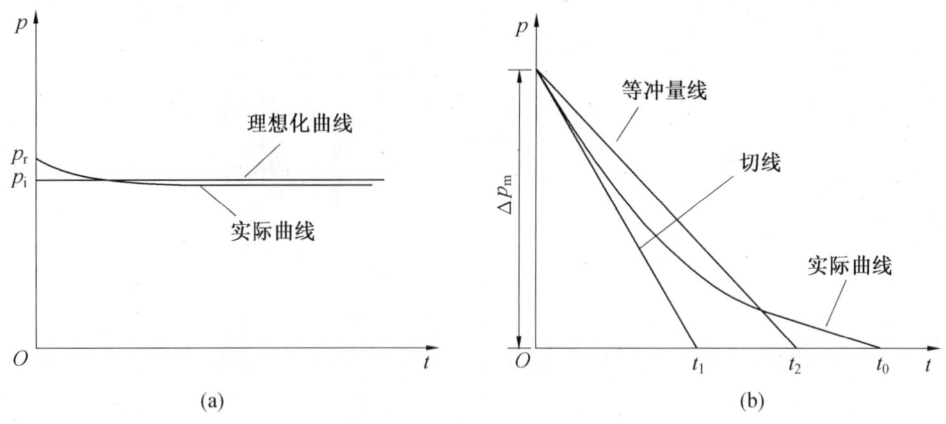

图 3.25　冲击波压力理想化时程曲线

(2) 前墙荷载。

当平面空气冲击波水平入射地面结构的前墙时,结构断面如图 3.26(a) 所示,受反射和绕射作用,前墙荷载为入射压力、动压和反射压力的合成。基于理想化压力时程,前墙荷载近似为图 3.26(b) 所示形式。

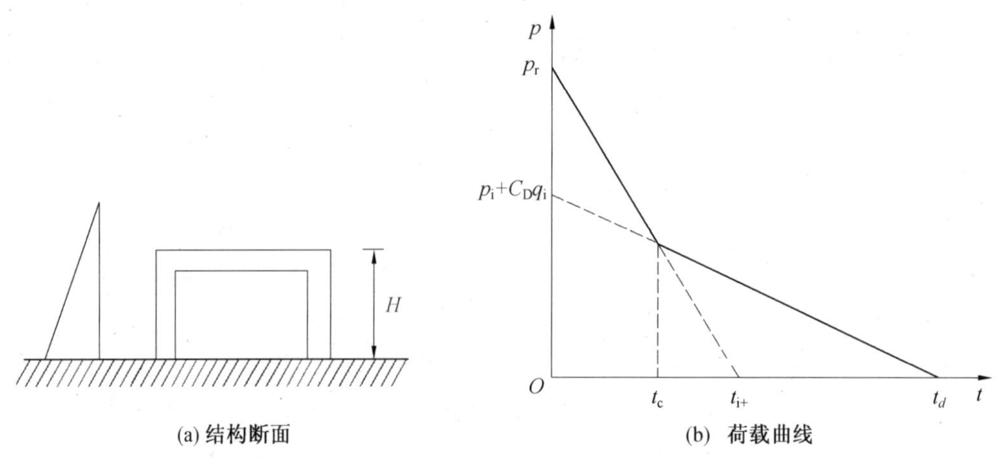

图 3.26　前墙等效荷载

图 3.26 中,p_r 为反射压力,可按式(3.48)计算;p_i 为入射压力;q_i 为入射动压;t_{i+} 为理想入射波正压作用时间;C_D 为拖曳系数(亦即空气阻力系数),此时取 $C_D=1$;t_c 为反射压力消除时间,即从最近边缘绕射达到稳定所需要的时间,有

$$t_c = 4S/D \tag{3.56}$$

式中,S 是前墙高度或宽度的一半,取其中小者;D 为反射区稀疏波波速。

(3) 顶盖和侧墙荷载。

作用于顶盖和侧墙荷载为平行于结构传播的表面冲击波,受冲击波压力、作用时间和作用位置的影响,一般不同时刻各点的压力不相等。防护结构分析、设计,将其等效为均布荷载,经与实际荷载作用下结构响应的最大挠度对比,等效荷载－时程取为有升压时间的三角形形式(图 3.27)。

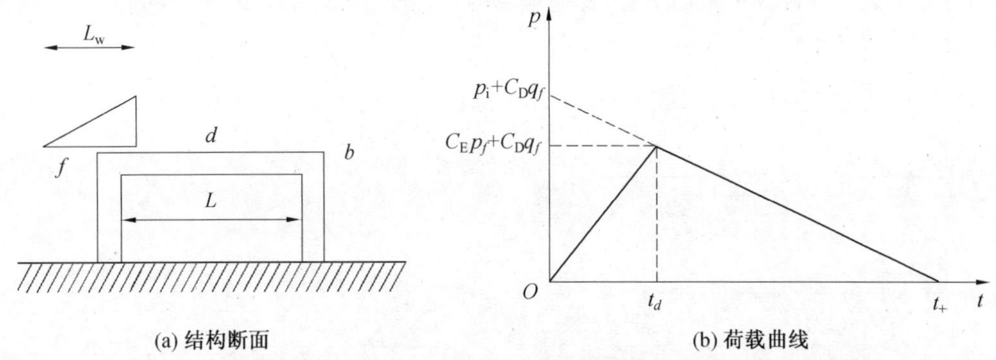

图 3.27　顶盖和侧墙等效荷数

图 3.27 中，p_f、q_f 分别为 f 点的入射压力和相应动压峰值；t_+ 为等效荷载的正压作用时间。此时，拖曳系数 C_D 是 q_f 的函数，见表 3.1；p_R 为等效荷载峰值压力，有

$$p_R = C_E p_f + C_D q_f \tag{3.57}$$

其中，C_E 为等效荷载系数，与冲击波长度 L_w 和顶盖(或侧墙)跨度 L 之比(即 L_w/L)相关。等效荷载系数与波长跨度比的关系如图 3.28 所示。上升时间 $t_d = L/D$，这里 D 是冲击波波速。

表 3.1　拖曳系数

q_f/MPa	C_D
0 ～ 0.17	0.40
0.17 ～ 0.34	0.30
0.34 ～ 0.90	0.20

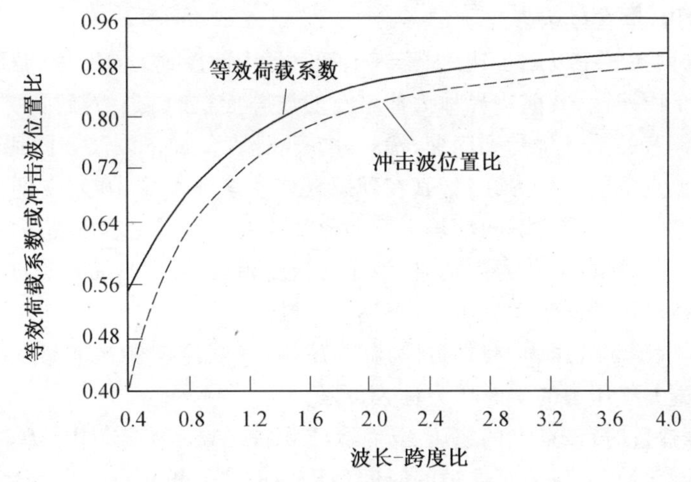

图 3.28　等效荷载系数与波长跨度比的关系

(4) 后墙荷载。

作用于后墙的荷载首先来自经顶盖和侧墙绕射形成的二次波，之后会产生地面反射、双波或三波碰撞等过程，压力被加强。目前还没有后墙荷载总体效应数据，暂仅考虑二次波的

拖曳作用，荷载等效计算仍采用顶盖、侧墙荷载确定方法，假设荷载沿后墙均匀分布，后墙等效荷载如图 3.29 所示。

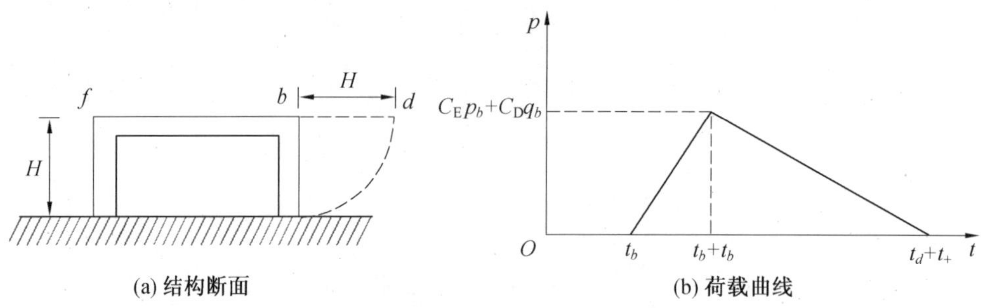

图 3.29　后墙等效荷载

峰值压力为

$$p_b = C_E p_d + C_D q_d \tag{3.58}$$

式中，p_d、q_d 分别为 d 点的入射压力和相应动压；C_E 按波长高度比（L_w/H）算取；C_D 仍采用上述取值。

上升时间 $t_d = H/D$，D 为二次波波速。

要说明的是，前述地面结构各部分荷载的等效计算，假设结构位于空气冲击波不规则反射区，仅受马赫波作用。当结构更靠近爆点时，即使前墙荷载也要考虑拖曳效应，而顶盖和侧墙荷载要考虑反射效应，此时应综合前墙和侧墙等效方法以获得等效荷载，这里不再赘述。

3.5.6　空气冲击波的特点

空气冲击波具有以下几点特点。

(1) 既有超压，也有负压。

冲击波在均匀大气中以超音速（大于未干扰大气中的声速）向四周传播时，好像是一个双层球体，外层是压缩区，其前边界称为冲击波的波阵面，内层是稀疏区。冲击波在空气中传播，被它不断俘获的空气将受到压缩、稀疏并获得速度。冲击波波阵面到达未扰动空气的某一固定点时，该点空气的压力在瞬间（在理想气体状态下不到 10^{-6} s）即由大气压力增加到压力最大值，空气质点同时瞬间获得一个向前的速度。然后随着压缩区的通过，该点处压力不断减小。当压缩区的后边界到达时，该压力恢复到大气压力，质点速度也逐步减低。随后稀疏波通过，空气压力低于大气压力，出现负压区。

通常把超过周围大气压力的瞬时压力称为超压，在某给定位置上超压的最大值称为超压峰值，低于周围大气压力的瞬时压力称为负压。

因为压缩区通过时，该点上的超压 Δp 都大于 0（$\Delta p = p - p_0$，其中 p 为空气绝对压力，p_0 为周围大气初始压力），故压缩区通过的时间称为冲击波的正压作用时间 t_+，当稀疏波通过时，空气压力低于大气压力，故稀疏波通过的时间称为负压作用时间 t_-。在负压作用时，空气质点获得一个与前进方向相反的速度。图 3.30 所示为冲击波的典型时程曲线和压力沿离爆心距离的分布情况。随着传播距离的增加，波阵面峰值压力随之减小，持续时间随之增加。由图 3.30 可知，超压是突然增加的，且峰值较大；而负压是缓变的，峰值相对较小。因此，一般只考虑正相作用的超压，不考虑负压。但在有些情况下仍需考虑负压，如防护门等防冲击波设备既要抗正压作用，也要抗负压作用。

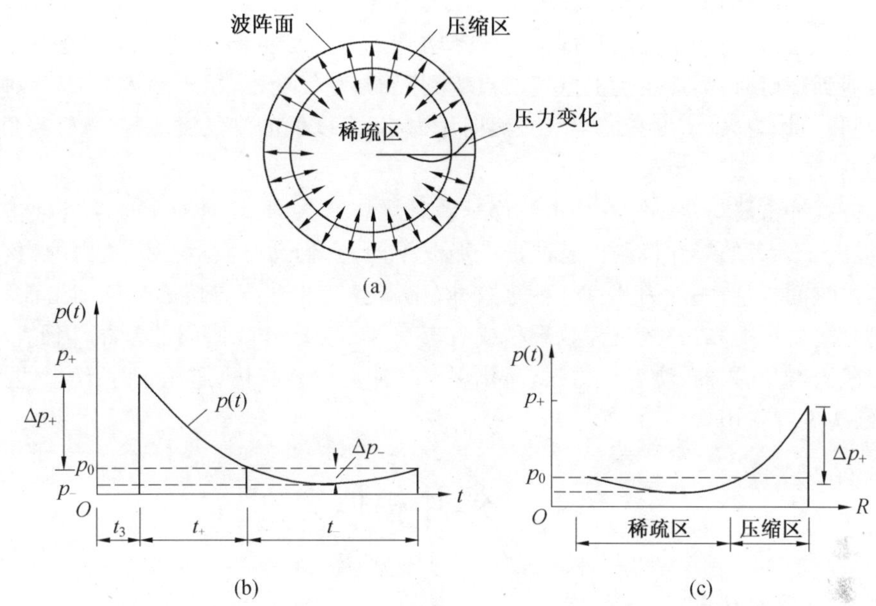

图 3.30　冲击波的典型时程曲线和压力沿离爆心距离的分布情况

(2) 有动压。

由于冲击波波阵面内的空气质点具有速度，因此当它的运动受阻时，这部分动能就要以压力的形式表现出来，这部分压力称为动压。动压与空气质点速度的平方成正比。动压表现为一种强力风，因此有时又称为拖曳力。由于给定点处动压随时间的变化相当于风速变化，因此动压随时间的下降速率比超压要大。当超压下降为 0 时，空气粒子产生的风速因惯性而不会立即变为 0，故动压正相持续时间要比超压正相持续时间长一些，而动压负相持续时间将比超压负相持续时间短一些。同样，动压对防护结构产生的破坏作用一般也发生在冲击波动压正相作用期间。

当空气冲击波到达时，空气中的物体即会受到超压的作用，而动压是一种潜在的能量，仅当波阵面内质点运动受阻时才会显现出来。空气冲击波沿地面传播时，地面只受到超压作用，动压不表现出来。空气冲击波横向作用于细长的电线杆上时，超压的作用使电线杆受到均匀径向压力，这种作用在工程上常常可以忽略，而空气质点的运动受到电线杆的阻挡，使电线杆受到横向作用的动压作用。因此，对于细长杆状或筒状结构，如悬索电线、斜拉桥、桁架桥和烟囱等，动压将成为破坏效应的控制参数。

此外，确定空气冲击波对防护结构效应的另一个重要参数是冲量。冲量被定义为空气冲击波超压时程曲线下的面积。

因此，空气冲击波的基本参数主要有以下几类：冲击波超压峰值或波阵面超压立 Δp_+（$\Delta p_+ = p_+ - p_0$，其中 p_+ 为波阵面的绝对压力，p_0 为大气压力）；冲击波负压峰随或波阵面负超压 Δp_-（$\Delta p_- = p_0 - p_-$，其中 p_- 是冲击波稀疏区（负压区）最大绝对压力）；冲击波正压作用时间及负压作用时间 t_+ 及 t_-；冲击波超压（正相）随时间的变化规律（时程曲线）

$\Delta p_+(t)$；冲击波动压 q；冲击波冲量 i；等等。

(3) 遇孔入射，遇障碍反射、绕射。

空气冲击波遇到孔口时，孔口内外空气压力不一样，必然导致空气冲击波的入射，并在孔口内传播，这就是防护工程的口部都要安装防空气冲击波的防护设备或设施的原因。空气冲击波遇到障碍时，高速运动的空气质点受到阻滞，空气变密，超压必然增大，这种现象称为反射。同时，压力大、密度高的空气必然向压力小、密度低的空气流动，在障碍拐角处发生绕射。

核爆空气冲击波与化爆空气冲击波都是瞬时爆炸产生的，均具有上述空气冲击波的基本特性，但由于二者的爆炸机制以及冲击波形成不同，它们还是具有一定差别的：核爆空气冲击波作用时间较长，一般为几百毫秒至数秒；化爆空气冲击波与核爆空气冲击波相比，其正压作用时间要短得多，一般仅为数毫秒或数十毫秒。由于作用时间的差异，因此核爆空气冲击波衰减慢，遇孔入射、绕射能力强，而化爆空气冲击波衰减快，遇孔入射、绕射能力弱，负压低，但结构反弹作用大。

3.6 爆炸相似律

3.6.1 量纲理论

(1) 量纲与单位。

① 基本物理量。凡是独立规定其测量单位的物理量皆称为基本物理量。

规定：目前国际上规定的基本物理量有七个：长度、质量、时间、电流、热力学温度、物质的量和发光强度。

在力学领域，所用基本物理量只有长度、质量和时间三个，如果考虑热力学，则增加一个热力学温度(即绝对温度) 共四个。

② 基本测量单位与基本测量单位系统。基本物理量的测量单位称为基本测量单位，如长度的测量单位有 km、m、cm、mm、μm 等。

基本测量单位系统是指由约定的基本测量单位所构成的组合，如 CGS 制(长度基本测量单位为 cm，质量基本测量单位为 g，时间基本测量单位为 s)、MKS 制(长度基本测量单位为 m，质量基本测量单位为 kg，时间基本测量单位为 s) 等。

③ 量纲。基本物理量的约定标示符号称为基本量纲，如一般力学(考虑热过程) 的基本量纲有四个，即 L(长度)、M(质量)、T(时间) 和 Θ(温度)。

其他物理量的量纲称为导出量纲或派生量纲，可以通过上述基本量纲的幂函数及其乘积来表示，即某物理量 ψ 的量纲$[\psi]$ 总可以表示为

$$[\psi] = \mathrm{L}^{\alpha}\mathrm{M}^{\beta}\mathrm{T}^{p}\Theta^{q}$$

例如，加速度量纲$[a] = \mathrm{LT}^{-2}$，速度量纲$[v] = \mathrm{LT}^{-1}$，力量纲$[F] = \mathrm{MLT}^{-2}$，压力量纲$[p] = \mathrm{ML}^{-1}\mathrm{T}^{-2}$。

由此可见，单位和量纲不能混为一谈。同时，量纲的概念还提供了判断物理公式正确性的一个必要条件：等式两边量纲相同，求和项量纲相同。

(2) 有量纲量与无量纲量。

测量数值随测量单位改变而改变的物理量称为有量纲量，如长度、质量等；测量数值不随测量单位改变而改变的物理量称为无量纲量，如气体多方指数等。

(3) 量纲相关性。

① 量纲无关与量纲相关。在n个物理量$\psi_1,\psi_2,\cdots,\psi_n$中，凡是其中量纲不能表达成其余物理量量纲的幂积形式的物理量，则称物理量与其余物理量的量纲无关，或称量纲独立；否则，称为量纲相关或量纲不独立。

② 量纲无关量的最大个数。在一组物理量$\psi_1,\psi_2,\cdots,\psi_n$中，如果$k$个物理量量纲无关，而任何$(k+1)$个物理量都是量纲相关的，则称该组物理量量纲无关的最大个数为k。

显然，k不能大于基本物理量的个数，更不能超过该组所有物理量的个数。

(4) 量纲基本定律。

① 主定量与被定量。在描述一个物理过程的一组物理量中，凡是对描述过程起主要和决定作用的物理量，称为主定量；由主定量决定的其余物理量，称为被定量。

② 量纲基本定律(π定律)。若被定量ψ依赖于主定量$\psi_1,\psi_2,\cdots,\psi_k,\psi_{k+1},\psi_{k+2},\cdots,\psi_{k+l}$，记为

$$\psi \parallel \psi_1,\psi_2,\cdots,\psi_k,\psi_{k+1},\psi_{k+2},\cdots,\psi_{k+l}$$

$\psi_1,\psi_2,\cdots,\psi_k$为量纲独立最大个数的主定量，则被定量和相关主定量的量纲可以用独立主定量量纲的幂积表示，从而构建$(l+1)$个无量纲量，即

$$\begin{cases} \pi = \dfrac{\psi}{\psi_1^{\alpha_1}\psi_2^{\alpha_2}\cdots\psi_k^{\alpha_k}} \\ \pi_1 = \dfrac{\psi}{\psi_1^{\alpha_{11}}\psi_2^{\alpha_{12}}\cdots\psi_k^{\alpha_{1k}}} \\ \vdots \\ \pi_l = \dfrac{\psi}{\psi_1^{\alpha_{l1}}\psi_2^{\alpha_{l2}}\cdots\psi_k^{\alpha_{lk}}} \end{cases} \tag{3.59}$$

且存在无量纲量函数关系，即

$$\pi = f(\pi_1,\pi_2,\cdots,\pi_l) \tag{3.60}$$

3.6.2 爆炸相似律

爆炸相似律主要阐明相似的爆炸现象之间的规律性。例如，如何将模型装药(一种TNT当量)爆炸所获得的爆炸结果换算为原型装药(另一种TNT当量)爆炸所获得的爆炸结果。

爆炸相似律可表述为：如果模型与原型为同一种装药，在相同的初始大气条件下，当装药几何相似时，则在几何相似的距离上爆炸压力相等，时间特征量之比等于几何相似比(模型比例)。

爆炸相似律如图3.31所示，图中C_L为模型比例。

爆炸相似律意味着峰值压力、比例作用时间及比例冲量等在比例距离处保持不变。爆炸相似律已被装药质量从几克到上百吨的不同爆炸实验证实。通过这种相似关系，许多冲击波参数能用简化曲线表达出来。爆炸相似律适用于如下场合：相同外界条件；相同装药形状；相同装药与地面的几何关系。而且，即使条件只是接近时，采用爆炸相似律也可得到满

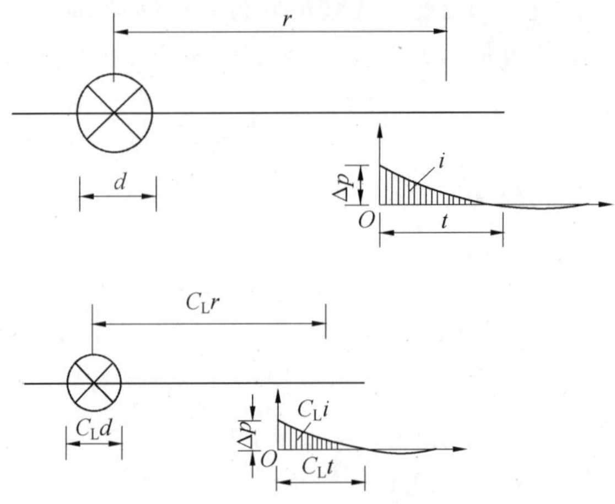

图 3.31　爆炸相似律

意的结果。

(1) 问题。

质量为 m 的炸药爆炸后，求距炸点 r 处的空气冲击波峰值超压 Δp_m。

(2) 分析与解决。

根据前述爆炸理论，如果忽略介质的黏性和热传导，可知影响 Δp_m 的主要因素如下。

① 炸药方面。质量 m、密度 ρ_0 和爆速 D。

② 空气介质方面。初始压力 p_0、密度 ρ_{a0}。

③ 冲击波传播的距离 r。

可以认为 Δp_m 是被定量，而 m、ρ_0、D、p_0、ρ_{a0} 和 r 都是主定量，即

$$\Delta p_m \parallel m, \rho_0, D, p_0, \rho_{a0}, r$$

由于各主定量的量纲分别为

$$[m]=\mathrm{M}, \quad [\rho_0]=\mathrm{ML^{-3}}, \quad [D]=\mathrm{LT^{-1}}$$

$$[p_0]=\mathrm{ML^{-1}T^{-2}}, \quad [\rho_{a0}]=\mathrm{ML^{-3}}, \quad [r]=\mathrm{L}$$

因此在六个主定量中，量纲独立的最大主定量个数为 $k=3$。可以选择其中量纲独立的任意三个，如 m、P_0、r。

根据 π 定理，其余相关主定量为 ρ_0、D 和 ρ_{a0}，对应的 π 的个数为 $l=n-k=6-3=3$，分别如下。

① 对应 ρ_0，有

$$\pi_1=\frac{\rho_0}{m^{\alpha_{11}} p_0^{\alpha_{12}} r^{\alpha_{13}}}$$

因为 $[\pi_1]=\dfrac{\mathrm{ML^{-3}}}{\mathrm{M}^{\alpha_{11}}\mathrm{M}^{\alpha_{12}}\mathrm{L}^{-\alpha_{12}}\mathrm{T}^{-2\alpha_{12}}\mathrm{L}^{\alpha_{13}}}$，故有

$$\begin{cases}\alpha_{11}+\alpha_{12}=1\\-2\alpha_{12}=0\\-\alpha_{12}+\alpha_{13}=-3\end{cases}$$

解得

$$\begin{cases}\alpha_{11}=1\\ \alpha_{12}=0\\ \alpha_{13}=-3\end{cases}$$

故有

$$\pi_1=\frac{\rho_0}{mr^{-3}}$$

② 对应 D,同理可得

$$\pi_2=\frac{D}{m^{-\frac{1}{2}}p_0^{\frac{1}{2}}r^{\frac{3}{2}}}$$

③ 对应 ρ_{a0},有

$$\pi_3=\frac{\rho_{a0}}{mr^{-3}}$$

对于被定量 Δp_m,有

$$\pi=\frac{\Delta p_m}{m^{\alpha_1}p_0^{\alpha_2}r^{\alpha_3}}$$

故有

$$[\pi]=\frac{ML^{-1}T^{-2}}{M^{\alpha_1}M^{\alpha_2}L^{-\alpha_2}T^{-2\alpha_2}L^{\alpha_3}}=1$$

则有

$$\begin{cases}\alpha_1+\alpha_2=1\\ -\alpha_2+\alpha_3=-1\\ -2\alpha_2=2\end{cases}$$

故有

$$\begin{cases}\alpha_1=0\\ \alpha_2=1\\ \alpha_3=0\end{cases}$$

则有

$$\pi=\frac{\Delta p_m}{p_0}$$

故由 π 定理可得 $\pi=f(\pi_1,\pi_2,\pi_3)$,即

$$\frac{\Delta p_m}{p_0}=f\left(\rho_0\ \frac{r^3}{m},\frac{D}{\sqrt{p_0}}\sqrt{\frac{r^3}{m}},\rho_{a0}\ \frac{r^3}{m}\right) \tag{3.61}$$

(3) 结论。

记对比距离为

$$\bar{r}=\frac{r}{\sqrt[3]{m}} \tag{3.62}$$

由式(3.58)可知,在炸药性能(密度、爆速)和空气初始状态一定的情况下,空气冲击波峰值超压仅与所谓对比距离有关,即

$$\Delta p_m=\varphi(\bar{r})=\varphi\left(\frac{r}{\sqrt[3]{m}}\right) \tag{3.63}$$

这就是所谓的爆炸相似律，意味着用小药量在近距离上可以测得一定距离上较大药量上的空气冲击波超压，从而降低了大药量实验的安全风险，也可以为相关实验提供理论指导。

可将式(3.60)进行幂级数展开，得

$$\Delta p_{\mathrm{m}}=A_0+A_1\frac{\sqrt[3]{m}}{r}+A_2\left(\frac{\sqrt[3]{m}}{r}\right)^2+A_3\left(\frac{\sqrt[3]{m}}{r}\right)^3 \tag{3.64}$$

由边界条件可知，$r\to\infty$ 时，$\Delta p_{\mathrm{m}}=0$。因此，$A_0=0$，而系数 A_1、A_2、A_3 可由实验直接得到。

3.6.3 TNT 爆炸空气冲击波参数经验公式

对裸露的 TNT 球形装药在无限空气中爆炸，人们做了大量实验，并基于爆炸相似律得到了关于冲击波参数的许多经验公式。

(1) 正压区峰值超压。

① 布罗德(Brode)公式。

$$\Delta p_+=\begin{cases}\dfrac{0.096}{\bar{r}}+\dfrac{0.143}{\bar{r}^2}+\dfrac{0.573}{\bar{r}^3}-0.0019, & 0.0098\leqslant\Delta p_+\leqslant0.98\\[2ex] \dfrac{0.657}{\bar{r}^3}+0.098, & \Delta p_+\geqslant0.98\end{cases} \tag{3.65}$$

② 亨利奇(Henrych)公式。

$$\Delta p_+=\begin{cases}\dfrac{1.379}{\bar{r}}+\dfrac{0.543}{\bar{r}^2}+\dfrac{0.035}{\bar{r}^3}+\dfrac{0.0006}{\bar{r}^4}, & 0.05\leqslant\bar{r}\leqslant0.3\\[2ex] \dfrac{0.607}{\bar{r}}+\dfrac{0.032}{\bar{r}^2}+\dfrac{0.209}{\bar{r}^3}, & 0.3\leqslant\bar{r}\leqslant1\\[2ex] \dfrac{0.065}{\bar{r}}+\dfrac{0.397}{\bar{r}^2}+\dfrac{0.322}{\bar{r}^3}, & 1\leqslant\bar{r}\leqslant10\end{cases} \tag{3.66}$$

③ 萨多夫斯基公式。

$$\Delta p_+=\frac{0.074}{\bar{r}}+\frac{0.221}{\bar{r}^2}+\frac{0.638}{\bar{r}^3},\quad 1\leqslant\bar{r}\leqslant15 \tag{3.67}$$

④ 中国国防工程设计规范公式。

$$\Delta p_+=\frac{0.082}{\bar{r}}+\frac{0.265}{\bar{r}^2}+\frac{0.686}{\bar{r}^3},\quad 1\leqslant\bar{r}\leqslant15 \tag{3.68}$$

以上各式中，R 的单位为 m，W 的单位为 kg，Δp_+ 的单位为 MPa。

(2) 正压作用时间。

正压作用时间计算公式为

$$t_+=Br^{-\frac{1}{2}}\sqrt[3]{W},\quad r>12R_0 \tag{3.69}$$

式中，$B=(1.3\sim1.5)\times10^{-3}$；$t_+$ 单位为 s。

(3) 超压时程关系。

正压区超压随时间的变化由下式近似计算，即

$$\Delta p(t)=\Delta p_+\left(1-\frac{t}{t_+}\right)\mathrm{e}^{-\alpha\frac{t}{t_+}} \tag{3.70}$$

式中，有

$$\alpha=\begin{cases}0.5+10\Delta p_{+}\left[1.1-(0.13+2.0\Delta p_{+})\dfrac{t}{t_{+}}\right], & 0.1\ \text{MPa}<\Delta p_{+}<0.3\ \text{MPa}\\ 0.5+10\Delta p_{+}, & \Delta p_{+}\leqslant 0.1\ \text{MPa}\end{cases}\tag{3.71}$$

(4) 正压区比冲量。

理论上,比冲量可通过超压时程曲线对时间积分得到,但计算较复杂。由爆炸相似律得到正压区比冲量为

$$i_{+}=\frac{C}{\bar{r}}\sqrt[3]{W}\tag{3.72}$$

式中,i_{+} 为比冲量($(\text{N}\cdot\text{s})/\text{m}^2$)。对 TNT 炸药来说,$C=196\sim245$。

(5) 负压区特征参数。

负压峰值超压符合

$$\Delta p_{-}=-\frac{0.034\ 3}{\bar{r}}\tag{3.73}$$

负压作用时间为

$$t_{-}=1.25\times10^{-2}\sqrt[3]{W}\tag{3.74}$$

负压比冲量为

$$i_{-}=i_{+}\left(1-\frac{1}{2\bar{r}}\right)\tag{3.75}$$

3.6.4　核装药爆炸冲击波参数经验公式

通过对核装药空中爆炸的自由场空气冲击波实验数据进行分析,得到冲击波参数的经验公式如下。

(1) 正压区超压峰值。

$$\Delta p_{+}=\begin{cases}\dfrac{1.164\times10^{6}}{\bar{r}^{3.446}}, & 7.1\leqslant\bar{r}<18.8\\ \dfrac{3.04\times10^{5}}{\bar{r}^{3}}+\dfrac{1.961\times10^{2}}{\bar{r}^{3/2}}, & 18.8\leqslant\bar{r}\leqslant 3\ 500\end{cases}\tag{3.76}$$

(2) 正压作用时间。

$$i_{+}=\begin{cases}1.55\times10^{-1}\sqrt[3]{W}, & \bar{r}<40\\ 6\times10^{-1}W^{0.455\ 4}R^{-0.366\ 2}, & 40\leqslant\bar{r}<110\\ 3\times10^{-3}W^{0.083\ 35}R^{0.75}, & 110\leqslant\bar{r}<350\end{cases}\tag{3.77}$$

(3) 超压时程关系。

$$\Delta p(t)=\begin{cases}\Delta p_{+}\left(1-\dfrac{t}{t_{+}}\right)e^{-\alpha\frac{t}{t_{+}}},\\ \Delta p_{+}\left(1-\dfrac{t}{t_{+}}\right)\left(a e^{-\beta\frac{t}{t_{+}}}+b e^{-\gamma\frac{t}{t_{+}}}\right),\end{cases}\tag{3.78}$$

式中

$$\begin{cases} a = 0.5\mathrm{e}^{-1.53\Delta p_+} + 0.25 \\ b = 1 - a \\ \alpha = 4.359\Delta p_+^{0.477} \\ \beta = (4.524\mathrm{e}^{-1.43\Delta p_+} + 1.433)\Delta p_+^{0.87} \\ \gamma = 20.8\Delta p_+^{0.93} \end{cases} \tag{3.79}$$

以上各式子,R 的单位为 m,Δp_+ 的单位为 MPa,t_+ 的单位为 s;W 为等效当量(kt)。

3.6.5 当量效应

实际常规弹药中,除 TNT 外,还有许多其他类型装药,其爆炸空气冲击波参数的确定一般基于能量等效原理换算为 TNT 当量,再按 TNT 冲击波参数公式计算。此外,还有爆炸条件、装药壳体、弹药运动的影响等问题,都采用当量等效方法计算。

(1) 其他类型装药的 TNT 当量。

设某一装药的爆热为 Q_{Vi},装药量为 W_i,其具有的爆炸能量为

$$E = Q_{Vi}W_i \tag{3.80}$$

根据能量等效原理,则等效 TNT 当量为

$$W_e = \frac{Q_{Vi}}{Q_{VT}}W_i \tag{3.81}$$

式中,Q_{VT} 为 TNT 爆热。

(2) 地面爆炸的当量等效。

当炸药在地面爆炸时,由于地面的限制,因此爆炸大部分能量只能向半无限大气空间释放。若地面是刚性地面,能量全部释放于半无限空间,则计算空气冲击波参数时,取等效当量为

$$W_e = 2W \tag{3.82}$$

若地面是普通土壤,地面将吸收部分能量,等效当量为

$$W_e = 1.8W \tag{3.83}$$

式(3.82)和式(3.83)中,W 为实际装药的 TNT 当量。

(3) 长径比很大的圆柱形装药爆炸的当量等效。

设圆柱形装药的半径和长度分别为 r_0 和 L。当冲击波传播距离 $r > L$ 时,可近似看成球形装药;当 $r < L$ 时,采用如下等效当量计算,即

$$W_e = \frac{4\pi r_0^2}{2\pi r_0 L}W = 2\frac{r_0}{L}W \tag{3.84}$$

式中,W 为圆柱形装药的 TNT 当量。

(4) 带壳装药的当量等效。

对于带壳装药,装药爆炸释放的总能量分别用于增加爆炸产物的热力学能、动能,以及使壳体变形、破碎及破片获得飞散的动能。一般情况下,使壳体变形、破碎的耗能约占总能量的 1% ~ 3%,可忽略不计。因此,根据能量守恒定律,有

$$WQ_{VT} = E_1 + E_2 + E_3 \tag{3.85}$$

式中,E_1、E_2、E_3 分别是爆炸产物的热力学能、动能和破片的动能;W 为装药 TNT 当量;Q_{VT} 为 TNT 爆热。

爆炸产物膨胀过程遵循多方方程，即

$$p\nu^k = \text{const} \tag{3.86}$$

式中，多方指数 k 为常数。

因此，膨胀压力 p 和比容 ν 与爆轰瞬时压力和比容 p_H 和 ν_0 符合

$$p = p_H\left(\frac{\nu_0}{\nu}\right)^k \tag{3.87}$$

爆炸产物的热力学能为

$$E_1 = \frac{Wp\nu}{k-1} \tag{3.88}$$

将式(3.84)代入上式，并根据爆轰理论有

$$E_1 = WQ_{VT}\left(\frac{r_0}{r_P}\right)^{n_0(k-1)} \tag{3.89}$$

式中，r_0、r_p 为壳体初始半径和壳体膨胀至破碎时的半径；n_0 为形状系数，球形壳体 $n_0=3$，圆柱形壳体 $n_0=2$。

设壳体破裂时的速度（即破片初速）为 v_p，则爆炸产物的动能为

$$E_2 = \frac{n_1}{2}Wv_p^2 \tag{3.90}$$

破片的动能为

$$E_3 = \frac{1}{2}Mv_p^2 \tag{3.91}$$

式(3.90)和式(3.91)中，M 为壳体质量；n_1 为形状系数，球形壳体 $n_1=3/5$，圆柱形充体 $n_1=1/2$。

将式(3.89)～(3.91)代入式(3.85)中，求得破片初速为

$$v_p = \sqrt{\frac{2Q_{VT}\left[1-(r_0/r_p)^{n_0(k-1)}\right]}{n_1+(1-a)/a}} \tag{3.92}$$

式中，a 为装填系数，$a=W(W+M)$。

将式(3.92)代入式(3.90)中，则爆炸产物获得的能量为

$$E_1+E_2 = \frac{WQ_{VT}}{an_1+1-a}\left[an_1+(1-a)\left(\frac{r_0}{r_p}\right)^{n_0(k-1)}\right] \tag{3.93}$$

于是，带壳装药的等效当量为

$$W_e = \frac{W}{an_1+1-a}\left[an_1+(1-a)\left(\frac{r_0}{r_p}\right)^{n_0(k-1)}\right] \tag{3.94}$$

实验表明，韧性钢壳近似可取 $r_p=1.5r_0$，铜壳 $r_p=2.24r_0$，脆性壳体的 r_p 小于韧性壳体。

(5) 装药运动的当量等效。

现代某些弹药的运动速度很高，可与爆炸产物的平均飞散速度相比拟，引起爆炸作用场的明显变化。此时，爆炸作用场为非对称的，在装药运动方向上爆炸空气冲击波压力增加，而在相反方向上压力减小。

根据能量相似原理，可将运动装药的动能引起的能量变化看成装药量的变化，设 α 为与装药运动方向的夹角，则不同方向的等效当量为

$$W_e = \frac{Q_{VT} \pm 0.5\ (v\cos\alpha)^2}{Q_{VT}} \tag{3.95}$$

式中，v 为装药运动速度；W 为装药 TNT 当量；Q_{VT} 为 TNT 爆热。当 $0 \leqslant \alpha \leqslant \pi/2$ 时，取“+”计算；当 $\pi/2 < a \leqslant \pi$ 时，取“-”计算。

3.7 炸药爆炸空气冲击波参数计算

3.7.1 峰值超压计算

根据大量的实验结果，TNT 球状装药（或形状相近的装药）在无限空气介质中爆炸时，空气冲击波峰值超压计算式为

$$\Delta p_m = 0.082\ 40\frac{\sqrt[3]{m}}{r} + 0.264\ 9\left(\frac{\sqrt[3]{m}}{r}\right)^2 + 0.686\ 7\left(\frac{\sqrt[3]{m}}{r}\right)^3 (\mathrm{MPa}) \tag{3.96}$$

或为

$$\Delta p_m = \frac{0.082\ 40}{\bar{r}} + \frac{0.264\ 9}{\bar{r}^2} + \frac{0.686\ 7}{\bar{r}^3} (\mathrm{MPa}) \tag{3.96a}$$

式中，Δp_m 为无限空中爆炸时冲击波的峰值超压（MPa）；m 为 TNT 装药质量（kg）；r 为到爆炸中心的距离（m）；$\bar{r}$ 为对比距离（$\mathrm{m \cdot kg^{-\frac{1}{3}}}$），即

$$\bar{r} = \frac{r}{\sqrt[3]{m}} \tag{3.97}$$

式（3.96）适用以下条件。

（1）炸点距离满足 $1 \leqslant \bar{r} \leqslant (10 \sim 15)$。

（2）炸高满足无限空中爆炸条件。

所谓无限空中爆炸，是指炸药在无边界的空中爆炸。这时，空气冲击波不受其他界面的影响。一般认为，只有在装药的对比高度满足下式时，才能认为符合无限空中爆炸条件，即

$$\frac{H}{\sqrt[3]{m}} \geqslant 0.35$$

式中，H 为装药离地面的高度（m）。

（3）药量以 TNT 当量为准。

对于其他炸药，由于爆热不同，因此可以根据能量相似原理按下式换算成 TNT 当量。例如，1 kg 黑索金的 TNT 当量为 1.3 kg，即有

$$m = \frac{Q_V}{Q_{VT}} \cdot m_0 \tag{3.98}$$

式中，m_0、m 为某炸药的实际质量（kg）和 TNT 当量（kg）；Q_V、Q_{VT} 为某炸药和 TNT 炸药的定容爆热（J）。

装药在地面爆炸时，由于地面的阻挡，因此空气冲击波不是向整个空间传播，而只向一半无限空间传播，被冲击波带动的空气量减少 1/2。装药在混凝土、岩石一类的刚性地面爆炸时，可看作是 2 倍的装药在无限空间爆炸。于是，可将 $m_e = 2m$ 代入式（3.93）中进行计算。整理后得装药在刚性地面爆炸时空气冲击波的峰值超压为

$$\Delta p_{\mathrm{mGr}}=0.1040\frac{\sqrt[3]{m}}{r}+0.4215\left(\frac{\sqrt[3]{m}}{r}\right)^{2}+1.373\left(\frac{\sqrt[3]{m}}{r}\right)^{3}(\mathrm{MPa}) \tag{3.99}$$

适用条件为

$$1\leqslant\frac{r}{\sqrt[3]{m}}\leqslant(10\sim15)$$

装药在普通土壤地面爆炸时，地面土壤受到高温、高压爆炸产物的作用发生变形、破坏，甚至抛掷到空中形成一个炸坑。因此，在这种情况下就不能按刚性地面全反射来考虑，而应考虑地面消耗了一部分爆炸能量，即反射系数要比 2 小，在这种情况下 $m_{\mathrm{e}}=(1.7\sim1.8)m$。于是，对普通地面可取 $m_{\mathrm{e}}=1.8m$ 代入式(3.93)中，得到装药在普通土壤地面爆炸时空气冲击波的峰值超压为

$$\Delta p_{\mathrm{mGr}}=0.1010\frac{\sqrt[3]{m}}{r}+0.3914\left(\frac{\sqrt[3]{m}}{r}\right)^{2}+1.236\left(\frac{\sqrt[3]{m}}{r}\right)^{3}(\mathrm{MPa}) \tag{3.100}$$

适用条件为

$$1\leqslant\frac{r}{\sqrt[3]{m}}\leqslant(10\sim15)$$

如果装药在堑壕、坑道、矿井、地道内爆炸，则空气冲击波沿着坑道两个方向传播。这种情况下，卷入运动的空气要比在无限介质中爆炸的少得多，冲击波的压力同样可以根据能量相似律进行计算。于是有

$$m_{\mathrm{e}}=m\frac{4\pi r^{2}}{2S}=2\pi\frac{r^{2}}{S}m$$

式中，S 为一个方向上传播的空气冲击波面积，等于坑道截面积(m^2)。上式代入式(3.96)中后可得

$$\Delta p_{\mathrm{m}}=\frac{0.08240}{r}\left(\frac{2\pi r^{2}}{S}\right)^{1/3}+0.2649\left(\frac{2\pi r^{2}}{S}\right)^{2/3}\left(\frac{\sqrt[3]{m}}{r}\right)^{2}+0.6867\frac{2\pi r^{2}}{S}\left(\frac{\sqrt[3]{m}}{r}\right)^{3}$$

整理后为

$$\Delta p_{\mathrm{m}}=0.1520\left(\frac{m}{Sr}\right)^{1/3}+0.9712\left(\frac{m}{Sr}\right)^{2/3}+4.312\frac{m}{Sr}(\mathrm{MPa})$$

如果装药在一端堵死的坑道内爆炸，那么空气冲击波只沿着坑道一个方向传播，这时将 $m_{\mathrm{e}}=\frac{4\pi r^{2}}{2S}m$ 代入式(3.93)中进行计算。

在装药近处，空气冲击波阵面压力与距离的关系很复杂。根据《空中爆炸》一书中的数据得到从装药近处到较远距离处冲击波超压的计算式如下。

当 $0.05\leqslant\frac{r}{\sqrt[3]{m}}\leqslant0.5$ 时，有

$$\Delta p_{\mathrm{m}}=1.968\frac{\sqrt[3]{m}}{r}+0.1903\left(\frac{\sqrt[3]{m}}{r}\right)^{2}-3.924\times10^{-3}\left(\frac{\sqrt[3]{m}}{r}\right)^{3}(\mathrm{MPa})$$

当 $0.50<\frac{r}{\sqrt[3]{m}}\leqslant70.9$ 时，有

$$\Delta p_{\mathrm{m}}=0.09516\frac{\sqrt[3]{m}}{r}+0.2953\left(\frac{\sqrt[3]{m}}{r}\right)^{2}+0.4228\left(\frac{\sqrt[3]{m}}{r}\right)^{3}(\mathrm{MPa})$$

以上两式适用于无限空间的爆炸，其优点是计算对比距离的范围很宽。

3.7.2　正压区作用时间计算

正压区作用时间 t_+ 是空气爆炸冲击波另一个特征参数，它是影响目标破坏作用大小的重要参数之一。与确定 Δp_m 一样，它也是根据爆炸相似律，通过实验方法建立的经验公式。TNT 球形装药在无限空中爆炸时，t_+ 的计算式为

$$\frac{t_+}{\sqrt[3]{m}} = 1.35 \times 10^{-3} \left(\frac{r}{\sqrt[3]{m}}\right)^{1/2} \tag{3.101}$$

如果装药在地面爆炸，则 m 应该以 TNT 当量进行计算。对刚性地面，以 $m_e = 2m$ 代入式(3.101) 中，而普通土壤地面 $m_e = 1.8m$。例如，将 $m_e = 1.8m$ 代入式(3.101) 中，得

$$\frac{t_{+G}}{\sqrt[3]{m}} = 1.5 \times 10^{-3} \left(\frac{r}{\sqrt[3]{m}}\right)^{1/2} \tag{3.102}$$

式(3.101) 和式(3.102) 中正压作用时间 t_+ 单位为 s；装药量 m 单位为 kg；距离 r 单位为 m。

3.7.3　比冲量计算

比冲量是由空气冲击波阵面超压曲线 $\Delta p(t)$ 与正压区作用时间直接确定的，但计算比较复杂。根据实验测定的结果，有

$$\frac{i_+}{\sqrt[3]{m}} = A\frac{\sqrt[3]{m}}{r} = \frac{A}{\bar{r}}, \quad r > 12r_0 \tag{3.103}$$

比冲量 i_+ 的单位为(N·s)/m²。TNT 炸药在无限空间爆炸时，A 为 196.2～245.25，采用其他炸药时需要换算。由于比冲量与形成冲击波的爆炸产物速度成正比，而爆炸产物速度又与炸药爆热的平方根成正比，因此

$$i_+ = A\frac{m_0^{2/3}}{r}\sqrt{\frac{Q_V}{Q_{VT}}} \tag{3.104}$$

如果装药在地面爆炸，则对刚性地面 $m_e = 2m$，对普通土壤地面，$m_e = 1.8m$。以普通土壤地面为例，有

$$i_{+G} = (294.3 \sim 362.97)\frac{m^{2/3}}{r}, \quad r > 12r_0 \tag{3.105}$$

3.8　核爆炸空气冲击波参数计算

3.8.1　自由大气中核爆炸空气冲击波参数

当核爆空气冲击波未遇到地面及其他障碍物时，称为自由大气中核爆空气冲击波，其参数是确定核爆空气冲击波遇到地面后参数的基础。

核爆空气冲击波的主要参数有超压、动压、正压作用时间及超压随时间的变化规律(时程曲线) 等。由于核爆炸的物理力学过程十分复杂，因此确定自由大气中核爆空气冲击波参数的影响因素很多，在工程应用上都是基于一定的理论分析(如考虑核反应过程的辐射流

体力学理论或爆炸相似律)，并结合核效应实验实测数据，建立起经验或半经验的计算公式或给出计算曲线。图 3.32 ～ 3.34 所示为自由大气中 1 kt 当量核爆空气冲击波的部分参数计算曲线。

各图中 Δp_i 为冲击波波阵面超压峰值(MPa)；r 为距爆心的距离(m)；q_f 为冲击波波阵面动压峰值(MPa)；t_+ 为冲击波正压作用时间(s)。

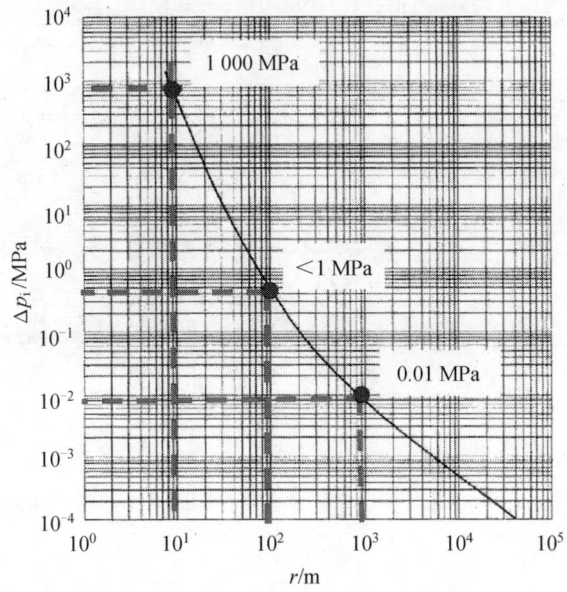

图 3.32　1 kt 当量核爆空气冲击波波阵面超压与距离的关系

当需要确定具有W_0(kt) 的核武器在r_0 处的冲击波参数时，可采用爆炸相似律确定，此时比例距离为$r_0/\sqrt[3]{W_0}$。

冲击波波阵面超压峰值 Δp_i 也可按下式计算，即

$$\Delta p_i = 1.12 \times 10^{-2}\left(\frac{304.8W^{1/3}}{R}\right)^3 + 1.03 \times 10^{-1}\left(\frac{304.8W^{1/3}}{R}\right)^{3/2}$$

式中，Δp_i 为冲击波波阵面超压峰值(MPa)；r 为距爆心的距离(m)；W 为核武器的 TNT 当量(kt)。

当 $\Delta p_i < 1.0$ MPa 时，空气冲击波波阵面动压峰值q_f 与超压峰值 Δp_i 关系为

$$q_f = \frac{2.5\Delta p_i^{\,2}}{\Delta p_i + 0.709}$$

冲击波到达某固定点时，超压随时间的变化(超压波形) 以指数规律衰减，当超压峰值较小时，可表示为

$$\Delta p(t) = \Delta p_i\left(1 - \frac{t}{t_+}\right)e^{-\alpha\frac{t}{t_+}}$$

Δp_i 越大，压力衰减越快，即该式中的衰减指数 α 越大。当 $\Delta p_i = 0.1$ MPa 时，α 的值约为 1.3。

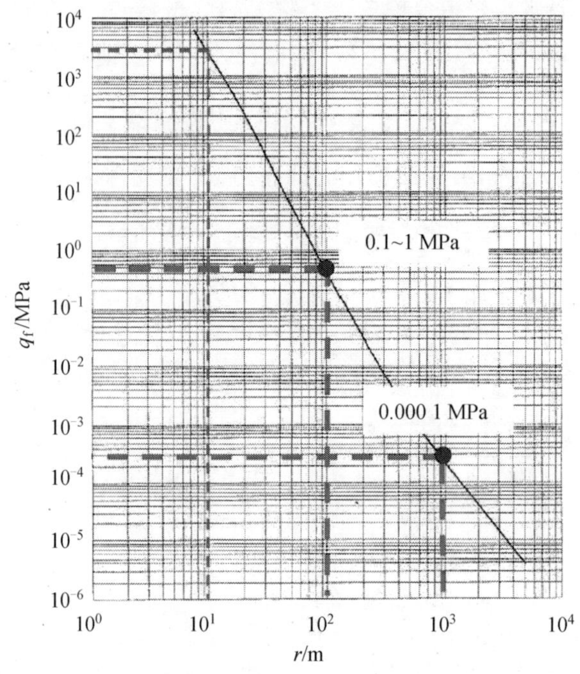

图 3.33　1 kt 当量核爆空气冲击波波阵面动压与距离的关系

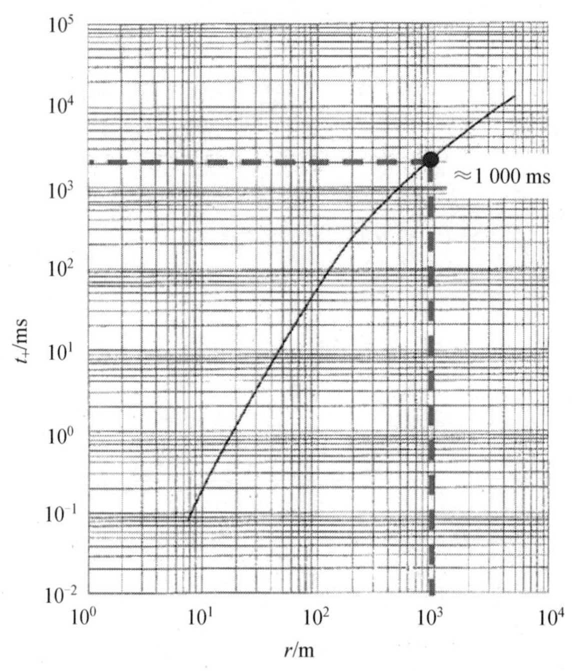

图 3.34　1 kt 当量核爆空气冲击波正超压持续时间与距离的关系

3.8.2　核爆炸地面空气冲击波参数

空中核爆炸总是在有限高度上进行的，在核爆炸以后，冲击波先在自由大气中传播，经过一段短暂时间后，冲击波波阵面的球半径逐渐加大，并超过爆炸高度 H，这时自由大气中的入射冲击波开始与地面相互作用。正反射区域、规则反射区域及马赫反射区域等各区域地面所受的冲击波参数称为地面空气冲击波参数。

当爆心接近地面，爆炸火球接触地面爆炸时，空气冲击波初始就得到加强，并以半球形向外传播出去，地面空气冲击波的传播方向可认为与地面平行，不再与地面产生反射现象，核武器地面爆炸形成爆炸波示意图如图 3.35 所示。地爆的能量密度可近似视为同一当量的核弹头空中爆炸的 2 倍。这样，地面爆炸冲击波参数都可以按自由大气中爆炸的参数公式来计算，只是把公式中的核当量增大 1 倍，即将 W 替换为 $2W$，就得到地爆时的地面空气冲击波参数。

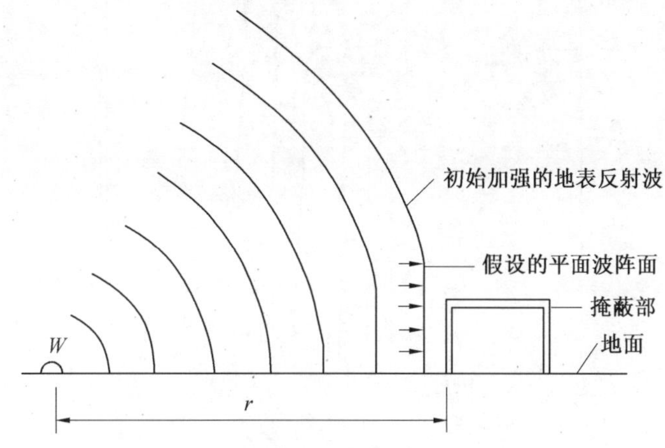

图 3.35　核武器地面爆炸形成爆炸波示意图

图 3.36 和图 3.37 所示核爆炸地面冲击波超压峰值等值线图，其值由两个参数确定，即比例爆高 H_s（$H_s=H/\sqrt[3]{W}$）和比例距离 r_s（$r_s=r/\sqrt[3]{W}$）。其中，H 为爆炸高度(m)；r 为离爆心投影点的距离(m)；W 为核武器的 TNT 当量(kt)。

地面空气冲击波超压随时间的变化规律可近似认为与入射冲击波相同，一般是按指数规律变化的。工程设计中，地面空气冲击波超压波形可在峰值压力处按切线或按等冲量简化成无升压时间的三角形(图 3.38)。图 3.38 中，t_1 为按切线简化的等效正压作用时间，t_2 为按等冲量简化的等效作用时间。

地面空气冲击波的等效作用时间按下列原则选定。

① 当结构的最大响应发生在超压已衰减到 0 之后，可按等冲量原则确定等效作用时间 t_2。

② 当结构的最大响应发生在超压时程曲线的早期时，可按初始波形的切线确定等效作用时间 t_1。

③ 当结构响应发生在上述二者之间时，则假定等效三角形从实际波形的 $\Delta p_m/2$ 处通过确定等效作用时间 t_{50}，如图 3.36 中的点线所示。

地面冲击波动压是入射的地面冲击波遇到障碍物(地面) 反射时，因速度被滞止而转化而来的压力，其基本计算公式为

$$q=\frac{1}{2}\rho u^2$$

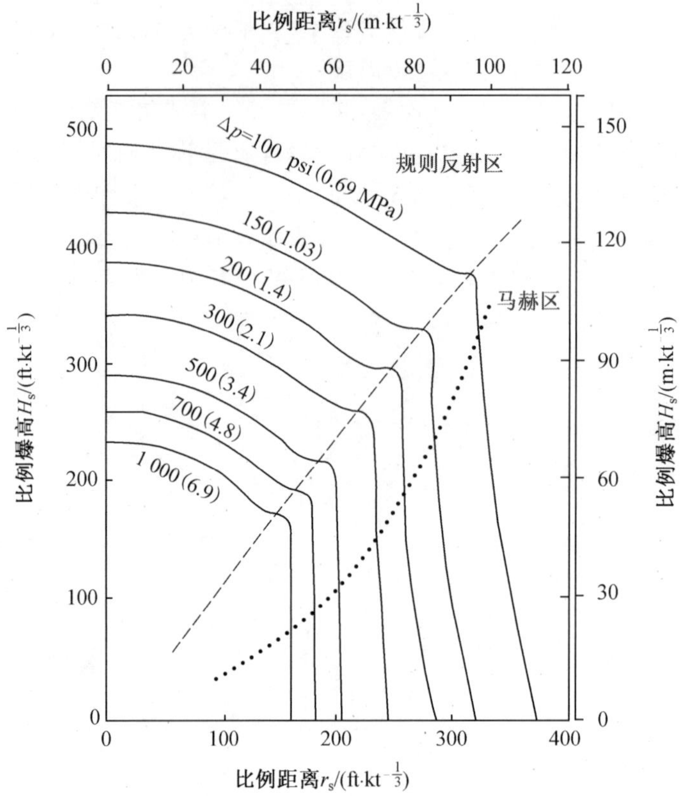

图 3.36　核爆炸地面冲击波超压峰值等值线图($r_s < 400$ ft/ kt$^{1/3}$)(145 psi = 1 MPa,1 ft = 0.304 8 m)

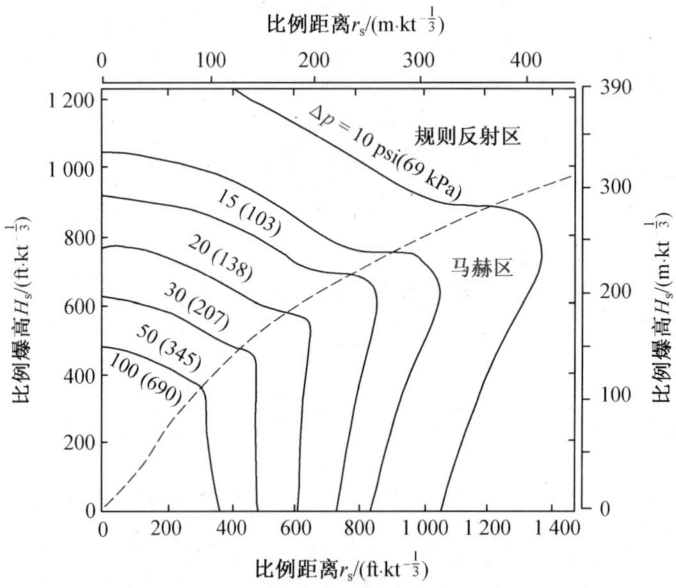

图 3.37　核爆地面冲击波超压峰值等值线图($r_s > 400$ ft/ kt$^{1/3}$)

式中,ρ 为地面冲击波波阵面的质点密度;u 为被滞止方向上的质点速度。

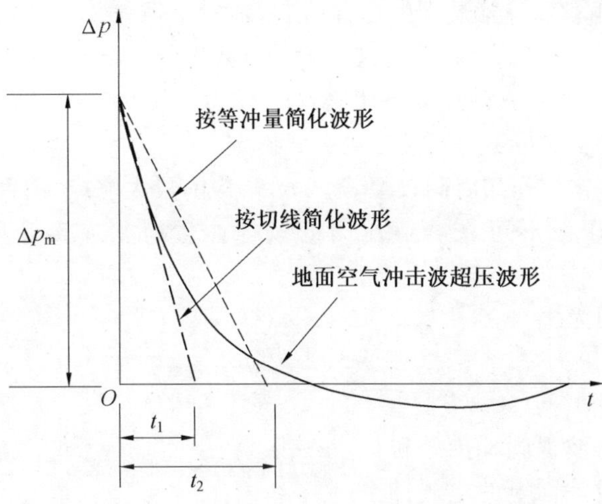

图 3.38　核超压波形按切线或等冲量简化波形

目前，工程上仍然根据爆炸相似律直接给出用于计算的等值线图。

3.9　化学爆炸空气冲击波

炸药装药爆炸时，确定爆炸冲击波参数（如超压峰值等）的方法都是根据实验及相似理论（爆炸相似律）建立的，下面介绍化爆空气冲击波参数的计算方法。

3.9.1　空中爆炸

炸药空中爆炸产生的空气冲击波在没有得到加强时，即为自由空气冲击波。球形 TNT 装药空中爆炸时的峰值压力、冲量等空气冲击波参数与比例距离的关系如图 3.39 所示。

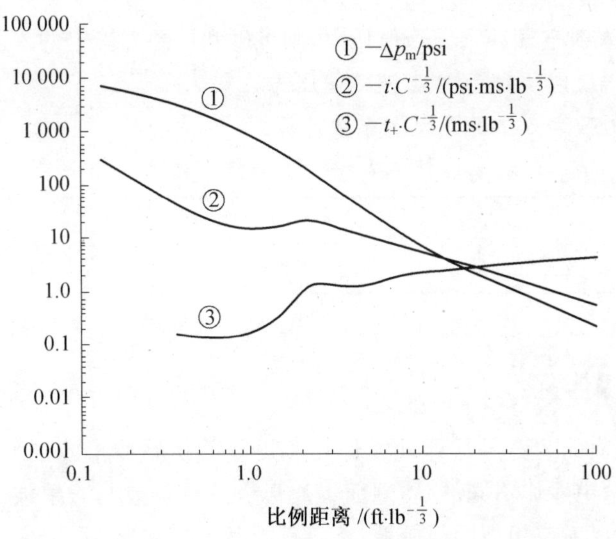

图 3.39　比例距离球形 TNT 装药空中爆炸时的峰值压力、冲量等空气冲击波参数与比例距离的关系

尽管这些曲线由裸露球形装药的爆炸得到，但对于带壳装药，当用实际装药的等效药量计算其比例距离时，也可采用这些公式。弹壳有减小装药有效质量的作用，但在设计时忽略这种作用，一方面是因为其效应尚不明确，另一方面是因为这样考虑偏于保守。

自由空中爆炸冲击波参数也可按下列公式确定。

由于化爆空气冲击波作用时间较短，远小于结构的最大响应，因此在工程结构设计中，化爆空气冲击波超压波形可在峰值压力处按等冲量简化成无升压时间的三角形（图3.40）。

等冲量作用时间为

$$\tau = 2i/\Delta p_m$$

式中，τ 为等冲量作用时间(s)。

当自由空气冲击波遇到地面等目标时，要发生反射，此时地面上的空气冲击波超压（包括规则反射的反射冲击波以及不规则反射的合成冲击波）可按以下方法确定，即

$$\Delta p_{cm} = 1.361\left(\frac{\sqrt[3]{W}}{L}\right)^3 + 0.369\left(\frac{\sqrt[3]{W}}{L}\right)^{1.5}$$

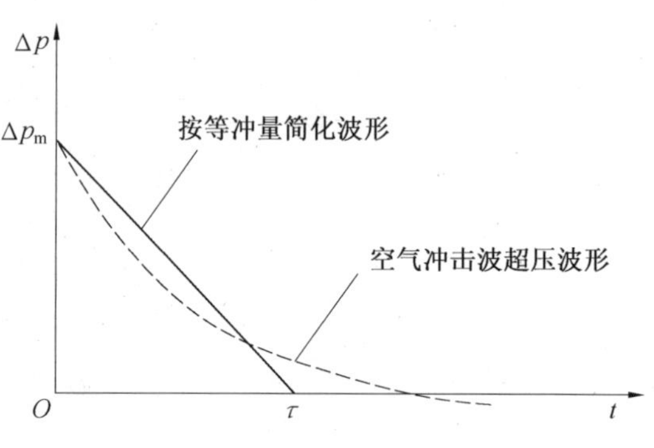

图 3.40　化爆空气冲击波波形

式中，Δp_{cm} 为常规武器地面爆炸空气冲击波超压峰值(MPa)；t_0 为空气冲击波 Δp_m 按等冲量等效的作用时间(s)；W 为常规武器的等效 TNT 爆炸量(kg)；L 为爆心至计算的地面某点的距离(m)。

(1) 首先根据上式计算或按图确定考查点位置处地面入射冲击波峰值压力，此时 r 为该点与爆心之间的斜距。

(2) 一旦确定了入射空气冲击波峰值压力，则可以利用预先确定的入射角 α 和入射空气冲击波峰值压力，算得反射(合成) 冲击波峰值压力 Δp_r。

对于正反射，也可按表 3.2 的正反射系数计算。

表 3.2　正反射系数

Δp_m/MPa	2.0	3.0	4.0	5.0	7.0	10	20
$n=\Delta p_{rm}/\Delta p_m$	6.45	7.10	7.55	7.90	8.45	9.10	10.7

3.9.2　地面爆炸

置于地表或近地面的装药爆炸即地面爆炸。爆炸的初始冲击波被地面反射并得到加强，形成反射波。与空中爆炸不同的是，地面爆炸形成的反射波与入射波同时出现在爆心，最终形成与空中爆炸反射波相似的简单波，不过其形状为半球形。

同样，与核爆一样，地面爆炸的能量密度可看作同一装药量的炸药空中爆炸的 2 倍。这样，地面爆炸冲击波参数都可以按空中爆炸的参数公式来计算，只是装药量要增大 1 倍，即

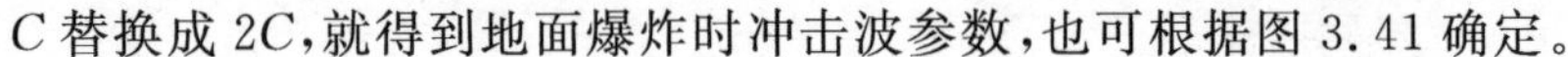

C 替换成 $2C$，就得到地面爆炸时冲击波参数，也可根据图 3.41 确定。

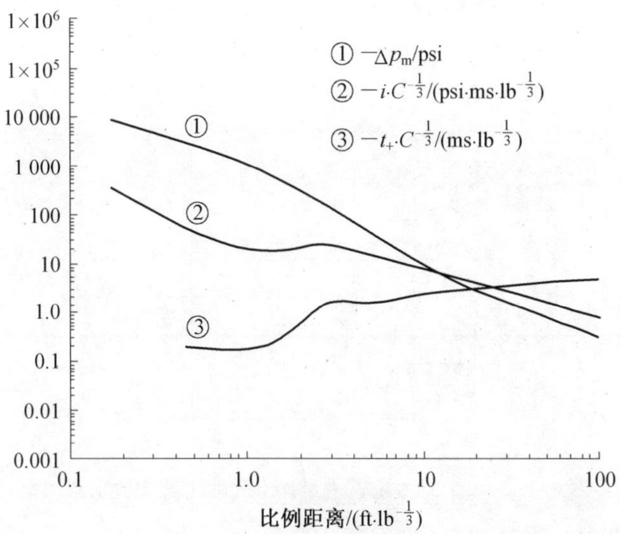

图 3.41　TNT 炸药地面爆炸的冲击波参数

3.10　空气冲击波在通道内的传播

炸药在通道外和通道内爆炸产生的冲击波及核爆炸冲击波在遇到孔洞时均要向通道内传播。空气冲击波在通道中的传播包括空气冲击波自通道外向通道内传播、空气冲击波在通道内传播、冲击波遇转弯及分支，以及冲击波在传播中遇到安装在通道内不同位置上的防护设备（如防护门、活门）或设施等情况，这对于防护工程出入口、进排风通道以及地下铁道、隧道和管道等工程设计具有重要意义。由于它的复杂性，这方面的理论还很不成熟，因此在工程应用中，主要还是采用实验拟合的经验公式或半经验半理论公式进行分析、计算。

3.10.1　坑道内冲击波压力参数

(1) 口部爆炸。

现代精确制导弹药可能直接命中地下防护工程口部，在坑道口部内外爆炸。20 世纪 90 年代，美国陆军水道实验站（WES）就此问题进行了系列模型和原型实验研究（图 3.42），图中 r(m) 为爆点至坑口距离，X(m) 为坑道内测点距坑口的距离。

通过对实验中坑道内空气冲击波压力的数据拟合，WES 提出了等截面直坑道内冲击波峰值压力的计算公式，即

$$p_m = \frac{C}{\bar{D}}\left(\frac{X}{D}\right)^{-B} \tag{3.106}$$

式中，p_m 为冲击波压力峰值(kPa)；D 为坑道直径(m)，$\bar{D}=D/\sqrt[3]{W}$ 为比例直径；W 为 TNT 等效装药量(kg)；B、C 为与比例爆距 $\bar{r}=r/\sqrt[3]{W}$ 相关的经验系数，外爆炸时 r 为负，内爆炸时 r 为正。

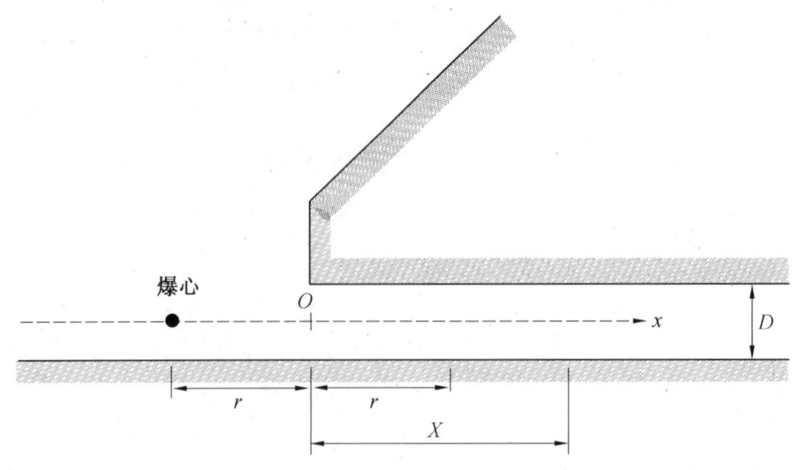

图 3.42　口部爆炸坑道内爆炸空气冲击波实验示意图

对于在坑道口部的外爆炸，且 $-3.5\ \mathrm{m}\cdot\mathrm{kg}^{-1/3}\leqslant\bar{r}\leqslant 0.3\ \mathrm{m}\cdot\mathrm{kg}^{-1/3}$ 时，有

$$\begin{cases}C=2\ 200\mathrm{e}^{\bar{r}}\\B=0.95+0.16\bar{r}\end{cases}\tag{3.107}$$

对于口部内爆炸，且 $\bar{r}\geqslant 0.3\ \mathrm{m}\cdot\mathrm{kg}^{-1/3}$ 时，有

$$\begin{cases}C=3\ 300\\B=1.0\end{cases}\tag{3.108}$$

显然，式(3.54) 也反映了空气冲击波坑道内传播的衰减规律。然而，研究表明，式(3.106) 仅对光滑壁面坑道情况具有较好的预测效果，对于壁面很粗糙的坑道则精度较低。

(2) 口部入射。

空中或地面爆炸的空气冲击波到达无遮挡坑道口部时，将进入坑道形成坑道内冲击波。这取决于坑道口的方向、形状和周围的地形，到达冲击波大都要产生反射、绕射，流场十分复杂，使坑道内冲击波压力高于或低于入射压力。

① 坑道轴线与山体垂直且与入射冲击传播方向平行。若口部外无反射面(外延出入口)，冲击波将直接进入坑道，坑道内冲击波与入射冲击波相差很小，$p_{\mathrm{i}}/p_{\mathrm{o}}=1.0$，这里 p_{i} 和 p_{o} 分别为坑道内冲击波和坑道外入射冲击波压力，如图 3.43(a) 所示。

当口部外有反射面(如山体)时，如图 3.43(b) 所示，入射冲击波将在口部外山体上发生反射，从而在坑道口和周固形成压力差，气流绕射将增强进入坑道内的冲击波压力。理论上，可根据不定常流理论计算出坑道内冲击波参数。实验表明，此时可近似取 $p_{\mathrm{i}}/p_{\mathrm{o}}=1.5$。

② 坑道轴线与山体和入射冲击波传播方向垂直。如图 3.44(a) 所示，此时冲击波传播方向与山体平行，山体对冲击波没有反射效应，进入坑道内的冲击波主要取决于入射冲击波，口部发挥泄压作用，坑道内冲击波压力为入射压力的 $\dfrac{1}{2}$ 左右。

③ 入射冲击波传播方向与山体平行且坑道轴线与山体成角度。如图 3.44(b) 所示，此种情况介于上述两种情况之间，定义角度影响系数为

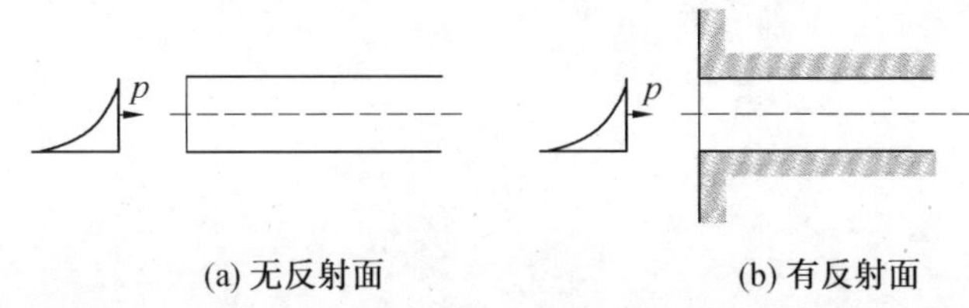

图 3.43　坑道与入射冲击波传播方向平行的坑道内冲击波

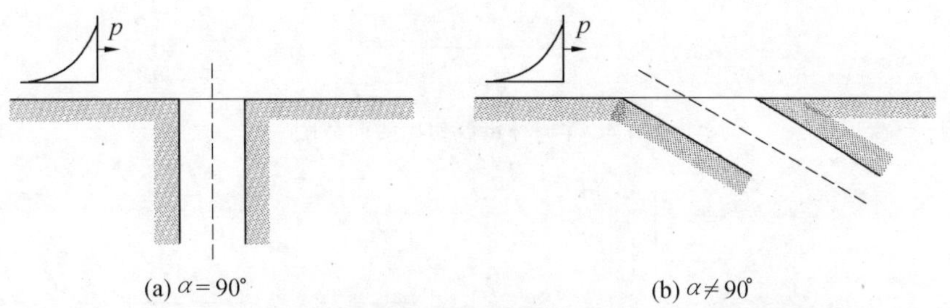

图 3.44　坑道与入射冲击波传播方向有倾角的坑道内冲击波

$$\eta_\alpha = p_i / p_0 \tag{3.109}$$

η_α 随坑道倾角 α 和压力峰值 p 的变化见表 3.3。

表 3.3　η_α 随坑道倾角 α 和压力峰值 p 的变化

p/MPa	$\alpha=0°$	$\alpha=30°$	$\alpha=60°$	$\alpha=90°$
0.1	1.00	0.90	0.80	0.56
0.5	1.00	0.70	0.58	0.40
1.0	1.00	0.66	0.50	0.36

3.10.2　坑道内冲击波的传播

(1) 直坑道内的传播。

冲击波在等截面直坑道内传播时，由于坑道内壁的摩擦、气体黏性以及波阵面衰减，因此峰值超压将随传播距离的增加而减小。内壁越粗糙，峰值超压衰减越大；波形越陡，衰减越快。超压随传播距离的衰减规律可表示为

$$p = p_0 e^{-\frac{aX}{D\tau}} \tag{3.110}$$

式中，p_0 和 p 分别为参考点和测量点的超压；X 为测量点至参考点的距离；D 为坑道直径；a 为坑道壁粗糙度系数，光滑壁的 $a=1$，粗糙壁的 $a=3$；τ 为参考点超压曲线初始切线时间截距。冲击波初始时间截距如图 3.45 所示。

(2) 转折和分支效应。

坑道内冲击波遇到通道转折或分叉，其超压会发生改变。下面讨论几种常见情况(图 3.46)。

对于图 3.46(a) 所示坑道发生 90° 转折情况，激波管实验表明，进入转折坑道的冲击波压力峰值将被削减 6% 左右。若冲击波经过 n 个 90° 转折，则在不考虑传播衰减条件下，其

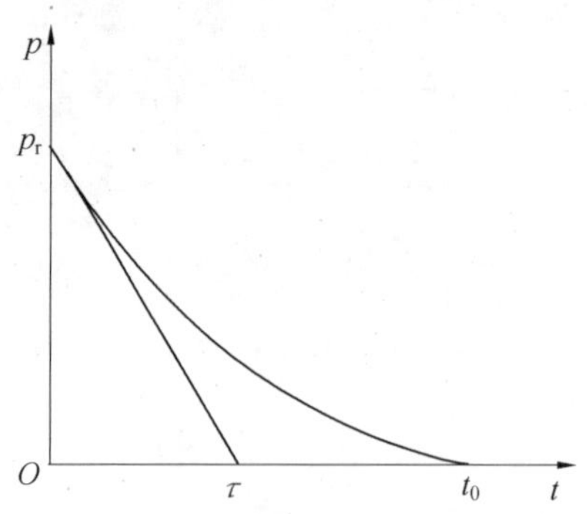

图 3.45　冲击波初始时间截距

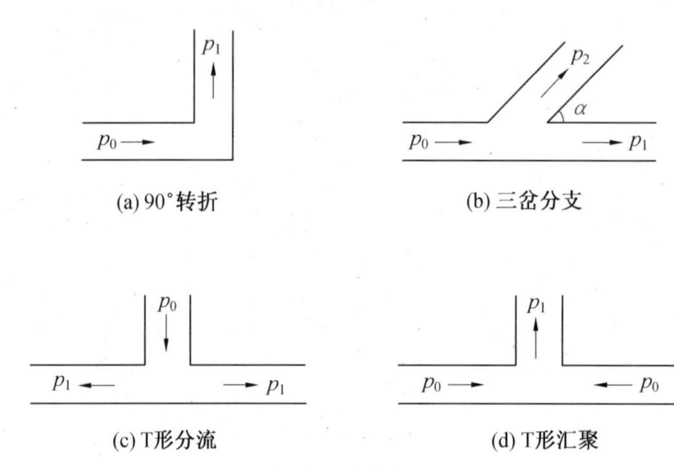

图 3.46　坑通转折和分支对冲击波超压的影响

冲击波压力峰值有四种情况。

①90° 转折。

$$p_n = (0.94)^n p_0 \tag{3.111}$$

② 三岔分支。对于图 3.46(b) 所示三岔分支，在直行坑道和斜岔坑道内的冲击波压力分别为

$$p_1 = (0.71 + 0.24\alpha/180)\, p_0 \tag{3.112}$$

$$p_2 = 0.8\eta_\alpha p_0 \tag{3.113}$$

式中，α 为斜岔坑道的倾角(°)；η_α 为角度影响系数。

③T 形分流。图 3.46(c) 所示冲击波经 T 形接头的坑道向两翼坑道分流的情况，翼坑道冲击波压力为

$$p_1 = 0.707 p_0 \tag{3.114}$$

④T 形汇聚。当冲击波由 T 形接头的两翼坑道向腹坑道汇聚时，如图 3.46(d) 所示，腹坑道冲击波压力为

$$p_1 = 1.414 p_0 \tag{3.115}$$

(3) 变截面效应。

当空气冲击波由小截面坑道传入大截面坑道时，冲击波压力将减小。对于$A_1/A_2 \geqslant$

0.1 的情况(这里 A_1 和 A_2 分别为小截面坑道和大截面坑道的截面面积),冲击波压力基本上与截面等效直径或半径(即截面面积平方根)成反比,即

$$p_2/p_1 = (A_1/A_2)^{0.5} \tag{3.116}$$

当 A_1/A_2 减小到 0.01 时,两坑道内压力近似与截面面积成反比,即

$$p_2/p_1 = A_1/A_2 \tag{3.117}$$

3.10.3　防护设备荷载与内部扩散

(1) 防护设备荷载。

在各类出入口、通气口设置的防护门、防爆活门等防护设备都将受坑道内空气冲击波的作用。由于空气冲击波从口部传入至防护设备位置处,大都经历了入射、传播衰减以及分支转折等过程,压力可能增加,也可能减小,最后遇到防护设备还将发生反射,因此防护设备上荷载的确定是一个复杂过程。

基本步骤如下。

① 确定工程口部附近地面自由场冲击波荷载。

② 根据坑道出入形式和冲击波传播方向,确定进入坑道内冲击波荷载。

③ 考虑防护设备前坑道形式、长度,计算传播衰减和分支转折意减。

④ 按照一维空气冲击波反射理论,计算反射压力(3.5.3 节)。

⑤ 类似地面结构前墙荷载计算方法确定防护设备荷载,注意这时没有绕射效应。对于口部爆炸,可直接从第 ③ 步开始。

以出入口为例,常见通道形式有直通式和穿廊式。

对于直通出入口,防护门设在距口部一定距离处;对于穿廊出入口,防护门设在穿廊 T 形接头的腹坑道内某一位置。忽略冲击波的传播衰减,不难知道,冲击波到达穿廊出入口防护门比到达直通出入口防护门多经过一个 T 形分岔,压力减小到 $\frac{2}{5}$ 左右,再加上反射系数的降低,穿廊防护门的冲击波荷载将比直通防护门荷载小很多。

(2) 内部扩散。

当坑道内传播的冲击波遇到带孔口的洞室(如工程内部扩散室或房间)或带孔口地面结构被空气冲击波包裹时,冲击波可从孔口向洞室或结构内部传播,使内部压力不断升高。内部压力的升高值与结构容积、孔口面积、外界压力及其作用时间有关。

对于孔口面积与结构容积较小,且冲击波压力小于 1 MPa 的情况,在 Δt 时段结构内部超压的改变量可由下式计算,即

$$\Delta p_i = C_L \left(\frac{A}{V}\right) \Delta t \tag{3.118}$$

式中,Δp_i 为内部压力增量;A 为孔口面积;V 为结构容积;C_L 为压力泄漏系数,与结构内外压力差 $p - p_i$ 有关。压力泄漏系数如图 3.47 所示,这里 p 为洞室或结构外冲击波压力。

由于 C_L 随内外压力差变化,即不同时刻取值不同,因此具体计算时一般采用等分时间段逐段计算的方法,获得内部压力随时间升高的规律,时间段间隔取冲击波作用时间的1/10 ~ 1/20。

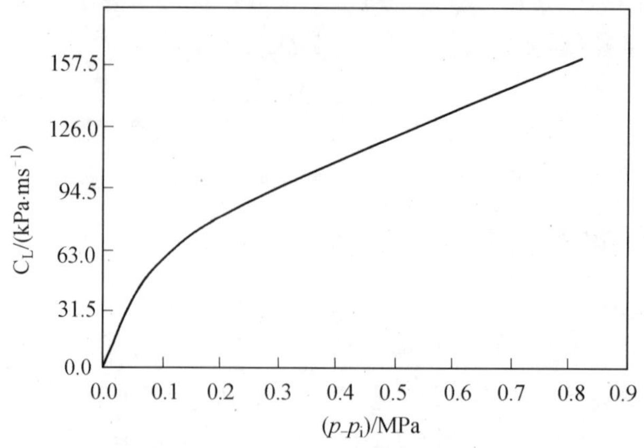

图 3.47　压力泄漏系数

3.11　本章小结

爆炸引起的空气冲击波直接作用到地下防护结构的上表面，对地下防护结构的顶板有直接影响，这种常规武器和核武器作为爆炸源均将使空气高速膨胀，导致空气剧烈流动、扰动并传播。要想获得空气冲击波的传播规律和相关性质，需要进行气体动力学分析以及按波动理论进行计算，建立冲击波的基本关系式等。

对空气冲击波直接作用到地下结构顶板以及在地下结构的通道中传播规律的认识，是进行地下防护工程功能划分和相关结构构件设计的前提。

第4章 岩土中的应力波

4.1 概 述

变形介质内的质点都是相互联系的，当变形介质局部某一处受到外界作用（地震、爆炸、冲击等瞬态荷载作用）发生变形、应力等扰动时，由于物质的惯性，这种突加荷载对于介质各部分质点的扰动不可能同时发生，而要经过一个传播过程，由局部扰动区逐步传播到未扰动区，这种现象被称为应力波的传播。由于任何物体都具有一定的尺寸，严格来讲，当物体受到突加荷载作用时，总会出现应力波的传播过程。当荷载作用的时间很短，或是荷载变化极快，而受力物体的尺寸又足够大时（如岩土体），这种应力波的传播过程就显得特别重要。外荷载对于物体的动力响应就必须通过应力波的传播来加以研究。

核武器和常规武器爆炸都能引起岩土中的应力波传播，它们是岩土中防护结构的作用荷载源。防护工程中更加关心的是岩土纵波（即压缩）传播，通常将这种由冲击爆炸引起的在地层中传播的应力波称为地冲击（爆炸传入地下的部分能量产生）。由于核爆炸作用范围较大，其荷载通常是岩土中防护结构（特别是地下人防结构）的主要荷载，且特点显著、作用机理研究较为清楚，因此本章主要介绍核爆炸产生的岩土中的应力波（又称岩土中的压缩波）。

根据爆炸引起地冲击的来源可以将地冲击分为两种：一种为感生地冲击，即由爆炸产生的空气冲击波遇到岩土介质时压缩岩土介质而产生的感生地冲击；另一种为直接地冲击，即由触地爆炸或地下爆炸直接在岩土中产生的地冲击。按照爆炸形式也可以划分产生地冲击的来源，全封闭爆炸产生的全部能量都用于直接地冲击，空中爆炸的主要作用是生成空气冲击波进而产生感生地冲击。核爆炸引起的岩土中的应力波可以由直接地冲击产生，或由核爆炸空气冲击波传播时拍击地面而产生。然而，对于一般抗力等级的地下防护结构，大多数处于核爆炸条件下的地面不规则反射区的岩土层中。因此，这种状态的力学模型可以简化为核爆炸地面冲击波，作用于半无限介质（岩土层）表面的压缩波传播，即土中一维平面波的传播。

4.2 一维应力波基本理论

4.2.1 无限杆中一维平面波

所谓一维应力，也就是常说的单轴应力，其典型代表为长直杆中的压缩或拉伸应力波的传播。一维平面波的各项参数只与一个空间坐标有关。因此，其理论相对简单，许多问题都可以简化为一维平面波来处理，例如核爆炸情况可以简化为一维平面波。图4.1为一截面

为 A,密度为 ρ 的任意半无限长弹性直杆。在 $t=0$ 时,端面受到脉冲作用,此时杆中将产生应力波并沿纵向传播。假定直杆各个横截面上均作用着均布应力,从而在变形开始时的任意截面在受力后仍保持为平面(即平截面假定),这样,杆中产生的应力波就是一维平面波。

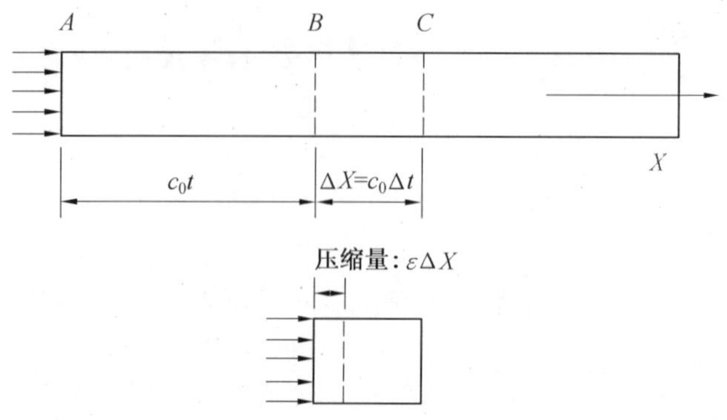

图 4.1 半无限直杆中应力波的传播

假如应力波传播速度为c_0,经过时间 t,波前到达 B 处。考查时间增量 Δt 内各参数变化的情况。此时,波阵前到达 C 处。设所取作用时间很短,可以认为应力波作用的压应力在该时间段内均匀不变,即该时段内质量获得相同的速度 v,于是 ΔX 的压缩量等于 $\varepsilon c_0\Delta t$。其中,ε 为对应于 σ 的应变。显然,这一压缩量等于 B 点在 Δt 内移动的距离,即

$$v\Delta t=\varepsilon c_0\Delta t \tag{4.1}$$

简化后为

$$v=\varepsilon c_0 \tag{4.2}$$

应用动量守恒定律,微段 ΔX 所受的冲量等于该段质量的动量变化,即

$$\sigma A\Delta t=\rho A\Delta Xv \tag{4.3}$$

简化后,得到

$$\sigma=\rho c_0 v \tag{4.4}$$

由式(4.2) 和式(4.4) 可得

$$c_0=\sqrt{\frac{1}{\rho}\frac{\sigma}{\varepsilon}} \tag{4.5}$$

由于是弹性介质 $\sigma=E_0\varepsilon$,则有

$$c_0=\sqrt{\frac{E_0}{\rho}} \tag{4.6}$$

式中,E_0 为弹性模量。

如果在应力波到来之前,杆中已有初始应力和应变,则式(4.5) 仍然成立,只需将式中的 σ 和 ε 看成是波阵面前后的应力差值和应变差值。如果将作用的应力波形看成是一连串应力脉冲波之和,由于应力－应变关系呈线性,可见它们均以同样的波速 c_0 传播。因此,弹性波在传播过程中不会改变其波形。

需要说明的是,应力波在介质中的传播速度(简称波速) 与应力波引起的介质的质点运动速度(简称质点速度)v是完全不同的两个概念。波速c_0一般要比质点速度 v高 2～3 个数量级。波速只与材料的特性(如密度 ρ、弹性模量 E_0) 有关,而与弹性阶段的应力大小无关;而质点速度既正比于应力大小,又反比于材料的波阻抗 ρc_0。将不同材料的 ρ 和 E_0 代入式

(4.6)可得弹性波在各种介质中的波速,如混凝土中纵波的速度为3 000～4 000 m/s,钢材中约为5 000 m/s。

上述分析是侧向无约束的直杆,对于半无限介质中的应力波传播问题,如土层中的压缩波问题,可简化成图 4.2 所示的半无限土柱受到瞬态动荷载大面积均匀作用的情况来讨论。

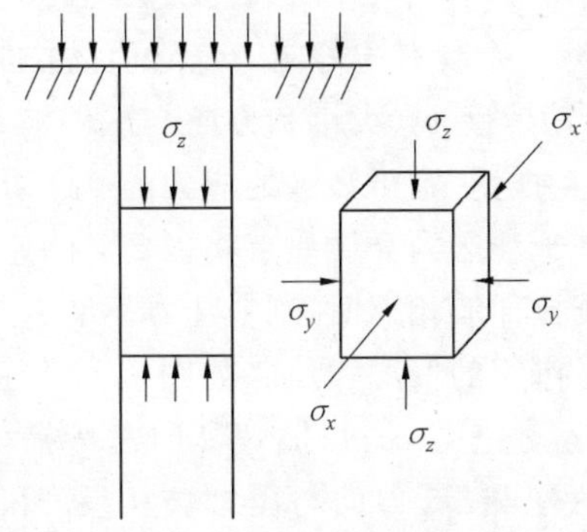

图 4.2　半无限土柱中的压缩波传播

可取出一个单位土柱来进行分析,但应考虑其侧向受到约束。对于土柱中的单元体的侧向应变 ε_x 和 ε_y 等于0,故在纵向应力(压力)σ_z 的作用下,引起侧向应力 σ_x 和 σ_y,根据对称性有 $\sigma_x = \sigma_y$。

设介质的横向膨胀系数(泊松比)为 ν,则有

$$\varepsilon_x = \frac{1}{E_0}\left[\sigma_x - \nu(\sigma_y + \sigma_z)\right] = 0 \tag{4.7}$$

$$\sigma_x = \sigma_y = \frac{\nu}{1-\nu}\sigma_z \tag{4.8}$$

纵向应变 ε_z:

$$\varepsilon_z = \frac{1}{E_0}\left[\sigma_z - \nu(\sigma_x + \sigma_y)\right] \tag{4.9}$$

将 σ_x 和 σ_y 代入式(4.9),得

$$\varepsilon_z = \frac{(1+\nu)(1-2\nu)}{(1-\nu)E_0}\sigma_z \tag{4.10}$$

令

$$E = \frac{1-\nu}{(1+\nu)(1-2\nu)}E_0 \tag{4.11}$$

则有

$$E = \frac{\sigma_z}{\varepsilon_z} \tag{4.12}$$

因此,根据式(4.6),对于受地面冲击波作用的半无限土柱而言,爆炸压缩波传播的弹性波速为

$$c_0 = \sqrt{\frac{E}{\rho}} \tag{4.13}$$

式中,E 为有侧限的土柱弹性模量。

在实际的计算过程中，一定要认真区分 E 和 E_0，一般土介质参数给出的弹性模量已是有侧限的弹性模量。土柱实际并非线弹性介质，仅在应力等级很低的情况下才可近似视为线弹性介质。

4.2.2 平行应力波的相互作用

假设在图 4.3 中的直杆中有一弹性平面压缩波，具有恒定的应力 $-\sigma_0$，质点运动速度 v_0，以波速 c 向右传播，同时，另一个具有同等应力绝对值的拉伸波以同一波速 c(大小相等，方向与压缩波相反）和质点运动速度 v_0(大小和方向与压缩波相同）向右运动，当两个平行波相遇时，由于拉伸与压缩相互抵消，则干涉区的应力为 0。又由于两个波的质点运动方向是相同的，都是向左运动，于是干涉区内介质质点将以 $2v_0$ 的速度向左运动。

如果两个平行的压缩波或拉伸波相遇时，则其干涉区内应力与质点速度的变化情况同一个压缩波与一个拉伸波相互作用的情况相反。如图 4.4 所示，直杆中有一弹性平面拉伸波，具有恒定的应力 σ_0，质点运动速度 v_0，以波速 c 向右传播，同时，另一个具有同等应力(σ_0）的拉伸波以同一波速 c(大小相等，方向与压缩波相反）和质点运动速度 $-v_0$(大小相等，方向相反）向右运动，当两个波形相同的拉伸波相互作用时，作用区内应力代数叠加变为原来的 2 倍，干涉区的应力水平为 $2\sigma_0$。又由于干涉区内两个拉伸波的质点运动速度大小相等，方向相反，于是干涉区内介质的质点速度将变为 0。

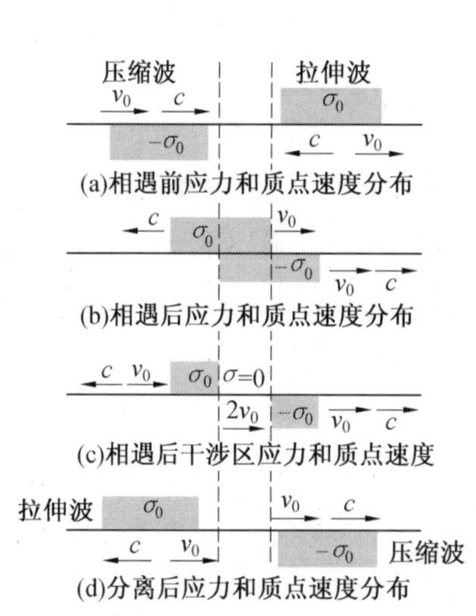

图 4.3 拉伸波与压缩波相互平行作用

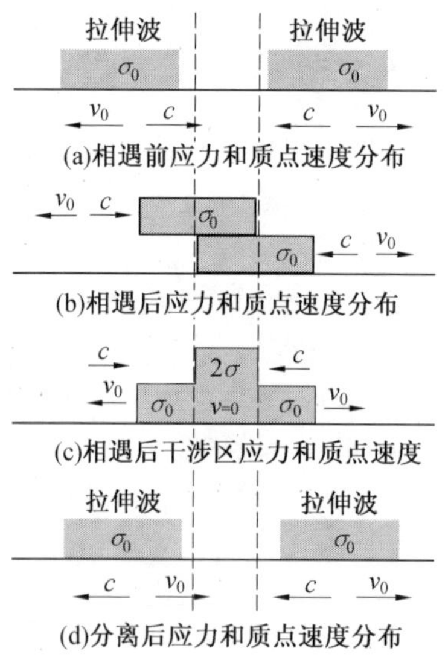

图 4.4 两个拉伸波相互平行作用

4.2.3 应力波传播过程中的可叠加性

当杆中传播的应力波到达杆的另一端时，将发生波的反射，其情况视边界条件而异。边界条件(固定端、自由端）对于入射波来说，实际上是对入射波波阵面后方状态的一个新的扰动，这一新扰动的传播就是反射波。反射波的具体情况应(根据入射波与反射波合起来的总效果符合所给定的边界条件）决定。

对于弹性波来说，入射波与反射波的总效果可按叠加原理来确定。当两个扰动同时传到某一点时，该点的总状态参量等于两个扰动分别抵达该点的代数和，称为应力波的叠加性。图 4.5 所示为两个相向而行的应力波从相遇到相互叠加，最后沿各自运动方向背驰而去的全过程。

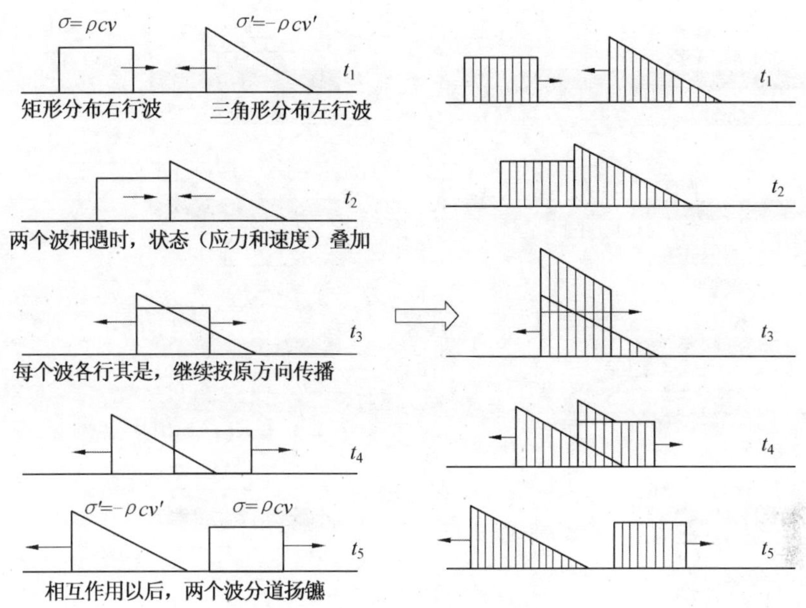

图 4.5　应力波的相互叠加

4.2.4　应力波在自由端的反射

设在图 4.6(a) 所示的直杆 AB 中，有波长为 λ 的压缩波以波速 c_0 向右传播，所到之处杆截面应力骤然增至 σ。当压缩波到达杆的自由端 B 端时，自由端的应力必须满足等于 0 的边界条件。可假设在 B 端另有一个对称于 B 点的直杆 BA'，有从两边向中间 B 点同时传来大小相等、方向相反的两个波，一个为压缩波，一个为拉伸波，二者相遇于 B 点，应力正好抵消为 0。

在此二波重合之处，杆中质点速度：

$$v=\frac{+\sigma}{\rho c_0}-\frac{-\sigma}{\rho c_0}=2\frac{\sigma}{\rho c_0} \tag{4.14}$$

即在杆端及两个波重合之处质点速度增加一倍。最终会产生一个拉伸波($-\sigma$)往回传。同理，一个拉伸波(应力为 $-\sigma$，波长为 λ)遇到自由端后，在自由端处及 $\lambda/2$ 的范围内，质点速度增加一倍，并产生一个压缩波往回传。

概括起来就是当弹性波遇到自由端时，压缩波反射产生反向的拉伸波，拉伸波产生反向的压缩波，端部质点速度增加一倍。

若直杆的一端是固定端，如图 4.6(b) 所示，压缩波遇到固定端时，必须满足质点速度等于 0 的边界条件。这种情况相当于直杆 ABA' 中，从两边同时向中点 B 传来完全相同的两个压缩波。这两个压缩波引起的质点速度大小相等、方向相反，它们在 B 点相遇时，使 B 点处的质点速度为 0，正好满足固定端边界条件要求。但两个波叠加之处，杆中应力上升为 2σ。

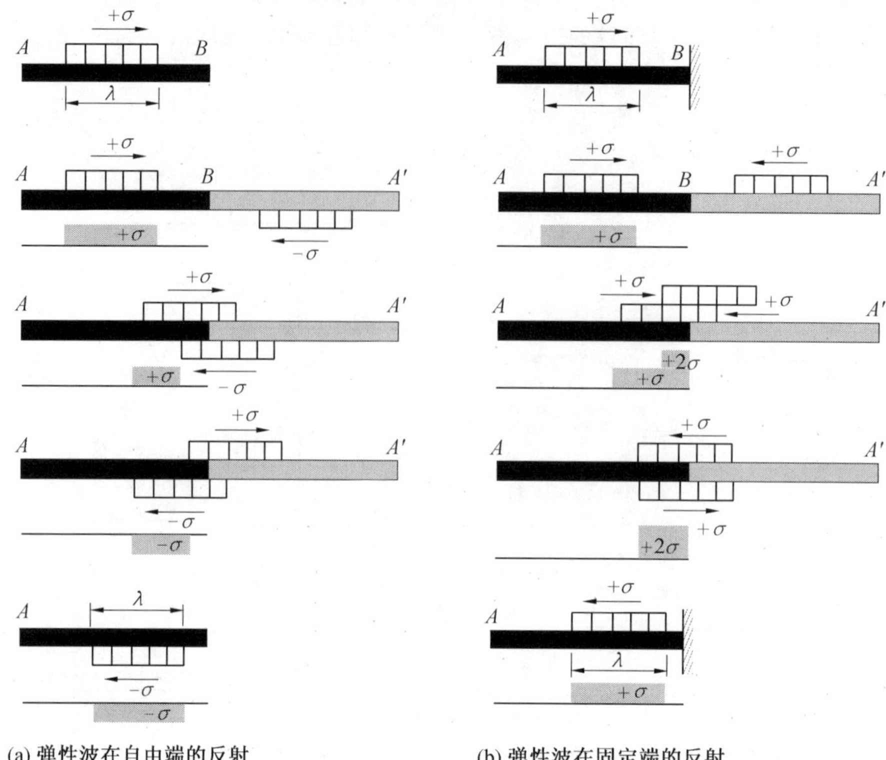

(a) 弹性波在自由端的反射

(b) 弹性波在固定端的反射

图 4.6　弹性波的反射

所以，一个压缩波遇到固定端后反射产生一个往回传的压缩波。同理，一个拉伸波遇到固定端后，反射产生一个往回传的拉伸波。

由此可见，当应力波遇到端面时，可以看成将离开介质端的那部分波形反转过来叠加在原先的介质中，并令其往回传播。如果是自由端，反射波的应力需改变正负号；如果是固定端，反射波的应力仍保留原来的正负号。

4.2.5　应力波在介质自由面反射断裂现象

根据应力波在自由端面反射这一原理可以解释工程中的很多现象，如应力波在脆性材料介质（抗拉强度远低于抗压强度）中传播时，当传播遇到临空表面（相当于直杆中的自由端）会发生反射，这种反射可能引起自由表面层的震塌或剥落。对于金属等塑性材料，由于抗拉强度和抗压强度大小基本相同，应力波在这类材料中传播并在其表面反射时，压缩波不能引起材料破坏，反射出的拉伸波也不致引起材料破坏。但是，岩石层和混凝土均属于这类脆性材料介质，其抗拉强度通常只有抗压强度的1/8～1/10，一个不至于引起材料压缩破坏的压缩波在其表面反射后，产生的拉伸波将可能引起材料的层裂破坏。例如，受爆炸应力波作用，岩层中地下防护工程无被覆衬砌的洞室内表面，或钢筋混凝土结构构件的内表面，在一定条件下均可出现震塌现象，二者的力学机理是一样的。

当压力脉冲在杆或板的自由表面反射形成拉伸脉冲时，可能在邻近自由表面的某处造成相当高的拉应力，一旦满足某动态断裂准则，就会在该处引起材料的破裂，如厚钢板在炸药接触爆炸时于背面发生层裂，如图 4.7(a) 所示。裂口足够大时，整块裂片便带着陷入其中的动量飞离。这种由压力脉冲在自由表面反射所造成的背面的动态断裂称为层裂或崩落。飞出的裂片称为层裂片或痂片。

上述情况中，一旦出现了层裂，也就同时形成了新的自由表面。继续入射的压力脉冲就将在此新自由表面上反射，从而可能造成第二层层裂。依此类推，在一定条件下可形成多层层裂，产生一系列的多层痂片，水泥杆在一端接触爆炸时于另一端产生的层裂如图 4.7(b) 所示。

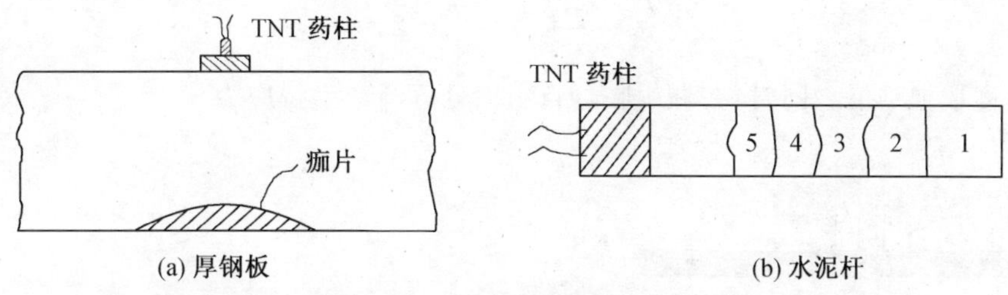

(a) 厚钢板　　(b) 水泥杆

图 4.7　爆炸应力波致产生材料层裂及痂片现象

与层裂中压力脉冲的反射卸载波和入射卸载波相互作用后产生拉应力从而导致断裂的情况类似。当物体很扁平时，从冲击产生的应力波正对面的自由面 B_1B_2 反射的卸载波与尾随压力脉冲的卸载波先相遇，若形成的拉应力足够强，则形成如图 4.7 所示的层裂；当从正对面反射的卸载波同由两侧自由面（A_1B_1 面和 A_2B_2 面）反射的卸载如图 4.8(a) 所示，卸载波在底角处先相遇，若形成的拉应力足够强，则造成角裂现象。

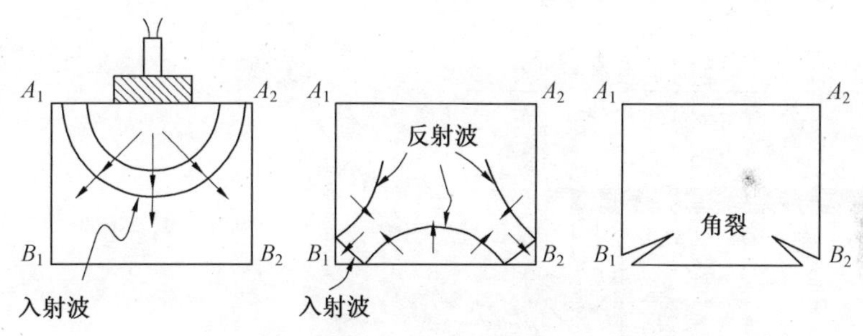

(a) 两自由表面所反射的卸载波导致的角裂

(b) 两自由表面所反射的卸载波在物体中心相遇导致的心裂

图 4.8　爆炸应力波致产生材料层裂及痂片现象

当物体比较细长时，从物体两侧自由面（A_1B_1 面和 A_2B_2 面）反射的强卸载波在物体中心先相遇，若形成的拉应力足够强，则造成心裂，如图 4.8(b) 所示。层裂、角裂和心裂等都与应力波的反射现象有关，统称为应力波在自由面的反射断裂。

图 4.9 所示的直杆 AB 一端受到爆炸作用引起的脉冲压力，其峰值压力为 p，压力作用时间为 t_+，由此产生波长为 $\lambda=ct_+$ 的三角形压缩波在杆中传播(波速为 c)。如果应力波在 $t=0$ 时，压缩波到达自由端 B 处，并继而反射成拉伸波向回传播。根据上述分析，回传的拉伸波的峰值拉力为 $-p$，且形状不变。入射压缩波和反射拉伸波的叠加结果使得杆自由端的质点速度为

$$v=\frac{+p}{\rho c}-\frac{-p}{\rho c}=2\frac{p}{\rho c} \tag{4.15}$$

即质点速度增加一倍。同时，在杆中临近自由面处逐渐产生拉应力。

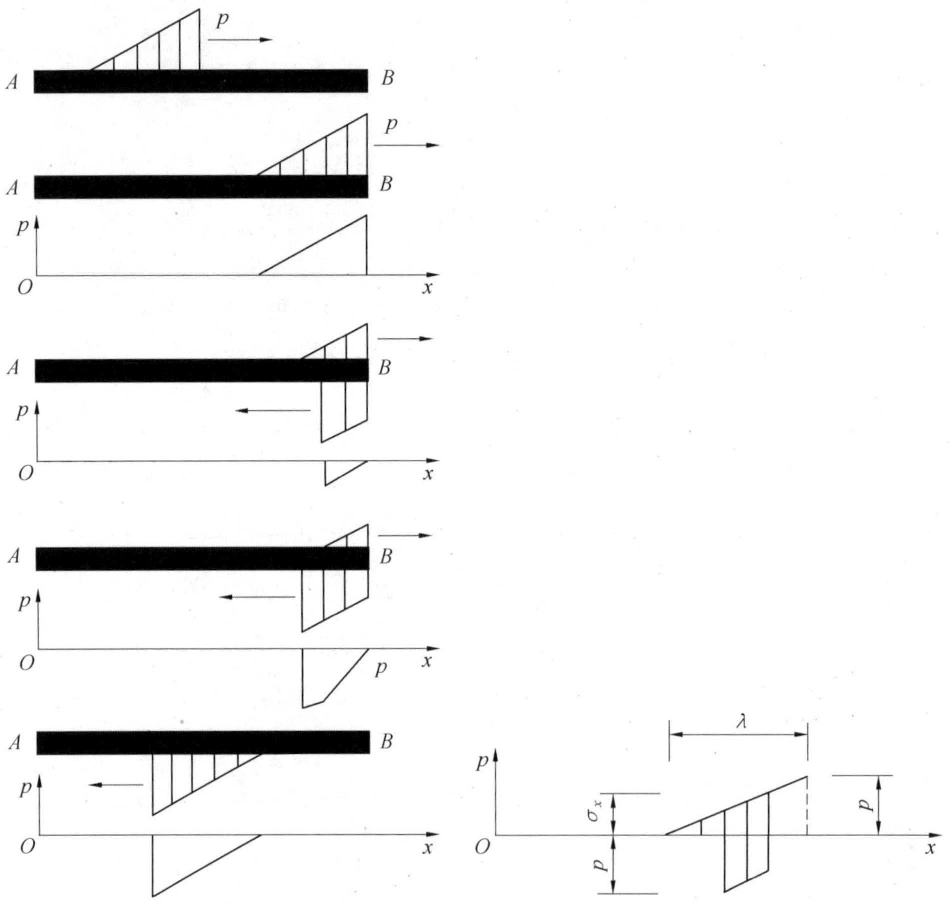

图 4.9　自由面边界反射造成的震塌破坏

当 $t=\lambda/(2c)$ 时，杆中开始出现最大拉应力 p。而在距离自由面小于 $\lambda/2$ 的长度内，其中的拉应力都小于 p，并且愈接近端部，出现的拉应力愈小。

如果所讨论的直杆材料为抗拉强度很低的脆性材料(岩石、混凝土等)，材料的抗拉强度 R(断裂强度) 小于压缩波的峰值压力 p，将因自由面处的反射出现受拉破坏，也就是震塌剥

落破坏。在靠近自由端离端面 x 处截面拉应力 σ_x(图 4.9) 为

$$\sigma_x = p - \sigma_x{}' = p - p\frac{\lambda - 2x}{\lambda} = \frac{2x}{\lambda}p \tag{4.16}$$

式中,$\sigma_x{}'$ 为 x 处的入射压缩波的应力。

当 $\sigma_x \geqslant R$ 时,杆件在 x 处断裂,断裂深度为

$$x = \frac{R}{2p}\lambda \tag{4.17}$$

深度为 x 的剥落层以速度 v' 飞出,即

$$v' = \frac{\sigma_x{}'}{\rho c} + \frac{p}{\rho c} = \frac{1}{\rho c}(2p - R) \tag{4.18}$$

式中,$\sigma_x{}'/(\rho c)$ 为断裂截面处入射压缩波应力 $\sigma_x{}'$ 引起的质点速度;$p/(\rho c)$ 为反向拉伸波应力 p 引起的同一截面的质点速度,两者方向相同,可以简单叠加。

杆端震塌剥落形成新的自由面,后续的入射压缩波在新的自由面继续反射,还可能产生新的剥落。每次剥落的碎块都以一定速度射出并带走部分能量。这种多层剥落现象将一直延续到反射引起的拉应力小于材料的抗拉强度为止。剥落现象主要发生在强度较大而波长较短的爆炸压力或撞击作用条件下。

4.2.6　应力波在不同介质界面的垂直反射与透射

当应力波传播到两种不同介质的界面时,应力波在另一层介质中仍然要引起压力和质点运动的传播,称为透射波;同时也会在原介质中产生反射波。也就是说,当应力波传播到两种不同介质的界面时,将会发生波的透射与反射。为便于分析和讨论,这里只考虑弹性纵波在多层介质中的传播情况。

应力波在多层介质之间的传播及相互作用需满足三个基本条件。

(1) 一维应力波基本假设。

(2) 应力波作用界面上的质点速度相等的连续条件,以及作用力与反作用力互等条件(在等截面处即简化为界面两侧应力相等)。

(3) 波阵面上的动量守恒条件、质量守恒条件或应力－应变关系。

图 4.10 所示为压缩波在双层介质中正向入射时的传播示意图。入射波、反射波和透射波参数三者之间的关系可由界面上的边界条件建立。

假设介质 1(ρ_i, c_1) 与介质 2(ρ_t, c_2) 交界面为 $A-A$。当应力波垂直到达交界面时会发生垂直反射和垂直透射。由于交界面处应力波具有连续性,由界面边界上的平衡条件和连续性条件可知质点的振动速度相等,即

$$v_i - v_r = v_t \tag{4.19}$$

在交界处的作用力与反作用力相等,即交界处两侧的应力状态相等,则有

$$\sigma_{1i} + \sigma_{1r} = \sigma_{2t} \tag{4.20}$$

式中,p 和 v 分别为应力波的压力和质点速度;角标 1、2 表示介质层编号;下标 i、r、t 分别表示入射波、反射波和透射波。

如果应力波为纵波,根据动应力表达式 $\sigma = \rho c v$,可得

$$\sigma_{1i} = \rho_1 c_1 v_i \tag{4.21}$$

$$\sigma_{1r} = \rho_1 c_1 v_r \tag{4.22}$$

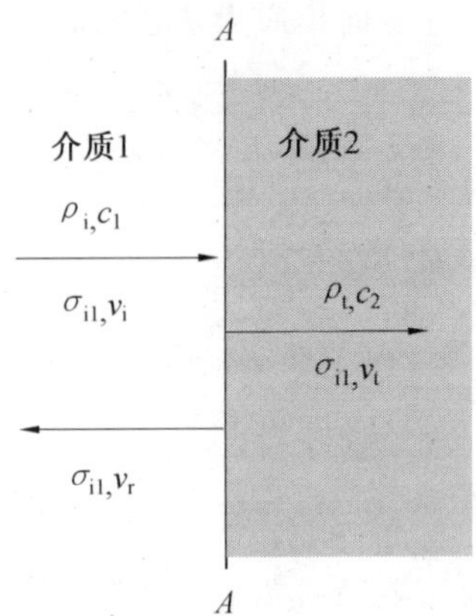

图 4.10　压缩波在双层介质中正向入射传播示意

$$\sigma_{2t} = \rho_t c_2 v_t \tag{4.23}$$

整理式(4.21)、式(4.22)、式(4.23)可得

$$v_i = \frac{\sigma_{1i}}{\rho_i c_1} \tag{4.24}$$

$$v_r = \frac{\sigma_{1r}}{\rho_1 c_1} \tag{4.25}$$

$$v_t = \frac{\sigma_{2t}}{\rho_2 c_2} \tag{4.26}$$

将式(4.24)、式(4.25)、式(4.26)代入式(4.19),可得

$$\frac{\sigma_{1i}}{\rho_i c_1} - \frac{\sigma_{1r}}{\rho_1 c_1} = \frac{\sigma_{2t}}{\rho_2 c_2} \tag{4.27}$$

将式(4.27)与式(4.20)联立,可得

$$\sigma_{1r} = F\sigma_{1i} \tag{4.28}$$

$$\sigma_{2t} = T\sigma_{1i} \tag{4.29}$$

式中,F 为应力波的垂直反射系数;T 为应力波的垂直透射系数。

且有

$$F = \frac{\rho_2 c_2 - \rho_1 c_1}{\rho_2 c_2 + \rho_1 c_1} \tag{4.30}$$

$$T = \frac{2\rho_2 c_2}{\rho_2 c_2 + \rho_1 c_1} \tag{4.31}$$

又由弹性介质中压缩波传播的讨论可知,

$$v = \frac{p}{\rho c}$$

式中,ρ 为介质密度;c 为波速;ρc 为介质的波阻抗(或声阻抗),用 A 表示,它表征介质传播应力波的特征。

求解式(4.28) ~ (4.31)可得

$$\sigma_{1r} = \sigma_{1i} \frac{\dfrac{\rho_2 c_2}{\rho_1 c_1} - 1}{\dfrac{\rho_2 c_2}{\rho_1 c_1} + 1} = F\sigma_{1i}$$

$$\sigma_{2t}=\sigma_{1i}\frac{2}{1+\frac{\rho_1c_1}{\rho_2c_2}}=T\sigma_{1i}$$

令 $n=\frac{\rho_1c_1}{\rho_2c_2}=A_1/A_2$，则有

$$F=\frac{1-n}{1+n} \tag{4.32}$$

$$T=\frac{2}{1+n} \tag{4.33}$$

式中，F、T 分别为反射系数和透射系数；n 为界面两边的波阻抗比值。

由式(4.32) 和式(4.33) 可知，反射系数 F 及透射系数 T 取决于界面两边的波阻抗比值。材料的波阻抗对反射波和透射波影响的具体分析如下。

(1) 当 $n>1$ 时，即应力波从波阻抗大的介质中传播到波阻抗小的介质中，透射系数 $0<T<1$，反射系数 $F<0$，表明反射波与入射波的应力符号相反，而透射波虽然和入射波的应力符号相同，但是应力幅值小于入射波。这种情况表明应力波从相对较“硬”的介质材料传入到相对较“软”的介质材料。

如果取 $\rho_1c_1\rightarrow0$，即第二种材料相当于真空，此时有 $n=\infty$、$T=0$ 及 $F=-1$，这就相当于弹性波在自由表面反射，表明不发生透射，完全以与入射波大小相同，但正负号相反的波反射回去。

(2) 当 $n<1$ 时，即应力波从波阻抗小的介质中传播到波阻抗大的介质中，透射系数有 $T>1$，反射系数 $F>0$，表明反射波与入射波的应力符号相同，而透射波虽然和入射波符号相同，但透射应力幅值要大于入射波，应力波从相对较“软”的介质材料传入到相对较“硬”的介质材料。

(3) 当 $n=1$ 时，说明两种介质的波阻抗相同，故反射系数 $F=0$，透射系数 $T=1$。波到达两种介质的界面时将全部透过，并无反射波产生。

也就是说，对于两种不同的介质，只要其波阻抗相同，即 $\rho_1c_1=\rho_2c_2$，即使 ρ_1 和 c_1 不相同，但是只要波阻抗相同，弹性波在通过其界面时就不会产生反射，这称为波阻抗匹配。在某些不希望产生反射波的情况下，选材时就可以通过波阻抗匹配来满足要求。

这里需要注意的是有两种极端情况。

当为固定界面时($A_2=\infty$)，有 $n=0$、$T=2$ 及 $F=1$，表明反射波不改变大小及正负号，透射波以 2 倍的入射波的大小向另一层介质传播。

当为自由界面时($A_2=0$)，有 $n=\infty$、$T=0$ 及 $F=-1$，表明不发生透射，完全以与入射波大小相同，但正负号相反的波反射回去。

反射系数 F、透射系数 T 与波阻抗比值 n 的关系如图 4.11 所示。

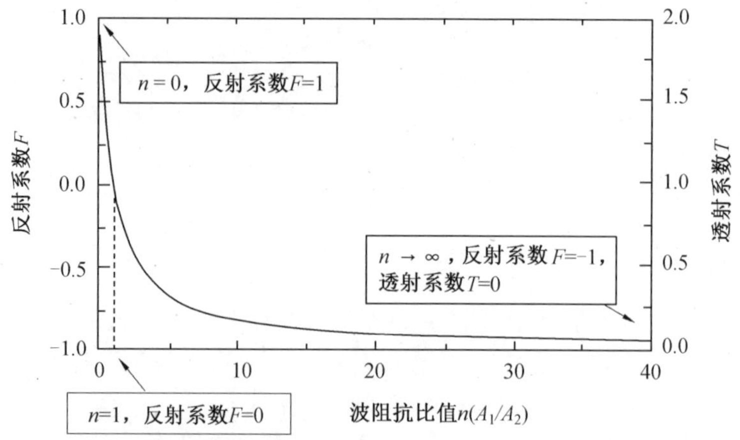

图 4.11　反射系数 F、透射系数 T 与波阻抗比值 n 的关系

4.2.7　波阻抗的物理意义

根据弹性介质中压缩波的传播规律(动应力与质点运动速度关系)，有

$$\sigma = \rho_0 c v$$

稍做变化，有

$$v = \frac{\sigma}{\rho_0 c}$$

式中，ρ_0 为介质的密度；c 为介质中的波速；$\rho_0 c$ 为介质的波阻抗，用 A 表示。

波阻抗表示在介质中引起扰动使质点产生单位质点运动速度所需要的应力波的应力值。波阻抗为纵波速度与介质密度的乘积，表明应力波传播时，运动着的质点产生单位速度所需的扰动力，即可变形介质对扰动(应力波)的抵抗程度。波阻抗越大，产生单位质点振动速度所需的应力就越大；反之，波阻抗越小，产生单位质点振动速度所需的应力就越小。

例如，钢材中弹性纵波的波速为 5 100 m/s，若受到 100 MPa 应力的作用，可计算对应的物质质点运动速度：

$$v = \frac{\sigma c}{E} = \frac{5\ 100\ \text{m/s} \times 100\ \text{MPa}}{205\ \text{GPa}} \approx 2.49\ \text{m/s}$$

钢材的波阻抗为

$$\rho_0 c = 7\ 800\ \text{kg/m}^3 \times 5\ 100\ \text{m/s} \approx 4 \times 10^7\ (\text{N} \cdot \text{s})/\text{m}^3$$

又如，岩石的波阻抗越高，越难于爆破。炸药的波阻抗与岩石的波阻抗相匹配(相等或相接近)时，爆破传给岩石的能量最多，在岩石中引起的应变值就大，可获得较好的爆破效果。界面两侧的波阻抗变化对应力波的能量传播有很大影响。当两侧波阻抗相等时，入射波的能量全部透过界面传到另一侧；当界面两侧波阻抗不等时，无论增大或变小，入射波的能量都不能全部透过界面传到另一侧。

当界面前方的波阻抗为 0 时，称为自由端反射，反射波和入射波的幅度大小相等，符号相反；当界面前方的波阻抗为无限大时，称为固定端反射，反射波的大小、符号都与入射波相同，透射波则是入射波的两倍。

4.2.8　应力波在多层介质中的传播

岩土体由于地质构造的复杂性，往往是由不同组成的多层层状地质体构成。因此，就会出现应力波在多层介质中传播的问题。

图 4.12 为弹性纵波在三层介质中的传播。假定第一层介质和第三层介质足够厚，即不考虑第一层介质上表面和第三层介质下表面的影响，而第二层介质相对较薄。

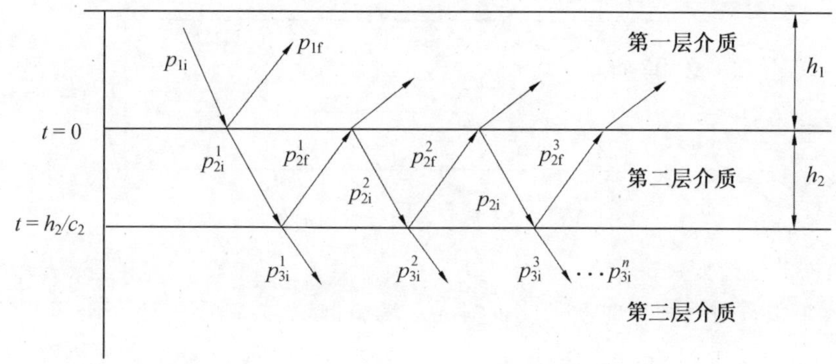

图 4.12　弹性纵波在三层介质中的传播

设 $t=0$ 时刻，有突加不变的压力波 p_{1i} 从第一层介质到达第一、二层界面，则在 $t=h_2/c_2$（其中 h_2 为第二层介质的厚度，c_2 为弹性纵波在第二层介质中的传播波速）时刻进入到第三层介质的透射波应力峰值 p_{3i}^1 为

$$p_{3i}^1=T_{3i}p_{2i}^1=T_{3i}T_{2i}p_{1i} \tag{4.34}$$

以后每间隔 $2h_2/c_2$ 依次进入到第三层介质的透射波应力峰值为

$$p_{3i}^2=T_{3i}p_{2i}^2=T_{3i}K_{2f}{}'p_{2f}^1=T_{3i}F_{2f}{}'F_{2f}p_{2i}^1=T_{3i}K_{2f}{}'F_{2f}T_{2i}p_{1i} \tag{4.35}$$

$$p_{3i}^2=T_{3i}T_{2i}\ (F_{2f}{}'F_{2f})^2p_{1i} \tag{4.36}$$

$$p_{3i}^n=T_{3i}T_{2i}\ (F_{2f}{}'F_{2f})^{n-1}p_{1i} \tag{4.37}$$

上述式中，$p_{3i}^1,p_{3i}^2,\cdots,p_{3i}^n$ 为依次进入到第三层介质的透射波应力峰值；p_{1i} 为入射波应力峰值；p_{2i}^1 为从第一层介质到第二层介质的透射波应力峰值；$p_{2f}^1,p_{2f}^2,\cdots,p_{2f}^n$ 为依次从第二层介质到第三层介质传播时的反射波应力峰值；$p_{2i}^2,p_{2i}^3,\cdots,p_{2i}^n$ 分别为 $p_{2f}^1,p_{2f}^2,\cdots,p_{2f}^{n-1}$ 从第二层介质到第一层介质传播时的反射波应力峰值；T_{2i} 为从第一层介质到第二层介质传播的透射系数；T_{3i} 为从第二层介质向第三层介质传播的透射系数；F_{2f} 为从第二层介质到第三层介质传播的反射系数；F'_{2f} 为从第二层介质到第一层介质传播的反射系数。

于是，经过一段时间后，进入到第三层介质中的透射应力峰值总和为

$$\begin{aligned}p_{3i}&=\sum_{k=1}^{n}p_{3i}^k\\&=T_{3i}T_{2i}p_{1i}[1+(F'_{2r}F_{2r})+(F'_{2r}F_{2r})^2+\cdots+(F'_{2r}F_{2r})^{n-1}]\\&=T_{3i}T_{2i}p_{1i}\times\frac{[1-(F'_{2r}F_{2r})^{n-1}]}{1-F'_{2r}F_{2r}}\end{aligned} \tag{4.38}$$

即突加不变的压力波在传到第三层介质后变成有升压时间的应力波。应力波在各层介质中的传播规律如图 4.13 所示。

下面分两种情况进行讨论。

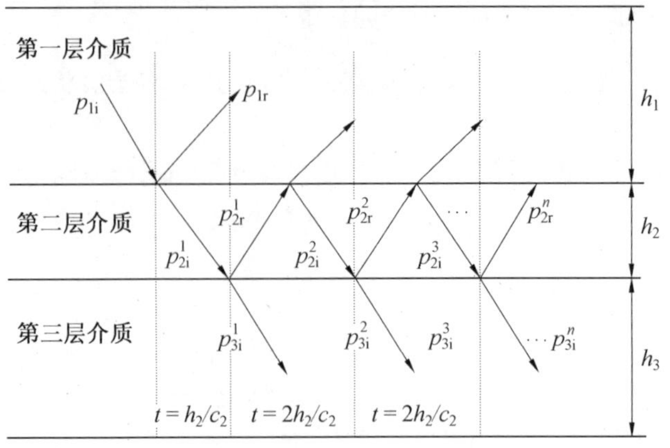

图 4.13　应力波在各层介质中的传播规律

(1) 压缩波通过坚硬夹层时。

土中压缩波透过遮弹层时就是此种情况。现举例说明，设第一层介质和第三层介质均为砂土，$\rho_1=\rho_3=2\ 000\ \mathrm{kg/m^3}$，波速 $c_1=c_3=100\ \mathrm{m/s}$；第二层介质为钢筋混凝土，$\rho_2=2\ 600\ \mathrm{kg/m^3}$，$c_2=3\ 500\ \mathrm{m/s}$。

根据式(4.32) 和式(4.33) 有 $T_{2i}=1.957$，$T_{3i}=0.043$，$F_{2f}=-0.957$，$F_{2f}{}'=-0.957$。由式(4.38) 可求得

$$p_{3i}=0.043\times1.957\times\frac{1-0.957^{60}}{1-0.957^2}p_{1i}=0.93p_{1i}(取\ n=31)$$

若 $n\to\infty$，则有 $p_{3i}\to p_{1i}$。

上述计算表明，土中压缩波经过坚硬夹层(如遮弹层) 时，对压缩波的峰值压力没有明显影响。但在实际工程中，岩土介质及钢筋混凝土材料均存在一定程度的不可逆转的能量耗散，而压缩波的传播还存在时间效应及边界尺寸效应(介质厚度)，故峰值压力实际上也有一定程度的衰减。但在工程应用中，往往忽略这种压力的衰减，主要考虑压力的升压时间有明显增长这一有利因素。

(2) 压缩波通过软夹层时。

如果第二层介质为由砂组成的松散夹层，第一层介质为岩石，第三层介质为钢筋混凝土。其波阻抗参数分别为 $A_1=90\times10^5\ \mathrm{kg/(m^2\cdot s)}$，$A_2=2\times10^5\ \mathrm{kg/(m^2\cdot s)}$，$A_3=90\times10^5\ \mathrm{kg/(m^2\cdot s)}$。

根据式(4.32) 和式(4.33)，有 $T_{2i}=0.043$，$T_{3i}=1.957$，$F_{2f}=0.957$，$F'_{2f}=0.957$。由式(4.38) 可求得

$$\begin{aligned}p_{3i}&=\sum_{k=1}^{n}p_{3i}^k\\&=T_{3i}T_{2i}p_{1i}[1+(F'_{2f}F_{2f})+(F'_{2f}F_{2f})^2+\cdots+(F'_{2f}F_{2f})^{n-1}]\\&=0.085p_{1i}(1+0.975+0.975^2+\cdots)\end{aligned}$$

由此可知，第一次透射到第三层介质中的压力仅为入射压缩波的 0.085。由于松软介质(如砂、泡沫混凝土等) 在应力波通过后产生塑性变形且衰减快，尤其对波长很短的化爆压缩波更是如此。此外，第一层介质的下表面在反射拉伸波作用下可能发生剥离等破坏现

象,使之对应的应力波能量损耗很大,所以不可能像讨论的压缩波通过坚硬夹层时的情况那样发生很多次来回反射。即使发生数次来回反射,通过回填层的压应力也是缓慢增长的。因而在坚硬夹层中设置软夹层可以有效地削弱应力波对第三层介质的作用,包括压应力的降低、升压时间的增加,而且对第三层结构被覆内侧自由表面造成的震塌破坏也将得到缓和或消除。因此,对于深地下高抗力工程,设置软夹层是提高结构承载力的一种重要工程措施。

4.3　弹塑性波

4.3.1　弹性波与塑性波

一般固体材料受力后都要产生变形,若变形较小,则将力卸载后通常表现为弹性性质,即变形完全恢复为原来的状态,可恢复的变形称为弹性变形;相反,若力较大,则卸载后变形不能完全恢复,而出现残余变形,呈现所谓的塑性状态,残余变形又称为塑性变形。

弹性变形具有两个特点:一是应力与应变呈一一对应的关系,二是其应力－应变呈线性关系。而对于弹塑性变形,其特点如下。

(1) 由于塑性应变不可恢复,所以外力所做的塑性功具有不可逆性(耗散性)。

(2) 进入塑性状态后,由于应力－应变关系为非线性,应力与应变不存在一一对应的关系,同一个应力可以对应不同的应变,反之也如此;塑性变形不仅与当前的应力状态有关,还与加载历史(应力路径) 有关。

(3) 当受力固体产生塑性变形时,将同时存在产生弹性变形的弹性区域和产生塑性变形的塑性区域,并且随着荷载的变化,两区域的分界面也会产生变化。

弹性波仅发生在应力较小或弹性介质中。事实上,工程中大多数介质为弹塑性介质,当应力超过介质的弹性屈服极限时,介质中要产生塑性波。应力波在弹塑性介质中的传播要比在弹性介质中复杂得多。塑性波是应力波的一种,是物体受到超过弹性极限的冲击应力扰动后产生的应力和应变传播、反射的波动现象。在塑性波通过后,物体内会出现残余变形。

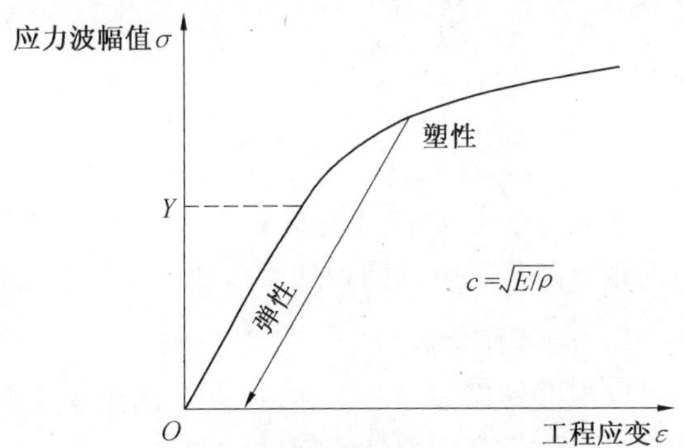

图 4.14　弹塑性介质应力－应变曲线

如图 4.14 所示,弹塑性介质中,如果应力波幅值 σ 小于材料的屈服应力 Y,即 $\sigma < Y$,则材料中的应力在弹性范围内,此时弹性纵波波速:

$$c=\sqrt{E/\rho}$$

如果应力波幅值大于材料屈服应力，即$\sigma>Y$时，应力－应变曲线的斜率不再保持为常数，因而导致应力波速度改变。这表明塑性波波速与应力有关，它随着应力的增大而减小，较大的变形将以较小的速度传播，而弹性波的波速与应力大小无关。另外，塑性波在传播的过程中波形会发生变化，而弹性波则保持波形不变。

4.3.2 弹塑性介质中的波速

如果在波阵面(应力为σ)前的介质已有初始应变ε_0和相应的应力σ_0，同样可根据式(4.39)计算波速c，即

$$c=\sqrt{\frac{1}{\rho}\frac{(\sigma-\sigma_0)}{(\varepsilon-\varepsilon_0)}}=\sqrt{\frac{1}{\rho}\frac{\Delta\sigma}{\Delta\varepsilon}} \tag{4.39}$$

对于线弹性介质，$\Delta\sigma/\Delta\varepsilon$的比值仍等于$E_0$，但对于非线性应力－应变关系的介质来说，情况将发生变化。

例如，对于图4.15所示的三折线应力－应变曲线，σ_s为弹性屈服极限，E_0为弹性模量，E_1为塑性模量，E_2为卸载模量。对该曲线讨论如下。

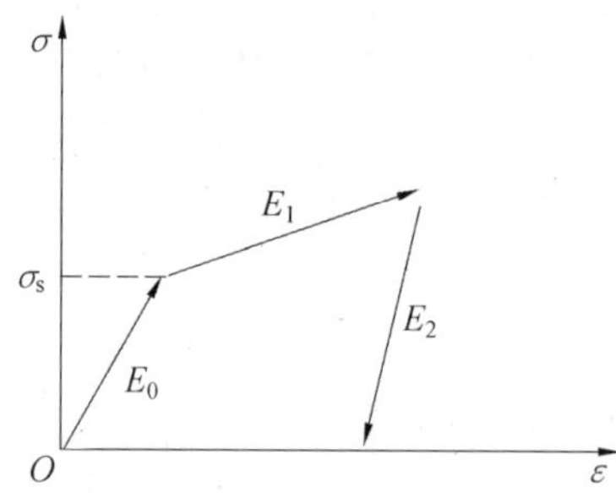

图4.15 三折线应力－应变曲线

(1) 当应力波幅值$\sigma\leqslant\sigma_s$时，则介质中只产生弹性波，并以波速$c_0=\sqrt{E_0/\rho}$向前传播。

(2) 当应力波幅值$\sigma>\sigma_s$时，则介质中将同时产生两种波，小于σ_s的以弹性波波速c_0传播，大于σ_s的以塑性波波速c_1传播。塑性波可看成介质中已有初始应力σ_s和初始应变σ_s状态下的波，根据式(4.39)可得

$$c=\sqrt{\frac{1}{\rho}\frac{\sigma-\sigma_s}{\varepsilon-\varepsilon_s}}=\sqrt{\frac{E_1}{\rho}} \tag{4.40}$$

显然，塑性波波速取决于应力－应变曲线的斜率，若$E_1<E_0$，则塑性波波速小于弹性波波速，两个波阵面之间的距离随传播距离的增加而增加。如果在塑性区卸载，则在介质中产生卸载波，以波速$c_2=\sqrt{E_2/\rho}$向前传播。

同样，上述情况显然可以推广到应力－应变关系为多直线段以至于曲线的情况，后者可看成由无数个折线组成。可见，任意应力处的传播速度为

$$c=\sqrt{\frac{E}{\rho}}$$

式中，E为应力－应变曲线中该应力处的曲线斜率。

4.3.3　线性硬化材料

塑性波波速取决于材料的密度及应力－应变曲线塑性部分的斜率(塑性模量),因此,材料的应变硬化特性对波的传播具有很大影响。如某些金属材料,可将材料的应力－应变关系简化成线性硬化材料,即材料具有双线性应力－应变关系曲线,如图 4.16 所示。这种理想化材料在塑性段(即 $\sigma > Y$),塑性波速 c_p 也为恒定值,其大小取决于塑性模量 E_p。

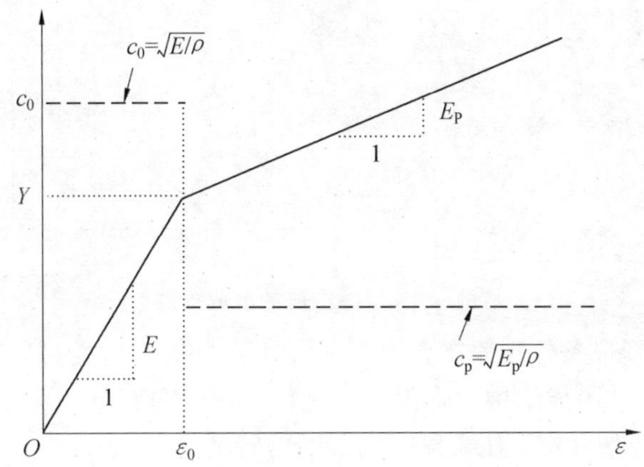

图 4.16　线性硬化材料本构模型

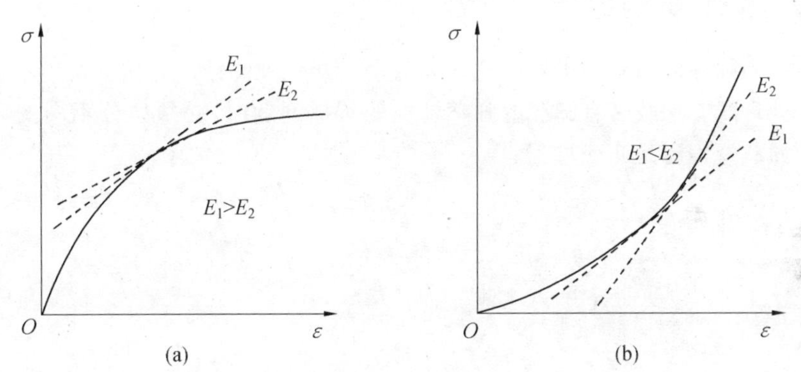

图 4.17　递增(减)硬化材料应力－应变曲线

如果介质材料的应力－应变曲线凸向应力轴,则称为递减硬化材料,指塑性应力随着应变的增加而增加,但塑性区应力－应变曲线斜率随应变增加而减小($E_1 > E_2$),即塑性波波速随之下降,这意味着后续的高应力部分的传播波速小于低应力部分的传播波速。随着传播距离的增加,陡峭的波阵面会越来越平缓,变成有升压时间的应力波,如图 4.17(a)所示。

如果介质材料的应力－应变曲线凹向应力轴,则称为递增硬化材料,指塑性应力随着应变的增加而增加,同时塑性区应力－应变曲线的斜率也随着应变的增加而增加($E_1 < E_2$),即塑性波波速也随之增加,这意味着后续的高应力部分的传播波速大于低应力部分的传播波速。随着传播距离的增加,在传播过程中塑性波的波形不断缩短,变得越来越陡峭,后续的应力波不断追上前面的应力波,以致有升压时间的应力波最终形成没有升压时间的

冲击波，如图 4.17(b) 所示。

对于渐增硬化材料，塑性波传播过程中，后面的塑性波传播速度越来越快，就会逐渐追赶上前面的塑性波，造成波形前沿变得更陡峭（即产生汇聚波），最终将在波阵面上发生质点、速度和应力－应变的突变，最终形成冲击波。如图 4.18 所示，$t=t_1$ 时刻，固体中的波形比较平滑；$t=t_2$ 时刻，$c(B)$ 波速更快，B 点与 A 点之间距离开始缩小，波形前沿比 $t=t_1$ 时刻更陡峭；$t=t_3$ 中总有这样一个时刻，原来位于后面的 B 点追上 A 点，形成一个冲击波前沿。

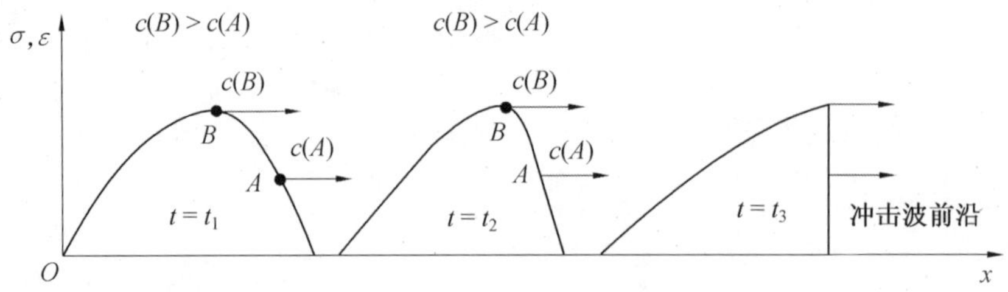

图 4.18　冲击波的形成条件

因此，冲击波的形成条件是固体介质为渐增硬化材料。这类材料本来在工程中并不多见，但是近年来，轻质和吸能结构中常用多孔材料，包括格栅、蜂窝和泡沫金属材料等，它们的应力－应变曲线从平台段到压实段有向下凹的特征，因此在冲击加载下会产生汇聚的塑性波，以至于出现冲击波。

4.3.4　弹性卸载波

弹塑性波和弹性波的差别主要体现在卸载上。塑性波卸载后介质会产生不可恢复的残余变形。在处理既有加载又有卸载的弹塑性波的传播问题时，必须区分不同的质点在不同时刻是处于加载过程还是卸载过程。

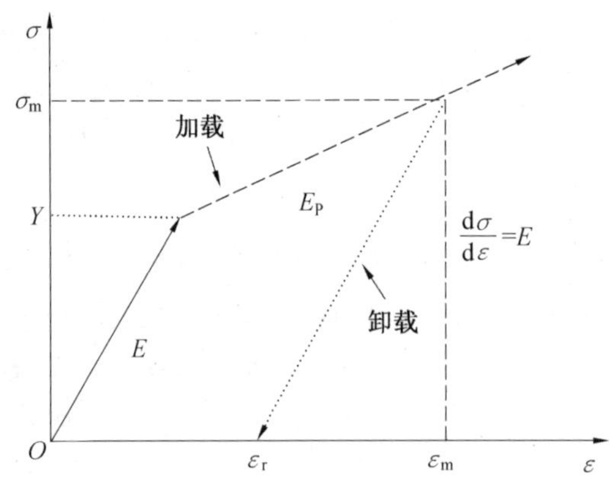

图 4.19　弹性卸载波

如图 4.19 所示，弹性卸载假定是指从卸载塑性变形所达到的应力 σ_m 和应变 ε_m 卸载时，不论卸载后是否再重新加载，只要应力不再超过 σ_m，应力和应变之间就呈线性关系，且斜率等于加载曲线弹性部分的初始斜率。弹性卸载表明，卸载扰动也是以弹性波速传播的，卸载波速 $c_0=\sqrt{E/\rho_0}$。

4.3.5　弹塑性介质中的运动方程

下面来分析一维平面波沿土柱传播的情况。取地面下一单位面积土柱，几何坐标 z 向下，原点在地面，如图 4.20 所示。考查深度为 z 处的截面及其微元体，截面处应力为 σ，位移为 u，应变为 ε，质点速度为 v。该微元体上下两面所受的应力如图 4.20 所示。

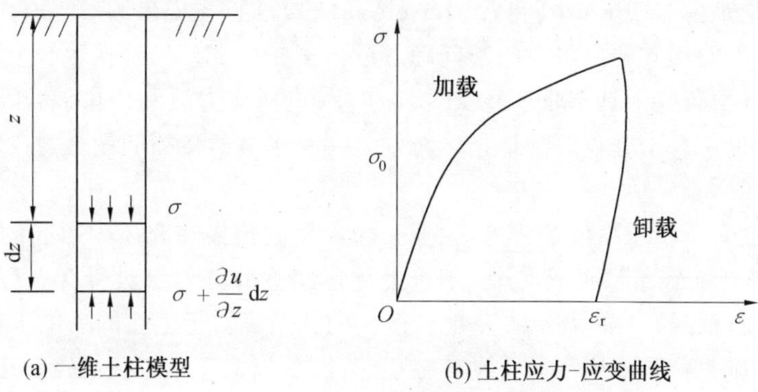

(a) 一维土柱模型　　(b) 土柱应力-应变曲线

图 4.20　压缩波一维传播的土柱模型

由几何关系可得

$$u_z=\frac{\partial u}{\partial z}=\varepsilon \tag{4.41}$$

$$u_t=\frac{\partial u}{\partial t}=v \tag{4.42}$$

由物理关系(土柱应力－应变关系，图 4.20(b)) 可得

在加载条件下，有

$$\sigma=\varphi_1(\varepsilon) \tag{4.43}$$

在卸载条件下，有

$$\sigma=\varphi_2(\varepsilon)+\sigma^0(z) \tag{4.44}$$

由牛顿第二定律可知，无论是何种介质模型，还是何种应力阶段，均有

$$\mathrm{d}z\rho\,\frac{\partial^2 u}{\mathrm{d}t^2}=\frac{\partial\sigma}{\partial z}\mathrm{d}z \tag{4.45}$$

即

$$\rho v_t=\sigma_z \tag{4.46}$$

式(4.41) 对 t 求导，得

$$\frac{\partial}{\partial t}\frac{\partial u}{\partial z}=\frac{\partial}{\partial z}\frac{\partial u}{\partial t} \tag{4.47}$$

即

$$v_z=\frac{\partial\varepsilon}{\partial t}=\frac{\partial\varepsilon}{\partial\sigma}\frac{\partial\sigma}{\partial t}=\frac{1}{\dfrac{\partial\sigma}{\partial\varepsilon}}\sigma_t \tag{4.48}$$

对于式(4.48)，在加载时，$\partial\sigma/\partial\varepsilon$ 用式(4.43) 计算；在卸载时，$\partial\sigma/\partial\varepsilon$ 用式(4.44) 计算。

微分方程式(4.46) 及式(4.48) 构成了弹塑性介质中的波动方程，并确定了压缩波在土柱中传播时的应力 σ 及质点速度 v。该方程组可采用特征线法求解。

式(4.46)对 z 求导,式(4.48)对 t 求导,联立后得波动方程的另一表达方式为

$$\sigma_{tt}=c^2\sigma_{zz} \tag{4.49}$$

在该式中,加卸载时波速 c 的取值不同。

4.3.6 弹塑性介质中波动方程的特征线解

特征线理论是由 L. Prandtl 和 A. Buseman(1929)首先提出的。当时主要用于解连续性问题。后来,人们用它解决各自间断问题并取得了较好的效果。在数学上,特征线理论在偏微分方程的分类研究中具有重要意义。而在波(包括应力波和冲击波)传播的研究过程中,特征线理论也占有十分重要的地位。特别是在一维波的传播问题上,特征线理论得到了广泛的应用。

研究弹塑性介质中压缩波的传播,主要关注压缩波传播在介质中引起的压力 p 和质点速度 v。方程的特征线解法的特点是:不求上述运动微分方程组对所有点(z,t)的解,而只求波传播线(或特征线)上的点处的参数 v 和 p 的关系。对于上述的一维土柱,土中任意点(z,t)的速度和压力都是由边界的扰动传播引起的,所以对于土中任意点都可以通过该点由边界上的某一点作出波的传播线(特征线),并且由边界上已知的 p、v 值,按特征线上 p、v 的变化规律,求得该点的 p、v 值。

用 $\mathrm{d}t$ 乘以式(4.46),用 $\rho\mathrm{d}z$ 乘以式(4.48),并相加得

$$v_t\mathrm{d}t+v_z\mathrm{d}z=\frac{1}{\rho}\left(\sigma_z\mathrm{d}t+\sigma_t\frac{\mathrm{d}z}{c^2}\right) \tag{4.50}$$

上式等号左边的部分是速度 v 的全微分,而等号右边的部分不是 σ 的全微分。但是当点(z,t)沿特定的曲线 $\mathrm{d}z=c\mathrm{d}t$ 变化时,则等号右端将是 σ 的全微分。因此,代入 $\mathrm{d}z=c\mathrm{d}t$,式(4.50)等号右边的部分为

$$\frac{1}{\rho}\left(\sigma_z\mathrm{d}t+\sigma_t\frac{\mathrm{d}z}{c^2}\right)=\frac{1}{\rho c}(\sigma_z\mathrm{d}z+\sigma_t\mathrm{d}t)=\frac{\mathrm{d}\sigma}{\rho c} \tag{4.51}$$

于是,式(4.50)变为

$$\begin{cases}\mathrm{d}z=c\mathrm{d}t\\ \mathrm{d}v=\dfrac{\mathrm{d}\sigma}{\rho c}\end{cases} \tag{4.52}$$

同理,当(z,t)沿另一特征线 $\mathrm{d}z=-c\mathrm{d}t$ 变化时,有

$$\begin{cases}\mathrm{d}z=-c\mathrm{d}t\\ \mathrm{d}v=-\dfrac{\mathrm{d}\sigma}{\rho c}\end{cases} \tag{4.53}$$

对于 $\sigma(\varepsilon)$ 关系为曲线的介质,由于 c 是变化的,故一般得不出解析解。但当取介质的 $\sigma-\varepsilon$ 曲线为图 4.15 所示的三折线模型时,考虑到介质中的应力为压应力(即 $\sigma=-p$),运动微分方程式(4.46)和式(4.48)的特征线解有如下几种情况。

(1) 加载条件下。

沿正向特征线上,有

$$\begin{cases}\mathrm{d}z=c(u_z)\,\mathrm{d}t\\ \mathrm{d}v+\dfrac{\mathrm{d}p}{\rho c(u_z)}=0\end{cases} \tag{4.54}$$

沿负向特征线上，有

$$\begin{cases} \mathrm{d}z=-c(u_z)\,\mathrm{d}t \\ \mathrm{d}v-\dfrac{\mathrm{d}p}{\rho c(u_z)}=0 \end{cases} \tag{4.55}$$

(2) 卸载条件下。

沿正向特征线上，有

$$\begin{cases} \mathrm{d}z=c_2\,\mathrm{d}t \\ \mathrm{d}v+\dfrac{\mathrm{d}p}{\rho c_2}=0 \end{cases} \tag{4.56}$$

沿负向特征线上，有

$$\begin{cases} \mathrm{d}z=-c_2\,\mathrm{d}t \\ \mathrm{d}v-\dfrac{\mathrm{d}p}{\rho c_2}=0 \end{cases} \tag{4.57}$$

对于式(4.54)和式(4.55)，当 $p\leqslant\sigma_s$ 时，取 $c(u_z)=c_0$；当 $p>\sigma_s$ 时，取 $c(u_z)=c_1$。其中，σ_s 为介质的弹性屈服极限；c_2 为卸载波速。

对上述特征线解分析可知，在加载条件下，沿正向特征线上传播的波，其压力 p、波速 c 以及质点运动速度 v 均为常数，且特征线为直线。

设地面作用有突加线性衰减荷载，其数学表达式为

$$p(t)=\Delta p_m\left(1-\frac{t}{\tau}\right)$$

式中，Δp_m 为作用荷载峰值，$\Delta p_m\gg\sigma_s$；τ 为作用时间。

在 z—t 平面中，自 Ot 轴可作出一系列正向特征线(直线)。对突加线性衰减荷载及三折线的土介质应力－应变模型，从原点可作两条正向特征线，一条为弹性波速 c_0，另一条为塑性波速 c_1，如图 4.21 所示。

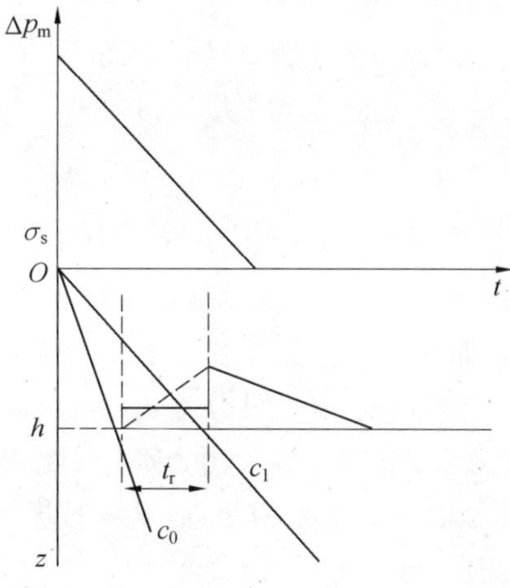

图 4.21　突加线性衰减荷载的特征线

在深度 h 处作一水平线。根据正向特征线压力等于常数的性质，可通过正向特征线从地面压力 $p(t)$ 中找到该时间轴相应点的值。该压力－时间曲线即为传至距地面 h 处的压

缩波波形。其中实线部分为按双折线加载模型假设解得的结果，虚线部分为考虑到土介质 $\sigma-\varepsilon$ 关系实为连续变化得到的结果。因此，在工程应用中应将其改为连续上升的图形（虚线所示）。

据此可求得土中压缩波的升压时间，由图 4.21 可得

$$t_{\mathrm{r}}=\frac{h}{c_1}-\frac{h}{c_0}=\frac{h}{c_0}(\gamma_{\mathrm{c}}-1) \tag{4.58}$$

式中，γ_{c} 为土中弹性波速与塑性波速之比。

此外，在 $z-t$ 平面上（土介质中），不但存在压力上升的加载区，而且存在一个压力小于该截面以前曾达到的最大压力的区域，这个区域称为卸载区。加载区与卸载区的边界线通常称为卸载波。

卸载波曲线一般是预先不知道的，是在解的过程中同时确定的。但在地面突加线性衰减荷载的情况下，对土应力－应变的曲线为三直线时，则卸载波只能为直线且与塑性波阵面 $z=c_1t$ 相重合。

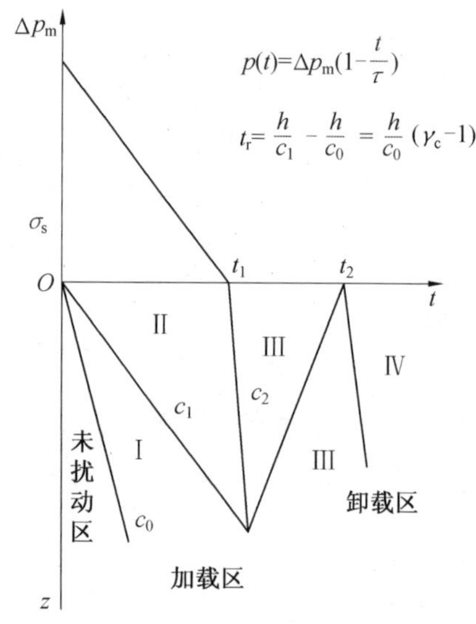

图 4.22　突加三角形荷载在 $z-t$ 坐标上的加、卸载分区

当 $t=0$ 时，从 $z=0$ 截面出发两个波阵面：①$z=c_0t$ 为弹性波波阵面；②$z=c_1t$ 为塑性波波阵面，即卸载波波阵面。从而可将 $z-t$ 平面划分为未扰动区、加载区和卸载区，如图 4.22 所示。未扰动区为零应力区。加载区内的应力不可能大于塑性波波阵面上的应力，该应力即土中压缩波峰值压力为 p_{h}。在卸载区内又可分为几个区。地面压力降为 0 的状态向下传播，使得在卸载区开始时划分为 Ⅱ、Ⅲ 两个区。由于都处于卸载状态，故其特征线（Ⅱ、Ⅲ 区的边界）为 c_2。随后它将与 Ⅰ、Ⅱ 区的边界相交，形成新的状态，于是产生新的分区。但在这些区域压力已经很小，在工程上基本起不到什么作用。

在卸载情况下，$c=c_2$，再考虑 $\sigma=-p$，则式(4.49) 变为

$$p_{tt}=c_2^2p_{zz} \tag{4.59}$$

在 Ⅱ 区（卸载区）中，运动微分方程(4.50) 的通解为

$$p_2=F_1(z-c_2t)+F_2(z+c_2t) \tag{4.60}$$

式中，F_1 和 F_2 为任意函数，其中，F_1 代表沿 z 正向传播的压力，F_2 代表沿 z 反向传播的压力，它们由边界条件及初始条件确定。

由式(4.46)，有

$$\frac{\partial v_2}{\partial t}=\frac{1}{\rho}\frac{\partial \sigma_2}{\partial z}=-\frac{1}{\rho}\frac{\partial p_2}{\partial z}$$

将式(4.60)代入上式并积分，有

$$\begin{aligned} v_2 &= -\frac{1}{\rho}\int\left[F'_1(z-c_2t)+F'_2(z+c_2t)\right]\mathrm{d}t+f_1(z) \\ &= \frac{1}{\rho c_2}\left[F_1(z-c_2t)-F_2(z+c_2t)\right]+f_1(z) \end{aligned} \tag{4.61}$$

同样，由式(4.48)及式(4.60)可得

$$v_2=\frac{1}{\rho c_2}\left[F_1(z-c_2t)-F_2(z+c_2t)\right]+f_2(z) \tag{4.62}$$

v_2 的上述两个表达式必须相等，故有 $f_1(z)=f_2(z)=\text{const}$。由于 F_1 和 F_2 为任意函数，故有 $f_1(z)=f_2(z)=0$，则 v_2 可表达为

$$v_2=\frac{1}{\rho c_2}\left[F_1(z-c_2t)-F_2(z+c_2t)\right] \tag{4.63}$$

根据边界条件及初始条件来确定任意函数 F_1 和 F_2。

由于地面边界上的压力为线性变化，土介质应力－应变曲线也由直线组成，所以 F_1 和 F_2 也应是线性函数，设 F_1、F_2 分别为

$$\begin{cases} F_1(z-c_2t)=\alpha_1+\beta_1(z-c_2t) \\ F_2(z+c_2t)=\alpha_2+\beta_2(z+c_2t) \end{cases} \tag{4.64}$$

故式(4.60)变为

$$p_2=\alpha_1+\beta_1(z-c_2t)+\alpha_2+\beta_2(z+c_2t) \tag{4.65}$$

在地面边界上，当 $z=0$ 时，有

$$p(t)=\Delta p_{\mathrm{m}}\left(1-\frac{t}{\tau}\right) \tag{4.66}$$

将式(4.65)和式(4.66)对比，令同次幂相等，得

$$\begin{cases} \alpha_1+\alpha_2=\Delta p_{\mathrm{m}} \\ \beta_1c_2-\beta_2c_2=\dfrac{\Delta p_{\mathrm{m}}}{\tau} \end{cases} \tag{4.67}$$

在 Ⅰ 区(加载区)中，有

$$p_1=p_{\mathrm{s}}=-\sigma_{\mathrm{s}} \tag{4.68}$$

$$v_1=\int_0^p\frac{dp}{\rho cu_z}=\frac{p_{\mathrm{s}}}{c_0\rho}=v_{\mathrm{s}} \tag{4.69}$$

在加载区和卸载区边界上(即卸载波波阵面上)，根据动量定理，有

$$p_2-p_{\mathrm{s}}=c_1\rho(v_2-v_1) \tag{4.70}$$

将式(4.63)代入式(4.70)，并令 $z=c_1t$，得

$$p_2=\frac{c_1}{c_2}\alpha_1-\frac{c_1}{c_2}\alpha_2-\frac{c_1}{c_0}p_{\mathrm{s}}+p_{\mathrm{s}}+\left[\frac{c_1}{c_2}\beta_1(c_1-c_2)-\frac{c_1}{c_2}\beta_2(c_1+c_2)\right] \tag{4.71}$$

将式(4.65)和式(4.71)对比，令同次幂相等，得

$$
\begin{cases}
\alpha_1+\alpha_2-\dfrac{c_1}{c_2}(\alpha_1-\alpha_2)+\dfrac{c_1}{c_0}p_s-p_s=0\\
\beta_1(c_1-c_2)\left(1-\dfrac{c_1}{c_2}\right)+\beta_2(c_1+c_2)\left(1+\dfrac{c_1}{c_2}\right)=0
\end{cases}
\tag{4.72}
$$

联立求解式(4.67)和式(4.72),解得 α_1、β_1 和 β_2 并代入式(4.65)及式(4.63),可得卸载波上压力及质点速度为

$$
p(z,t)=\Delta p_m\left(1+\frac{c_1^{\ 2}+c_2^{\ 2}}{2c_1c_2^{\ 2}}\frac{z}{\tau}-\frac{t}{\tau}\right)\tag{4.73}
$$

$$
v(z,t)=\frac{\Delta p_m}{c_1\rho}\left(1+\frac{c_1}{c_2^{\ 2}}\frac{z}{\tau}-\frac{c_1^{\ 2}+c_2^{\ 2}}{2c_2^{\ 2}}\frac{t}{\tau}\right)-\frac{p_s(c_0-c_1)}{c_0\rho c_1}\tag{4.74}
$$

由于在Ⅱ区中,每一截面上的压力均是随 t 而减少的,因而在卸载波波阵面 $z=c_1t$ 上的压力即为最大值,即

$$
p_h=\Delta p_m\left(1+\frac{c_1^{\ 2}+c_2^{\ 2}}{2c_1c_2^{\ 2}}\frac{z}{\tau}\right)=\Delta p_m\left\{1-\left[1-\left(\frac{c_1}{c_2}\right)^2\right]\frac{z}{2c_1\tau}\right\}\tag{4.75}
$$

$$
v_h=\frac{\Delta p_m}{c_1\rho}\left\{1-\left[1-\left(\frac{c_1}{c_2}\right)^2\right]\frac{z}{2c_1\tau}\right\}-\frac{p_s}{c_0\rho}\left(\frac{c_0}{c_1}-1\right)\tag{4.76}
$$

令 $\gamma_2=c_2/c_1$,$\delta=1/\gamma_2^{\ 2}$,则 h 处深的压力最大值为

$$
p_h=\Delta p_m\left[1-(1-\delta)\frac{h}{2c_1\tau}\right]\tag{4.77}
$$

式中,p_h 为在深 h 处土中压缩波峰值压力;γ_2 为卸载波波速比;δ 为土介质应变恢复比。

4.4 应力波在岩土中的传播

4.4.1 土介质力学模型

(1) 实验现象。

防护结构分析中遇到的土中压缩波主要来源于核爆炸及常规武器的炸药爆炸,通过对已有文献实验资料的分析,土中压缩波主要呈现以下特点。

① 压缩波的压力峰值随传播距离的增大而不断减小。

② 地面有陡峭波阵面的冲击波在地下土层中传播时,会变成有一定升压时间的压力波,升压时间随传播深度的增加而不断加大,如图 4.23 所示。

③ 当压缩波的峰值压力大于 0.01 MPa 时,在压缩波通过后,土就会产生一定的残余变形。

④ 在某些实验中发现,土的最大变形不在最大应力到达的瞬时产生,而在其压力下降的时间内出现,即有滞后效应。甚至残余变形都可能超过最大应力到达时的变形数值。因此,土的残余变形数值不仅由应力峰值决定,还与波的作用时间有关。

⑤ 土的变形数值在非饱和土中较明显地与应变速率有关。在非完全饱和的饱和土中,这一现象也存在。

图 4.24 是黄土静载压缩条件下重复加载实验的应力－应变曲线。图中曲线变化显示出土壤加载、卸载的一般规律。加载曲线可以分为三个阶段:第一阶段,在加载应力很小时,

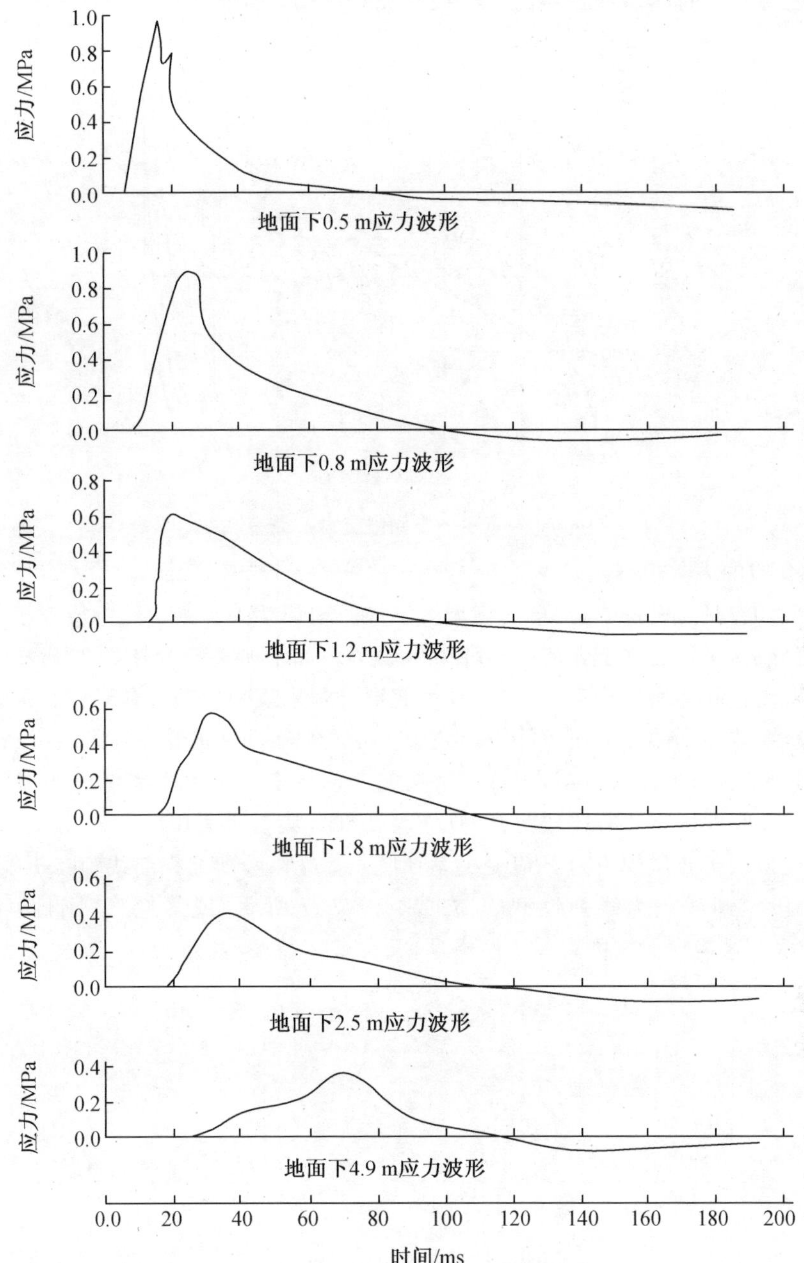

图 4.23　土中不同深度处的压缩波波形(甘肃永登黄土,地表平面装药爆炸)

曲线变化近于直线;第二阶段,随着加载应力的增大,应变增长速率大于应力增长速率,曲线凹向应变轴;第三阶段,加载应力进一步增长,变化规律反之,曲线凸向应变轴。在加载曲线的三个阶段中,第一阶段可视为线弹性阶段,第二阶段称为递减硬化阶段,第三阶段称为递增硬化阶段。第一阶段应力在 0.1 ～ 0.3 MPa 量级以下,而开始递增硬化的应力等级则为 30 MPa 以上。黏性土第三阶段的应变范围要长一些。从土壤应力 − 应变曲线的卸载曲线可以看出,加载至第二阶段后卸载均产生残余变形,即进入了塑性变形阶段。此外,最大应变滞后于最大应力时间，表明土壤力学特性存在一定的黏性特征。

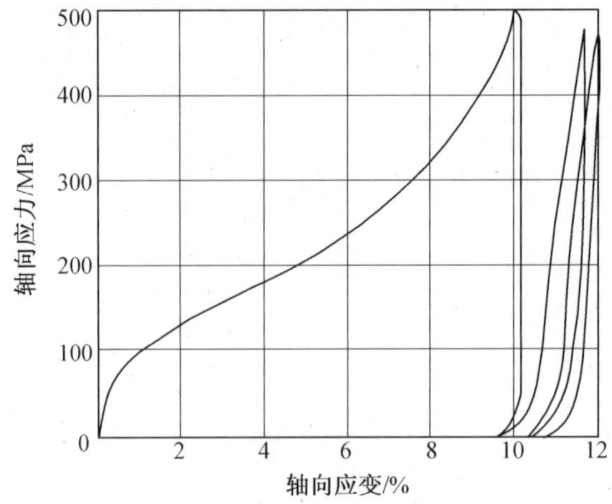

图 4.24　黄土一维侧限应力－应变曲线

(2) 土介质的力学模型。

土中压缩波的传播特征与土壤的物理力学性质密切相关。为了进行压缩波作用的解析分析或数值分析，必须建立土介质的某种力学模型。如上所述土介质的加载发展全过程分为线性、递减硬化和递增硬化三个阶段，且在变形过程中表现出塑性和黏性特征。大多数情况下，土中压缩波作用的峰值压力等级均处于土介质加载曲线的第三阶段。此外，考虑土的黏性影响的力学分析要复杂得多，而且只有在应变速率变化很大且需考虑压缩波较远距离的传播过程时，黏性影响才有比较明显的反应。因此，从工程实用的角度出发，在基本的力学分析中，近似取土介质的应力－应变关系如图 4.25 所示，即加载曲线为二折线段(弹性阶段和塑性阶段)，卸载段为线弹性卸载，如图 4.25(a) 所示，或等应变(刚性) 卸载，如图 4.25(b) 所示。这些模型被称为弹塑性模型，又称普朗特模型。

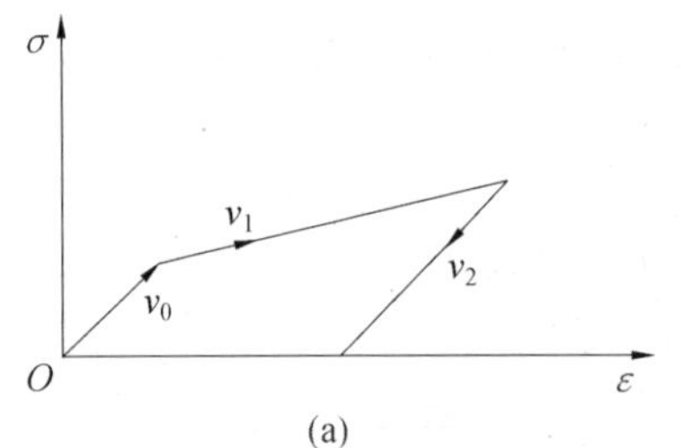

(a)

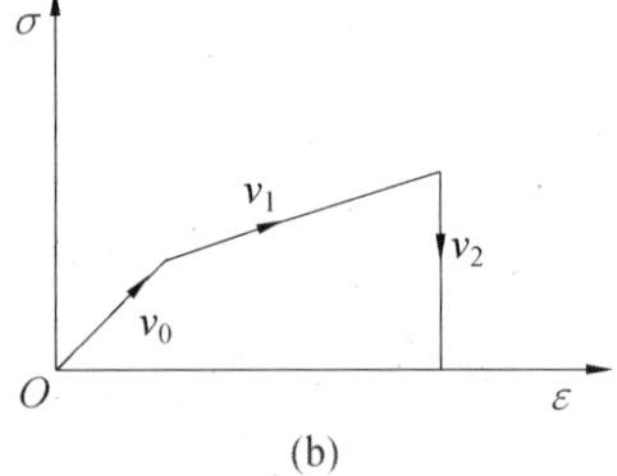

(b)

图 4.25　土介质的力学模型

在图 4.25 所示的双折线模型中，压缩波传播需用两个波速来描述。一般来说，压缩波作用下土介质的密度变化不大，由前已知 $c=\sqrt{E/\rho}$，因此，波速主要取决于弹性阶段变形模量(E_0) 和塑性阶段变形模量(E_1)。第一应力阶段的波速 c_0 称为土(岩) 体起始压力波速(弹性波速)，第二应力阶段的波速 c_1 称为土(岩) 体峰值压力波速(塑性波速)，$\gamma_c=c_0/c_1$ 称为波速比。

4.4.2　岩土压缩性质和状态方程

(1) 压缩性质。

岩土是岩石和土壤的总称，包括坚硬、半坚硬岩石和岩石风化后的土壤。土壤是岩石风化后的固体颗粒经搬运、沉积而成的历史产物，存在大量孔隙，孔隙中含有水和空气，所以土壤具有固、液、气三相的组成特点。根据固体颗粒的矿物成分和颗粒大小，土又分为黏性土(细粒土)和非黏性土(粗粒土)两大类；根据孔隙中水的含量，分为非饱和土(普通土)和饱和土(饱和度 $S_r > 80\%$)。

岩土的力学性质变动范围很大。普通土的压缩应力－应变关系如图 4.26 所示，分为弹性变形(OA)、塑性变形(AB)和密实压缩(BC)三段：OA 段主要为土固体颗粒形成的结构骨架(简称土骨架)变形；AB 段主要包括土骨架变形和气体压缩变形；BC 段主要是水和密实固体的压缩变形。也就是说，土的压缩变形由骨架变形、气体压缩、液体压缩和密实固体压缩四部分组成，在不同的变形阶段，各自发挥主要作用。

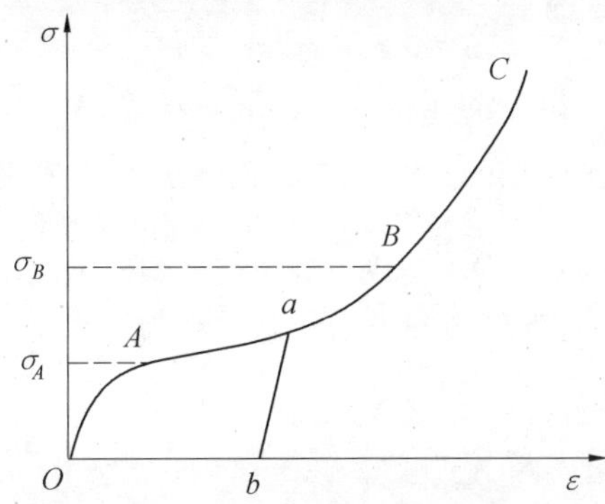

图 4.26　普通土的压缩应力－应变关系

对于饱和土，由于低可压缩性液态水对骨架变形的限制作用，OA 段不太明显，其压缩性质主要取决于土中固、液、气三相组成的压缩性质。

土的压缩变形除上述非线性特性外，还具有弹塑性和记忆性。如图 4.26 所示，当在 AB 段卸载时，卸载过程将沿路径 ab 进行，产生不可恢复的塑性变形；重新加载，再沿 ba 回到压缩曲线。通常，卸载曲线 ab 的线斜率(即回弹模量)大于 OA 段的初始压缩模量。

整体岩石的变形规律与固体基本一致。一般情况下，岩体存在裂缝、节理等，也具有土的三相特征，但裂缝和节理的存在使得其力学性质(特别是动态力学性质)非常复杂，这里不赘述。

(2) 饱和土的状态方程。

饱和土的压缩变形主要取决于其固体颗粒、水和空气的状态关系。

对于固相和液相物质，状态方程可用下述幂次函数描述：

$$p = A\rho^k \tag{4.78}$$

式中，A、k 为材料常数。

根据应力波波速定义，式(4.78) 可变化为

$$p = p_0 + \frac{\rho_0 c_0^2}{k}\left[\left(\frac{\rho}{\rho_0}\right)^k - 1\right] \tag{4.79}$$

式中，p_0、ρ_0 和 c_0 分别表示初始状态的压力、密度和声速。

所以，密实固体颗粒和水的状态方程分别为

$$p = p_0 + \frac{\rho_{0s} c_{0s}^2}{k_s}\left[\left(\frac{\rho_s}{\rho_{0s}}\right)^{k_s} - 1\right] \tag{4.80}$$

$$p = p_0 + \frac{\rho_{0w} c_{0w}^2}{k_w}\left[\left(\frac{\rho_w}{\rho_{0w}}\right)^{k_w} - 1\right] \tag{4.81}$$

对于空气，符合多方方程：

$$p = p_0 + \left(\frac{\rho_a}{\rho_{0a}}\right)^{k_s} \tag{4.82}$$

以上三式中，下标"s"表示固体颗粒；"w"表示水；"a"表示空气。

通常情况下，取 $c_{0s} = 4\ 500\ \text{m/s}$，$c_{0w} = 1\ 500\ \text{m/s}$；$k_s = k_w = 3$，$k_a = 1.4$。

假设土初始三相组成的体积分数分别为 α_{0s}、α_{0w}、α_{0a}，则土的初始密度为

$$\rho_0 = \alpha_{0s}\rho_{0s} + \alpha_{0w}\rho_{0w} + \alpha_{0a}\rho_{0a} \tag{4.83}$$

同理，土终态的密度为

$$\rho = \alpha_s\rho_s + \alpha_w\rho_w + \alpha_a\rho_a \tag{4.84}$$

考虑质量守恒，终态时各组分的体积分数由下式确定：

$$\alpha_i = \frac{\alpha_{0i}\rho_{0i}/\rho_i}{\alpha_{0s}\rho_{0s}/\rho_s + \alpha_{0w}\rho_{0w}/\rho_w + \alpha_{0a}\rho_{0a}/\rho_a} \tag{4.85}$$

式中，下标"i"取 s、w、a，分别对应固体颗粒、水和空气。

利用式(4.80) ～ (4.85)，得到饱和土的状态方程为

$$\rho = \rho_0\left\{\alpha_{0s}\left[\frac{k_s(p - p_0)}{\rho_{0s}c_{0s}^2} + 1\right]^{-1/k_s} + \alpha_{0w}\left[\frac{k_w(p - p_0)}{\rho_{0w}c_{0w}^2} + 1\right]^{-1/k_w} + \alpha_{0a}\left(\frac{p}{p_0}\right)^{-1/k_a}\right\}^{-1} \tag{4.86}$$

4.4.3 岩土中冲击波参数(地冲击)

(1) 冲击波的形成。

岩土中冲击波是在岩土中传播的一种强间断应力波。与固体中冲击波一样，产生岩土冲击波需满足如下条件：在外界荷载作用下，介质响应范围满足 $\frac{d\sigma}{d\varepsilon} > 0$ 且 $\frac{d^2\sigma}{d\varepsilon^2} > 0$，此时，应力波速随应力或变形的增加而增大，会出现后波追赶前波现象，最后形成一个波阵面陡峭的强间断波。

所以，根据岩土的压缩性质，仅当岩土承受的初始荷载压力 $p > \sigma_B$ 时(这里 σ_B 为土体密实的界限应力，图 4.26)，岩土中才形成冲击波。当 $\sigma_A < p \leqslant \sigma_B$ 时，则为弹塑性波；当 $p \leqslant \sigma_A$ 时，则为弹性波。后两种统称为压缩波，这在后面研究。

两种作用可在岩土中形成冲击波：一是直接作用，如弹药侵入到岩土中爆炸，如图 4.27(a) 所示，因为爆点附近的岩土中压力满足 $p > \sigma_B$，则在爆点附近一定区域会形成冲击波；二是间接作用，即空中爆炸近区高超压空气冲击波对地面的作用，如图 4.27(b) 所示，岩土中一定区域内的压力也能满足产生冲击波条件，形成岩土中冲击波。当然，也可能出现直接作用和间接作用同时存在的情况，如图 4.27(c) 所示的地面或浅侵入爆炸。

由于岩土介质的衰减效应以及冲击波波阵面随传播距离增加而扩大等情况，将产生压

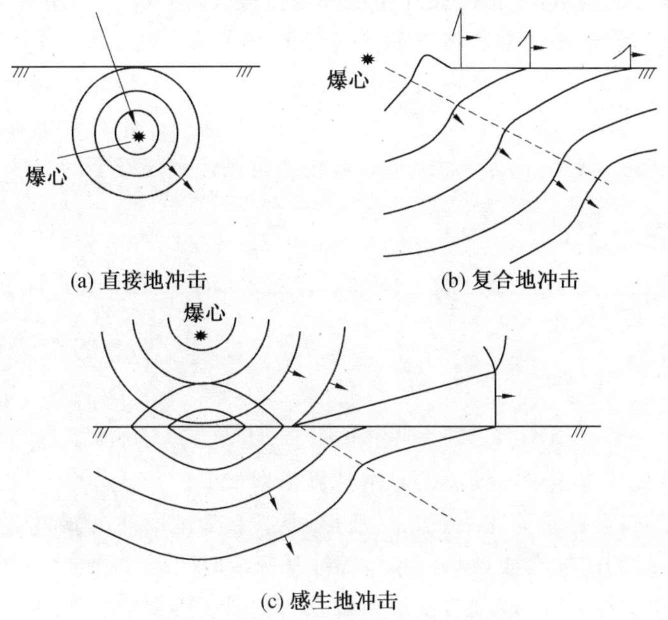

图 4.27　形成岩土冲击波的作用因素

力的衰减,岩土中冲击波经一段距离传播后,最后将衰减为压缩波。

(2) 岩土中冲击波的参数计算。

岩土中冲击波的参数计算同样符合兰金－雨贡纽冲击波基本方程。假设冲击波前介质是静止的,由基本方程导出:

$$D=\sqrt{\frac{\rho}{\rho_0}\frac{p-p_0}{\rho-\rho_0}} \tag{4.87}$$

$$u=\sqrt{\frac{1}{\rho_0\rho}(p-p_0)(\rho-\rho_0)} \tag{4.88}$$

$$D^2=\frac{p-p_0}{\rho_0}\left\{1-\alpha_{0s}\left[\frac{k_s(p-p_0)}{\rho_{0s}c_{0s}^2}+1\right]^{-1/k_s}-\alpha_{0w}\left[\frac{k_w(p-p_0)}{\rho_{0w}c_{0w}^2}+1\right]^{-1/k_w}-\alpha_{0a}\left(\frac{p}{\rho_0}\right)^{-1/k_a}\right\}^{-1} \tag{4.89}$$

$$u^2=\frac{p-p_0}{\rho_0}\left\{1-\alpha_{0s}\left[\frac{k_s(p-p_0)}{\rho_{0s}c_{0s}^2}+1\right]^{-1/k_s}-\alpha_{0w}\left[\frac{k_w(p-p_0)}{\rho_{0w}c_{0w}^2}+1\right]^{-1/k_w}-\alpha_{0a}\left(\frac{p}{p_0}\right)^{-1/k_a}\right\}^{-1} \tag{4.90}$$

4.5　岩土中的压缩波

4.5.1　核爆炸岩土中压缩波计算模型

(1) 分析模型。

大多数岩土中人防结构均考虑核武器空中爆炸条件下的岩土中压缩波的作用。近似取岩土中压缩波为一维平面应变波,比较符合核爆炸引起的岩土中压缩波的情况。如在爆心投影区，如图 4.28(a) 所示，冲击波波阵面曲率半径很大，进入岩土中的波传播速率降低，使半径更大，故可认为岩土中压缩波波阵面是平面的。在不规则反射区，如图 4.28(b) 所示，由于在工程设计抗力范围内，空气冲击波的传播速率较岩土中压缩波的传播速率快得多，岩土中压缩波波阵面与地表面夹角 α 较小，所以在结构几何尺寸相对较小时，近似认为压缩波波阵面垂直向下传播引起的误差不大，且对梁板结构设计是偏安全的。

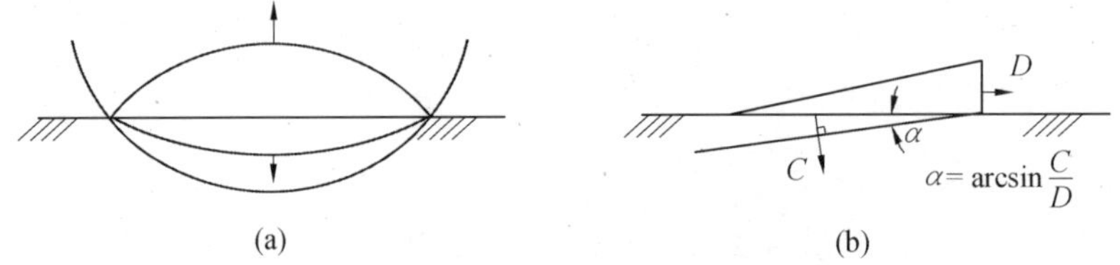

图 4.28　空气冲击波感生的土中压缩波波阵面

综上所述，核爆炸岩土中压缩波的基本计算模型如下。

地面冲击波为按等冲量简化为三角形波形，其参数为地面冲击波超压峰值 Δp_m，升压时间 t_0（若为无升压时间的冲击波，则 $t_0=0$），等冲量降压时间 t_2，如图 4.29 所示。核爆炸岩土中压缩波为岩土中一维平面应变波，变形模量以有侧限变形模量表征。

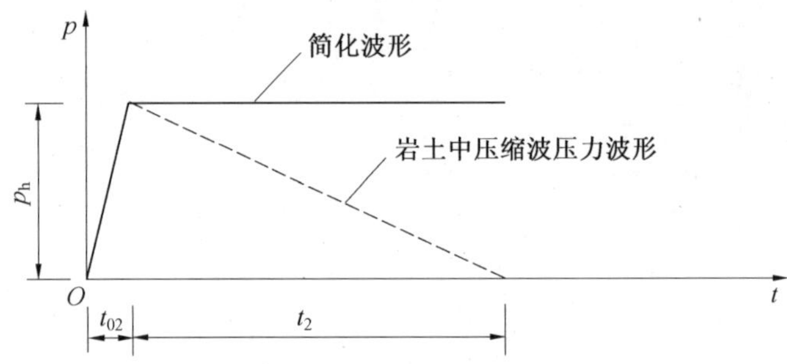

图 4.29　等冲量地面冲击波波形

土介质力学模型取双折线加载的弹塑性模型。

岩土中压缩波波形简化为三角形，其参数为压缩波峰值压力 p_h，压缩波升压时间 t_{0h}，压缩波降压时间 t_{02}（可取等于地面冲击波等冲量等效降压时间 t_2）。

对核爆炸冲击波，其感生的岩土中压缩波也可以简化为有升压的平台形波形，如图4.29所示。

(2) 压缩波参数。

① 非饱和土。

a. 压缩波峰值压力 p_h。

$$p_h=\left[1-\frac{h}{c_1 t_{02}}\left(1-\frac{1}{\gamma_2^2}\right)\right]\Delta p_m \tag{4.91}$$

或者

$$p_h=\left[1-\frac{h}{c_1 t_{02}}(1-\delta)\right]\Delta p_m \tag{4.92}$$

式中，p_h 为压缩波峰值压力(MPa)；Δp_m 为地面冲击波峰值超压(MPa)；h 为土(岩)体中的计算深度(m)；γ_2 为卸载波速比，$\gamma_c=c_2/c_1$；c_1 为峰值压力波速(m/s)；c_2 为卸载波速(m/s)；

t_{02} 为降压时间(s)；δ 为土的应变恢复比。

b. 压缩波升压时间。

$$t_{0h}=(\gamma_c-1)\frac{h}{c_0}+t_0 \tag{4.93}$$

式中，t_{0h} 为压缩波升压时间(s)；t_0 为地面冲击波峰值超压升压时间(s)，可取0；γ_c 为波速比，$\gamma_c=c_0/c$；c_0 为起始压力波速(m/s)。

式(4.91) ～ (4.93) 中土体物理力学参数无实测资料时可按表 4.1 取值。岩体的起始压力波速可按《岩土锚杆与喷射混凝土支护工程技术规范》(GB 50086—2015)(简称《规范》) 中的岩体纵波波速取值，参考表 4.2。

式(4.92)、式(4.93) 表征的非饱和土中压缩波参数是基于弹塑性土介质一维波理论分析，并参照实验结果给出的，能较好地反映压缩波随土层深度的增加其峰值压力衰减、升压时间不断增加及卸载后有残余应变等实际实验得出的基本规律。式(4.92) 的压力值衰减较慢，对于一般土壤，计算深度小于 1.5 m 时，压力衰减通常不超过 5%，按《规范》规定可不计算，直接取衰减系数为 1。

表 4.1　正反射系数

土的类别		起始压力波速 $v_0/(\mathrm{m\cdot s^{-1}})$	波速比 γ_c	应变恢复比 δ
碎石土	卵石、碎石	300 ～ 500	1.2 ～ 1.5	0.9
	圆砸、角砾	250 ～ 350	1.2 ～ 1.5	0.9
砂土	砾砂	350 ～ 450	1.2 ～ 1.5	0.9
	粗砂	350 ～ 450	1.2 ～ 1.5	0.8
	中砂	300 ～ 400	1.5	0.5
	细纱	250 ～ 300	2.0	0.4
	粉砂	200 ～ 300	2.0	0.3
粉土		200 ～ 300	2.0 ～ 2.5	0.2
黏性土(粉质黏土、黏土)	坚硬、硬塑	400 ～ 500	2.0 ～ 2.5	0.1
	可塑	300 ～ 400	2.0 ～ 2.5	0.1
	软塑、流塑	150 ～ 250	2.0 ～ 2.5	0.1
老黏性土		300 ～ 400	1.5 ～ 2.0	0.1
红黏土		150 ～ 250	2.0 ～ 2.5	0.1
湿陷性黄土		200 ～ 300	2.0 ～ 3.0	0.1
淤泥质土		120 ～ 150	2.0	0.1

注：1. 黏性土坚硬、硬塑状态 c_0 取大值，软塑、流塑状态 c_0 取小值。

2. 抗力级别 4 级时，黏性土 γ_c 取大值。

3. 碎石土、砂土土体密实时，c_0 取大值，γ_c 取小值。

表 4.2　岩石波速参数

坚固性		硬质岩石			软质岩石		
波速参数		起始压力波速 $v_0/(\mathrm{m\cdot s^{-1}})$	波速比 γ_c	卸载波速比 γ_2	起始压力波速 $v_0/(\mathrm{m\cdot s^{-1}})$	波速比 γ_c	卸载波速比 γ_2
风化程度	微风化	3 000 ～ 5 000	1.0	1.0	2 500 ～ 4 000	1.0	1.0
	中等风化	1 500 ～ 3 000	1.10	1.05	1 200 ～ 2 500	1.15	1.10
	强风化	700 ～ 1 500	1.20	1.10	500 ～ 1 200	1.30	1.20

② 饱和土。

a.饱和土的物理力学特性。

我国广大沿海地区和江南地区长期处于高地下水位的自然环境中。土壤中的孔隙充满着水、空气或其他液体的混合物。实验和理论分析都表明，这些孔隙中的液体(包括空气和水)对土的动力性能有显著的影响。例如，当孔隙中全部充满水时，土中压缩波的波速可高达1 600 m/s，但若在孔隙中保存了占全部土体1%左右的空气，则波速就会降低到200 m/s左右。又如在这类软土中，压缩波传播时会出现随深度的增加升压时间越来越短的现象。是否产生这种现象取决于饱和土特殊的力学特性。

从工程的观点出发，饱和土是指江河湖底及地下水位以下的土层，其孔隙中充满水、空气或其他流体的混合物，但空气(包括其他气体)的体积分数很少，且空气是以不与大气相通的小气泡的形式存在的。而一般所指的非饱和土中的空气体积分数超过水的体积分数，且是与大气相通的。

饱和土可分为完全饱和土和不完全饱和土。完全饱和土中空气体积分数为0，土由固体颗粒和水组成。不完全饱和土由固体颗粒、水和以封闭形式存在的小气泡三相介质组成。实际岩土工程中讨论的饱和土多为不完全饱和土。实验表明，饱和土中的含气量(α_1)对饱和土的力学性质有显著的影响。

(a) 完全饱和土的应力－应变曲线。完全饱和土中，孔隙全部被水充满。水的压缩性比土中固体颗粒骨架的压缩性要小得多(水的体积变形模量约为$E_w=2\ 140$ MPa)。在动载作用下，水来不及排出，故完全饱和土的变形特性主要由水决定。其曲线具有凹向应力轴的形态(图 4.30)。

(b) 不完全饱和土的应力－应变曲线。通常所称的饱和土即三相饱和土，土中孔隙被水和封闭气泡所填充，其变形特性比较复杂。

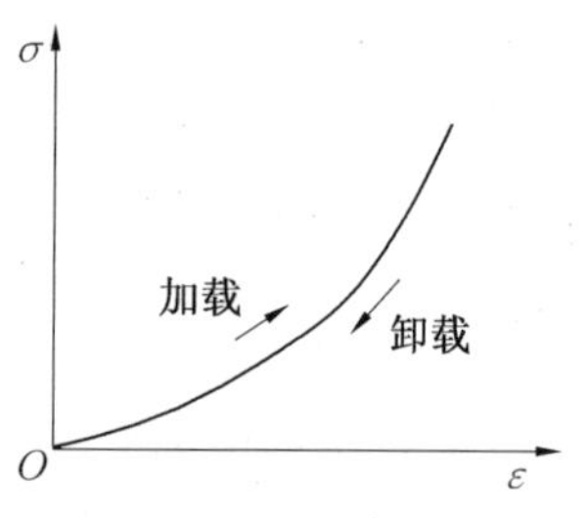

图 4.30　完全饱和土应力－应变曲线

爆炸荷载作用下，三相饱和土的总应力－应变关系呈现出如图4.31所示的形状。从图中可以看出，在爆炸压力比较小时，曲线凸向应力轴，此时的应力－应变关系为应变软化关系。随着压力的增大，曲线逐渐凸向应变轴，呈现应变硬化状态。曲线上的拐点 A 称为分界应力点，通常在爆炸压力作用下，压力波通过该点后可能产生强间断，即出现激波状态。因为通过该点后，波速将变得越来越大，以致后面的波会追上前面的波。实验还表明，气相体积分数的大小对压力波传播特征起着决定性作用。在三相饱和土中，爆炸压力波通过后有残余应变发生，但比非饱和土要小得多。而当荷载大于分界应力后卸载和重新加载时，残余变形几乎不再增加。

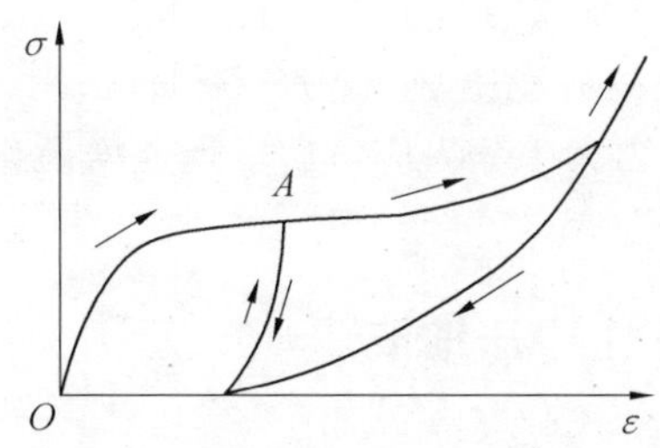

图 4.31　不完全饱和土应力－应变曲线

b. 饱和土中的应力波参数。

饱和土压缩波参数 p_h、t_{0h} 仍按式(4.92) 和式(4.93) 计算。

饱和土的物理力学参数可按下列规定确定。

饱和土的界线压力按下式确定：

$$[p_0]=20\alpha_1 \tag{4.94}$$

式中，$[p_0]$ 为饱和土的界限压力(MPa)；α_1 为饱和土含气量(%)。

饱和土的含气量应按实测资料确定。无实测资料时，含气量可取 1.0% ～ 1.5%。

地下水位常年稳定时，宜取下限值；也可按下式计算：

$$\alpha_1=n(1-S_r) \tag{4.95}$$

式中，α_1 为土的孔隙度；S_r 为土的饱和度。

当地面冲击波超压峰值 $\Delta p_m < 0.8[p_0]$ 时，起始压力波速 c_0 可按表 4.3 确定；波速比 γ_c 可取 1.5；应变恢复比 δ 可取非饱和土的相应值。

当地面冲击波超压峰值 $\Delta p_m > [p_0]$ 时，起始压力波速 v_0 可取 1 200 ～ 1 600 m/s；波速比 γ_c 可取 1.0；应变恢复比 δ 可取 1.0。

当地面冲击波超压峰值 $0.8[p_0] \leqslant \Delta p_m \leqslant [p_0]$ 时，起始压力波速 c_0、波速比 γ_c、应变恢复比 δ 可按线性内插取值。

表 4.3　饱和土起始压力波速

含气量 α_1/%	4	1	0.1	0.05	0.01	0.005	<0.001
起始压力波速 c_0/(m·s^{-1})	150	200	370	640	910	1 200	1 500

注：1. α_1 为饱和土的含气量，可根据饱和度 S_r、孔隙比 e，按式 $\alpha_1 = e(1-S_r)/(1+e)$ 计算确定；当无实测资料时，可取 $\alpha_1 = 1\%$。

2. 当地面超压 $\Delta p_m \leqslant 16\alpha_1$ 时，γ_c 取 1.5，c 取表中值，γ_2 同非饱和土。

3. $\Delta p_m \geqslant 20\alpha_1$ 时，c_0 取 1 200 ～ 1 500 m/s，γ_c 取 1.0，γ_2 取 1.0。

4. $16\alpha_1 < \Delta p_m < 20\alpha_1$ 时，c_0、γ_c、γ_2 取线性内插值。

关于饱和土中的压缩波传播问题需要指以下出几点。

a. 根据最新的研究成果，表 4.3 给出的不同气体体积分数下饱和土中波速的取值在气体体积分数大于 1.0% 时有些偏大。

b. 由于重力的作用以及其他的地质历史过程，自然条件下饱和土中的气体体积分数会随着深度的增加而逐渐降低，并最终达到完全饱和状态，这样在深度方向上介质阻抗随深度逐渐增大。应力波在介质阻抗逐渐增大的方向上传播时会出现“倒衰减”现象，也就是入射荷载峰值随深度逐渐增大，这种现象与非饱和土中的波传播现象截然不同。

c. 现行规范中认为饱和土的波速比 $\gamma_c = c_0/c_1 \geqslant 1.0$。对于气体体积分数不等于 0 的饱和土，其应力－应变关系在压力大于分界应力后呈现递增硬化特征，这就存在 $\gamma_c < 1.0$ 的可能。

4.5.2　常规武器爆炸土中压缩波

(1) 基本现象与特点。

常规武器在地面爆炸或土中爆炸时产生的地冲击与地下工程结构的相互作用的机理与核爆炸条件下有许多不同的地方。它们的差异反映在：核爆炸产生的土中压缩波作用范围比较广，一般可看成垂直向下传播的一维平面波；常规武器爆炸产生的地冲击荷载一般仅作用在一定的范围之内，其波阵面也非平面，因此，其与结构的相互作用将更加复杂。

当常规武器在空中爆炸时，爆炸的能量全部以空气冲击波的形式释放，空气冲击波遇到地表面时，就会作用在地面产生感生地冲击。常规武器在土中全封闭爆炸，全部能量都会由爆炸能耦合产生直接地冲击。常规武器土中全封闭爆炸和空中爆炸两种方式在土中产生的地冲击均是单一的波系，计算相对简单。

当常规武器在地面或靠近地面或侵入土中浅层爆炸时，爆炸的一部分能量传入地下，形成直接地冲击；另一部分能量通过空气传播形成空气冲击波感生地冲击(图 4.32)。

(a) 常规武器爆炸现象

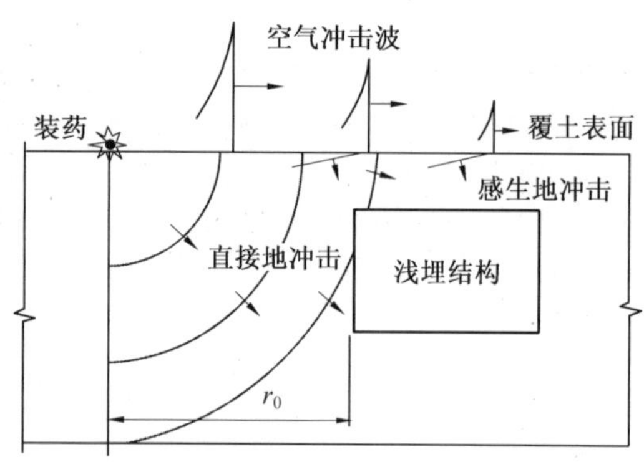

(b) 常规武器爆炸引起的地冲击

图 4.32　常规武器爆炸地冲击示意图

从图 4.32 中不难理解，工程顶板的地冲击土中荷载应分别由感生地冲击和直接地冲击两部分组成，但由于一般防空地下室覆土厚度较小，炸药距结构外墙一定距离爆炸时，直接地冲击方向与顶板法线几乎垂直，这时顶板的爆炸动荷载主要是感生地冲击。所以《规范》对防空地下室顶板只考虑了空气冲击波产生的感生地冲击荷载。而工程外墙主要是受到直接地冲击的荷载作用，常规武器爆炸产生的地冲击荷载是地下人防工程的一种主要设计荷载。地冲击可对土中结构产生严重威胁。地面或土中爆炸产生的地冲击应力通常大于其在空中爆炸的情况，且作用时间更长，地运动也得到相应的增强。在进行工程设计时，必须确定结构上的地冲击荷载，为土中结构的可靠性设计提供合理有效的数据和依据。地冲击的强度与在爆炸点直接传入地内的耦合能量或由传播中的空气冲击波对地面作用所引起的力成正比。

归纳起来，化爆产生的地冲击主要有以下几个特点。

① 化爆产生的地冲击一般仅作用在一定的范围之内，其波阵面是非平面的；而核爆炸产生的土中压缩波，作用范围比较广，一般可看成垂直向下传播的一维平面波。因此，化爆地冲击的传播比核爆炸的更复杂。

② 化爆产生的地冲击作用时间短，一般为几毫秒到几十毫秒；而核爆炸产生的土中压缩波作用时间较长，可达上千毫秒。

③ 相对核爆炸来讲，化爆产生的土中地冲击峰值压力随传播深度的增加而衰减较快。

④ 对非饱和土，当地面有陡峭波阵面的冲击波在地下土层中传播时，会变成有一定升压时间的压力波，升压时间随传播深度的增加而不断加长，波形随深度的增加而逐渐变缓变长。

一般来说，影响化爆地冲击参数的因素很多，其中主要有炮航弹的弹壳、装药的几何形状、装药量、装药位置、装药类型、填塞或耦合效应以及介质特性等。与核爆炸相比，化爆产生的地冲击参数的确定更加复杂。

(2) 感生地冲击。

常规武器爆炸的感生地冲击和核爆炸空气冲击波产生的土中压缩波压力一样，可近似简化为一维波传播理论推导计算。计算公式仍基本沿用了核爆炸土中压缩波参数计算的公式形式，并针对常规武器爆炸的特点修正了局部参数。土中压缩波波形简化为图 4.33 的形式。其参数按下列公式计算：

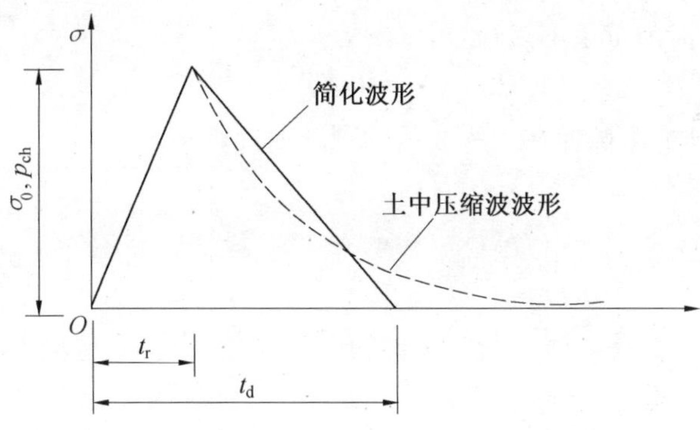

图 4.33　常规武器爆炸土中应力波波形及简化波形

$$p_{ch}=\Delta p_m\left[1-(1-\delta)\frac{h}{2\gamma_{c1}\tau}\right] \tag{4.96}$$

$$t_r=\frac{h}{c_1}-\frac{h}{c_0}=\frac{h}{c_0}(\gamma_c-1) \tag{4.97}$$

$$t_d=t_r+(1+0.4h)\tau \tag{4.98}$$

$$\gamma_c=v_0/v_1 \tag{4.99}$$

式中，p_{ch} 为化爆地面空气冲击波在土中深 h 处感生地冲击峰值压力(MPa)；t_r 为土中地冲击的升压时间(s)；t_d 为土中地冲击的等冲量作用时间(s)；c_0 为土的起始压力波速或称为弹性波速(m/s),当无实测资料时,可按表 4.1、表 4.2 采用;c_1 为土的峰值压力波速或称为塑性波速(m/s);γ_c 为土中弹性波速与塑性波速之比,当无实测资料时,可按表 4.1、表 4.2 采用,对饱和土,$\gamma_c=1.5$;δ 为土的应变恢复比,当无实测资料时,可按表 4.1、表 4.2 采用;η 为修正系数,一般可取 1.5 ~ 2.0,该修正系数综合考虑了空气冲击波非平面波、指数衰减规律以及非弹塑性波理论所考虑的不可逆变形所引起的能量吸收、土壤黏性引起的能量耗散及非平面波传播的能量空间扩散等;τ 为化爆空气冲击波等冲量作用时间(s);Δp_m 为化爆空气冲击波最大超压(N/mm^2)。

该组公式较好地反映了化爆空气冲击波在土中传播的规律:峰值压力随深度降低,波阵面变缓,作用时间增长等特点。公式中峰值压力衰减与深度成正比,与空气冲击波的等冲量作用时间成反比。由于空气冲击波的等冲量作用时间较短,一般只有几毫秒,所以相对于核爆炸来讲,其衰减较快,式(4.96) 即反映了这一特点。

(3) 直接地冲击。

当常规武器在土中爆炸或接触地面爆炸时,爆炸的全部或大部分能量直接耦入土介质中并形成直接地冲击。直接地冲击是地下防护工程,特别是高等级地下防护工程防常规武器直接命中(除局部破坏效应外) 所要考虑的主要荷载。基于 20 世纪 70 年代早期的实验数据,美军防护结构抗常规武器设计技术手册(TM5 − 855 − 1,1986) 提出了关于自由场地冲击的半经验计算方法。

① 地冲击参数基本公式。应力和质点速度脉冲用指数型时间历程来表述。应力波到达给定点的时间为

$$t_a = r/c \tag{4.100}$$

式中,r 为爆心距(ft);c 为地震波速(ft/s)。

应力波形的上升时间可由下式计算:

$$t_r = 0.1t_a \tag{4.101}$$

应力峰值过后,地冲击脉冲在 1 ~ 3 倍的到达时间内单调衰减至接近 0,地冲击应力和质点速度可表示为

$$p(t) = p_0 e^{-\alpha t/t_a}, \quad t \geqslant 0 \tag{4.102}$$

$$v(t) = v_0(1-\beta t/t_a) e^{-\beta t/t_a}, \quad t \geqslant 0 \tag{4.103}$$

式中,p 为应力峰值;v_0 为质点速度峰值;α、β 为时间常数,大多数情况下 $\alpha=1.0$,$\beta=1/8.5$。其他波形参量,如冲量、位移和加速度等,可以从 $p(t)$、$v(t)$ 这些函数中推导出来。

炸药在遮弹层上或在其内部,或在结构周围土中爆炸所产生的自由场应力和其他地冲击参数峰值,按下式计算:

$$p_0 = f \cdot \rho c \cdot 160 \cdot \left(\frac{r}{W^{1/3}}\right)^{-n} \tag{4.104}$$

$$v_0 = f \cdot 160 \cdot \left(\frac{r}{W^{1/3}}\right)^{-n} \tag{4.105}$$

$$a_0 W^{1/3} = f \cdot c \cdot 50 \cdot \left(\frac{r}{W^{1/3}}\right)^{-(n+1)} \tag{4.106}$$

$$d_0/W^{1/3} = \frac{f}{c} \cdot 500 \cdot \left(\frac{r}{W^{1/3}}\right)^{(-n+1)} \tag{4.107}$$

$$l_0/W^{1/3}=f\cdot\rho\cdot 1.1\cdot\left(\frac{r}{W^{1/3}}\right)^{(-n+1)} \tag{4.108}$$

式中，p_0 为应力峰值(psi)；f 为能量耦合系数；ρc 为波阻抗$(\mathrm{lb\cdot ft\cdot in^{-2}\cdot s^{-1}})$(in 为英寸，1 in=2.54 cm)；$r$ 为爆心距离(ft)；W 为装药质量(lb)；n 为衰减系数；v_0 为质点速度峰值(ft/s)；a_0 为加速度峰值(g)；d_0 为位移为装药峰值(ft)；I_0 为冲量($(\mathrm{lb\cdot s})/\mathrm{in^2}$)；$\rho$ 为密度($\mathrm{lb/in^3}$)；c 为波速(ft/s)。

在防护结构初步设计阶段，建议按表 4.4 选取地震波速、波阻抗和衰减系数。对岩石，$n=1.3$ 是很典型的。

表 4.4　计算地冲击参数的土壤特性

材料描述	地震波速 /$(\mathrm{ft\cdot s^{-1}})$	波阻抗 /$(\mathrm{lb\cdot ft\cdot in^{-2}\cdot s^{-1}})$	衰减系数
低相对密度松散干沙和砾石	600	12	3 ～ 3.25
沙质填土、黄土、干沙和回填土	1 000	22	2.75
高相对密度密实沙	1 600	44	2.5
含气率 > 4% 的湿沙质黏土	1 800	48	2.5
含气率 > 1% 的饱和沙质黏土和沙	5 000	130	2.25 ～ 2.5
强饱和黏土和泥质页岩	> 5 000	150 ～ 180	1.5

地冲击能量耦合系数定义为部分埋设或浅埋爆炸(近地爆)与完全埋设爆炸(封闭爆)在同一介质中所产生的地冲击大小的比值，即

$$f=\frac{(p,v,d,I,a)_{\text{近地爆}}}{(p,v,d,I,a)_{\text{封闭爆}}} \tag{4.109}$$

能量耦合系数实际上是对封闭爆炸产生的地冲击数的一种折减，用来描述浅埋爆炸的效应。它与武器爆炸的比例深度有关。装药在土、混凝土和空气中爆炸时的能量耦合系数和比例爆深的关系如图 4.34 所示。

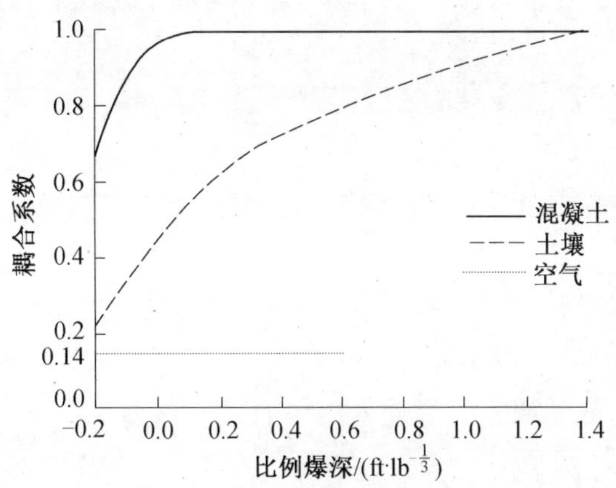

图 4.34　装药在土、混凝土和空气中爆炸时的耦合系数和比例爆深的关系

当弹丸侵入两种以上的介质时(例如较长的弹丸后半部在混凝土板中，前半部贯穿进板下面的土中)，这时能量耦合系数为各层介质能量耦合系数按各层所占装药量加权之和，即

$$f=\sum f_i\left(\frac{W_i}{W}\right) \tag{4.110}$$

式中，f_i 为每种材料的能量耦合系数；W_i 为弹丸在各层介质中的装药量；W 为总装药量。对圆柱形弹丸，能量耦合系数也可用下式表示：

$$f=\sum f_i\left(\frac{L_i}{L}\right) \tag{4.111}$$

式中，L_i 为弹丸在各层中的长度；L 为弹丸总长度。

② 结构处的地冲击参数。地下防护结构在层状结构中应力波的传播路径如图 4.35 所示。地表面及下层介质对埋设结构上的荷载会造成影响。因此，作用在结构处的应力应是直接入射应力、地表反射应力和下层反射应力的叠加。

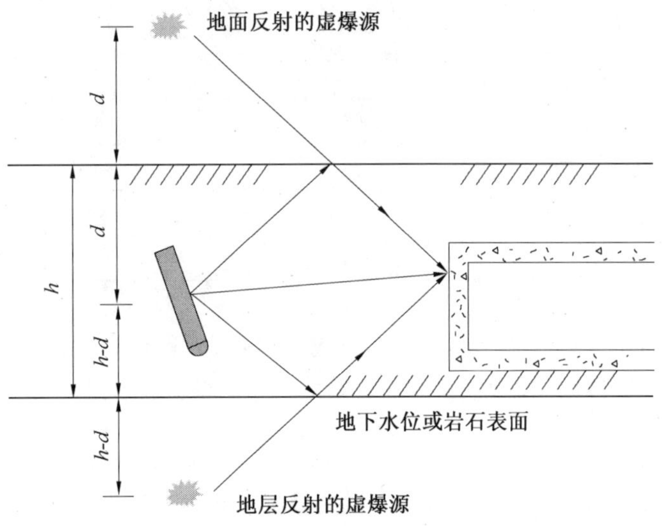

图 4.35　层状结构中应力波的传播路径

由图 4.35 中可以求出直接入射应力地表反射应力和下层反射应力传播到结构上计算点的距离分别为

$$r_{\mathrm{d}}=\sqrt{(d-z)^2+r^2},\quad r_{\mathrm{s}}=\sqrt{(d+z)^2+r^2},\quad r_1=\sqrt{(2h-d-z)^2+r^2} \tag{4.112}$$

式中，h 为层面深度；d 为爆心距离地表的深度；z 为结构上某点至地表的深度；r 为结构上某点至爆心的水平距离。

对地表面和下层介质传来的波，应乘以各自的反射系数。地表的反射系数为 -1，而下层介质的反射系数为

$$K=\begin{cases}\dfrac{\cos\theta-k_0}{\cos\theta+k_0}, & \left[1-\left(\dfrac{c_2}{c_1}\right)^2\sin^2\theta\right]>0\\ 1, & \text{其他}\end{cases} \tag{4.113}$$

$$k_0=\frac{\rho_1 c_1}{\rho_2 c_2}\sqrt{1-\left(\frac{c_2}{c_1}\right)^2\sin^2\theta} \tag{4.114}$$

式中，$\rho_1 c_1$、$\rho_2 c_2$ 分别为上、下层介质的波阻抗。

角度 θ 的定义如下：

$$\sin\theta=\frac{r}{r_1},\quad \cos\theta=\frac{2h-d-z}{r_1} \tag{4.115}$$

则作用在结构外墙某点的应力波总的应力时程定义为上述直接入射应力地表反射应力和下层反射应力三种先后到达波的叠加，即

$$p(t)=p_d+p_s+p_l \tag{4.116}$$

式中，p_d 为直接传入应力；p_s 为地表反射应力；p_l 为下层反射应力。p_d、p_s、p_l 分别由相应的传播距离和反射系数代入式(4.104) 计算得到。

4.6　本章小结

地下防护结构的外墙和底板承担着武器爆炸产生的地冲击荷载作用，这种在岩土中传播的爆炸作用是以压缩波的形式传播和作用的，确定岩土压缩波的作用方式，在不同类型土中的传播规律，进而提出岩土压缩波计算方法，才能进一步进行地下防护结构爆炸作用效应分析。

第 5 章　结构局部破坏

常规武器战斗部对防护结构具有爆炸冲击毁伤效应。当具有侵入坚固目标能力的炮航弹、导弹以及其他精确制导武器命中防护结构时，战斗部或弹丸与结构发生高速撞击及装药爆炸。弹丸命中结构的冲击、爆炸作用从宏观上看，可以归纳为局部破坏作用和整体破坏作用。也就是说，从结构自身的动态响应和破坏形态来看，武器的毁伤作用又可分为局部作用和整体作用。

5.1　结构的破坏作用

5.1.1　局部破坏作用

(1)冲击局部作用。

在无装药的穿甲弹命中结构或有装药的弹丸命中结构尚未爆炸前，结构仅受冲击作用。具有动能的弹体撞击结构有两种情况：一种情况是弹体动能较小或结构硬度很大，弹体冲击结构仅留下一定的凹坑后被弹开，或者因弹体与结构成一定的角度而产生跳弹，即弹丸未能侵入结构；另一种情况是弹丸冲击结构侵入内部，甚至产生贯穿。

局部破坏作用是指破坏发生在弹着点周围或结构反向临空面弹着点投影周围。局部响应的特点是损伤往往被限制在局部区域，例如结构前面的弹坑和背面的震塌、侵彻、贯穿等破坏形式。研究表明，局部破坏作用主要与材料的性质有关，而与约束条件和结构类型关系不大。在持续时间较短的瞬态荷载(如常规武器近距离爆炸)作用下，结构的响应主要表现为局部破坏作用。例如，爆炸荷载作用下板的局部弯曲和剪切破坏。

图 5.1 显示了不同性质单层金属板在弹体侵彻下的破坏形态。对于韧性较低的金属(如硬质铝、合金钢等)，其失效模式主要有如下三种。

①片层剥落(Spall Fracture)，如图 5.1(a)所示，弹体冲击时产生的压缩应力波传播到金属板背面时反射波形成的拉伸应力使板在其背面出现拉伸断裂，形成片层状的剥落失效。

②块体剥落(Plugging)，该失效形式如图 5.1(b)所示，弹体下方一塞状的块体被冲击剥落，其大小与弹体相当，该破坏主要由剪应力作用引发。

③径向断裂(Radial Fracture)，如图 5.1(c)所示，当材料的拉伸强度较低时，在环向拉应力作用下会出现径向的断裂，该断裂模式在脆性较高的金属材料中较为常见。

而对于韧性较高的金属材料(如轻质铝合金、镁合金等)，由于其较好的塑性延展，在冲击作用下，金属板会在冲击点局部发生塑性变形，表现为塑性孔，如图 5.1(d)、(e)、(f)所示，不会有明显的断裂剥落。

对于金属材料，一般主要通过塑性功和断裂耗能来吸收侵彻体能量，从而实现抗侵彻功能。作为简单估算，假定弹靶撞击过程满足对称碰撞条件，根据应力波(详见第 4 章)基本理

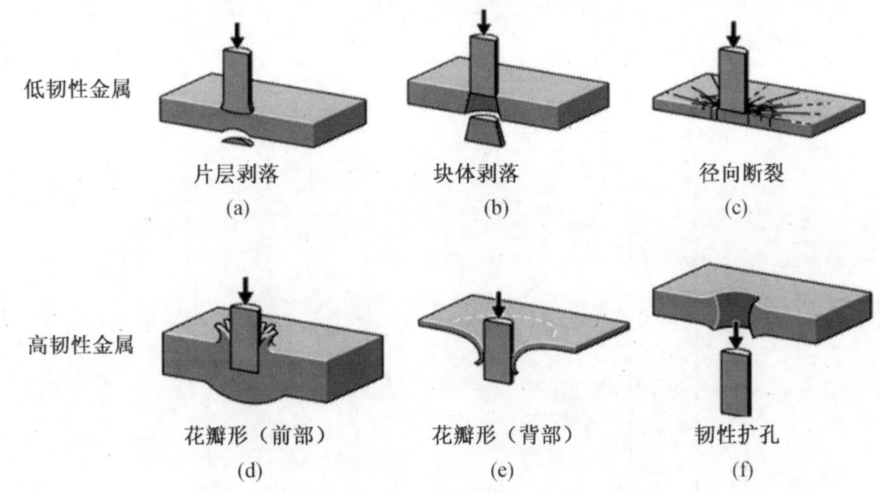

图 5.1　金属靶板的冲击破坏形态

论可以得到,碰撞界面处或撞击产生的冲击波后压力为

$$\sigma = \rho_0 c_0 u = \frac{1}{2}\rho_0 c_0 v_i \tag{5.1}$$

式中,σ 为波后应力或压力;ρ_0 为弹靶材料初始密度;c_0 为冲击波波速;u 为波后质点速度;v_i 为撞击速度。如果波后压力达到材料的屈服强度,即 σ 等于材料屈服强度 Y,则由式(5.1)可以得到发生塑性变形的最小撞击速度 v_Y 为

$$v_Y = \frac{2Y}{\rho_0 c_0} \tag{5.2}$$

以钢材为例,取其屈服强度 $Y = 1.0\times 10^9$ Pa,或记为 1 GPa,钢材密度 $\rho_0 \approx 8.0\times 10^3$ kg/m^3,当冲击波强度较低时,冲击波速度可以近似取为弹性波波速 $c_0 = 5\ 000$ m/s,上述参数代入式(5.2)可得 $v_Y = 50$ m/s,即速度小于 50 m/s 的对称性碰撞情况下,钢材的弹靶板均不会产生塑性变形。这时撞击体和靶板均不能达到材料的塑性屈服点,因此只能产生弹性变形,碰撞结束后撞击体被弹回,靶板也不会产生残余永久变形。对于中速情况下,弹靶撞击产生的撞击压力若已经大于材料屈服强度,则弹体侵入靶板内部,并受到侵彻阻力的作用而逐渐衰减。此时侵彻阻力主要由弹体克服靶板的变形强度引起,弹坑形状与侵彻体一致性好,其横截面和弹丸截面相近。

随着撞击速度的进一步提高,弹体克服靶板材料惯性引起的阻力成为侵彻阻力的主要机制。克服靶板材料惯性引起的阻力又称为惯性力或流动阻力。惯性力可以通过伯努利定理求出。

下面,以图 5.2 所示的弹丸沿目标法线冲击混凝土结构为例来分析冲击局部破坏的具体现象。

① 当目标厚度较大,面命中速度 v_1 不大时,只在目标正表面造成很小的弹痕,弹丸被目标弹回,如图 5.2(Ⅰ)(a) 所示。

② 目标厚度不变,命中速度稍大,即 $v_2 > v_1$,弹丸不能侵入混凝土内,但在混凝土表面形成一定大小的漏斗状孔,这个漏斗状孔称为冲击漏斗坑,如图 5.2(Ⅰ)(b) 所示。

③ 目标厚度不变,命中速度更大时,即 $v_3 > v_2$,则在形成冲击漏斗坑的同时,弹丸侵入

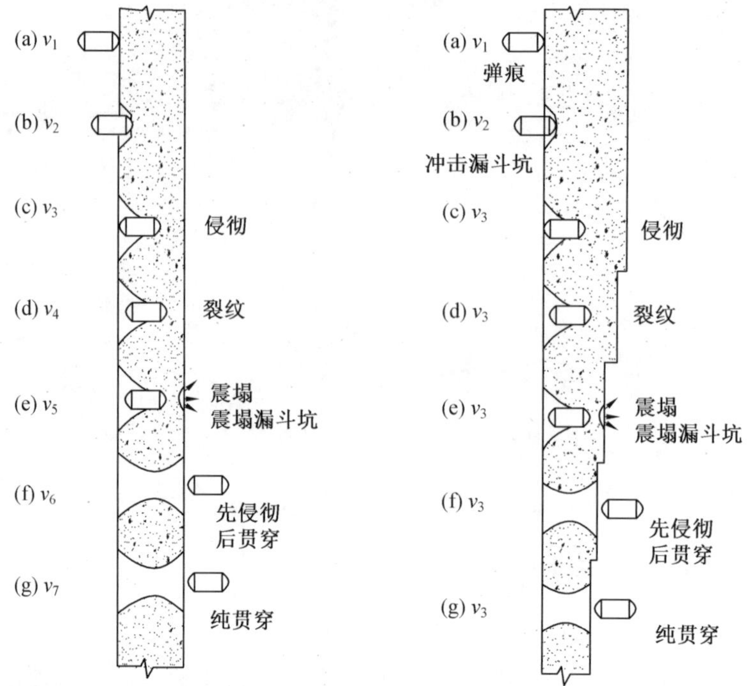

图 5.2　弹丸沿目标法线冲击混凝土靶板的局部破坏现象

目标，排挤周围介质而嵌在一个圆柱形的弹坑内，如图 5.2(Ⅰ)(c) 所示。这种破坏现象称为侵彻。

④ 目标厚度不变，命中速度再增大，即$v_4 > v_3$，弹丸侵入目标更深(图 5.2(Ⅰ)(d))；或者命中速度不变(仍为v_3)，混凝土的厚度变薄时，结构背面出现裂纹，如图 5.2(Ⅱ)(d) 所示，裂纹的宽度和长度随着命中速度或侵彻深度的增大而增大；或者命中速度不变，随目标厚度的变薄而增大。

⑤ 目标厚度不变，命中速度再增大，即$v_5 > v_4$，弹丸侵彻更深，或者命中速度不变(仍为v_3)，混凝土结构再变薄时，结构背面将出现部分混凝土碎块的脱落，并以一定速度飞出，这种破坏现象称为震塌。当有较多混凝土震塌飞出后，则形成震塌漏斗坑，如图 5.2(Ⅰ)(e) 和图 5.2(Ⅱ)(e) 所示。

⑥ 目标厚度仍不变，命中速度再增加，即$v_6 > v_5$，侵彻更深，或者命中速度不变(仍为v_3)，结构厚度再减薄时，则出现冲击漏斗坑和震塌漏斗坑连接起来，产生“先侵彻后贯穿”的破坏现象，如图 5.2(Ⅰ)(f) 和图 5.2(Ⅱ)(f) 所示。

⑦ 目标厚度不变，命中速度足够大时，或者命中速度不变(仍为v_3)，结构厚度很薄时，弹丸尚未侵入混凝土内，就以很大的力量冲掉一块锥状混凝土块，并穿过结构。这种破坏现象称为纯贯穿，如图 5.2(Ⅰ)(g) 和图 5.2(Ⅱ)(g) 所示。

从观察上述弹丸冲击引起的混凝土靶板破坏情况不难发现，它们的破坏现象都发生在弹着点周围或结构反向临空面弹着投影点周围。这与一般工程结构的破坏现象(如承重结构的变形与破坏等) 不同。由于破坏仅发生在结构弹着点附近的局部范围，故称其为局部破坏，又由于破坏是由冲击作用引起的，因此又称为冲击局部破坏。局部破坏作用与结构的材料性质直接有关，例如，炮航弹冲击钢筋混凝土会产生震塌现象，而冲击木材就可能不出现震塌现象等，而与结构形式（板、刚架、拱形结构等）及支座条件关系不大。

(2) 爆炸局部作用。

弹丸一般都装有炸药，在冲击作用中或结束时装药爆炸，进一步破坏结构。对于爆破弹，一般不考虑它侵入钢筋混凝土等坚硬材料内部爆炸，但可以侵入土壤等软介质；对于半穿甲弹、穿甲弹，则要考虑它侵入混凝土等坚硬介质中爆炸。这两种爆炸的破坏现象差不多，只不过侵入后爆炸的破坏威力更大些，这是因为侵入土中或结构介质内部处于填塞状态的爆炸能量不能有效逸出，从而提高了装药爆炸耦合到介质中的能量分配比例，所以破坏作用更大。

如图 5.3 所示为相同当量炸药接触爆炸时，不同厚度混凝土靶板的破坏现象。爆炸产生的高温高压爆轰产物使迎爆面混凝土介质被压碎、破裂、飞散而形成可见弹坑（称为爆炸漏斗坑）；而靶板反面，随着混凝土结构变薄，结构开始无裂缝，继而出现裂缝、震塌、震塌漏斗坑，最后产生爆炸贯穿。由于破坏仅发生在迎爆面爆点和背爆面爆心投影点周围区域并由爆炸产生，故称为爆炸局部破坏。爆炸和冲击的局部破坏现象是十分相似的，都是命中点（冲击点处及爆心处）附近的材料质点快速获得了极高的速度，使介质内产生很大的应力而使结构破坏，且破坏都是发生在弹着点及其反表面附近区域内，因而称为局部破坏现象。

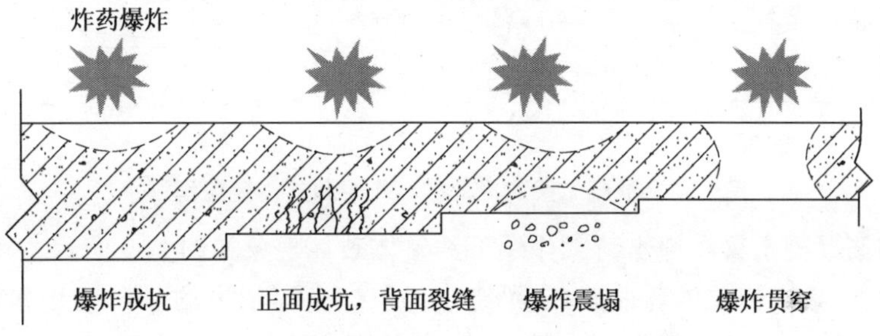

图 5.3　炸药接触爆炸时混凝土结构的破坏现象

精确制导武器命中防护结构，装药爆炸可以分三种情况。

① 直接接触结构爆炸。

② 侵入结构内部爆炸。

③ 距结构一定距离爆炸。

前两种情况对结构的破坏一般是以局部破坏作用为主；而距结构一定距离爆炸时，结构可能产生局部破坏作用，也可能不产生局部破坏作用，结构只承受爆炸的整体作用。脆性材料（如混凝土）和延性材料（如钢材）的局部破坏现象明显不同。混凝土板受冲击时，正面形成冲击漏斗坑、背面形成震塌漏斗坑是其典型的破坏特征；而钢板受弹丸冲击时，则形成花瓣状弹孔。

事实上，局部破坏作用与整体破坏作用是同一个过程的两个阶段。研究表明，撞击速度小于 220 m/s 时，局部作用和结构整体响应之间一般有很强的耦合，响应时间为毫秒量级；撞击速度为 450 ～ 1 300 m/s 时，局部破坏作用是主要的，只在撞击弹体 2 ～ 3 倍弹体直径范围内受到影响，响应时间为毫秒量级，在该区域内材料本构关系和波的传播通常需要考虑应变率效应;撞击速度为 2 000 ～ 3 000 m/s 时,受撞击的区域呈现流体特征,材料发生相变。

从防护角度看,工程要求不允许出现贯穿或震塌。结构的爆炸局部破坏现象根据损伤程度分为爆炸成坑、裂缝出现、爆炸震塌和爆炸贯穿。震塌半径是指构件内表面不震塌的临界厚度。

3.1.2 整体破坏作用

结构在遭受炮、航弹等常规武器的冲击与爆炸作用时,除了上述的开坑、侵彻、震塌和贯穿等局部破坏外,弹丸冲击、爆炸时还要对结构产生压力作用,一般称为冲击和爆炸动载。在冲击、爆炸动载作用下,整个结构都将产生变形和内力,这种作用就称为整体破坏作用。如图 5.4 所示,爆炸冲击波作用下梁、板将产生弯曲、剪切变形与破坏,以及柱的压缩及基础的沉陷等。整体破坏作用的特点是使结构整体产生变形和内力,结构破坏是由于结构承载力不足或出现过大的变形、裂缝,甚至造成整个结构的倒塌。其破坏点(线)一般发生在产生最大内力的地方。结构的这种破坏形态与荷载峰值、结构形式和支座条件有密切关系。例如,等截面简支梁在均布动载作用下最大弯矩发生在梁的中间位置,如果梁破坏,那么破坏点应在梁的中部。在持续时间较长的瞬态荷载(如核武器爆炸产生的荷载)作用下,结构响应主要表现为整体破坏作用。

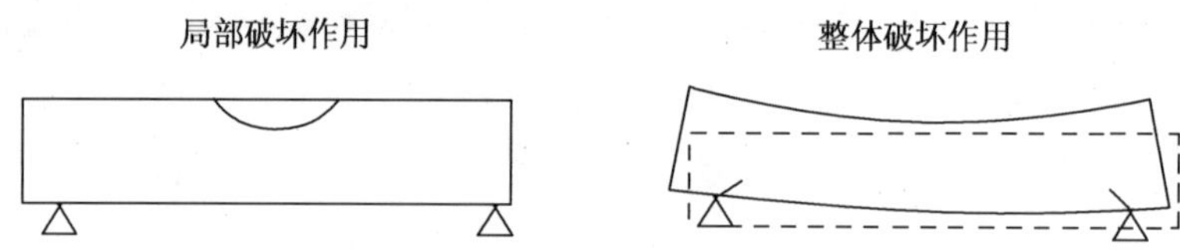

图 5.4　混凝土梁的局部破坏作用和整体破坏作用

典型的钢筋混凝土梁在冲击荷载作用下的整体破坏现象如图 5.5 所示。实验简支梁在落锤冲击作用下,破坏模式为弯曲破坏,梁跨中部位产生了较大的竖向位移和塑性转角,与锤头直接接触的跨中顶部混凝土被大量压碎,钢筋混凝土梁跨中区域出现由上到下成 45°角向两侧扩展的裂缝,梁跨中区域侧面及底面有大量混凝土剥落。

如前所述的局部破坏作用,破坏现象只发生在弹着点附近,与支座约束及结构形式无关,而与材料的特性有重要关系。从力学的观点来分析,局部作用事实上是应力波传播引起的波动效应,而整体作用则是动载引起的振动效应。

常规武器爆炸可以分为三种情况。

① 直接接触结构爆炸。

② 侵入结构材料内爆炸。

③ 距结构一定距离爆炸。

前两种情况对结构的破坏一般是以局部作用为主;而距结构一定距离爆炸时,结构既可能产生局部破坏,也可能同时产生局部破坏和整体破坏,这取决于爆炸的能量、爆炸点与结构的距离以及结构特性等因素。

常规武器爆炸与裸露装药爆炸不同,有壳的凝聚态弹药爆炸时产生的高压气体产物受到金属弹壳的约束,弹壳在高压气体作用下向外扩张,大约当弹壳半径增长到原始弹体半径的 1.7 倍时弹壳破裂,产生向四周飞散的破片。由于炸药爆炸过程是一种在极短时间内释

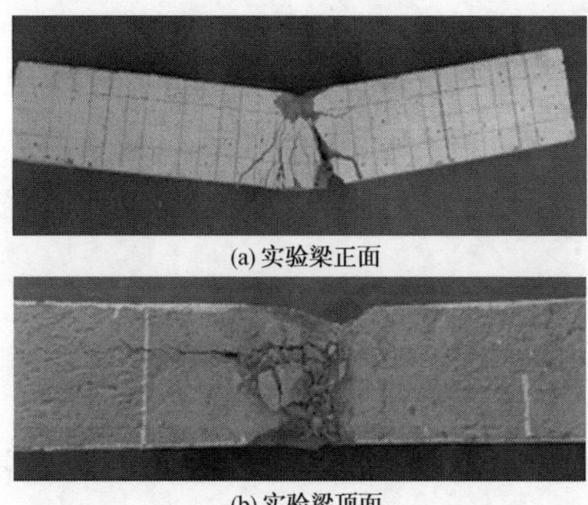

(a) 实验梁正面

(b) 实验梁顶面

图 5.5　钢筋混凝土简支梁在冲击作用下的整体破坏现象

放出大量能量的化学反应，故又将炮航弹等常规武器及炸药的爆炸称为化学爆炸，简称化爆，以此区别于核爆。化爆释放的能量和温度无法与核爆相比，既无核辐射，也无热辐射。化爆产生的空气冲击波的作用时间十分短促，一般仅几毫秒，最多也就十几毫秒，在传播过程中空气冲击波峰值强度衰减很快。因此，炮航弹等常规武器空中爆炸时，主要以爆炸空气冲击波和弹片并通过普通建筑物的崩塌等次生灾害对附近的人员、设施造成较大危害，但它对地下防护结构的作用范围和破坏范围较小。核爆与化爆在爆炸破坏效应方面有相似之处，但又有很多明显的差异，后面将要述及。

当常规武器侵彻到岩土深处实施封闭爆炸时，将冲击、挤压周围介质而形成爆炸空腔，并在介质中产生球形或近似球形的压缩波阵面。当常规武器落到岩土介质表面进行触地爆炸时，将使下方岩土介质被压碎、破裂、飞散而形成可见弹坑；在地表形成空气冲击波的同时，在地下介质也产生半球形的压缩波阵面。这种土中压缩波和空气冲击波对于结构只起整体作用，但当爆心很靠近工程时，也会使工程结构发生局部破坏。

因此，在进行地下防护结构设计时，若考虑常规武器直接命中的作用，原则上需同时考虑这两种破坏作用，以最危险的情况来设计结构。考虑到地下防护结构自身特征(结构形式、材料、跨度、高度、构件尺寸等)以及炮航弹战斗部特性的不同，一般来说，对于跨度较小、构件尺寸较厚的结构，如地面战斗工事、坑道工程口部及前沿指挥所工事等，局部作用起决定性作用；反之，对于跨度较大、结构构件尺寸厚度较小的结构，如平战结合的地下空间工程，整体作用常起控制作用。若为常规武器非直接命中，则一般只需考虑整体作用。

如图 5.6 所示，以h_d 表示结构顶板厚度，l_0 表示结构净跨，当厚跨比$\frac{h_d}{l_0} \geqslant \frac{1}{3}$时，此类结构被称为整体式小跨度结构，按局部冲击作用设计。由于厚跨比较大，一般抗核武器爆炸冲击波的整体作用均能满足要求，可不必对其进行验算。当厚跨比$\frac{h_d}{l_0} < \frac{1}{4}$时，多为整体大跨度结构，此类结构多用于平战结合的地下防护工程结构。

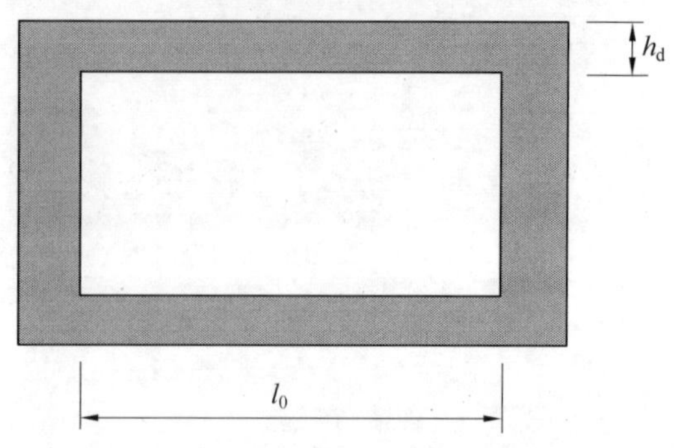

图 5.6　局部与整体作用控制结构跨度及顶板厚度

5.2　冲击侵彻作用的计算

5.2.1　侵彻作用基本经验公式

侵彻深度定义为弹丸命中目标侵彻后自弹尖到目标表面的垂直距离。

弹丸对目标的冲击侵彻作用取决于下列因素。

(1) 弹丸特性。质量(或重量)、直径、弹头形状、长径比、壳体硬度、引信种类等。

(2) 靶体特性。靶体材料性质(强度、密度、硬度、延性、孔隙率、含水量等),结构特征(厚度、抗震塌措施等)。

(3) 撞击条件。命中速度、入射角、攻角等,如图 5.7 所示。

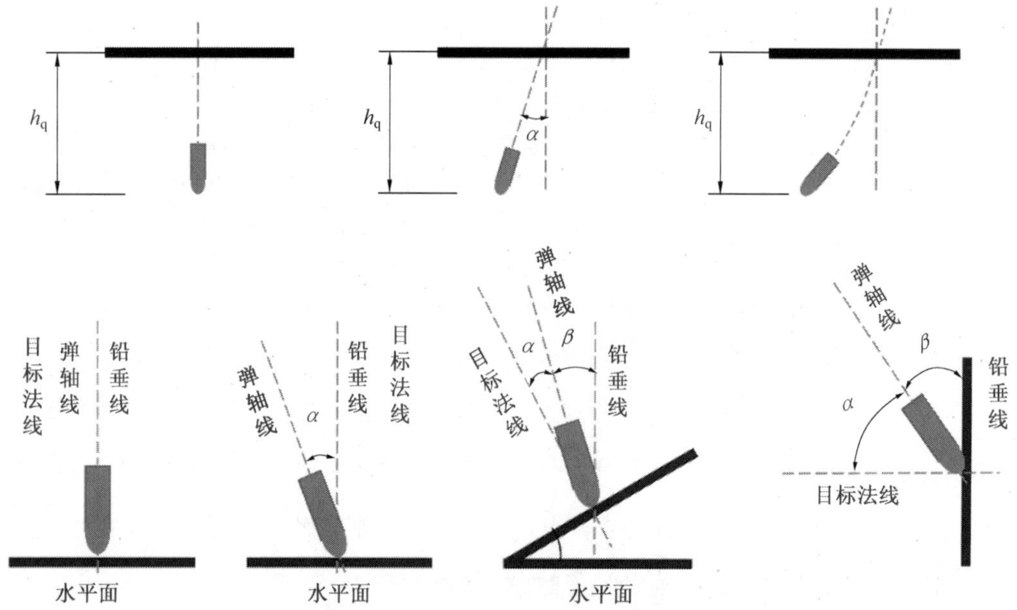

图 5.7　侵彻入射角及撞击几何条件

俄国科学家们在 1912 年根据大量实弹射击实验结果建立了别列赞经验公式。实验使用 76 mm 加农炮、152 mm 和 280 mm 榴弹炮，对混凝土、钢筋混凝土和装甲炮台进行射击，取得大量弹丸冲击侵彻的实测数据。后来，又经过几次修正，建立了弹丸对各种土木工程材料侵彻的计算公式，即

$$h_q = K_q \lambda_1 \lambda_2 \frac{P}{d^2} v \cos \frac{\alpha + n\alpha}{2} \tag{5.3}$$

式中，h_q 为侵彻深度(m)；K_q 为材料抗侵彻系数；λ_1 为弹形系数；λ_2 为弹径系数；P 为弹丸质量(kg)；d 为弹丸直径(m)；v 为撞击速度(m/s)；α 为命中角，即弹丸轴线与目标表面法线的夹角；n 为偏转系数。

实验表明，当弹径 d 一致时，弹尖形状尖的侵彻深度更大，反之则小。如图 5.8 所示，弹形系数 λ_1 可用弹丸长度 l_2 和弹径 d 来表征：

$$\lambda_1 = 1 + 0.3\left(\frac{l_2}{d} - 0.5\right) \tag{5.4}$$

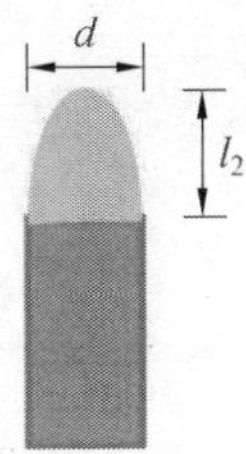

图 5.8　弹径、弹丸长度与弹形系数关系

一般弹形系数 λ_1 介于 1.0 ～ 1.5 之间。尖细的物体更容易侵入其他物体中，因为尖细物体与其他物体接触时阻力也小。别列赞公式表明，侵彻深度与材料介质、弹形与弹径、撞击速度、命中角度密切相关。炮航弹冲击物体时，其质量越大、弹丸着速越大、弹丸直径越细，则侵彻越深，破坏力就越大。

5.2.2　混凝土中的侵彻作用

(1)ACE(美国陆军工程兵) 公式。

ACE 有关部门在大量实验的基础上，提出了弹丸冲击混凝土的侵彻深度及贯穿厚度经验计算公式，即

$$\frac{X}{D} = 282 \frac{P}{D^{2.785} f_c^{0.5}} \left(\frac{v}{1\,000}\right)^{1.5} + 0.5 \tag{5.5}$$

$$\frac{X_p}{D} = 1.32 + 1.24 \frac{X}{D}, \quad 1.35 \leqslant \frac{X}{D} \leqslant 13.5 \tag{5.6}$$

式中，X 为弹丸的侵彻深度；D 为弹丸直径；P 为弹丸质量；f_c 为混凝土或岩石的无侧限抗压强度；v 为弹丸撞击速度；X_p 为贯穿厚度，即在给定弹丸撞击时混凝土目标不发生贯穿所需的最小厚度。

美国陆军部颁发的防护结构抗常规武器设计技术手册(TM5－855－1,1986) 采用了这些公式，并指出上述计算公式的误差范围为 ± 15%；对于现代的大长径比速度低于 1 000 ft/s 的弹丸，按上述公式计算的侵彻深度值应增加 30%。

(2)NDRC(美国国防研究委员会) 公式。

美国国防研究委员会以侵彻理论为依据，提出了弹丸冲击混凝土的侵彻深度经验计算

公式，即

$$\frac{X}{D}=2\left[\frac{KNP}{D^{2.8}}\left(\frac{v}{1\,000}\right)^{1.8}\right]^{0.5},\quad \frac{X}{D}\leqslant 2.0 \tag{5.7}$$

$$\frac{X}{D}=\frac{KNP}{D^{2.8}}\left(\frac{v}{1\,000}\right)^{1.8}+1.0,\quad \frac{X}{D}>2.0 \tag{5.8}$$

式中，X 为弹丸的侵彻深度；D 为弹丸直径；P 为弹丸质量；N 为弹丸头部形状影响系数，平头弹 $N=0.72$，钝头弹 $N=0.84$，球形头弹 $N=1.00$，尖头弹 $N=1.14$；v 为弹丸撞击速度。

人们最初提出的 K 值为 $2\sim5$。Kennedy(1996) 提出混凝土的 K 值与 $f_c^{0.5}$ 成反比。可通过下式计算：

$$K=\frac{180}{f_c^{0.5}} \tag{5.9}$$

代入式(5.7) 和式(5.8) 即可得到 NDRC 表达式，即

$$\frac{X}{D}=2\left[\frac{180NP}{D^{2.8}\,f_c^{0.5}}\left(\frac{v}{1\,000}\right)^{1.8}\right]^{0.5},\quad \frac{X}{D}\leqslant 2.0 \tag{5.10}$$

$$\frac{X}{D}=\frac{180NP}{D^{2.8}\,f_c^{0.5}}\left(\frac{v}{1\,000}\right)^{1.8}+1.0,\quad \frac{X}{D}>2.0 \tag{5.11}$$

式中，f_c 为混凝土或岩石的无侧限抗压强度。

贯穿厚度的计算公式为

$$\frac{X_p}{D}=3.19\frac{X}{D}-0.718\left(\frac{X}{D}\right)^2,\quad \frac{X}{D}\leqslant 1.35 \tag{5.12}$$

式中，X_p 为贯穿厚度。

(3) Haldar－Miller 公式。

显然，NDRC 公式一端是无量纲的，而另一端却是有量纲的，存在明显不足。为此，Haldar 和 Miller(1982) 引用一个无量纲参数，称为冲击系数，其表达式为

$$I=\frac{NP\,v^2}{g\,D^3\,f_c} \tag{5.13}$$

Haldar 和 Miller 将侵彻深度表示为 I 的函数，即

$$\frac{X}{D}=-0.027\,25+0.220\,4I,\quad 0.3\leqslant I\leqslant 2.5 \tag{5.14}$$

$$\frac{X}{D}=-0.592+0.446I,\quad 2.5\leqslant I\leqslant 3.0 \tag{5.15}$$

$$\frac{X}{D}=-0.538\,86+0.068\,92I,\quad 3.0\leqslant I\leqslant 21 \tag{5.16}$$

式中，X 为弹丸的侵彻深度；D 为弹丸直径；P 为弹丸质量；N 为弹丸头部形状影响系数；f_c 为混凝土或岩石的无侧限抗压强度；v 为弹丸撞击速度。

Haldar 等人收集了 625 例纯侵彻(无震塌和贯穿) 的实验数据，进一步扩大了 Haldar－Miller 公式的适用范围。修正后的 Haldar－Miller 公式为

$$\frac{X}{D}=-0.030\,8+0.225I,\quad 0.3\leqslant I\leqslant 4.0 \tag{5.17}$$

$$\frac{X}{D}=0.674\,0+0.056\,7I,\quad 4.0\leqslant I\leqslant 21 \tag{5.18}$$

$$\frac{X}{D}=1.1875+0.0299I,\quad 21\leqslant I\leqslant 455 \tag{5.19}$$

这些公式的显著优点是量纲相符，比较表明，Haldar — Miller 公式比 NDRC 公式更精确。

同时，Haldar 根据前述实验资料，用最小二乘法进行分析，也对 NDRC 公式做了如下修正，即

$$\frac{X}{D}=0.189+1.6\left[\frac{180NP}{D^{2.8}\ f_c^{0.5}}\left(\frac{v}{1\ 000}\right)^{1.8}\right]^{0.5},\quad \frac{X}{D}\leqslant 2.0 \tag{5.20}$$

$$\frac{X}{D}=1.17+1.03\left[\frac{180NP}{D^{2.8}\ f_c^{0.5}}\left(\frac{v}{1\ 000}\right)^{1.8}\right],\quad \frac{X}{D}>2.0 \tag{5.21}$$

(4) Young 公式。

美国桑迪亚国家实验室从 1960 年开始研究防护材料的侵彻性能，进行了约 3 000 次实验，建立了重要的防护材料实验数据库。实验弹重 13.6～2 267.6 kg，命中速度 1 340 m/s，弹径 50.8 ～ 762 mm。提出的对混凝土侵彻深度的经验计算公式为

$$X=0.3SN\ (P/A)^{0.7}\ln(1+2\times10^{-5}\ v^2),\quad v<200\ \text{ft/s} \tag{5.22}$$

$$X=0.001\ 78SN\ (P/A)^{0.7}(v-100),\quad v>200\ \text{ft/s} \tag{5.23}$$

式中，X 为弹丸的侵彻深度；A 为弹丸横截面面积；P 为弹丸质量；N 为弹丸头部形状影响系数；v 为弹丸撞击速度；S 为可侵彻性指标。

当弹体为锥形体时，横截面面积 A 按平均直径计算；当采用尾部扩大的弹体时，只在扩大部分与目标接触期间的侵彻部分，按平均直径计算 A 值。

当弹丸质量小于 400 lb 时，如缩尺模型弹丸，式(5.22) 和式(5.23) 右侧需乘以系数 P，且

$$K=0.4\ P^{0.15} \tag{5.24}$$

混凝土的 S 值用下式计算：

$$S=0.085\ K_c(11-v_s)\ (t_c\ T_c)^{-0.06}\ (5\ 000/\ f_c)^{0.3} \tag{5.25}$$

式中，T_c 为目标厚度，以弹体直径为单位，如果目标是多层组成，则每层应单独考虑，当 $T_c<0.5$ 时，公式可能不适用，如果 $T_c>6$，取 $T_c=6$；K_c 为目标宽度影响系数，$K_c=(F/\ W_1)^{0.3}$，对钢筋混凝土 $F=20$、无筋混凝土 $F=30$，对于薄目标($T_c=0.5\sim2.0$)，F 值应减小 50%，W_1 为目标宽度，以弹体直径为单位，如果 $W_1>F$，则 $K_c=1$；v_s 为混凝土中按体积计算的含钢百分率(%)，它不是普通土木工程中所用的配筋率，因为垂直于目标表面的钢筋也影响可侵彻性，对大多数混凝土 $v_s=1\%\sim2\%$；t_c 为混凝土凝固时间，以年为单位，如果 $t_c>1$，则取 $t_c=1$，这样长的时间已对无侧限抗压强度无影响；f_c 为实验时的无侧限抗压强度(psi)。

因数据不够而无法计算混凝土的 S 值时，建议采用 $S=0.9$。

弹丸头部形状系数 N 可用下列公式计算。

对于卵形弹头：

$$N=0.18\ L_n/D+0.56 \tag{5.26}$$

$$N=0.18\ (\text{CRH}-0.25)^{0.5}+0.56 \tag{5.27}$$

对于锥形弹头：

$$N=0.25L_n/D+0.56 \tag{5.28}$$

式中，L_n 为弹丸头部长度；CRH 为头部表面曲率半径与弹丸横截面半径之比。

(5)Forrestal 公式。

用于计算弹丸侵彻深度的 Forrestal 公式为

$$\frac{X}{D}=\frac{2P}{\pi D^3 \rho_t N}\ln\left(1+\frac{v^2 \rho_t N}{S f_c}\right)+2,\quad X\leqslant 2D \tag{5.29}$$

式中，X 为弹丸的侵彻深度；D 为弹丸直径；P 为弹丸质量；ρ_t 为混凝土密度；N 为弹丸头部形状影响系数；f_c 为混凝土或岩石的无侧限抗压强度；v 为弹丸撞击速度；S 为系数，必须通过实验确定。

(6)FFI 公式。

如果弹丸在侵彻期间发生变形，则用下述公式计算侵彻深度，即

$$\frac{X}{D}=0.31\sqrt{\frac{P}{D^3 f_c}}\cdot v \tag{5.30}$$

式中，X 为弹丸的侵彻深度；D 为弹丸直径；P 为弹丸质量；f_c 为混凝土或岩石的无侧限抗压强度；v 为弹丸撞击速度。

对不变形弹丸，则 FFI 公式与 Forrestal 公式即式(5.29) 相同。

5.2.3 岩石中的侵彻作用

(1)Young 公式。

用于计算弹丸侵彻深度的 Young 公式见式(5.22) 和式(5.23)。

可侵彻性指标 S 按下式计算：

$$S=12(f_cQ)^{-0.3} \tag{5.31}$$

式中，Q 为表征岩石质量的指标，受节理、裂缝等因素影响，其数值范围为 0.1～1.0，可根据表 5.1 估计。

表 5.1　岩石质量指标 Q 值

岩石状况	Q 值	岩石状况	Q 值
大块岩体	0.9	严重风化的	0.2
互层结构	0.6	冰冻粉碎的	0.2
节理间距小于 0.5 m	0.3	岩石质量非常好	0.9
节理间距大于 0.5 m	0.7	岩石质量良好	0.7
断裂的、块状的或开裂的	0.4	岩石质量中等	0.5
严重断裂	0.2	岩石质量差	0.3
软微风化的	0.7	岩石质量非常差	0.1
中等风化的	0.4		

(2)Bernard 公式。

用于计算弹丸侵彻深度的 Bernard 公式为

$$\frac{\rho X}{P/A}=0.2v\left(\frac{\rho}{f_c}\right)^{0.5}\left(\frac{100}{\mathrm{RQD}}\right)^{0.8} \tag{5.32}$$

式中，X 为弹丸的侵彻深度；ρ 为密度(lb/ in^3)；P 为弹丸质量；A 为弹丸横截面面积(in^2)；f_c 为岩石的无侧限抗压强度(lb/ in^2)；RQD为岩石质量指标，是现场岩体中原生裂缝间距的一个度量。

$$\mathrm{RQD}=\frac{\text{长度大于等于 4 in 的岩芯块长度总和}}{\text{岩芯总长度}}\times 100 \tag{5.33}$$

美军防护结构抗常规武器设计技术手册(TM5－855－1,1986)中使用了该公式，并改写为下列形式：

$$X=6.45\frac{P}{D^2}\frac{v}{(\rho f_c)^{0.5}}\left(\frac{100}{\mathrm{RQD}}\right)^{0.8} \tag{5.34}$$

3.2.4　土中的侵彻作用

(1)Young 公式。

桑地亚国家实验室(1969)公开发表了弹丸在土中侵彻的研究结果，提出了侵彻深度的计算公式，即

$$X=0.53SN\,(P/A)^{0.5}\ln(1+2\times 10^{-5}v^2),\quad v<200\ \mathrm{ft/s} \tag{5.35}$$

$$X=0.0031SN\,(P/A)^{0.7}(v-100),\quad v>200\ \mathrm{ft/s} \tag{5.36}$$

式中，X 为弹丸的侵彻深度；N 为弹丸头部形状影响系数；P 为弹丸质量；A 为弹丸横截面面积；v 为弹丸撞击速度；S 为土体可侵彻性指标。

美军防护结构抗常规武器设计技术手册(TM5－855－1,1986)中规定了使用限制条件。

① 撞击速度 $v>200$ ft/s。

② 弹重在 60～5 700 lb 之间。

③ 适用于长径比大于 10 的弹丸。

④ 不适用于侵彻深度较浅即侵彻深度小于 3 倍弹径加弹丸头部长度的情况。

⑤ 预测误差为 ±20%。

⑥ 不适用于弹丸严重变形或破坏或侵彻路径严重弯曲的情况。

经修正，土岩石、混凝土中侵彻深度的计算公式可采用下面的统一形式，即

$$X=0.35SN\,(P/A)^{0.7}\ln(1+2\times 10^{-5}v^2),\quad v<200\ \mathrm{ft/s} \tag{5.37}$$

$$X=0.00178SN\,(P/A)^{0.7}(v-100),\quad v>200\ \mathrm{ft/s} \tag{5.38}$$

式中，X 的单位为 ft。

对于土，小弹丸修正系数为

$$K=0.2\,(P)^{0.4},\quad P<60\ \mathrm{lb} \tag{5.39}$$

典型土的 S 值见表 5.2。

表 5.2 典型土的 S 值

S 值	目标种类
2 ~ 4	密实、干燥、黏结的砂，干燥泥灰石，大量的土状石膏和透明石膏沉积
4 ~ 6	砾石沉积层，未黏结的砂，非常结实干燥的黏土
6 ~ 9	中等密度到松散的未黏结的砂，含水量不重要
8 ~ 10	填土材料，S 值取决于夯实情况
5 ~ 10	粉砂和黏土，低到中含水量，坚硬，含水量起控制作用
10 ~ 20	粉砂和黏土，潮湿、松散和非常松散表层土
20 ~ 30	非常软的饱和黏土，抗剪强度很低
30 ~ 60	海底黏性沉积层
> 60	侵彻公式可能不适用

(2)Young 冻土与冰公式。

用于计算弹丸侵彻冻土与冰深度的 Young 公式为

$$X = 0.04SN\ (P/A)^{0.6}\ln(1 + 2 \times 10^{-5}v)\ln(50 + 0.06\ P^2)\ , \quad v < 200\ \text{ft/s} \tag{5.40}$$

$$X = 0.002\ 34SN\ (P/A)^{0.6}(v - 100)\ln(50 + 0.06\ P^2)\ , \quad v > 200\ \text{ft/s} \tag{5.41}$$

式中，X 为弹丸的侵彻深度；N 为弹丸头部形状影响系数；P 为弹丸质量；A 为弹丸横截面面积；v 为弹丸撞击速度。

冰和冻土的 S 值可取下列值。

淡水冰和海水冰：$S = 4.5 \pm 0.25$。

完全冻结的饱和土：$S = 2.75 \pm 0.5$。

部分冻结的土：$S = 7.0$。

式(5.40) 和式(5.41) 适用于所有的冰和水饱和度至少为 80% 的完全冰结土。

由于实验者观点、实验方法和实验条件的差别，以上经验方法不仅表达形式各异，而且对同一问题的计算结果在定量方面往往仍有不小的差别。

当命中速度较小时，各公式计算结果一致性较好。但当命中速度较大时，不同公式计算结果相差较大。

上述各公式虽然在各自参数范围内与实验结果相符合，有些公式也可用于工程设计，但在不同程度上都存在不足之处。比较理想的公式应建立在理论分析基础上，应是量纲相符的，并且应与实验结果相吻合，因此，在使用经验公式进行设计时，应注意它们的适用条件。上述部分经验公式的适用范围见表 5.3。

表 5.3 公式适用范围

公式	速度 /($\mathrm{m \cdot s^{-1}}$)	质量 /kg	直径 /cm	抗压强度 /MPa
ACE	200 ~ 1 000	0.02 ~ 1 000	1.1 ~ 15.5	26.5 ~ 43.1
NDRC	160 ~ 1 000	0.029	1.27	10 ~ 50
Haldar & Miller	27 ~ 291	0.11 ~ 96.62	2.0 ~ 20.32	22.1 ~ 42.3
Young	61 ~ 1 350	3.17 ~ 2 267	2.54 ~ 76.2	14 ~ 63

续表 5.3

公式	速度 /(m·s^{-1})	质量 /kg	直径 /cm	抗压强度 /MPa
Forrestal	277 ～ 945	0.064 ～ 5.9	1.27 ～ 7.62	11.7 ～ 108.3
FFI	414 ～ 1 701	0.020 5	1.2	35 ～ 160
Bernard	300 ～ 800	5.9 ～ 1 066	7.62 ～ 25.9	34.5 ～ 63.0

20世纪60年代以后建立的弹丸侵彻计算公式大多数考虑了大质量、低速度弹丸的撞击作用。20世纪60年代以前为军事目的建立的弹丸侵彻计算公式，如NDRC、Young等，适用于炮、炸弹等武器的冲击侵彻作用。尽管这些经验公式的建立主要是基于第二次世界大战期间及之前的数据，但在一定范围内，这些公式目前仍可适用。然而，随着现代武器的发展和新材料的应用，武器的口径增大、命中速度提高、长径比加大，靶体材料的性能也发生了很大变化，如采用高强混凝土、纤维混凝土等，这些公式的可靠性也面临着新的挑战。

5.3　抗冲击侵彻工程防护措施

5.3.1　防护措施分析步骤

不同的抗侵彻防护措施往往具有不同的防护效果，其施工难易程度和工程造价等也会直接影响抗侵彻防护措施的推广应用。一般需要结合打击武器和防护目标特征，采用一定的分析方法确定最佳的抗侵彻措施。主要分析步骤如下。

(1) 威胁分析。

分析防护工程可能受到的打击武器、武器破坏效应以及目标的特征。防护工程防护等级标准是确定打击武器的重要依据。

(2) 破坏分析。

采用《人民防空地下室设计规范》(GB 50038—2005) 等防护工程设计规范的有关定量分析方法，结合防护目标的材料结构性能，计算打击武器对防护工程的破坏作用，以及可能的人员伤亡。

(3) 风险评估。

将定量分析结果最终表示为防护工程的风险大小。

(4) 防护措施的效费比分析。

对不同防护措施降低威胁、风险的情况，联系各自的费用进行评估。

(5) 防护措施优化。

应积极采用成熟的新技术、新材料、新工艺、新设备，确定防护工程的最佳防护措施。

5.3.2　抗冲击侵彻工程措施

防护工程抗冲击侵彻措施主要如下：一是在可能的情况下尽量充分利用岩石防护层厚度；二是设置遮弹层；三是提高防护结构本身的抗冲击能力。通过增加结构强度、厚度等提高防护结构本身的抗冲击能力的措施往往效果不佳，在岩石防护层厚度满足不了抗冲击侵御要求的情况下提高抗冲击侵彻的做法主要是给防护工程增加遮弹层。

遮弹层的工作原理主要有两种：一是采用合适的遮弹材料，增加遮弹层的强度，减小弹丸的侵彻深度；二是采用合理的遮弹层结构形式，使来袭弹丸发生偏转，减小或限制弹丸的侵彻深度。

防护工程口部岩石防护层厚度较薄，为限制弹丸对防护层的侵彻作用，人们对不同类型的遮弹层进行了研究。常见的遮弹层类型如下。

(1) 块石遮弹层。

常把块石放在防护结构上面限制侵彻深度，从而减少耦合入地面中的爆炸能量，并增加爆炸距离。研究表明，块石遮弹层的抗侵彻能力十分依赖于打击武器的特征，如长径比、截面压力、弹径、弹壳厚度、弹壳材料强度和断裂韧度等。

对普通爆破弹，块石遮弹层通过直接破坏弹丸达到抗侵彻的目的；对半穿甲弹、穿甲弹，块石遮弹层使其翻转旋转达到抗侵彻的目的。显然，块石遮弹层的遮弹效果也与块石层的防护特征参数有关，如块石尺寸、块石强度、块石层数和填充材料等。

块石遮弹层的主要特点是成本低，施工容易，遭到打击后容易快速修复。但块石的飞散也容易造成不必要的次生灾害。

(2) 复合材料遮弹层。

复合材料遮弹层是由毛石混凝土面层、钢筋混凝土基层和一定厚度的粗砂层缓冲层组成。弹丸在毛石混凝土层中穿透是不连续的，每当弹体击破并穿过一块毛石后，新的穿透过程重新开始，造成阻抗弹丸运动的阻力突然增加，会造成弹体旋转、偏转。由于是多层结构，在弹丸穿透过程中，结构层的改变会进一步消耗弹体的动能，从而降低弹体的侵彻能力。

毛石的几何尺寸与形状，以及毛石层的厚度与毛石排列，均对复合材料遮弹层的遮弹效果有重要影响。故而毛石混凝土层中的块石一般为坚硬的花岗岩或石英岩岩块，钢筋混凝土层中的混凝土强度等级一般不小于 C45，并配置多层钢筋网。该种遮弹层具有抗冲击力高，防震性好，可就地取材且工程造价低等优点。此外，弹丸撞击角度和命中速度对侵彻深度也有重要影响。

(3) 纤维混凝土遮弹层。

一般混凝土抗拉强度低，容易发生脆性破坏。为了增强混凝土在遭到弹丸侵彻时的延迟效应，人们在混凝土里掺入某种纤维来改变混凝土的抗拉、抗弯、抗冲击和抗疲劳等的延性破坏性能。同时，混凝土中的纤维在抗冲击侵彻过程中会吸收大量能量，从而达到限制弹丸侵彻深度的目的。常用的纤维主要有钢纤维、聚丙烯纤维等。

研究表明，在一定条件下钢纤维混凝土的抗压强度与钢纤维体积含量呈线性关系。但钢纤维具有易锈蚀、相对密度大的缺点，且在搅拌时有结团现象，而聚丙烯粗纤维混凝土的各项力学性能优于钢纤维混凝土，目前国外已经开始使用聚丙烯粗纤维等非金属材料来代替钢纤维。

(4) 钢球混凝土遮弹层。

钢球混凝土遮弹层由两层构成：第一层是高强混凝土层；第二层是钢球层。钢球一般采用抗拉强度极高的高强轴承优质钢球；对普通钢球，采用抗拉强度高的碳钢。按高强度等级配制砂浆混凝土。水泥为普通硅酸盐水泥，砂为普通河砂，内掺高效减水剂、硅灰。钢球混凝土遮弹层用于抗大长径比、优质高强合金钢钻地弹丸的侵彻。

(5) 钢管栅混凝土遮弹层。

钢管栅混凝土遮弹层是在无缝钢管中充满高强混凝土并固定在钢纤维混凝土基体上形成的一种遮弹层。钢管栅混凝土遮弹层的抗侵彻能力与钢球混凝土遮弹层相当,但取材较为方便。

(6) 钢球钢纤维混凝土遮弹层。

钢球钢纤维混凝土遮弹层由高强度钢球、钢纤维混凝土组成。实验发现,当弹丸遇到坚硬的球形物体会发生偏转,特别是对细长杆体的偏转更加明显,因此在混凝土介质中添加钢球可以提高抗侵彻效果。一般钢球采用球墨铸铁或其他高硬度材料,钢纤维混凝土采用高强度等级混凝土。

(7) 组合式球墨铸铁遮弹板。

组合式球墨铸铁遮弹板是由三层球墨铸铁板(合金白口铸铁板)叠合,四周用螺栓固定,中间间隙填土或砂。常见的有球壳型和位错型两种形式。球墨铸铁具有抗弹性能好、硬度和强度高、相对密度小、取材方便、价格低廉、工艺简单等特点,该技术的主要特点是结构新颖、加工工艺简单、防弹性能安全可靠,并且布置简单方便快速,主要用于野战工事表面,替代原始块石、混凝土遮弹层,也可用于坑道口部或其他重要部位的防护层中。

(8) 表面异形偏航板复合遮弹层。

表面异形偏航板复合遮弹层由表面异形偏航板和高强钢纤维混凝土层复合而成。表面异形偏航板是用低合金钢在铸造厂整体浇铸而成,其材料性能与优质钢球相当。由于表面异形偏航板是整体浇铸,各异形体之间连为一体,大大提高了异形体之间的连接和约束。

(9) 含偏航球柱的 RPC 复合遮弹层。

RPC(Reactive Powder Concrete,活性粉末混凝土)材料的抗弯、抗拉、抗冲击和抗疲劳等性能优越,具有良好的延性、控制裂缝的能力及良好的耐久性能。表面含偏航球的 RPC 复合遮弹层是在高强 RPC 材料基本层嵌入表面为陶瓷壳的超高强 RPC 球柱。在结构选择上采用表面为电工陶瓷和高强 RPC 球柱的偏航措施,在继承了普通遮弹层优点的同时,又避免了耐久性能、电磁脉冲防护等方面的问题。实验表明,表面含偏航球的 RPC 复合遮弹层抗侵彻能力强,能够使来袭弹体偏航、变形或破坏,减速并耗能以减小侵彻深度,遮弹层耐久性良好,可以减少平时的维修费用。

(10) 仿生蜂窝遮弹层。

依据贝壳珍珠层的结构及其增强机理设计一种新型蜂窝遮弹层结构:以外部是六边形钢管、内部是混凝土的钢管混凝土为基本单元,多个单元钢管混凝土平行排列,且相互连接,形成了蜂窝状结构层。研究表明,蜂窝结构靶体正面混凝土的破坏主要发生在弹靶接触的六边形单元内,其他单元内混凝土的破坏程度较轻,靶体背面混凝土的漏斗坑破坏也局限在弹靶接触的六边形单元内,其他六边形单元内的混凝土基本上没有发生破坏。正是由于六边形单元的阻隔作用,蜂窝结构靶体的混凝土破坏范围大大减小。

(11) 混凝土栅板。

纤维可以提高弹丸与栅板的接触时间,使弹丸旋转的反力冲量增大,促使弹丸旋转量增加。研究发现,韧度较好的尼龙纤维混凝土比钢筋混凝土的效果好,可以吸收更多的能量,采用栅板后,混凝土量减少 17%,体积减小 22%。

5.4 震塌破坏与工程防护措施

5.4.1 震塌破坏现象

震塌破坏在核武器及常规武器的爆炸效应等研究中具有重要意义。

(1) 在防护工程中的震塌破坏方面。

抗爆结构设计的目的在于使得结构本身不遭受强破坏及其内部设备功效没有丧失。它需要结构有很高的抗力，能够承受大变形及吸收冲击与爆炸荷载的能量。由于钢筋混凝土结构具有很好的抗力和抗爆性能，因而被广泛应用于国防工程和人防工程。不论是民用领域的偶然爆炸、恐怖袭击，还是军事领域的武器爆炸作用，在爆炸冲击等强脉冲荷载作用下，都可能造成钢筋混凝土内表面震塌或崩落。震塌产生的混凝土、岩石等的碎块携带较大的动能，以较高的速度飞离结构内表面，对结构中的人员、设备或武器装备等的安全构成了潜在威胁。而且，震塌破坏还解除了钢筋的保护层，弱化了结构的强度，从而降低了防护结构抗重复打击的能力。因而防护结构一般情况下应包括防震塌、防剥落、防崩落设计。常用痂片(飞离的金属盘)的震塌层厚、震塌速度、震塌范围及震塌次数等指标衡量震塌破坏的程度。

(2) 在地下封闭核爆炸实验方面。

在地下封闭核爆炸实验方面，当爆炸当量以及埋深在某个特定范围时，在爆炸应力波的作用下，初始紧密接触的近地表面岩层会发生物理分离，这种现象就是俗称的地表剥裂或地表震塌。地表震塌首先从爆心水平投影点开始连续上抛运动，然后向四周扩展。地表剥裂是地下封闭核爆炸实验中的一个重要力学现象，也是核武器封闭爆炸实验中的一项基本性研究工作。

(3) 在碎甲弹碎甲方面。

军事上的碎甲弹和防碎甲弹的复合坦克钢板都是在 Hopkinson 破裂原理基础上发展起来的。当碎甲弹、动能弹或部分化学能弹攻击装甲时，会使装甲背面产生震塌效应。口径为 85 ～ 130 mm 的碎甲战斗部命中装甲钢板产生的崩落物的飞散速度为 300 ～ 600 m/s，从而杀伤装甲内部的人员和装备。

(4) 在材料动态力学性能研究方面。

B. Hopkinson 用压缩波在自由面反射形成拉伸波的理论解释了震塌破坏的机理。沿着这个思路，他想出了一个巧妙的方法，用来测定和研究诸如子弹射击杆端和炸药爆炸时的压力－时间关系，这种装置称为 Hopkinson 压杆。这一巧妙的想法成为其后直到目前研究材料动态力学性能，包括震塌损伤实验设备的基本设计思想。

5.4.2 震塌破坏机理

为说明震塌的机理，常用一维纵波沿着半无限厚材料垂直入射的情况进行研究，材料为理想线性弹脆性材料，假设当材料中的净拉应力达到动态抗拉强度σ_{cr} 时，材料立即发生震塌破坏。

对一维波传播，波动方程为

$$\frac{\partial^2 u}{\partial t^2}-c^2\frac{\partial^2 u}{\partial x^2}=0 \tag{5.42}$$

式中，u 为位移；t 为时间；x 为纵波坐标；c 为波速。

该方程的通解形式为

$$u(x,t)=f(x-ct)+g(x+ct) \tag{5.43}$$

式中，$f(x-ct)$ 为沿 x 轴正向传播的波；$g(x+ct)$ 为沿 x 轴负向传播的波。则应变和粒子速度为

$$\varepsilon(x,t)=\frac{\partial u(x,t)}{\partial x}=f'(x-ct)+g'(x+ct) \tag{5.44}$$

$$v(x,t)=\frac{\partial u(x,t)}{\partial t}=-cf'(x-ct)+cg'(x+ct) \tag{5.45}$$

对线弹性材料，应力为

$$\sigma(x,t)=E\varepsilon(x,t)=E[f'(x-ct)+g'(x+ct)] \tag{5.46}$$

设想一个弹性压缩波沿着半无限厚混凝土传播，在这种情况下，函数 f 是压缩波，函数 g 为 0。当该波到达混凝土的自由面，边界条件是自由面的应力为 0，于是

$$\sigma(x_{\text{end}},t)=E[f'(x_{\text{end}}-ct)+g'(x_{\text{end}}+ct)]=0 \tag{5.47}$$

即

$$f'(x_{\text{end}}-ct)=-g'(x_{\text{end}}+ct) \tag{5.48}$$

在边界产生了一个和入射波形状相同、符号相反的反射拉伸波，在反射期间，材料中的应力为入射波与反射波的叠加。如果初始压缩波低于材料的抗压强度，但绝对值大于动态抗拉强度，材料将在反射期间破裂。这是一维应力波在自由面反射时的通解。

(1) 无升压时间的矩形理想平面压缩波。

矩形理想平面压缩波，波长为 λ，应力为 σ_p，如图 5.9 所示为矩形脉冲荷载在自由面引起的震塌。

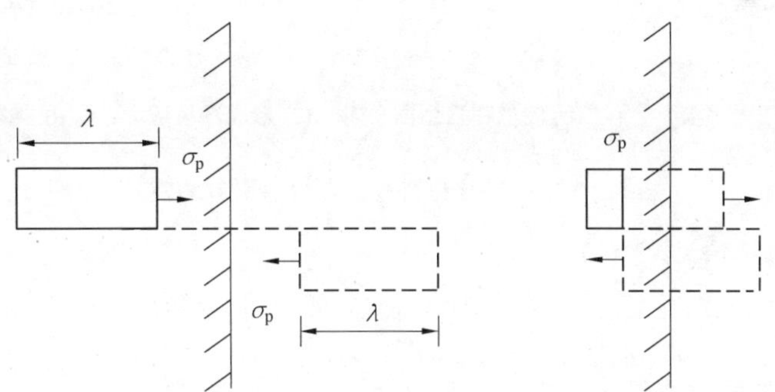

(a) 脉冲荷载到达自由面之前　　(b) 脉冲荷载到达自由面之后

图 5.9　矩形脉冲荷载在自由面引起的震塌

一旦波自后面的自由面开始垂直反射，反射的拉应力抵消了部分入射压缩波，则造成反射波波前后面的净应力为 0。当波继续传播时，净应力保持为 0，直到反射波通过入射波的尾部，此时距后自由面的距离为 $\lambda/2$，反射波前处的净应力等于 σ_p。如果 σ_p 大于材料的动态抗拉强度，材料将发生震塌破坏。由应力波的冲量等于震塌的动量，可得到震塌速度为

$$\rho \frac{\lambda}{2} v = \sigma_p \frac{\lambda}{c} \tag{5.49}$$

$$v = \frac{2\sigma_p}{\rho c} \tag{5.50}$$

注意到矩形波仅有一个震塌厚度，独立于幅值σ_p，只要σ_p 大于动态抗拉强度σ_{cr}，震塌厚度仅依赖于$\lambda/2$。当λ趋近于0，震塌厚度也趋近于0。特殊情况下，当λ大于等于2倍的材料厚度，反射波波前将在入射波波尾到达前面的自由面之前或同时撞击前面的自由面，反射波又在前面的自由面反射为压缩波。因为净应力总不会为拉伸状态，所以不会发生震塌破坏。

(2) 无升压时间的三角形平面应力波。

20世纪50年代初，雷茵哈特在烈性炸药和金属板接触爆轰的一系列实验中观察到多次震塌现象。在此实验基础上，将爆轰波简化成一维锯形波(无升压三角形荷载)，不考虑波传播过程中的波形改变和衰减，求出波在背爆面反射产生震塌飞片数量、每片痂片厚度及速度等。设波长为λ，峰值应力为σ_p，并大于材料的动态抗拉强度σ_{cr}，如图 5.10(a) 所示。

入射压缩波遇到结构的自由面时，会反射一个与入射波强度相等，但符号相反的拉伸波。在反射拉伸波与后续入射波叠加的过程中，将会形成三角形净拉应力波，如图 5.10(b) 所示。净拉应力的峰值和波长随着波的反射而增加。在反射波传播的过程中，当材料中某一点的净拉应力达到动态抗拉强度时，材料将发生震塌破坏，如图 5.10(c)、(d) 所示。

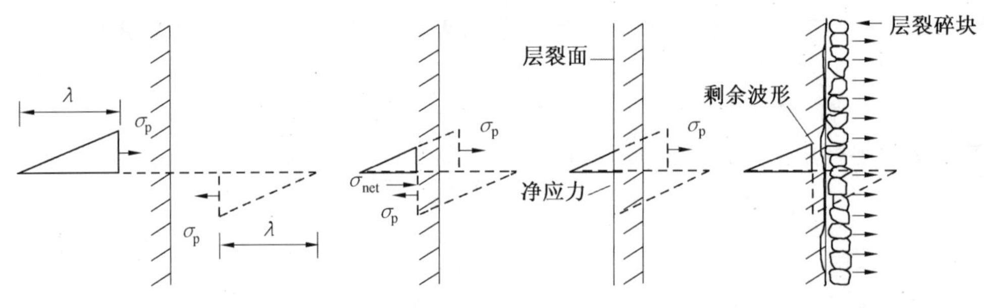

图 5.10 矩形脉冲荷载在自由面引起的震塌

由图中几何关系得

$$\frac{\sigma_p - \sigma_{cr}}{\lambda - 2d} = \frac{\sigma_p}{\lambda} \tag{5.51}$$

式中，d 为震塌厚度。

则震塌厚度为

$$d = \frac{\lambda \sigma_{cr}}{2 \sigma_p} \tag{5.52}$$

震塌速度可由震塌痂片所捕获的应力波的冲量等于震塌的动量得到：

$$\rho d v = \frac{\sigma_p + (\sigma_p - \sigma_{cr})}{2} \left(\frac{2d}{c}\right) \tag{5.53}$$

即

$$v=\frac{2\sigma_{\mathrm{p}}-\sigma_{\mathrm{cr}}}{\rho c} \tag{5.54}$$

式中，ρc 为材料的波阻抗。

仍然在结构中的入射应力波将继续传播，会在震塌形成的新自由面上反射。此时峰值应力为$(\sigma_{\mathrm{p}}-\sigma_{\mathrm{cr}})$，波长为$(\lambda-2d)$。若净应力又等于或超过临界应力，第二次震塌将发生。第二次震塌又捕获一部分应力波，以低一些的速度紧跟着第一次震塌。结构中剩余脉冲将在第二次震塌形成的新的自由面上反射。峰值应力减少为$(\sigma_{\mathrm{p}}-2\sigma_{\mathrm{cr}})$，应力波长减少为$(\lambda-4d)$。这种从新的自由面反射并引起震塌的循环直至入射波的剩余应力幅值小于临界应力，因此，无升压时间的三角形应力波，能够引起多次震塌。震塌数小于等于$\sigma_{\mathrm{p}}/\sigma_{\mathrm{cr}}$ 的最大整数。第 n 次震塌厚度与第一次震塌厚度相同。

$$d_n=\frac{\lambda\sigma_{\mathrm{cr}}}{2\sigma_{\mathrm{p}}} \tag{5.55}$$

注意到这个波形的震塌厚度方程中既有应力，又有波长，这样σ_{p} 比临界应力越大，波长越短，则震塌厚度越小。如果波长大于墙厚的 2 倍，并足够逐渐地卸载(卸载段比较平缓地下降，这样合成的净应力很小)，则净应力从不会超过临界应力，将没有震塌发生。第 n 次震塌速度为

$$v_n=\frac{2\sigma_{\mathrm{p}}-(2n-1)\sigma_{\mathrm{cr}}}{\rho c} \tag{5.56}$$

震塌速度随着震塌的连续剥离而降低。

(3) 无升压时间的指数型平面应力波。

无升压时间的指数衰减应力波如图 5.11 所示。

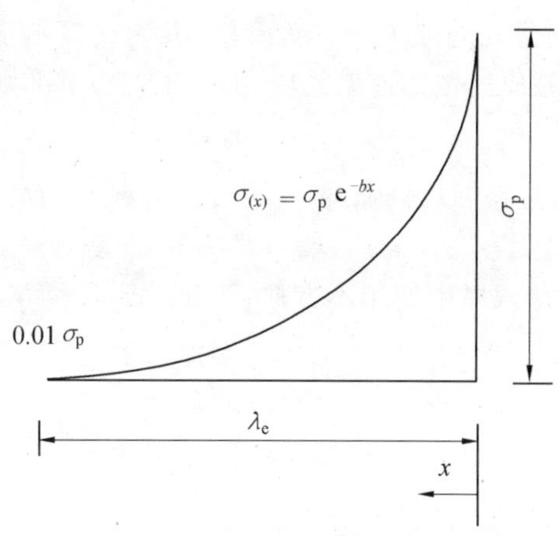

图 5.11　无升压时间的指数衰减应力波

应力波方程为

$$\sigma_{(x)}=\sigma_{\mathrm{p}}\mathrm{e}^{-bx} \tag{5.57}$$

式中，$\sigma_{(x)}$ 为距离波前 x 处的应力；σ_{p} 为峰值应力；b 为由一个已知应力和距离的点确定的常数。

既然这种形式的波也有倾斜的波尾，发生多次震塌也是可能的。第 n 次震塌厚度为

$$d_n = \frac{1}{2b}\ln\left[\frac{\sigma_p - (n-1)\sigma_{cr}}{\sigma_p - n\sigma_{cr}}\right] \tag{5.58}$$

第 n 次震塌速度为

$$v_n = \left[\frac{\sigma_p - (n-1)\sigma_{cr}}{b\rho c\, d_n}\right](1 - e^{-2bd_n}) \tag{5.59}$$

除了σ_p 等于或接近于$n\sigma_{cr}$，此时震塌厚度趋于 ∞，而震塌速度趋于 0，是因为函数的持续时间是无限的。

3.4.3 震塌破坏准则

(1) 最大拉应力准则。

20 世纪 50 年代初，震塌研究开始活跃起来，J. S. Rinehart 提出了最大拉应力准则，认为当自由面附近波的干涉形成的拉应力 σ 达到或超过某一临界值σ_{cr} 时，材料发生断裂，表达式为

$$\sigma \geqslant \sigma_{cr} \tag{5.60}$$

式中，σ 为材料中的拉应力；σ_{cr} 为动态断裂强度，是表征材料抗动态断裂性能的常数。

最大拉应力准则是对静态强度准则的推广。该准则只有一个材料参数σ_{cr}，已有较多的实验数据；而且该参数由动态断裂实验测定，在一定程度上考虑了应变率对强度的影响，能够解释"多次震塌""心裂""角裂"的产生等。所以，最大拉应力准则在混凝土、岩石等防护结构材料的震塌研究中得到了广泛应用。但从所考虑的因素来看，最大拉应力准则还是很粗糙的。这与当时的实验条件下，还没有明显显示出震塌破坏与实践的相关性有关。

(2) 应力率准则。

20 世纪 60 年代，震塌研究进入了一个新阶段，人们又提出了几种准则。P. Whiteman 和 I. C. Skidmore 考虑了拉应力波的速率效应，提出了应力率准则，即

$$\sigma_s = \sigma_0 + B\dot{\sigma}^{1/2} \tag{5.61}$$

式中，σ_s 为震塌强度；σ_0 为材料静抗拉强度；B 为材料常数；$\dot{\sigma}$ 为应力率。

(3) 应力梯度准则。

考虑到应力率$\dot{\sigma}$ 在波动程序中使用不方便，B. R. Breed 和 Madar 等提出了应力梯度准则，即

$$\sigma_s = \sigma_0 + A\,(\Delta\sigma/\Delta X)^{1/2} \tag{5.62}$$

式中，σ_s 为震塌强度；$\Delta\sigma/\Delta X$ 为平均应力梯度，等于震塌面上拉应力除以震塌面到自由面的距离；A 为材料常数。

R. S. Thurston 和 Mudd 在研究前人实验结果的基础上，建议采用更为一般的应力梯度准则，即

$$\sigma_s = \sigma_0 + A\,(\Delta\sigma/\Delta X)^{n_0} \tag{5.63}$$

式中，n_0 为材料常数。

实际上，应力率准则和应力梯度准则是分别从欧拉型坐标和拉格朗日型坐标出发，针对同一问题而得到的结果，因而是一致的。

尽管应力率准则、应力梯度准则考虑了拉应力波的速率效应和动态断裂的时间相关性，比最大拉应力准则前进了一步，但与最大拉应力准则一样，它们都未考虑拉伸波对震塌过程

的影响，没有意识到动态断裂需要一个过程，认为断裂是由应力水平决定的，是瞬时发生的。这与动态断裂的基本特性相矛盾，也与实际观察不符。

(4) 累计损伤准则。

B. M. Butcher(1964) 等首先在前人研究的基础上提出了与应力持续时间相关的震塌准则，即

$$T_0 \cdot e^{\alpha_0 \sigma} = k_s \text{或} T_0 \cdot \sigma^{\lambda_0} = k_s \tag{5.64}$$

式中，T_0 为拉应力持续时间；λ_0、k_s、α_0 为材料常数。

当应力 σ 和应力持续时间T_0 的某种组合达到常数k_s 时，材料发生震塌。

后来，F. R. Tular 和 B. M. Butcher(1968) 对式(5.64) 进行了修正，提出了积分形式的震塌准则，即

$$\int_0^{T_0} \left[\frac{\sigma(t) - {\sigma_0}^l}{{\sigma_0}^l}\right]^{\lambda_0} \mathrm{d}t = k_s \tag{5.65}$$

式中，$\sigma(t)$ 为与时间有关的拉应力；${\sigma_0}^l$ 为拉应力阈值；T_0 为应力超过${\sigma_0}^l$ 的有效持续时间；λ_0、k_s 为材料常数。

当$\lambda_0 = 1$ 时，累积损伤准则等价于应力率准则和应力梯度准则。

该准则表明：当$\sigma < {\sigma_0}^l$ 时，不管拉应力作用时间多长，材料都不会发生震塌；只有当$\sigma \geqslant {\sigma_0}^l$ 且$\sigma(t)$ 满足某种组合并累积到k_s 大小时，才会出现震塌破坏，即震塌依赖于变量历史，所以该准则也称为累积损伤准则。

累积损伤准则中的材料常数λ_0、k_s 与应力梯度准则中的材料常数 A、n_0 之间的关系为

$$\lambda_0 = \frac{1}{n_0} - 1 \tag{5.66}$$

$$k_s = \frac{\sigma_0}{\lambda_0 \cdot u}\left(\frac{A}{\sigma_0}\right)^{\frac{1}{n_0}} \tag{5.67}$$

式中，u 为反射卸载波速度。

累积损伤准则考虑了拉伸波的应力历史对损伤的影响，认为只有当材料内部的损伤累积到一定程度时，才发生震塌。这与材料的断裂物理机制是符合的。但该准则仍未考虑损伤对本构关系及应力波传播的影响，未能对震塌的过程进行深入描述。

实际上，震塌的物理基础可能是微损伤大量生成、联结的结果。随着损伤力学、断裂力学的发展，从微观方面进行深入研究震塌机理成为可能。由此出现了连续介质损伤理论、NAG 模型、Johnson 模型等设计断裂、损伤的更复杂的震塌理论。然而，尽管这些震塌损伤理论物理机制较为明确，但由于参数多且难以确定，目前应用于防护结构材料中尚难以得到工程界的响应。

目前震塌研究主要集中于金属材料，因为这与军事、航空航天技术密切相关，又相对易于处理。上述震塌的讨论虽然在工程应用上有一定的意义，但实际上还只是一种初步的简化处理。一方面在引起震塌的脉冲荷载下，材料早已超出线弹性变形，必须考虑冲击波和弹塑性波的传播；另一方面，断裂不是瞬时发生的，断裂常呈现滞后现象，而损伤积累准则考虑了这一现象。

5.4.4　抗震塌破坏工程防护措施

混凝土抗震塌破坏的防护措施很多，但归纳起来，大致可以分为以下两类：一是避免或

减少混凝土内部震塌破坏的措施；二是混凝土虽已震塌破坏，但保留已震塌的混凝土痂片，以阻止混凝土碎片飞离的措施。

第一类方法是避免或减少因拉伸波造成的混凝土内部的损伤；第二类方法是增加阻力让已震塌的混凝土痂片不离开结构的背面，或使已震塌破坏的混凝土痂片限制于外加板的后面。

(1) 避免或减少震塌的工程措施。

可以通过以下措施达到避免或减少震塌破坏的发生：一是应力波到达混凝土结构前衰减荷载；二是在混凝土结构背面反射前衰减混凝土内的应力波；三是提高混凝土的延性和动态抗拉强度。

① 在应力波到达混凝土前衰减荷载的措施。最简单有效的措施是加大爆心与结构的距离。对地面混凝土结构，常用的方法是在需要防护的目标前放置一个保护墙，从而可以大大减少到达目标的荷载。对于地下混凝土结构，设置遮弹层具有同样的作用。

然而，阻止震塌破坏最好、最经济的措施之一是在混凝土结构外设置软介质，如堆土、沙或碎石等。研究表明，没有土堆的混凝土结构，荷载峰值高、持续时间短、波形陡峭；而有土堆的混凝土结构，荷载峰值低、持续时间长、卸载缓慢。土堆不仅可以阻止震塌的发生，还可以阻止大多数弹片对混凝土结构的冲击破坏。这些方法适用于地面结构。

另外，由波的边界效应可知，不同波阻抗介质的组合可以改变到达混凝土中的应力波的幅值，从而会对混凝土的震塌产生影响。通常是通过高阻抗和低阻抗介质的合理搭配，组成层状结构，也称三明治结构或夹层结构，从而大量提高对入射应力波的衰减，最终减少甚至消除混凝土结构内表面的震塌。常用的层状结构有钢板－空气－钢板、钢板－混凝土－钢板、沙－聚苯乙烯－混凝土、混凝土－空气－混凝土、混凝土－聚苯乙烯－混凝土、混凝土－土壤－混凝土。研究表明，这些结构能有效地避免或减少冲击波遇到内层自由面发射而导致的震塌。据此，可以利用层状结构衰减应力波的原理考虑将防护工程的整体式结构改造成合理的层状结构，从而有可能避免或减少震塌破坏的发生。

② 混凝土结构背面反射前衰减混凝土内应力波的措施。增加混凝土结构的厚度可能是最容易想到的措施，但增加结构的厚度相当于增加了应力波的传播距离，从而改变了应力波的幅值和形状。研究表明，这种方法确实能减少震塌的发生，但效果较差，甚至为了减少轻微的损伤也必须大量增加结构的厚度。

加密钢筋可以散射部分应力波，从而衰减到达结构背面的应力波。但研究表明，震塌的出现与配筋率关系不大，而且加密钢筋成本大、构筑困难，还弱化了围绕钢筋的混凝土，使混凝土保护层更易震塌，震塌速度更高，这种方法主要对整体破坏作用有明显影响，而对局部震塌作用影响并不突出。

另外，混凝土中加入一定量的空气，应力波在遇到空洞时发生散射，可以达到衰减应力波的目的，从而可以明显减少或降低震塌的发生。

③ 提高混凝土的延性和动态抗拉强度的措施。提高混凝土的延性和动态抗拉强度的措施常用的是采用纤维混凝土。钢纤维混凝土的性质依赖于钢纤维的数量、长度、强度、延性和形状，以及混凝土混合物。爆炸实验证明，钢纤维混凝土能明显减少震塌的发生。

(2) 保留震塌的工程措施。

保留震塌的措施通常不会降低混凝土内部的损伤，但会保留震塌碎块，以阻止痂片的飞离。常用的保留震塌的措施是在混凝土结构的背面粘贴钢板、金属网、碳纤维布等复合材料，或在混凝土中添加一些纤维，以增大已震塌痂片周围的连接力、剪力以及机械咬合力，从而提高震塌痂片的分离阻力。

① 防震塌碳纤维布。碳纤维布具有高强高效、材质薄、质量轻、施工便捷、耐久耐腐蚀性好等特点。碳纤维布主要起到兜住震塌剥落的混凝土碎块的作用，应粘贴于结构受拉表面并使纤维与受拉方向一致。研究表明，经碳纤维布加固后，混凝土试块或混凝土结构的抗爆炸性能有明显提高，能大大减少飞向结构内部的痂片的数量。

碳纤维布单层单位面积碳纤维质量不宜低于 150 g/m^2，不宜高于 450 g/m^2。黏结材料必须使用配套树脂类黏结材料。常用水泥砂浆作为表面防护材料。垂直于纤维方向宜分条为 100 mm 左右；顺纤维方向的搭接长度应不小于 100 mm，各条及各层之间的搭接位置宜相互错开；顺纤维方向的两端应向非加固方向延伸不小于 100 mm 的锚固长度，并宜采取附加锚固措施，可采用钢板或角钢等粘贴在锚固长度处的碳纤维布外，再用锚栓锚固；顺纤维方向需绕构件转角处粘贴时，转角处构件的粘贴表面应处理成曲率半径不小于 20 mm 的弧形。

内粘贴纤维布加固施工方法如下。

(a) 施工准备；(b) 结构表面处理；(c) 涂刷基底树脂；(d) 粘贴碳纤维布；(e) 加固表面处理；(f) 环境条件，施工温度在 50 ℃ 以上，湿度不大于 85%，应避免基材表面温度与环境温度相差太大。

② 抗震塌普通钢板。最普通的保留震塌的措施是在混凝土结构的内表面粘贴或锚固一层抗震塌钢板。内衬钢板法在民用方面用作加固原有结构以增强结构的承载能力，可以大大减少构件的截面尺寸。实验表明，混凝土内表面粘贴钢板加固可以大大提高结构的抗震塌性能，而且施工方便、成本低、效果好。

贴衬钢板的做法主要有粘贴法和系筋法。当仅仅是为了提高结构的承载能力时，可采用粘贴法。若需要提高的结构承载能力较大、采用粘贴法不能满足要求时，可采用系筋法。此时系筋应锚入结构内部较深，且相邻系筋应长短不一交错布置锚固于结构不同深度处；对于暗挖式头部，系筋宜用岩石锚杆代替，岩石锚杆也应长短不一，并交错布置锚固于围岩不同深度处。

a. 粘贴法。粘贴法是直接用胶黏剂将钢板粘贴在混凝土结构表面上的加固方法。原混凝土结构被覆层内表面找平，钢板用建筑结构胶粘贴，整块钢板难以施工时，钢板宽度可分割成条块，钢板间接缝应单面点焊；用角钢沿结构纵轴向支撑钢板，并与钢板点焊固定。膨胀螺栓外露锚头应加垫块和螺帽并拧紧。钢板与钢筋混凝土接触的一面应除锈并刷二道防锈漆，暴露的一面应除锈，并刷二道防锈漆或抹防水砂浆保护层。

粘钢使用的主要机具有冲击钻、硬毛刷、钢丝刷、砂轮打磨机、手锤等。主要施工材料有膨胀螺栓、建筑结构胶、A3 钢板、防锈漆、水泥砂浆。

粘钢加固的流程如下。

(a) 混凝土表面清理；(b) 钢板表面处理；(c) 按胶黏剂配置要求配置胶黏剂；(d) 将配好的胶用灰刀涂抹在混凝土和钢板表面，胶层应均匀、到位，中间可稍厚；(e) 粘贴钢板；(f) 室温固化三天可拆除固定设施。

粘钢加固后的防火和防腐处理主要措施如下：钢板表面抹灰，涂防火涂料；直接在钢板表面涂防火涂料,再做其他装修处理;直接涂上加入防火耐热填料(如石棉粉)的结构胶。防腐处理主要措施有在钢板表面抹灰或涂防腐涂料。

b. 系筋法。系筋法是用电钻在结构上及钢板的相应处钻孔,用锚固材料将钢筋(或螺栓)锚固于结构钻孔内,用电焊(或拧紧螺帽)将系筋与贴衬于结构表面的钢板相连接的加固方法。系筋锚固、钢板的贴衬以及系筋与钢板的连接应符合下列要求。

(a) 钢板。宜采用 Q235、Q345 钢材,厚度 5 ~ 10 mm。钢板可用粘贴法固定于结构内表面;也可将钢板离开结构表面约 20 mm,待与系筋连接牢固后,再灌注强度等级不小于 M30 的水泥砂浆将钢板紧密贴衬于结构内表面。

(b) 系筋。系筋长度应参差不齐并交错布置;锚固系筋必须有足够的孔径和锚固长度。系筋埋在混凝土中的最小总长度应为化爆作用下爆炸震塌漏斗孔深度加上系筋锚固长度,再乘以安全系数。

(c) 锚固材料。宜采用无收缩快硬硅酸盐水泥配置的浆锚水泥砂浆或纯水泥浆。

(d) 在结构钻孔灌注锚固材料前,应先对钻孔的混凝土表面进行预处理,包括清除混凝土泥屑,清洗粉尘灰砂,用丙酮擦洗等;系筋应平直、除锈、除油。

(e) 结构钻孔灌满锚固材料后,应立即将系筋居中插入到位。系筋安装后,不得随意敲击、动摇,达设计强度后才能用电焊(或拧紧螺帽)将钢板牢固地连接在系筋上。

(f) 固定系筋与钢板的焊缝或螺帽连接强度应不小于系筋的承载能力。

(g) 用系筋法贴衬钢板后,验算增强结构抗爆炸震塌能力,验算增强结构承载能力。

③ 防震塌三维波纹钢板。三维波纹钢单元板横断面呈大拱形,拱脚对称向外呈反向小拱形,拱形板面长度方向有连续波纹,增强了断面刚度。单元板四周冲有螺栓孔,利用螺栓可实现单元板的拼接,增长螺栓可实现板与被覆混凝土的连接,不仅可以提高防护工程整体的强度,省去防护工程主体结构的下层钢筋,而且可以提高工程的抗震塌能力。有限的实验表明,在防护结构厚度相同的情况下,三维波纹钢板内衬混凝土所承受的装药量是钢筋混凝土的5倍,是混凝土的10倍,是块石混凝土的15倍,从而说明三维波纹钢板内衬具有极强的抗震塌破坏能力。分析表明,三维波纹钢板内衬并不能确保混凝土内部不产生震塌破坏,但可以防止震塌碎块对结构内部人员、机械设备产生的次生灾害,对已震塌的混凝土还可以起到支撑作用。

5.5 本章小结

武器战斗部直接撞击和爆炸作用对不同材料的破坏和毁伤效果是不同的,防护工程所涉及的主体结构材料钢材、混凝土、砌体等,对弹丸冲击等的敏感程度和响应方式也有明显差异,正是这种差异的存在,为创造出由不同结构材料组成的防护结构提供了条件;也是防护结构构件的布置和结构体系形成的主要影响因素,分析和确定不同武器战斗部和弹丸对不同结构材料及其结构构件损伤、侵彻甚至震塌效果,其目的是为了更好地进行防护,也为研发出新型防护材料和形成新型防护结构体系创造条件。

第 6 章　材料及结构构件动态力学性能

关于工程材料在爆炸冲击荷载作用下的力学行为，国内外学者做了大量的理论和实验研究工作。爆炸冲击动力学理论模型和数值计算方法是研究爆炸力学问题时重要的手段和前提，研究材料在高应变率下的动态力学行为已经越来越受到人们的重视，在求解实际工程问题时，如爆炸冲击、工程爆破、弹片对装甲板的侵彻、核爆炸以及各种防护结构、抗爆结构设计等，都需要依赖对材料动态力学性能的研究，同时，材料动态力学性能研究也可以扩展到宇航飞行器碰撞、陨石对天体撞击等问题中。从以往大量开展的爆炸冲击实验中观察得到的现象可知，材料在冲击荷载下所表现的力学行为与静态荷载下材料的力学行为表现是显著不同的，材料屈服极限要比缓慢加载下高出许多。

应变率是指单位时间内应变的改变速率。Bischoff 和 Perry(1991)介绍了不同荷载条件下所预测的近似应变率范围，如图 6.1 所示。可以看出，一般静态应变率的范围为10^{-6}～$10^{-5}\,s^{-1}$，而通常材料在爆炸冲击作用下，可能经历高达10^{2}～$10^{4}\,s^{-1}$的加载应变率。这种高应变(荷载)率效应将会改变目标结构(材料)的动态力学性质，其材料的力学强度、弹性模量等都会有一定程度的提高，并相应地改变了不同结构的预期破坏机理。所以，对于结构的抗爆抗冲击问题的研究，确定材料的动态力学性能是最基本的问题之一。

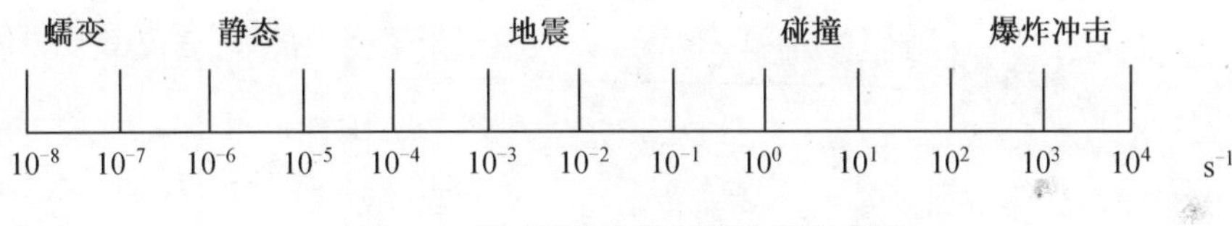

图 6.1　不同荷载条件下的应变率范围

6.1　岩土材料的动力性能

6.1.1　岩石及其动力特性

岩石是天然地质作用的产物，质地较坚硬致密，孔隙小而少，透水性弱，力学强度高。由于岩石成因不同，可分为岩浆岩、变质岩、沉积岩等，又因为不同岩石成分各异，其力学特性也各不相同。但对大多数岩石来说，静态压缩下，具有图 6.2 所示的关系，可以分为以下四个阶段。

第Ⅰ阶段：模量较低，反映了岩石在压缩时由微裂隙闭合引起的非弹性变形。

第Ⅱ阶段：应力一应变关系呈线性，岩石的压缩模量为真实的弹性模量。

第Ⅲ阶段：应力一应变关系脱离线性，说明该阶段是微裂纹成核阶段，此时，普遍出现晶粒边界的松弛，但微裂纹还不能用光学显微镜观察到。

第Ⅳ阶段：破裂不断发展，用光学显微镜可观察到裂纹，该阶段后岩石失去了整体承载能力。

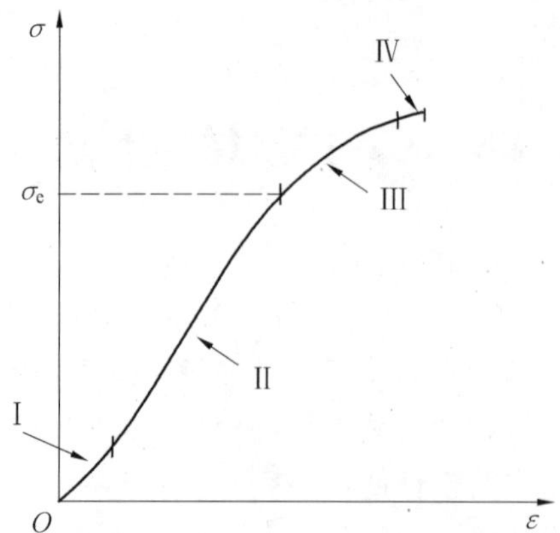

图 6.2　典型岩石应力—应变关系

研究表明，在动荷载作用下，岩石表现出不同特性，其动态强度随加载速率的增加而增加。大量实验结果表明，应变率小于某一临界值时，强度随应变速率的增长较小，当应变速率大于该值时，强度迅速增加，称为岩石的应变率效应。图 6.3 所示为典型石灰岩的动态强度与应变率的关系，显示出应变率效应。

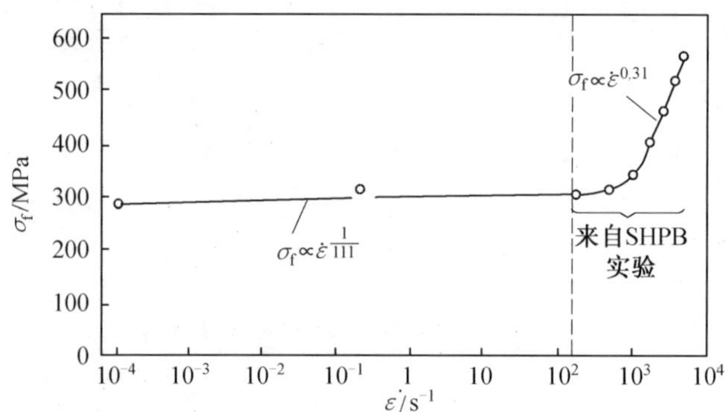

图 6.3　典型石灰岩的动态强度与应变率关系

许多研究者在对大量实验结果进行分析后发现，岩石动态强度与应变率存在如下关系：

$$\sigma_f \propto \begin{cases} \dot{\varepsilon}^{\frac{1}{1+n}}, & \varepsilon < \dot{\varepsilon}^* \\ \dot{\varepsilon}^{\frac{1}{3}}, & \varepsilon \geqslant \dot{\varepsilon}^* \end{cases} \tag{6.1}$$

式中，n 为与岩石断裂特性有关的常数。

$$v \propto AK^n \tag{6.2}$$

式中，v 为裂纹生长速度；K 为应力强度因子。

下面是利用 SHPB 装置对几种不同类型的岩石进行实验得到的强度与应变率结果。静态单轴抗压强度相似的不同岩石，由于各自对应变率的敏感度不同，其动载强度有可能存在较大差异。

$$\sigma_f \propto \begin{cases} 42.62\dot{\varepsilon}^{0.31}, & R=0.7771(\text{矽卡岩}) \\ 52.35\dot{\varepsilon}^{0.26}, & R=0.9513(\text{石灰岩}) \\ 12.28\dot{\varepsilon}^{0.3476}, & R=0.66(\text{红砂岩}) \\ 54.90\dot{\varepsilon}^{0.3176}, & R=0.88(\text{大理岩}) \\ 42.62\dot{\varepsilon}^{0.2718}, & R=0.74(\text{花岗岩}) \end{cases} \tag{6.3}$$

6.1.2　非饱和土及其动力特性

自然土层随着其中含水量和土中气体存在方式的不同被分为非饱和土和饱和土。一般所指的土为非饱和土，其中的空气体积分数较大，与大气相通。由于空气和水的混合物的压缩性大大超过骨架颗粒的压缩性，因此无论在静载作用，还是动载作用下，其压缩变形的抵抗主要由骨架承担。不同的土，由于成分、湿度等各不相同，其变形曲线和强度各不相同。

以黄土为例，其循环加载下的应力－应变曲线如图 6.4 所示。可以看到外部荷载作用下，土具有压密阶段。

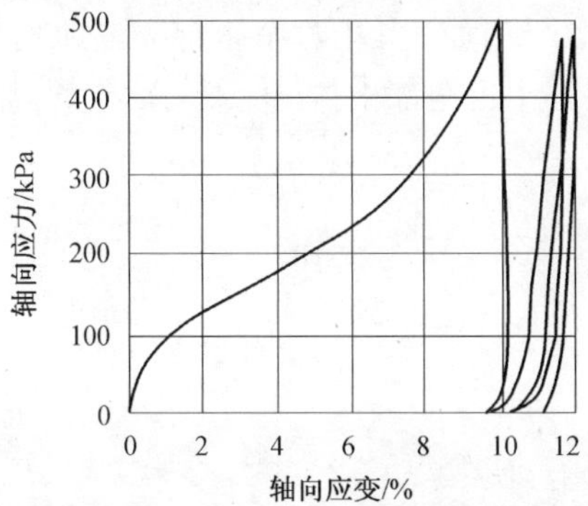

图 6.4　黄土(非饱和土)一维侧限应力－应变曲线

图 6.5 所示为黄土在不同动载下的应力－应变曲线，其中曲线 1 ～ 4 的应变率分别为 $\dot{\varepsilon}=16\ \mathrm{s}^{-1}$、$\dot{\varepsilon}=11\ \mathrm{s}^{-1}$、$\dot{\varepsilon}=16\ \mathrm{s}^{-1}$ 和 $\dot{\varepsilon}=0.14\ \mathrm{s}^{-1}$，可以看到在不同加载应变率下黄土也具有应变率效应，在动载作用下，其强度有提高的趋势。

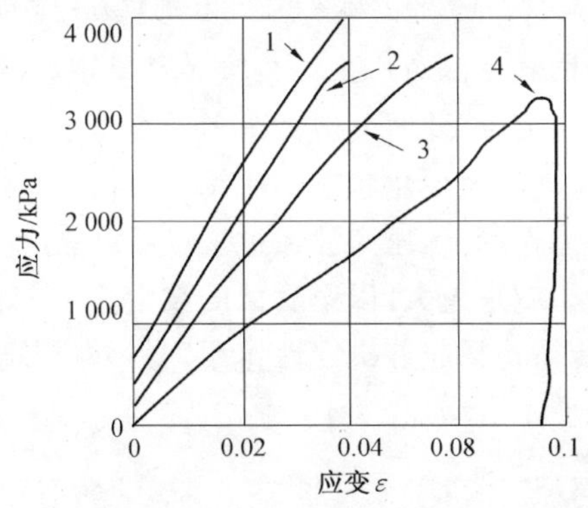

图 6.5　黄土在不同动载下的应力－应变曲线

6.1.3　饱和土(三相土)及其动力特性

饱和土是指江、河、湖底及地下水位以下的土层，其孔隙中充满水、空气或其他流体的混合物，但空气(包括其他气体)的体积分数很小，且空气是以不与大气相通的小气泡的形式存在的。饱和土可分为完全饱和土和不完全饱和土。

(1) 完全饱和土的应力－应变曲线。

在完全饱和土中，孔隙全部被水充满。水的压缩性比土中固体颗粒骨架的压缩性要小得多。在外载作用下，水来不及排出，因此，完全饱和土的变形特性主要由水决定，而且具有明显的液体特性，其应力－应变曲线具有凹向应力轴的形态，加载曲线与卸载曲线重合，如图 6.6(a) 所示。可以看出，波在完全饱和土中的传播与在水中传播差不多。

(2) 不完全饱和土的应力－应变曲线。

不完全饱和土又称为三相饱和土，土中孔隙为水和封闭气泡所填充。实验表明，波在不完全饱和土中传播时，波速及波形均与土中气泡体积分数、应力波的峰值压力等参数有重要关系，而且变化范围很大，并可能出现突变。因此，不完全饱和土中的应力波传播特性远比完全饱和土的情况复杂得多。例如，当孔隙中全部充满水时，土中的压缩波波速可高达 1 600 m/s，但若在孔隙中保存了占全部土体 1% 左右的空气，则波速会降低到只有 200 m/s 左右。

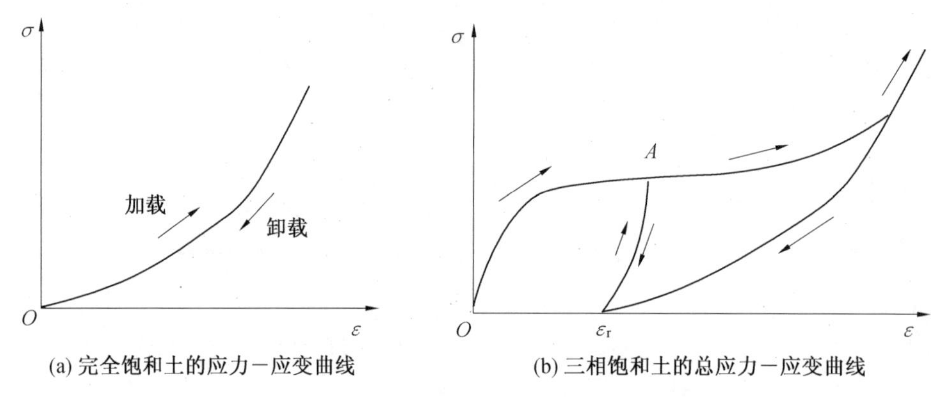

(a) 完全饱和土的应力－应变曲线　　(b) 三相饱和土的总应力－应变曲线

图 6.6　完全饱和土和三相饱和土的应力－应变曲线

爆炸荷载作用下，三相饱和土的总应力－应变关系呈现如图 6.6(b) 所示的形状。在爆炸压力比较小时，曲线凸向应力轴，此时的应力－应变关系为递减硬化关系；随着压力的增大，曲线逐渐凸向应变轴，呈现递增硬化状态。曲线上的拐点 A 称为分界应力点，又称为界限应力点。通常，在爆炸压力作用下，压力波通过该点后可能产生强间断，即出现激波现象，因为通过该点后，波速将变得越来越大，以至后面的波会追上前面的波。实验还表明，气相体积分数的大小对压力波传播特征起着决定性作用。另外，当荷载大于分界应力点后卸载和重新加载时，残余变形几乎不再增加。

6.2　常用建筑材料的动力性能

6.2.1　钢材

(1) 钢材的分类。

钢材是广泛使用的建筑材料之一，主要用于钢筋混凝土结构、钢结构及组合结构。我国建筑用钢材的品种历经各种变化，最早出现在由国家建设部于 1955 年颁布的《钢筋混凝土结构设计暂行规范》(结规 6—55) 中，只有两种低碳钢的钢筋品种，即 0 号钢和 3 号钢，相关设计规定主要采用苏联规范。随着《钢筋混凝土结构设计规范》(TJ 10—74) 的颁布，开始将钢筋分成 5 类：Ⅰ 级钢筋(A3，为低碳钢)，Ⅱ 级钢筋(16Mn，为低合金钢，强度与以往的 A5 相当)，Ⅲ 级钢筋(25MnSi)，Ⅳ 级钢筋($44Mn_2Si$、$45Si_2Ti$、$40Si_2V$、45MnSiV)，Ⅴ 级钢筋(热处理 $44Mn_2Si$ 与 45MnSiV)，规范也提出了 A5 钢筋用于普通混凝土构件和经冷拉后用于预应力构件的设计强度，此外也提出了 Ⅰ 级至 Ⅳ 级钢筋经冷拉后使用的强度。1989 年，《混凝土结构设计规范》(GBJ 10—89) 发布，在热轧钢精品种中，保留了 Ⅰ 级至 Ⅳ 级的分类，每类列出的钢筋品种为：Ⅰ 级(A3，AY3)，Ⅱ 级(20MnSi、20MnNb)，Ⅲ 级(25MnSi)，Ⅳ 级($40Si_2MnV$、45SiMnV、$45Si_2MnTi$) 以及热处理钢筋($45Si_2Mn$、$48Si_2Mn$、$45Sr_2Cr$)，但钢筋的设计强度取值比 1974 年颁布的规范稍有降低。

进入 21 世纪以来，国内开始使用屈服强度标准值超过 300 MPa 的热轧低碳含量的低合金钢筋，其中包括超过 500 MPa 的高强钢筋。现行《混凝土结构设计规范》(GB 50010—2010) 不再将建筑钢筋分类并改称为牌号，对于普通钢筋分成四种强度标准值，分别为 HPB300(屈服强度标准值 300 MPa)，HRB335、HRBF335(屈服强度标准值 335 MPa)、HRB400、HRBF400 和 RRB400(屈服强度标准值 400 MPa)，HRB500、HRBF500(屈服强度标准值 500 MPa)。钢筋牌号尾部加有“E”的表示有较好的延性，适用于地震地区；加有“F”的是细晶粒钢筋，具有高强度和优良的延性、可焊性及加工性能，将成为今后重点发展的品种。

防护结构中使用较多的一类建筑钢材是低碳钢的热轧钢筋，这种钢筋的应力－应变曲线有明显的弹性部分和塑性部分及屈服点。塑性部分由屈服台阶和硬化段所组成。这类钢筋在断裂前有相当大的相对伸长，其延性比可达 20 ～ 30。有明显屈服点钢筋的应力－应变曲线如图 6.7 所示。

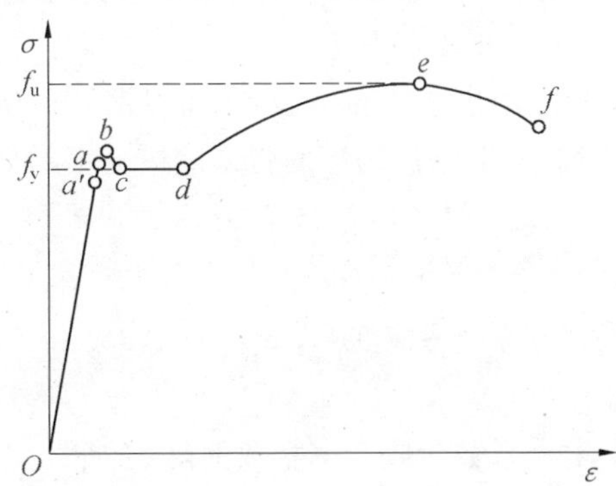

图 6.7　有明显屈服点钢筋的应力－应变曲线

低碳低合金钢筋的含碳量不超过0.25%(质量分数),强屈比较低,这种钢筋应该更有利于混凝土结构在地震、爆炸等偶然作用下的结构抗倒塌能力,这是因为柱子的能力主要决定于脆性的混凝土,在超载情况下很容易破坏倒塌,而梁板的能力主要决定于延性的钢筋,强屈比低的钢筋在超载情况下能减少柱子可能受到的最大压力,有利于充分发挥梁板的延性,避免柱子过早被压垮。

另一类建筑钢材是经热处理的高碳钢、低合金钢等高强度钢材,其应力－应变曲线没有明显的屈服点和屈服台阶,如图6.8所示。无明显屈服点的钢材作为钢材强度指标的值是以残余应变为0.002时的应力来定义的。《人民防空地下室设计规范》(GB50038—2005)规定,防空地下室钢筋混凝土构件不得使用冷轧带肋钢筋、冷拉钢筋等经过冷加工处理的钢筋。冷加工钢筋伸长率低,塑性变形能力差,延性不好。无屈服点的钢筋材料强度一般较高,瞬时动载变形下强度的提高系数很小,当强度超过600 MPa时,可不考虑强度的提高值。

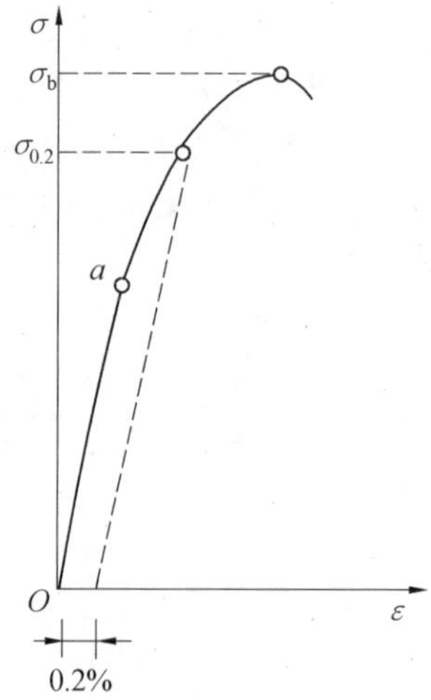

图6.8　无明显屈服点钢筋的应力－应变曲线

(2) 应变率效应对钢筋力学性能的影响。

钢材的屈服强度随着应变率的提高而增加,增加幅度随钢材种类的不同而不同。另外,由于实验装置、测量手段的差异以及实验中存在的不可避免的随机性,不同学者针对各自实验数据提出了钢材屈服强度与应变率的关系。

欧洲混凝土委员会(CEB)给出了热轧钢筋、冷加工钢筋和高性能钢筋的动力强度与应变率关系表达式,以热轧钢筋为例,钢筋的屈服强度随应变率的变化规律为

$$\frac{f_{yd}}{f_{ys}}=1.0+\frac{6.0}{f_{ys}}\ln\frac{\dot{\varepsilon}_s}{\dot{\varepsilon}_{s0}} \tag{6.4}$$

式中,$\dot{\varepsilon}_s$ 为当前的应变率;$\dot{\varepsilon}_{s0}$ 为准静态应变率,取 $\dot{\varepsilon}_{s0}=5.0\times10^{-5}/\mathrm{s}^{-1}$;$f_{yd}$、$f_{ys}$ 分别为准静态屈服强度和动态屈服强度。

Malvar认为屈服强度增大系数为应变率指数的函数,即

$$\frac{f_{yd}}{f_{ys}}=\left(\frac{\dot{\varepsilon}_s}{10^{-4}}\right)^{a_y} \tag{6.5}$$

$$a_y = 0.074 - 0.04\frac{f_{ys}}{414} \tag{6.6}$$

式中，f_{yd}、f_{ys} 分别为准静态屈服强度和动态屈服强度。

式(6.6)对于钢筋准静态服强度在 290 ～ 710 MPa、应变率在 10^{-4} ～ 224 s^{-1} 的范围内成立。

Soroushian 等在总结分析前人实验数据的基础上提出极限强度增大系数与钢材的静态屈服强度和应变率的对数相关为

$$\frac{f'_u}{f_u} = (-7.71\times10^{-7}f_y + 1.15) + (-2.44\times10^{-7}f_y + 0.04969)\lg\dot{\varepsilon} \tag{6.7}$$

式中，f'_u 和 f_u 分别为钢材动态极限强度和静态极限强度；f_y 为屈服强度；$\dot{\varepsilon}$ 为应变率。

CEB 给出了热轧钢筋、冷加工钢筋和高性能钢筋的极限强度与应变率关系表达式，以热轧钢筋为例，钢筋的极限强度随应变率的变化规律为

$$\frac{f_{ud}}{f_{us}} = 1.0 + \frac{6.0}{f_{us}}\ln\frac{\dot{\varepsilon}_s}{\dot{\varepsilon}_{s0}} \tag{6.8}$$

式中，$\dot{\varepsilon}_s$ 为当前的应变率；$\dot{\varepsilon}_{s0}$ 为准静态应变率；f_{us}、f_{ud} 分别为准静态屈服强度和动态屈服强度。

Malvar 认为极限强度增大系数为应变率指数的函数，即

$$\frac{f_{ud}}{f_{us}} = \left(\frac{\dot{\varepsilon}_s}{10^{-4}}\right)^{a_u} \tag{6.9}$$

$$a_u = 0.019 - 0.009\frac{f_{ys}}{414} \tag{6.10}$$

式中，f_{us}、f_{ud} 分别为准静态抗拉强度和动态抗拉强度；$\dot{\varepsilon}_s$ 为当前的应变率。

钢材断裂时的强度也受到应变率的影响，仅有 CEB 给出了其与应变率的关系为

$$\frac{f_{nd}}{f_{ns}} = 1.0 + \frac{1.5}{f_{ns}}\ln\frac{\dot{\varepsilon}_s}{\dot{\varepsilon}_{s0}} \tag{6.11}$$

式中，f_{ns}、f_{nd} 分别为准静态断裂时的强度和动态断裂时的强度；$\dot{\varepsilon}_s$ 为当前的应变率；$\dot{\varepsilon}_{s0}$ 为准静态应变率。

Soroushian 等认为钢材硬化模量与钢材静态屈服强度和应变率的对数相关，即

$$E_{hd} = E_{hs}[2\times10^{-5}f_{ys} + 0.077 + (4\times10^{-6}f_{ys} - 0.185)\lg\dot{\varepsilon}] \tag{6.12}$$

式中，f_{ys} 为准静态屈服强度；E_{hd}、E_{hs} 分别为准静态应变硬化模量和动态应变硬化模量；$\dot{\varepsilon}_s$ 为当前的应变率。

Soroushian 等给出式(6.13)，并且认为极限应变随应变率增加出现轻微增加现象，但不明显。

$$\varepsilon_{ud} = \varepsilon_{us}[-8.39\times10^{-6}f_{ys} + 1.4 + (-1.79\times10^{-6}f_{ys} + 0.0827)\lg\dot{\varepsilon}] \tag{6.13}$$

式中，ε_{us}、ε_{ud} 分别为准静态极限应变和动态极限应变；f_{ys} 为准静态屈服强度；$\dot{\varepsilon}_s$ 为当前的应变率。

图 6.9 所示为不同加载应变率下钢材的钢筋应力－应变曲线。根据大量的常应变速率加载下的实验结果，有以下结论。

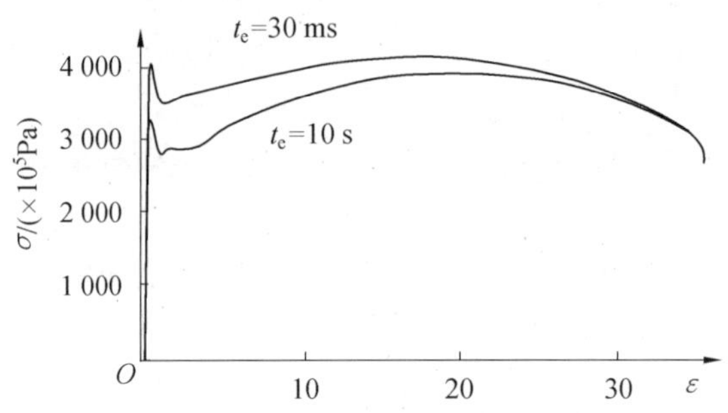

图 6.9　不同加载应变率下钢材的应力－应变曲线

① 随着应变速率的增加，具有明显屈服台阶的各种钢筋的屈服强度均有不同程度的提高，其静屈服强度低的快速变形下提高得多，反之则少。不同类型钢筋的屈服强度提高值见表 6.1。对没有明显屈服点和屈服台阶的高强钢材在快速变形下强度提高很小设计时可不予考虑。

表 6.1　钢筋强度的提高比值

类别	$t_m < 50$ ms	$t_m \geqslant 50$ ms
Ⅰ 级钢筋	1.35	1.15
Ⅱ 级钢筋	1.15	1.05
Ⅲ 级钢筋	1.10	1.05
Ⅳ 级钢筋	1.05	1.00
5 号钢	1.25	1.10

② 钢筋在快速变形下，极限强度提高很少（Ⅰ、Ⅱ、Ⅲ 级钢筋）或基本不变（Ⅲ 级以上钢筋），工程设计中一般不考虑极限强度的提高。

③ 钢筋抗拉与抗压具有相同的强度提高比值。

④ 钢筋在快速变形下的弹性模量不变，屈服台阶长度极限强度时的应变等均无明显变化。

⑤ 初始静应力的存在不影响屈服强度的提高。在动载作用下，如锚杆等预应力结构中的钢筋，仍可采用无预应力时的提高比值。

⑥ 钢筋动剪切屈服强度约等于动拉力屈服强度的 0.6 倍；极限剪切强度约等于极限拉力强度的 0.75 倍。对于型钢、钢板和钢管等构件，其强度提高系数可取相应材质钢筋的数值。

钢材在快速变形下的强度提高现象，可用钢材屈服的机理解释：钢材由微小的晶体颗粒组成，它们之间不可避免地存在缺陷，由于晶粒排列上的位错和晶界缺陷，屈服首先从缺陷最大之处发生位错开动，并依次发展，产生屈服台阶，最终趋于稳定。所以屈服强度与位错开动有关，后者主要取决于钢材的位错密度，开动位错所需的能量，可开动的位错数，晶粒尺寸，晶粒取向等。一般来讲，晶粒越小，屈服强度越高，因此，不同钢种，其屈服强度也不同。对钢材的加载速度增大时，原先开动位错所需要的条件（如响应的位错数量少等）不能满足，所以表现为屈服强度值增大。

关于高强钢筋在普通工业与民用建筑中的工程应用，需要说明的是，应用非预应力高强钢筋会遇到混凝土受拉裂缝在使用荷载长期作用下发展过宽的问题，因而要限制钢筋应力，使得高强钢筋无法发挥其特长。但事实上，以往设计规范给出的裂缝宽度计算方法偏于保守，由设计荷载引起的裂缝宽度在实际工程中要小得多。对于按弹塑性阶段设计的防护工程等抗爆结构，本来就允许发生很大的塑性变形和一定的开裂，它要求的是结构需有充分的延性，因此采用高强钢筋配筋的构件在合理的设计下一样可以达到要求。此外，对于可能发生频繁偶然性爆炸事故的工业厂房，虽然一般按弹性阶段工作设计，采用高强钢筋后就能提高结构构件的抗力，用于爆炸荷载的瞬时作用，只要钢筋没有屈服，钢筋应力无论有多大，卸载后也不存在混凝土剩余裂缝过宽的问题。

(3) 钢材的动态本构模型。

① 经验模型。一些学者以经典的弹塑性理论为基础，根据实验结果，对屈服面或破后面进行修正，提出了许多经验型的动态本构模型。该类模型参数易于确定，算法简单方便，在数值分析中得到广泛应用。

a. Cowper 和 Symonds 模型。

$$\frac{f_{\text{dyn}}}{f_{\text{stat}}}=1+\left(\frac{\dot{\varepsilon}}{D}\right)^{\frac{1}{q}} \tag{6.14}$$

式中，D 和 q 为材料常数。由于其定义简单，使用方便，在多数有限元软件中被使用(如 LS−DYNA 中的第 24 号材料)。

b. K&C 模型。

$$\text{DIF}=\left(\frac{\dot{\varepsilon}_s}{10^{-4}}\right)^{\alpha},\quad \alpha=0.074-0.040\,\frac{f_y}{414} \tag{6.15}$$

式中，DIF 为钢材屈服强度增大系数；$\dot{\varepsilon}_s$ 为钢材的应变率；f_y 为钢材屈服强度。

c. Johnson − Cook 模型。

Johnson−Cook 在实验基础上提出了一个经验模型，忽略温度效应，钢材的本构模型表示为

$$\sigma=(A+B\varepsilon^n)(1+C\ln\dot{\varepsilon}^*) \tag{6.16}$$

式中，ε 为等效塑性应变；$\dot{\varepsilon}^*$ 为无量纲塑性应变率，$\dot{\varepsilon}^*=\dot{\varepsilon}/\dot{\varepsilon}_0$，取 $\dot{\varepsilon}_0=1.0\ \text{s}^{-1}$；$A$、$B$、$n$、$C$ 为与材料有关的常数。

Johnson − Cook 模型为两项乘积的形式，第一项为应变强化项，第二项为应变率相关项。Johnson − Cook 模型认为金属的流变应力与应变率增量的对数呈线性关系，不考虑应变强化、应变率耦合效应和应变率历史效应。这种模型能较好地描述金属材料的加工硬化效应、应变率效应。由于其形式简单，使用方便，这一模型在工程中得到了广泛的应用。动力学程序 LS-DYNA、MSC. Dytran 和 ABAQUS/ explicit 均采用了该模型。

Johnson − Cook 模型中应变率强化系采用的是较为简单的对数关系，针对其不能描述应变率为 $10^3\sim10^4\ \text{s}^{-1}$ 的附近金属流动应力明显增加的力学行为，一些学者提出了改进模型。Johnson、Holmquist 提出了改进的 Johnson − Cook 模型(MJC)：

$$\sigma=(C_1+C_2\varepsilon^n)(\varepsilon^{*\alpha})(1-T^{*M}) \tag{6.17}$$

式中，α 为经验常数。

Rule 等修改了 Johnson−Cook 中的应变率相关项，使其适用于应变率高于 $10^3\ \text{s}^{-1}$ 荷载

条件：

$$\sigma=(C_1+C_2\varepsilon^n)\left[1+C_3\ln\dot{\varepsilon}^*+C_4\left(\frac{1}{C_5-\ln\dot{\varepsilon}^*}-\frac{1}{C_5}\right)\right] \tag{6.18}$$

式中，C_4 和 C_5 为附加的经验常数。

d. Aretz 模型。

该模型由 Aretz 等提出，并编入 LS-DYNA 第 135 号材料：

$$\bar{\sigma}=\left[\sigma_0+\sum_{i=1}^{2}Q_i(1-e^{-C_i\bar{\varepsilon}})\right]\left(1+\frac{\dot{\bar{\varepsilon}}_0}{\dot{\varepsilon}_0}\right)^q \tag{6.19}$$

式中，σ_1、Q_i、C_i 和 q 为材料常数；$\bar{\varepsilon}$ 为等效塑性应变；$\dot{\bar{\varepsilon}}$ 为等效塑性应变率；$\dot{\varepsilon}_0$ 为用户自定义的参考应变率。第一项为应变硬化项，第二项为应变率相关项。屈服强度由式(6.20) 定义：

$$\bar{\sigma}=\left[\frac{1}{2}(|\sigma_1-\sigma_2|^m+|\sigma_2-\sigma_3|^m+|\sigma_3-\sigma_1|^m)\right]^{\frac{1}{m}} \tag{6.20}$$

式中，σ_1、σ_2 和 σ_3 为主应力；m 为材料常数。

② 物理模型。一些学者根据金属位错动力学理论提出了具有明确物理意义的金属本构模型，其中较为著名的有 ZA 模型和 MTS 模型，但由于其参数众多，形式复杂，且内变量、内变量演化方程、自由能、过应力与黏塑性应变率之间函数关系等的确定都非常困难，在实际应用中都受到限制。

Zerilli 和 Armstrong 基于实验观察并分析了不同晶格结构的热激活位错运动，提出了描述 BCC 和 FCC 两类金属材料的位错型本构模型，这是第一个具有物理理论基础，在热激活位错运动的理论框架下提出，而非通过实验曲线拟合的本构模型。钢材在大部分状态下为 BCC 金属，因此仅介绍 BCC 本构模型：

$$\sigma_y=\sigma_a+Be^{-\beta T}+B_0\varepsilon^n \tag{6.21}$$

$$\sigma_a=\sigma_G+kd^{-1/2} \tag{6.22}$$

$$\beta=\beta_0-\beta_1\ln\dot{\varepsilon} \tag{6.23}$$

式中，σ_y 为流动应力；ε 为等效应变；σ_a 为等效应力的非热部分；σ_G 为考虑溶质和初始位错密度影响的屈服应力部分；k 为晶体尺寸系数；d 为晶体平均直径；$\dot{\varepsilon}$ 为等效应变率；B、B_0、β_0 和 β_1 为材料参数。

6.2.2 混凝土

混凝土是工程中应用较广泛的材料之一，也是防护工程中最主要的工程材料。混凝土具有较高的抗压强度，是理想的抗冲击材料。混凝土结构不仅能承受正常设计荷载，还能承受诸如撞击、爆炸等强动载，此时必须考虑强动载作用下不能忽略的动力效应。这类问题与静载作用下的力学问题相比较，必须考虑两类动态效应，即惯性效应和应变率效应。前者导致应力波传播和其他形式的结构动力学研究，后者促进了对材料力学行为的应变率相关性的研究，包括应变率相关本构关系和应变率相关动态破坏准则的研究。问题的复杂性在于二者常常耦合在一起，研究混凝土动态力学特性时不能忽略应力波传播效应，而混凝土结构中应力波传播特性又依赖于混凝土材料的本构关系。因此，可以说混凝土动态本构关系和失效准则是研究混凝土动态安全分析的基础。

(1) 静载作用下的基本特性。

静载作用下，混凝土的典型单轴静压应力－应变曲线如图 6.10 所示，根据大量实验数据，混凝土有如下主要特性。

① 混凝土是脆性材料，在构件中通常应变达到 0.002 左右时达到最大强度，然后强度随变形的发展迅速下降。一般混凝土的最大应变值约为强度极限时应变值的 2 倍。

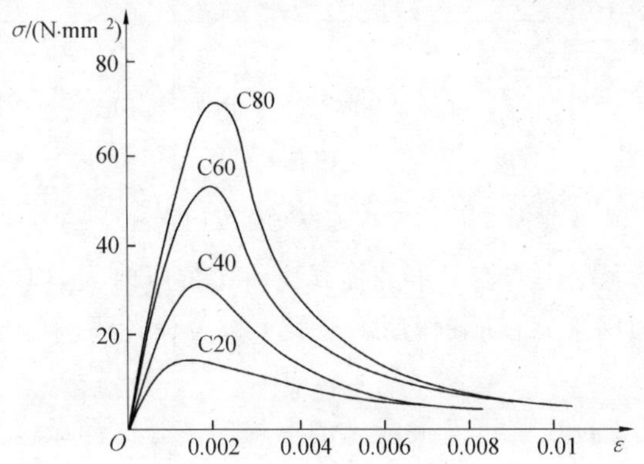

图 6.10　混凝土的典型单轴静压应力－应变曲线

② 应力－应变曲线的初始斜率随混凝土抗压强度的提高而增加。

③ 混凝土在两向或三向受力的状态下，其抗压强度有较大提高。因此，约束混凝土(如钢管混凝土、钢板包裹的混凝土) 具有较高的抗力。但混凝土存在侧向拉应力时，抗压强度将比单轴时显著降低。

④ 混凝土抗压强度随其龄期的增加而提高。普通混凝土 1 年后的抗压强度至少可比 28 d 的标准强度提高 30%。地下防护结构设计中可以考虑混凝土的后期强度的提高，其提高比值可取 1.2 ～ 1.3。

(2) 快速变形下混凝土的基本性能。

根据大量实验数据，快速变形下混凝土具有如下主要特性。

① 随着应变速率的增加，混凝土的应力－应变曲线的初始段更接近直线，其抗压变形模量(初始切线模量) 也随之增加，如图 6.11 所示。

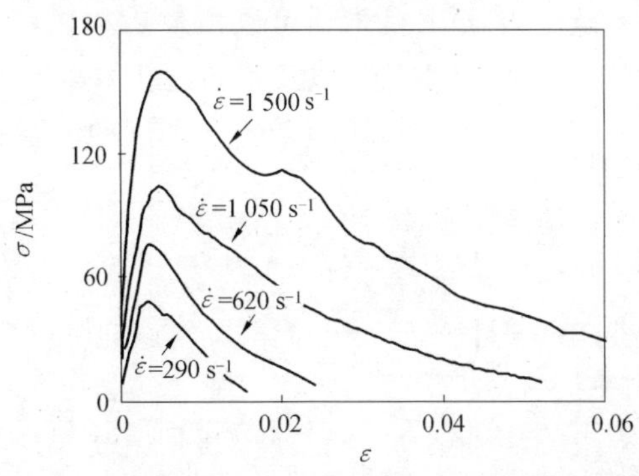

图 6.11　混凝土在不同应变率下的应力－应变曲线

② 抗压强度随应变速率的增加而提高，如图 6.12 所示，与常用的混凝土强度等级提高

大体相同，约为 1.2。因此，在动载作用下，防护结构混凝土强度是静载强度与快速变形和龄期两个提高比值的乘积。

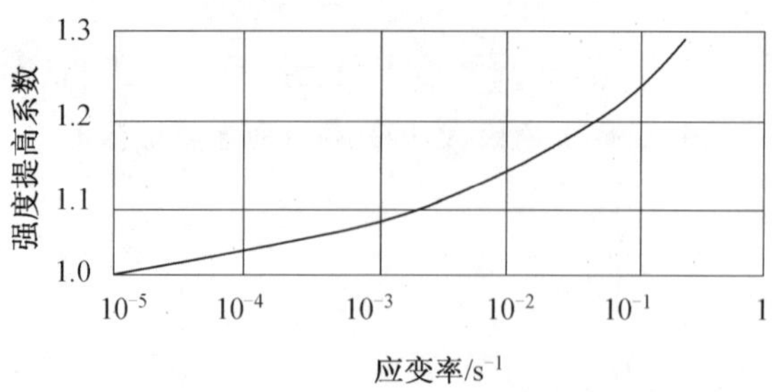

图 6.12　应变速率对强度的影响

③ 混凝土的抗拉强度在快速变形下的提高比值比抗压时大，但抗拉的后期强度增长比值没有抗压多，综合两项因素，将动载作用下混凝土抗拉设计强度的提高比值取为与抗压时相同。

④ 动载作用下混凝土抗压强度对混凝土的不均匀性等比静载时更为敏感，即由此而引起的强度降低更多，因此动力强度提高值宜偏低取用。

⑤ 混凝土被水饱和时，动力强度提高，而静力强度降低。

⑥ 混凝土的极限应变值、泊松比基本不受应变速率影响。

对于高强度等级的混凝土，实验数据较少。实验表明，高强度等级的混凝土在快速变形下强度提高和普通混凝土大致相同，但是高强混凝土的破坏更具脆性，试件破坏成多个碎块飞出。高强度等级的混凝土后期强度增长比普通混凝土小一半以上。

工程设计中，承受爆炸作用的钢筋混凝土结构其混凝土强度等级通常采用 C30 ～ C80，承受静荷载作用的结构其混凝土强度等级则采用不低于 C20。

(3) 混凝土抗压强度的应变率效应。

材料的应变率效应，多用材料的动态强度增大系数(Dynamic Increase Factor，DIF)，即材料在高应变率下的动态强度与静态强度之比表示。目前，国内外已有很多学者对混凝土的应变率效应进行了研究，其中对于混凝土抗压强度的应变率效应研究最多，也根据实验数据拟合出不同动态强度增大系数公式。但是实验数据具有一定的不确定性，如应变率范围的不确定性，在某一应变率范围内，DIF 的取值可以相差 50%，这些不确定性可能由不同的实验设备、不同材料的配置、不同的试件尺寸以及不同的动力边界条件等引起。

根据应变率在 $10 \sim 10^3\ s^{-1}$ 范围内，CBE 建议抗压强度的动态强度增大系数 CDIF 的公式为

$$\mathrm{CDIF}=\begin{cases}1, & \dot{\varepsilon} \leqslant \dot{\varepsilon}_{\mathrm{stat}} \\ \left(\dfrac{\dot{\varepsilon}}{\dot{\varepsilon}_{\mathrm{stat}}}\right)^{1.026\alpha}, & \dot{\varepsilon}_{\mathrm{stat}} < \dot{\varepsilon} \leqslant 30\ \mathrm{s}^{-1} \\ \gamma \dot{\varepsilon}^{1/3}, & \dot{\varepsilon} > 30\ \mathrm{s}^{-1}\end{cases} \tag{6.24}$$

式中，$\mathrm{CDIF}=\sigma_{cd}/\sigma_{cs}$，为动态压缩强度与静态压缩强度之比，其中 σ_{cd} 为某一应变率 $\dot{\varepsilon}$ 下的动态压缩强度，σ_{cs} 为静态压缩强度；$\dot{\varepsilon}_{\mathrm{stat}}=30\times10^{-6}\ \mathrm{s}^{-1}$，$\lg\gamma=6.156\alpha-0.49$；$\alpha=(5+3\sigma_{cu}/4)^{-1}=(5+9\sigma_{cs}/\sigma_{c0})^{-1}$，其中 σ_{cu} 为混土立方体抗压强度(MPa)，$\sigma_{c0}=10$ MPa，是一参考值。图6.13

为根据 CDIF 公式计算的三种混凝土抗压强度的动态强度增大系数。从图 6.13 中可以看出，对于一定应变率下，混凝土的静态抗压强度越高，其动态强度增大系数越小。

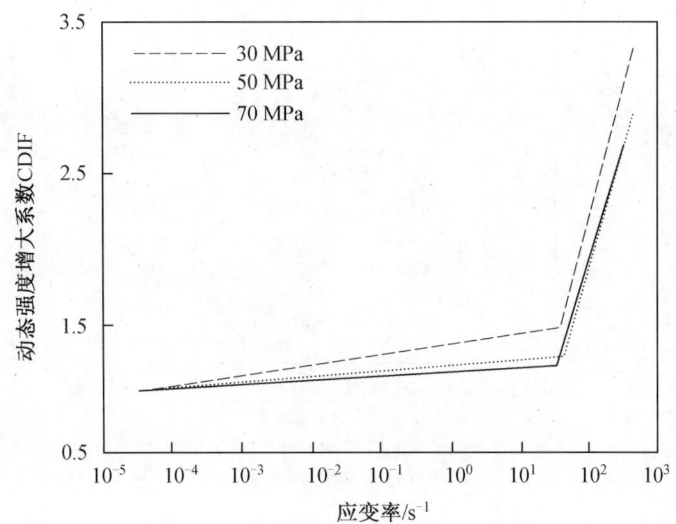

图 6.13　根据 CDIF 公式计算的混凝土抗压强度的动态强度增大系数

分离式普金森压杆(SHPB) 对于研究高应变率下材料的动态力学性能具有优势。近年来，已有很多学者应用这一技术研究了混凝土的应变率效应。Tedesco(1998) 等建议应变率在 $10^2 s^{-1}$ 范围内时单轴抗压强度 CDIF 的公式为

$$\mathrm{CDIF} = 0.009\,65 \lg \dot{\varepsilon} + 1.058 \geqslant 1.0, \quad \dot{\varepsilon} \leqslant 63.1\ \mathrm{s}^{-1} \tag{6.25}$$

$$\mathrm{CDIF} = 0.758 \lg \dot{\varepsilon} - 0.289 \leqslant 2.5, \quad \dot{\varepsilon} > 63.1\ \mathrm{s}^{-1} \tag{6.26}$$

Grote 等利用 SHPB 研究了应变率在 250 ～ 1 700 s^{-1} 的混凝土砂浆的动态力学性能，并得到以下的 CDIF 公式：

$$\mathrm{CDIF} = 0.023\,5 \lg \dot{\varepsilon} + 1.07, \quad \dot{\varepsilon} \leqslant 266.0\ \mathrm{s}^{-1} \tag{6.27}$$

$$\mathrm{CDIF} = 0.882(\lg \dot{\varepsilon})^3 - 4.48(\lg \dot{\varepsilon})^2 + 7.22 \lg \dot{\varepsilon} - 2.64, \quad \dot{\varepsilon} > 266.0\ \mathrm{s}^{-1} \tag{6.28}$$

Li 等通过数值模拟 SHPB 实验过程研究表明，通过 SHPB 实验得到的 CDIF 在 $10^2\ s^{-1}$ 范围内需要进行修正。因为实验观察到的动态强度的增大部分是由试件接触面的约束引起侧向围压效应引起的。SHPB 技术最初应用于金属，而金属试件表面的摩擦可以通过应用润滑剂而忽略不计，另外金属材料的强度与静水压力无关。但是对于混凝土，试件表面的摩擦不可忽略，而混凝土的强度与静水压力相关，在试件受到高速压缩时，围压效应使得混凝土的强度增大。

图 6.14 所示为 CDIF 公式的比较，可以看出在应变率为 10 ～ 1 000 s^{-1} 时，CEB 给出的 DIF 值最大，明显大于其他公式的预测值。Li(2003) 等给出的 DIF 值稍低于 CEB 的预测值，但仍明显大于其他公式的预测值。在应变率不超过 700 s^{-1} 时，Grote 等、Li 等和 Tedesco 等给出的公式相差不大，但是当应变率超过 1 000 s^{-1} 时，Tedesco 等给出的公式明显偏小，建议在应变率大于 100 s^{-1} 时使用 Li 等或 Grote 等给出的 DIF 公式。

(4) 混凝土抗拉强度的应变率效应。

应变率在 10 ～ $10^3 s^{-1}$ 范围内，CEB 建议抗拉动态强度增强系数 TDIF 的公式为

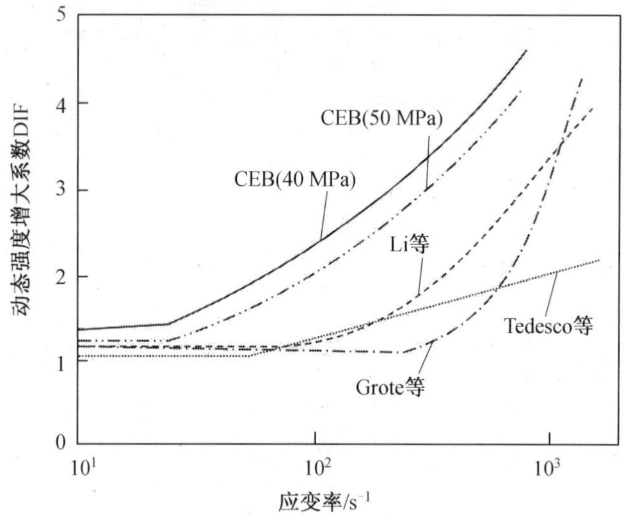

图 6.14　CDIF 公式的比较

$$
\text{TDIF}=\begin{cases}1, & \dot{\varepsilon}\leqslant\dot{\varepsilon}_{\text{stat}}\\ \left(\dfrac{\dot{\varepsilon}}{\dot{\varepsilon}_{\text{stat}}}\right)^{1.016\delta}, & \dot{\varepsilon}_{\text{stat}}<\dot{\varepsilon}\leqslant 30\ \text{s}^{-1}\\ \theta\left(\dfrac{\dot{\varepsilon}}{\dot{\varepsilon}_{\text{stat}}}\right)^{1/3}, & \dot{\varepsilon}>30\ \text{s}^{-1}\end{cases} \tag{6.29}
$$

式中，TDIF 为动态拉伸强度与静态拉伸强度之比，$\text{TDIF}=\sigma_{\text{td}}/\sigma_{\text{ts}}$，其中 σ_{td} 为在某一应变率 $\dot{\varepsilon}$ 下的动态拉伸强度，σ_{ts} 为在应变率 $\dot{\varepsilon}_{\text{stat}}=3\times10^{-6}\,\text{s}^{-1}$ 下的拉伸强度；$\dot{\varepsilon}$ 的应用范围为 $3\times10^{-6}\sim300\ \text{s}^{-1}$；$\lg\theta=7.11\delta-2.33$；$\delta=1/(10+6\sigma_{\text{cs}}/\sigma_{\text{c0}})$，$\sigma_{\text{cs}}$ 为静态压缩强度，$\sigma_{\text{c0}}=10$ MPa，为一参考值。

图 6.15 所示为根据 CEB 公式计算出的混凝土抗压强度的动态强度增大系数。从图中可以看出，抗压强度越大的混凝土其抗拉强度的动态强度增大系数越小。当应变率达到 300 s^{-1} 时，对于抗压强度为 30 MPa 的混凝土，动态强度增大系数为 3.9；对于抗压强度为 70 MPa 的混凝土，动态强度增大系数为 3.0。对比可以看出，混凝土抗拉强度的应变率效应更为明显，在一定应变率下，其动态强度增大系数较抗压强度的更大，例如当混凝土准静态抗压强度为 30 MPa、应变率在 300 s^{-1} 时，抗压强度的动态强度增大系数为 3.37，抗拉强度的动态强度增大系数为 3.90。通过总结其他学者的实验结果得出，混凝土抗拉强度的动态强度增大系数应该更高。

Malvar 等对混凝土抗拉强度的应变率效应做了综述，总结了众多学者对混凝土抗拉强度进行的实验结果，即对于应变率大于 10 s^{-1} 的范围内，CEB 给出的公式结果偏小，因此，Malvar 认为 DIF 公式的转折点应该在 1 s^{-1} 更为合理，同时提出了修正的 CEB 公式：

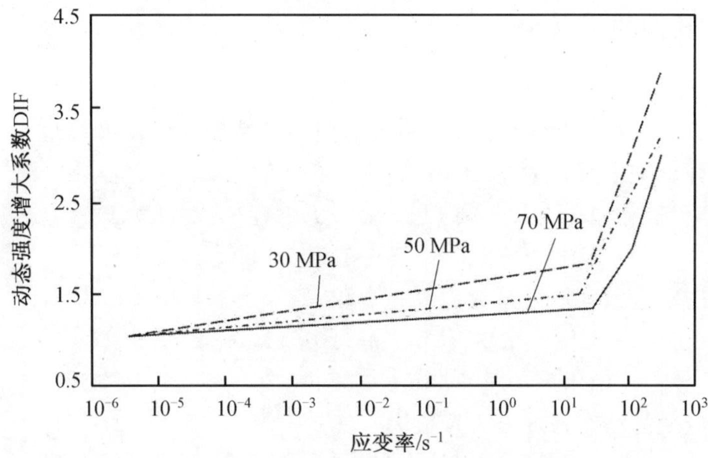

图 6.15　根据 CEB 公式计算的混凝土抗压强度的动态强度增大系数

$$\text{TDIF}=\begin{cases}1, & \dot{\varepsilon}\leqslant\dot{\varepsilon}_{\text{stat}}\\ \left(\dfrac{\dot{\varepsilon}}{\dot{\varepsilon}_{\text{stat}}}\right)^{\delta}, & \dot{\varepsilon}_{\text{stat}}<\dot{\varepsilon}\leqslant 1.0\ \text{s}^{-1}\\ \theta\left(\dfrac{\dot{\varepsilon}}{\dot{\varepsilon}_{\text{stat}}}\right)^{1/3}, & \dot{\varepsilon}>1.0\ \text{s}^{-1}\end{cases}\tag{6.30}$$

式中，$\dot{\varepsilon}_{\text{stat}}$ 为准静态参考应变率，$\dot{\varepsilon}_{\text{stat}}=1\times10^{-6}\,\text{s}^{-1}$，$\sigma_{\text{ts}}$ 为在应变率 $\dot{\varepsilon}_{\text{stat}}=1\times10^{-6}\,\text{s}^{-1}$ 下的拉伸强度；$\dot{\varepsilon}$ 的应用范围为 $1\times10^{-6}\sim160\ \text{s}^{-1}$；$\delta=1/(10+8\sigma_{\text{cs}}/\sigma_{\text{c0}})$，$\sigma_{\text{cs}}$ 为静态压缩强度，$\sigma_{\text{c0}}=10$ MPa(1 450 psi)，为参考值；$\lg\theta=6\delta-2$。

(5) 混凝土的动态本构模型。

混凝土是使用广泛的工程材料之一。混凝土结构在工作过程中除了承受正常的设计荷载外，往往还要承受爆炸、冲击和撞击等动态荷载。在动态荷载作用下，混凝土材料表现出不同于静态荷载作用的力学性能，快速变化的荷载使混凝土处于高应变率状态。在动态荷载下，混凝土可能处于复杂的应力状态，如二向受力、三向受力。在冲击荷载直接施加位置，混凝土还可能承受非常大的静水压力作用。混凝土作为一种非均质、各向异性的多相复合材料，内部存在大量的微裂缝和微空洞等初始缺陷。这些微裂缝和微孔洞在混凝土承载过程中的形成、发展、聚集，以及宏观裂缝的形成导致混凝土具有非常复杂的非线性行为，在动载作用下混凝土的孔隙水的黏性效应和微观惯性效应使微裂缝和微孔洞的演化更加复杂，使混凝土宏观上表现出应变率相关特性，混凝土的强度、刚度、延性和应力－应变关系等力学特性发生很大变化。

混凝土材料动态本构模型是研究混凝土在爆炸或冲击荷载作用下的损伤破坏机理、应力波的传播规律、衰减规律和结构破坏效应等的理论基础，目前对混凝土材料在动态荷载下本构特性的研究主要包括：基于实验数据回归分析建立强度、弹性模量和延性等力学参量与应变率之间的关系；在已有本构模型的基础上修改，得到新的本构模型；基于材料变形机理模型，如黏塑性理论、损伤理论、断裂力学理论、内时理论和微平面理论等，建立本构模型；从热力学出发进行严格的理论推导，得出满足热力学定律的理论模型。

6.2.3 其他建筑材料

(1) 黏土砖。

Hao 等给出了极限抗压强度、极限断裂应变及弹性模量的动态强度增大系数。极限抗压强度的动态强度增大系数为

$$\mathrm{DIF}=0.0268\ln\dot{\varepsilon}+1.3504,\quad \dot{\varepsilon}\leqslant 3.2\ \mathrm{s}^{-1} \tag{6.31}$$

$$\mathrm{DIF}=0.2405\ln\dot{\varepsilon}+1.1041,\quad \dot{\varepsilon}> 3.2\ \mathrm{s}^{-1} \tag{6.32}$$

弹性模量的动态强度增大系数为

$$\mathrm{DIF}=0.0013\ln\dot{\varepsilon}+1.0174,\quad \dot{\varepsilon}\leqslant 7.3\ \mathrm{s}^{-1} \tag{6.33}$$

$$\mathrm{DIF}=0.3079\ln\dot{\varepsilon}+0.4063,\quad \dot{\varepsilon}> 7.3\ \mathrm{s}^{-1} \tag{6.34}$$

极限断裂应变的动态强度增大系数为

$$\mathrm{DIF}=0.0067\dot{\varepsilon}+1.0876 \tag{6.35}$$

式中,$\dot{\varepsilon}$ 为应变率。

在快速变形下,砖砌体抗压强度随加载速率的增加而提高时,当快速加载过程的 t_m 为 150 ms 和 10 ms 时,强度提高比值可达 1.3 ～ 1.45。其弹性模量亦有提高的趋势,但其规律不明显。在各种加载速率下,砖砌体的抗压极限变形均在 $1.1\times10^{-4}\sim2.0\times10^{-4}$ 之间。

(2) 砂浆。

砂浆主要表现为极限抗压强度、极限断裂应变的动态强度增大系数。

极限抗压强度的动态强度增大系数为

$$\mathrm{DIF}=0.372\ln\dot{\varepsilon}+1.4025,\quad \dot{\varepsilon}\leqslant 13\ \mathrm{s}^{-1} \tag{6.36}$$

$$\mathrm{DIF}=0.3447\ln\dot{\varepsilon}+0.5987,\quad \dot{\varepsilon}> 13\ \mathrm{s}^{-1} \tag{6.37}$$

极限断裂应变的动态强度增大系数为

$$\mathrm{DIF}=0.1523\ln\dot{\varepsilon}+2.6479 \tag{6.38}$$

砂浆的极限抗压强度在应变率高于 13.0 s^{-1} 以后具有很明显的增大,在应变率为 200 s^{-1} 时,动态强度增大系数约为 2.0。极限断裂应变的动态强度增大系数与应变率在对数坐标中呈线性关系。与黏土砖的断裂应变相比较,可以看出应变率对砂浆的断裂应变影响更为明显。

根据清华大学陈肇元院士课题组研究成果,对 M40 ～ M70 的水泥砂浆试件做了不同加载速率的抗压力学性能实验。结果表明,当加载时间等于 5 ms 时,砂浆的强度提高比值为 35% ～ 40%,在快速变形下,应力 - 应变曲线的初始线性段增大,扩大了弹性范围,但应力到达抗压强度最大应变值时没有显著差异,试件的破坏形态与静速时完全相同。

(3) 木材。

关于木材在快速变形下的力学性能少有研究资料。木材在动载作用下的设计强度取值需要考虑两个因素:一个因素是应变速率的影响,快速变形下动力强度实验值比静力强度实验值提高 15% ～ 30%;另一个因素是一般的木材构件设计所用的静载设计强度,考虑了静载的持久作用条件,取值较静载实验强度值低 50% ～ 60%,这一特点是钢材和混凝土等材料中所没有的,需注意。由于防护结构是承受瞬时动载作用,因此其木材构件的动力设计强度可取为静力设计强度的 2 倍,变形模量也有提高。例如,加载作用时间为 60 ms 时的变形模量较静载时提高 12%,但继续增加加载速度,弹性模量并没有显著增长,而强度却能不断

提高。

6.2.4 材料强度增大系数 DIF

在动载单独作用或动载与静载同时作用下，材料强度设计值可按下式确定：

$$f_d = \mathrm{DIF} \cdot f \tag{6.39}$$

式中，f_d 为动荷载作用下材料强度设计值；f 为静荷载作用下材料强度设计值；DIF 为动荷载作用下的动态强度增大系数材料。表 6.2 给出几类常见材料的动态强度增大系数。

表 6.2 几类常见材料综合调整系数 DIF

材料种类		综合调整系数 DIF
钢筋与钢材	HPB235 级(Q235 钢)	1.50
	HRB335 级(Q345 钢)	1.35
	HRB400 级(Q390 钢)	1.20(1.25)
	RRB400 级(Q420 钢)	1.20
混凝土	C55 及以下	1.50
	C60 ～ C80	1.40
砌体	料石	1.20
	混凝土预制块	1.30
	普通黏土砖	1.20

注：表中同一种材料或砌体的强度综合提高系数，可适用于受拉、受压、受剪和受扭等不同受力状态；对于采用蒸汽养护或掺入早强剂的混凝土，其强度综合提高系数乘以折减系数 0.9。

6.3 钢筋混凝土构件的动力性能

6.3.1 钢筋混凝土受弯构件

(1) 受弯构件破坏形式。

受弯构件的强度、变形与裂缝开展一直是钢筋混凝土构件最主要的力学性能，也是国内外研究最广泛深入的课题。在爆炸冲击等高应变率荷载导致的快速变形下，构件截面在钢筋临近和超过屈服后继续变形直至破坏为止的那段塑性性能较为复杂，现有计算方法对配筋截面屈服前刚度的计算结果可能需要修正。塑性变形不但能防止构件脆断与保证结构内力重分配，而且对抗爆或抗震结构来说，更重要的是它和强度一样，都是衡量结构抵抗坍塌的重要指标。例如，在瞬时上升至峰值并按三角形线性衰减的理想爆炸压力作用下，构件的塑性变形只有弹性变形的 1.5 倍，则同一截面所能抵抗的荷载峰值就将达到仅考虑弹性设计时的 2 倍(对于化爆) 或 1.5 倍(对于核爆)。

通常情况下，钢筋混凝土受弯构件有两种破坏情况：一种是由弯矩引起的，破坏截面与构件纵轴相交，称为正截面破坏；另一种是由弯矩及剪力共同作用引起的，破坏截面与纵轴成一定的倾斜角度，称为斜截面破坏。当钢筋混凝土受弯构件具有足够的抗剪能力且构造设计合理时，构件将在弯矩较大部分发生弯曲破坏。构件正截面的破坏形式与配筋率，以及钢筋和混凝土的强度有关。受弯构件根据配筋率的大小不同可分为适筋梁、超筋梁和少筋梁三种形式，其破坏形态有弯曲破坏和剪切破坏。下面分别讨论几类梁的破坏性能。

① 少筋梁配筋不足，钢筋不足以承受受拉区混凝土在开裂前承受的拉应力。因此，受拉区混凝土出现裂缝后，挠度会突然迅速增长，导致在混凝土受压区边缘达到极限变形前，受拉钢筋就屈服、强化，以致断裂。这种构件在受拉区只出现若干条较宽的裂缝，梁的抗力很低。

② 当梁在受拉区配置钢筋过多时，破坏始自受压区，混凝土先被压碎，即当受压区边缘的混凝土应变已达极限压应变时，钢筋拉应力尚小于屈服强度，但构件已破坏，破坏前没有明显的预兆，破坏时裂缝开展不宽，挠度不大，受压混凝土突然被压碎，构件发生脆性破坏。这种破坏易造成整个体系的崩毁，设计时应尽量避免。当梁的配筋量过低，只要构件混凝土一开裂，裂缝处的受拉钢筋就立即进入屈服阶段，而受压区混凝土随着钢筋屈服或进入强化阶段，构件即破坏。这种构件一开裂即发生很宽的裂缝和很大的挠度，构件随之产生突然性的破坏，这种破坏也属于脆性破坏。从满足承载力需要出发，少筋梁选定的截面尺寸不宜过大，设计时也应尽量避免。

③ 当梁在其受拉区配置适量的钢筋时，破坏始自受拉钢筋首先达到屈服。这种梁在破坏以前，钢筋经过较大塑性变形而伸长，随后引起裂缝急剧展开和挠度激增，破坏时有明显的征兆，这种破坏称为塑性破坏。由于适筋梁在破坏时钢筋被拉长达到屈服，混凝土压应力亦随之达到其抗压极限强度，钢筋和混凝土两种材料的性能基本上都得到了充分利用，因而适筋梁是作为设计依据的一种破坏形式。

在防护结构的应力分析中经常将单个构件简化为单自由度体系，并取构件有代表性的总变形(如跨中挠度 y)作为运动微分方程的参变数，构件的抗力变形关系表示为 $R-y$ 的关系，R 是相应于 y 变形下的内力或恢复力，用产生变形 y 的外加总静载来表示。构件达到最大抗力 R_m 时，构件产生屈服变形 y_s，相应的受弯构件极限弯矩为 M_p^s；由图 6.16 可以发现，适筋梁既有较好的延性，又有较高的抗力，是作为防护结构正截面设计依据的一种破坏形式。

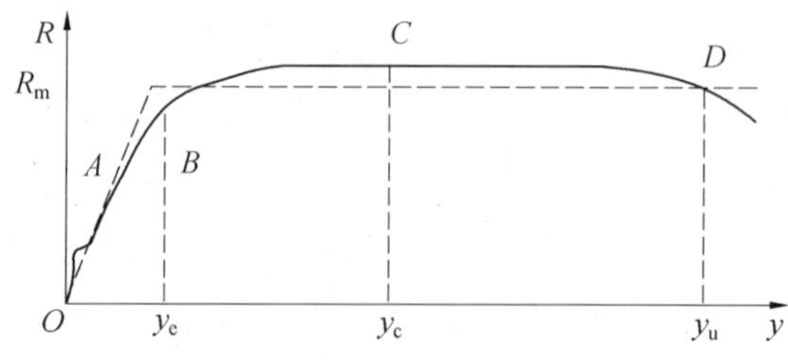

图 6.16　受弯构件的抗力曲线

(2) 受拉钢筋的配筋率。

研究表明，提高混凝土的强度等级和选用较低配筋率可以增加抗弯构件的延性。配筋率增大会降低受弯构件的延性。当配筋率超过某一限值时，梁的受压区混凝土将先于钢筋达到屈服而破损，截面呈脆性破坏，受弯构件延性越差。为了保证防护抗爆结构的受弯构件具有一定的延性（即具备足够的后期变形能力，以便可以作为出现各种应急情况的安全储备，用以保证受弯构件不出现突发性的脆性破坏），因此应对最大配筋率加以限制。当梁的受压区混凝土破损与受拉钢筋屈服同时发生，此时配筋率称为平衡配筋率 ρ_b，考虑到混凝土的强度离散率较大，而且也为保证梁有一定延性的要求，所以美国 ACI 设计规范确定梁的最大配筋率 $\rho_{max}=0.75\rho_b$。

20 世纪 90 年代以前，我国的混凝土结构设计规范所规定的矩形截面最大配筋率参照苏联民用规范中的规定，为 $0.55R_w/\sigma_s$（式中的混凝土压弯强度 R_w 按照规定等于1.25 倍混凝土抗压强度 R_a），远高于美国 ACI 民用规范规定的最大配筋率要求。根据清华大学陈肇元课题组的研究结果，对于 C40 混凝土实验梁，在配筋率高达 1.53% 时，仍属于塑性破坏。

《混凝土结构设计规范》(GB 50010—2010) 为防止受弯构件发生超筋破坏，规定矩形截面最大配筋率为 $\rho_{max}=0.55f_c/f_y$，其中 f_c 和 f_y 分别为混凝土和钢筋的强度设计值。对于高强钢筋或高强强度等级混凝土受弯构件，最大配筋率取值在 $(0.3\sim0.4)f_c/f_y$。但高配筋率构件容易发生剪切破坏，所以防护结构受弯构件的最大配筋率宜取偏低数值，为保证延性比 $\beta>1.5$，可约取最大配筋率 $\rho_{max}=0.3f_c/f_y$，也就是说，防护结构构件的纵向钢筋最大配筋率小于民用结构设计规范所规定的数值。

当配筋率过低时，截面的抗裂强度大于屈服强度，受拉区混凝土开裂时，钢筋立即屈服，抗力骤然下降，构件发生脆性破坏，因而需要有最小配筋率 ρ_{min} 的限制。最小配筋率的制定原则如下。

① 截面抗裂强度不大于截面的极限抗弯强度。

② 在受压区混凝土应变破损前，受拉区钢筋不发生颈缩。根据大量实验结果，可以定出不同钢筋种类在不同强度等级的混凝土构件中的最小配筋率。

我国早期的混凝土结构设计规范对于最小配筋率取值一直偏低，在 2002 年规范以前一直不超过 0.2%，2012 年规范要求配筋率不低于 $0.45f_t/f_y$，但不小于 0.2%，其中 f_t 和 f_y 分别是混凝土抗拉强度和抗压强度的设计值。此外，考虑到钢筋混凝土结构在动载作用下的受力特征，以及防护结构的混凝土强度等级比一般民用建筑结构高，因此防护结构构件的纵向钢筋最小配筋率 ρ_{min} 取值应比一般民用建筑结构设计规范中规定的数值要大一些。

在一般的民用建筑中，梁的最小配筋率ρ_{min} 至少应满足低配筋率梁的承载能力，需大于相同截面素混凝土梁的承载能力，前者近似等于 $A_sf_y\times0.95h_0$，后者约等于 $(bh^2/6)\times f_wt$，得

$$A_sf_y\times0.95h_0\geqslant(bh^2/6)\times f_wt \tag{6.40}$$

混凝土的拉弯强度 f_{wt} 约为轴心抗拉强度 f_t 的 2.4 倍，取$\dfrac{h}{h_0}=1.05$，从式(6.40) 又得

$$\rho_{max}\approx0.45f_t/f_{wt} \tag{6.41}$$

经过综合分析，防护结构的最大与最小配筋率范围见表 6.3 和表 6.4。

表 6.3　纵向受力钢筋的最大配筋率　　%

钢筋种类	混凝土强度等级	
	C20	C25
HRB335	1.7	2.2
HRB400	1.6	2.0
HRB400	1.6	2.0

表 6.4　纵向受力钢筋的最小配筋率　　%

分类	混凝土强度等级	
	C20	C25
轴心受压构件的全部受压钢筋	1.7	2.2
偏心受压及偏心受拉构件的受压钢筋	1.6	2.0
受弯构件、偏心受压及偏心受拉构件的受拉钢筋	1.6	2.0

注:纵向受力钢筋最小配筋率的计算应符合有关混凝土结构规范。

(3) 受压钢筋和箍筋。

作为防护结构构造的重要措施,结构构件的抗弯截面应当配置适当的构造压筋和封闭式箍筋。它们虽然对截面抗弯强度的提高影响不大,但可以提高构件振动反弹的抗力,尤其是可以延长最大抗力明显下降时的塑性变形,并使抗力缓慢地丧失,故对结构的防塌较为重要。如果压筋数量与拉筋相近,同时箍筋分布又十分密集以致混凝土受到约束而不致成块剥落,从而使压筋不致失稳压曲,这时防护结构构件可具有比普通构件更好的延性。此外,压筋的布置可以提高结构构件反弹的抗力。高强度水泥脆性大,所以高强度等级混凝构件在最大弯矩截面必须设置较密的箍筋,以提高抗力明显下降时的变形值。

承受动载作用的钢筋混凝土受弯构件应双面配筋。当梁、板等受弯构件按计算不需配筋时,的受压区构造钢筋的配筋率不宜小于纵向受拉钢筋的最小配筋率,在连续梁支座和框架节点处还应不小于受拉主筋的 1/3。箍筋配置除按一般混凝土结构设计规范要求外,对于承受动载作用的连续梁支座及框架、刚架节点,其箍筋体积配筋率不应小于 0.15%,其构造要求也有较严格的规定。

(4) 构件的延性要求。

防护结构构件承受动载作用并允许进入塑性阶段工作,其延性是保证受弯构件不出现突发脆性破坏的重要力学特征。构件延性比 β 是指构件按照弹塑性阶段设计时的构件破损挠度与最大弹性挠度的比值,即 $\beta=y_p/y_s$。当然,根据不同的使用要求,也可以取抗力达到最大值或抗力明显下降时的挠度 y_m 与 y_s 的比值作为延性比。延性比的数值取决于许多因素,主要与梁的配筋率 ρ 和所用的材料强度或 $\rho f_c/f_y$ 的比值有关,此外,梁的高跨比、荷载分布形式或塑性铰转角也会影响延性比的大小。所以,延性比 β 的大小只能作为构件延性或塑性性能的一个非常笼统的指标。

构件设计可提供的最大延性比必须满足按弹塑性阶段工作的允许延性比的要求,一般对钢筋混凝土受弯构件可取 3～5。若结构构件按弹塑性工作阶段设计,一般工程受拉钢筋的配筋率不宜超过 1.5%。当必须超过 1.5%时，受弯构件或最大偏心受压构件的允许延性比 $[\beta]$ 应符合下式的要求：

$$[\beta]=\frac{0.5}{\dfrac{x}{h_0}} \tag{6.42}$$

式中，$\frac{x}{h_0}$ 为混凝土受压区高度与截面有效高度之比，其值可按防护结构的有关设计规范计算。

提高混凝土的标号和选用较低的配筋率是增加抗弯构件延性的有效措施。

(5) 构件的抗弯刚度。

防护结构的动力分析需要知道构件的截面刚度与自振频率，截面刚度又取决于受拉区混凝土的开裂状态。实验表明，抗弯截面的刚度在拉区开裂前可按整体刚度 B_0 计算，对矩形截面有

$$B_0=\frac{1}{12}bh^3E_d \tag{6.43}$$

式中，b 为截面宽度；h 为截面高度；E_d 为动载作用下材料的弹性模量。

计算自振频率所用的截面刚度值 B 可近似采用下式：

$$B=0.6B_0 \tag{6.44}$$

(6) 面力效应。

实验研究表明，受弯构件的实际承载能力总是高于理论估计的值，并且承载能力提高的大小还与边界的约束条件有关。在荷载作用过程中结构构件中产生了面力，这种面力使构件的抗弯能力提高，从而提高了结构的承载能力。

现用钢筋混凝土约束梁简要说明面力的形成及其对承载的提高作用。在荷载作用下，梁的下部纤维伸长，混凝土受拉区开裂。由于支座的约束，伸长是不自由的，在梁中出现纵向压力，这种压力(或拉力) 方向与结构构件中面平行，故称为面力。这时梁的跨中不仅受弯矩作用，同时受纵向压力作用。与纯弯相比，其抗弯强度提高。在保证不发生非弯曲破坏的前提下，梁的实际极限承载力必然高于不计面力作用的理论计算值。显然，受弯构件横向约束是面力产生的重要条件，而发生较大变形是面力效应充分发挥的前提。在防护结构中约束作用的表现形式主要有以下四种。

① 钢筋混凝土结构周围的岩土介质提供的约束。结构受荷引起侧墙外鼓变形时，这种约束作用即表现出来。

② 箱形结构的环箍作用。这种约束直接对顶板和底板起作用。由于这种环箍作用，顶板和底板受荷发生变形时会产生面力。

③ 对于格构式顶板，划分格构的梁就是它们所包围的板块的约束。

④ 自锁作用。当钢筋混凝土简支板的变形很大时，板的中部混凝土几乎没有作用，只有钢筋受拉在此范围以外的板边区域产生压力，这就是拉－压自锁作用。

很显然，考虑面力作用可充分发挥防护结构构件的承载潜力，但计入面力效应的构件抗力分析十分复杂。通常在工程设计中，为简便起见，在计算内力时不再直接考虑面力效应的有利作用，但对跨中截面的计算弯矩中予以折减。

此外，在因面力作用抗弯能力得到大幅度提高的条件下，应考虑受弯构件抗剪强度的匹

配，以保证不发生剪切破坏。

6.3.2 钢筋混凝土构件抗压性能

(1) 钢筋混凝土柱的破坏模式。

钢筋混凝土柱对于结构整体的抗爆性能具有至关重要的作用，如果框架柱遭受爆炸作用的破坏，结构将局部失去竖向承载能力，可能会引发结构的连锁反应，导致整个结构的倒塌。在爆炸荷载作用下，钢筋混凝土柱可能发生弯曲破坏、剪切破坏或弯剪破坏。弯曲破坏通常表现为钢筋的屈服、拉断及受压区混凝土的压碎；剪切破坏通常表现为支座处发生直剪破坏或剪跨区发生斜剪破坏。依据爆炸荷载本身的特点，一般把爆炸荷载分为三类：冲量荷载、准静态荷载和动力荷载。冲量荷载是指高超压峰值、低持时（尤其是持时远小于结构构件的自振周期）的爆炸荷载，多为近距离的爆炸产生；准静态荷载为低超压峰值、高持时（持时远大于结构构件的自振周期）的爆炸荷载，多为远距离爆炸产生；而动力荷载一般指超压峰值和持时介于冲量荷载和准静态荷载之间的爆炸荷载。研究发现，在冲量荷载作用下，钢筋混凝土柱倾向于发生剪切破坏；在准静态荷载作用下，钢筋混凝土柱倾向于发生弯曲破坏；而在动力荷载作用下，钢筋混凝土柱更容易发生弯剪破坏。在冲量荷载作用下，由于作用时间很短，钢筋混凝土柱的剪应力迅速增大到破坏应力，而弯曲位移尚未来得及发展，因此，更倾向于发生剪切破坏。对于准静态荷载，由于超压峰值较小，剪应力也很小，在较长时间里弯曲变形可以有较大的发展，故更倾向于发生弯曲破坏。此外，钢筋混凝土柱在爆炸荷载作用下的破坏模式还与柱的基本特性有关，如抗剪承载力和抗弯承载力。

(2) 中心受压钢筋混凝土柱。

图 6.17 所示为混凝土中心受压柱的抗力曲线。由于钢筋和混凝土材料在动载作用下的强度提高，构件在快速变形下的最大抗力有所提高，但极限变形值没有显著变化。中心受压柱是脆性构件，抗力曲线反映只有少量塑性变形，简化成理想弹塑性体系后（图 6.17 中虚线）能提供的延性比较小，为 1.3 ～ 1.5，高强度等级的混凝土延性比接近 1。

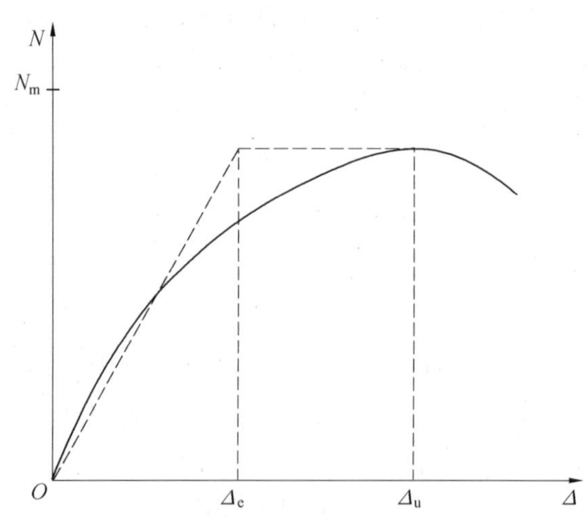

图 6.17 混凝土中心受压柱的抗力曲线

实验表明，钢筋混凝土柱的纵向配筋率超过 2.5% 时仍有一定延性。在防护结构设计中，规定动载作用下，柱中全部纵向钢筋配筋率不得超过 5%（实际要达到 8%），当柱中纵向受力钢筋配筋率超过 3% 时，应对柱的箍筋直径、间距及配箍方式进行严格限制。

箍筋有利于提高构件延性，配置密排箍筋能使抗力曲线在抗力达到最大值后缓慢下降，从而吸收部分动载能量。另外，密排箍筋可以约束混凝土侧向崩裂，从而提高混凝土的极限强度和避免纵筋过早屈服。因而，防护结构的柱子箍筋比静载结构中的更为重要。

混凝土柱在纵向压力下产生横向变形，箍筋给其内部混凝土提供了侧向约束力，当箍筋密排强度较大时，混凝土呈三向受压状态，大大提高了构件的纵向抗压强度和塑性性能，基于这两个原理，钢管混凝土柱的这一特点是突出的。当钢管混凝土柱充分承载时，柱中外壁钢管处于环向受拉状态，其中的混凝土则处于三向受压状态，并且与一般配筋柱比较，钢管对提高柱子承载能力的作用相当于同样面积纵向钢筋作用的 2 倍，而且省去了箍筋，其最大的优点还在于变形中心受压柱为延性构件。钢筋混凝土具有良好的延性，在承载力达到最大时，构件的纵向应变已超过 5×10^{-3}，继续加载时可保持抗力不变而变形继续发展，应变可达 5×10^{-2} 以上。防护结构中柱子多为短粗构件，一般不必考虑纵向压屈稳定问题。但在动载作用下，混凝土与钢管材料强度有所提高，进一步提高了钢管混凝土的承载力。其强度计算应计入材料动力强度提高因素。

当防护结构体系中柱的计算内力很大时，可考虑采用钢管混凝土，它施工方便，并对多种原因造成的轴力偏心具有很好的承受能力。

(3) 偏心受压钢筋混凝土柱。

偏心受压构件分为大偏压受力构件和小偏压受力构件，承受轴向压力和弯矩的共同作用：它同时反映梁和柱的性能。偏心距越大，工作状态越接近于梁，偏心距越小，工作状态越接近于柱，实际工程中，需比较 M 与 N 两种荷载的相对量。

弯矩和轴向荷载组合作用可以归纳在一个相互关系图中，如图 6.18 所示。图中 M_p 是无弯矩作用时构件的轴向极限承载能力，是无轴力作用时构件的极限弯曲承载能力；M 和 N 是给定荷载条件下所计算出来的弯矩和轴力值。曲线 abc 上的任意一点都表示 M 和 N 的一种组合，由极限强度理论可知，这种组合表示构件刚好发生破坏。在整个 ab 段，构件的破坏形式是混凝土压碎。b 点代表平衡点，表示混凝土极限应变与受拉钢筋的应力屈服同时发生。bc 段构件的破坏是由于钢筋屈服引起的。位于相互作用曲线和坐标轴围成的面积内的任何荷载组合都是安全荷载，落在这一范围以外的荷载组合表示构件要发生破坏。从图 6.18 中可以明显地看出，较小的轴向荷载的存在能大大地提高低配筋率构件的抗弯能

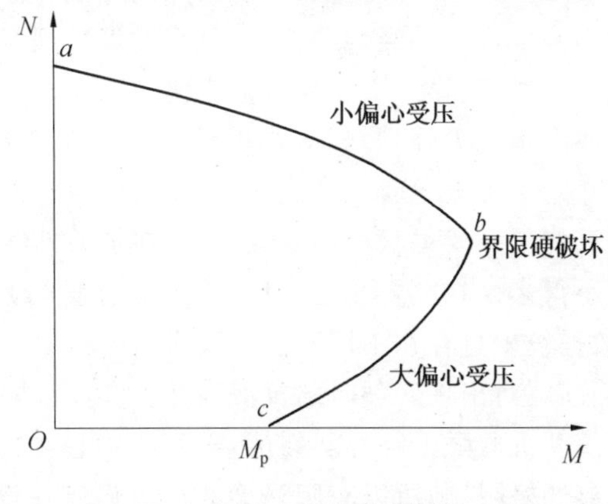

图 6.18　$N-M$ 关系曲线

力。周边受到侧向约束的板将产生轴向力；受竖向荷载的外墙、临空墙等墙体其抗弯能力均有所提高，所以有时可不考虑其竖向荷载的影响而按纯受弯构件计算。

实验表明，偏压构件在快速变形下延性无明显变化，其抗力有所提高，计算其最大抗力值时，需将静力作用下的抗力计算公式中的材料强度乘以动力提高系数。通常大偏压构件的延性比可取 2 ~ 3。小偏心受压构件的抗力曲线与中心受压构件相似，通常能提供的延性为 1.5 左右。增加轴力可使小偏压构件的抗弯能力迅速降低。

6.3.3 钢筋混凝土构件的抗剪性能

防护结构一般按弹塑性工作阶段设计，要求构件在受弯屈服后仍能继续正常工作，因此必须考虑构件受弯屈服后的抗剪性能。

(1) 构件抗剪强度的影响因素。

① 混凝土的强度。混凝土强度对抗剪能力的影响与不同的剪坏形态有关。无腹筋梁在较大跨高比发生斜拉破坏时的抗剪强度大体与 f_c 的平方根或抗拉强度 f_t 成正比，而在较小剪跨比下发生斜压破坏时则与 f_c 成正比(当混凝土强度较低时)。

② 较低的主筋配筋率。防护工程中的构件主筋配筋率一般较低，有时仅有 0.5% 甚至更少。抗剪强度随主筋配筋率减少而降低，在一些国家的规范中已列入主筋配筋率这一参数，不少研究者也提出过不同形式的修正方法。民用设计规范常用 $\rho = 1.5\%$ 作为基准，则当配筋率等于 0.5% 时，抗剪强度中的混凝土项将降到 0.68(按英国规范)、0.71(按欧洲规范)、0.58(按 Kani)、0.69(按 Zuffy) 和 0.51(按 Batchelor)，足见问题的严重。

根据清华大学的相关研究，以及国外 Rajagspalan 和 Ferguson 的实验可以看出，在配筋较低的范围内($\rho \leqslant 0.8\%$)，抗剪强度已不随配筋率的减少而继续降低。这时的抗剪能力与 $\rho = 1.5\%$ 时相比降低 15% ~ 20%。配筋率对抗剪强度的影响系数可取为

$$\alpha_\rho = 0.8 + 25\rho \geqslant 1 \tag{6.45}$$

对于宽度较大的板，抗剪强度受主筋配筋率的影响可能比梁少。

从以上分析可见，低配筋率问题似乎不像国外一些设计规范或资料中所说的那样严重，但将民用设计规范的抗剪计算公式引用到防护工程设计时，考虑到后者的配筋率较低，适当修正计算承载力是必要的。

③ 截面高度。抗剪强度 $V/(bh_0)$ 随截面高度增加而降低，这种现象在无筋梁中特别明显。现在有不少考虑截面高度影响的经验公式，并且有的设计规范如欧洲 CEB 和日本规范等均规定了抗剪强度的高度修正系数。多数实验表明，抗剪强度大体与 $h^{1/4}$ 成正比，但当 $h < 10 \sim 15$ cm 时，这种影响更为强烈，以致高度较小的试件给出的数据完全不能反映实际构件的抗剪能力。

实际工程中的无腹筋构件主要是板而不是梁，二者在抗剪性能上应有差别，所以构件高度对抗剪的影响可能要小得多。在配置箍筋以后，高度对有腹筋梁抗剪强度的影响变得不是很显著，但有关实验数据较少且存在不同看法。

对于有腹筋梁，截面高度对出现斜裂时的抗剪强度仍有显著影响，这是由于腹筋的存在能够提高抗剪强度破坏值和抗剪强度临界斜裂值，但不会明显增加初始斜裂荷载。鉴于斜裂缝的出现不能允许或应严格限制，所以有腹筋梁的抗剪强度在设计时完全不考虑高度影响是不合适的。

防护结构构件的高度或厚度多在 30 cm 以上，可以取高度 $h=30$ cm 为基准，并取高度对抗剪强度的影响系数为

$$\alpha_h=(30/h)^{1/4} \tag{6.46}$$

④ 剪跨比。在均布荷载作用下，剪跨比可用截面受到的 $M/(Vh_0)$ 值表示，其中 M 和 V 是截面所受的弯矩和剪力。但是实验证明，广义剪跨比 $M/(Vh_0)$ 并不总能很好地反映抗剪强度的变化规律，而且从设计的应用角度看，这一参数在使用上非常不便，实际的破坏斜截面也不一定处于广义剪跨比最大的位置上。所以，均布荷载下的剪跨比影响可以用构件的高跨比 l/h 和构件的支座负弯矩与跨中正弯矩的比值 n 来表示。

(2) 无腹筋简支梁在均布荷载下的抗剪强度。

根据国内外的许多实验资料，包括德国斯图加特大学、美国哥伦比亚大学和伊利诺大学，以及我国清华大学和太原工学院等的无腹筋梁在均布荷载下的实验结果，经过复核和剔除，得出简支梁的抗剪强度回归曲线为

当$\dfrac{l}{h_0}\leqslant 12$时，

$$\frac{V}{bh_0}=3.03f_c^{1/2}\ \frac{\alpha_\rho\alpha_h}{\dfrac{l}{h_0}-1} \tag{6.47}$$

当$\dfrac{l}{h_0}>12$时，

$$\frac{V}{bh_0}=0.366f_c^{1/2}\alpha_\rho\alpha_h\left(0.5+\frac{3}{\dfrac{l}{h_0}}\right) \tag{6.48}$$

式中，$f_c^{1/2}$ 仍用 MPa 代入；α_ρ 和 α_h 见式(6.45)和式(6.46)；V 为支座截面剪力。式(6.47)和式(6.48)是实验结果的平均值。由于抗剪强度实验数据相当离散，各国规范多取实验数据的偏下限作为制定计算方法的依据，而偏下限的抗剪强度则可用下式表示：

当$\dfrac{l}{h_0}\leqslant 12$时，

$$\frac{V}{bh_0}=\frac{2.84}{\dfrac{l}{h_0}}\cdot\frac{f_c^{1/2}\alpha_\rho\alpha_h}{\dfrac{l}{h_0}-1} \tag{6.49}$$

当$\dfrac{l}{h_0}>12$时，

$$\frac{V}{bh_0}=0.366f_c^{1/2}\alpha_\rho\alpha_h\left(0.5+\frac{3}{\dfrac{l}{h_0}}\right) \tag{6.50}$$

均布荷载下简支梁的破坏斜截面通常离开支座一定距离，约距支座 $1.5h_0$ 或 $0.15l$ 处，取二者中的最小值。如以此处的剪力 V 作为抗剪强度的依据，则 V_1/bh_0，当 $l/h_0>12$ 以后不再随 l/h_0 变化而趋于定值。

(3) 支座负弯矩对均布荷载下无腹筋梁抗剪强度的影响。

支座负弯矩对均布载下无腹筋梁抗剪强度影响的研究资料较少。Moody 曾对集中荷载下的约束梁抗剪能力进行实验，他提出在相同跨度和相同加载图形下，以支座截面名义剪

应力表示的抗剪强度随支座约束负弯矩的增长而提高。提高幅度为简支时的$(1+M_-)/M_+$倍，其中M_-和M_+分别是支座负弯矩和跨中正弯矩。《美军防护结构抗常规武器设计技术手册》(TM5－855－1，1986)考虑支座负弯矩对抗剪强度的提高作用，对于固端梁来说，给出的抗剪强度为简支时的2.5倍。但是，这种根据有限的集中荷载下实验结果将其推广于均布荷载下的做法是不对的，并可能导致不安全。

根据清华大学研究负弯矩影响的实验和结果，当支座负弯矩与跨中正弯矩的比值$n=M_-/M_+$较小时，破坏斜截面发生在跨中正弯矩区段，此时以支座截面剪应力表示的抗剪强度V_c/bh_0随n增大而提高；当n较大，则破坏斜面发生在靠近支座的负弯矩区段，此时的抗剪强度随n增大反而降低，但如梁跨较短，破坏斜截面与梁的理论反弯点交叉，则即使n较大，抗剪强度仍呈增长趋势。其实，可以将支座处有负弯矩的梁看作是有反弯点分割的几段简支梁。对于跨高比l/h_0较大的梁，抗剪强度随n的增加而增加，当$n=1$时达峰值，继续增大n，则抗剪强度下降。抗剪强度处于峰值时的n值与l/h_0的关系大体如下式所示：

$$n=1-0.01\left(14-\frac{l}{h_0}\right)^2 \tag{6.51}$$

若用简支时($n=0$)的抗剪强度来估计有负弯矩时的抗剪强度将是偏于安全的，尤其对短梁更是如此。

(4) 有筋梁在均布荷载下的抗剪强度。

配置箍筋使梁的抗剪能力有很大改善。箍筋不仅直接承受斜截面上的剪力，而且加强了纵向拉筋的销栓作用和斜裂面上的骨料咬合作用。大量实验表明，配有筋的梁在均布荷载作用下较少在主筋屈服以前发生剪坏，一般是弯坏控制，除非主筋的配筋率很高而跨高比又较大。对于截面配筋相同、跨高比不同的梁，最易出现剪坏，或抗剪能力与抗弯能力之比处于最小值的情况是$l/h_0=9\sim13$，如果在这一跨高比下是弯坏，那么同样配筋的梁在更高或更低的跨高比下不至于发生主筋屈服前的剪坏。

当支座有负弯矩时，有筋梁用支座截面名义剪应力V/bh_0表示的抗剪强度也受比值$n=M_-/M_+$的影响，虽然影响程度没有无腹筋时大，但这方面尚未有系统的实验数据。截面高度对抗剪强度的影响也没有无腹筋时那样显著。

配置箍筋后，梁的抗剪能力常用二项式表示，即

$$V=V_c+K\rho_k f_{yk} bh \tag{6.52}$$

如美国ACI规定，$V_c=0.165f_c bh_0$(f_c单位为MPa)，取$K=1$，其验算截面取离开支座h_0处，对均布荷载下的构件来说，该处的作用剪力比我国规范规定的以支座截面作为验算截面的作用剪力小。按我国《混凝土结构设计规范》(GB 50010—2010)的计算公式$V=0.07f_c bh_0+1.5\rho_k f_{yk} bh_0$，取$K=1.5$也比ACI规范大得多。实验表明，$K$值受跨高比及混凝土强度的影响，另外破坏截面的倾角越小，跨越的箍筋数量越多，K值就越大。跨高比小时，K值较低，而在较大跨高比时，K值可达$1.5\sim2$；K值也随混凝土强度增长而增长。因为实际的抗剪能力在跨高比小的梁中要高于跨高比大的梁，所以设计公式实际上是以后者作为主要依据的。因此，配置箍筋后取$K=1.5$大体是合适的。规范公式的主要问题在于$V_c=0.07bh_0$这一项。

防护工程构件对延性有较高要求。此外，地下结构顶盖和侧墙等受弯构件由于土体的拱效应使实际的土压力呈马鞍形分布，而设计计算时一般都按均布计算。马鞍形分布的压

力使作用弯矩减少而支座截面的剪力基本不变，结果对抗弯有利而增加剪坏的危险。所以，本来安全程度就不足的民用规范公式，如果直接用于抗爆结构将更不安全。

（5）屈服后剪坏。

以上说的抗剪强度都是指主筋屈服前发生的剪坏，即构件的承载能力是剪坏控制而不是受弯屈服。防护结构一般以受拉主筋屈服后的塑性工作状态为其正常工作状态，所以设计时必须考虑屈服后的抗剪性能，但对这个问题国内外都很少有过系统的研究。

屈服后剪坏有两种：① 由于受拉主筋强化或内力重分布等，构件的作用剪力在主筋屈服后仍有所增加，于是因抗剪强度不足而剪坏。这种剪坏的机理与屈服前剪坏没有根本区别。但提醒人们注意在设计中应对可能产生的最大作用剪力有足够的估计或给抗剪以更多的安全储备。② 典型的屈服后剪坏，发生在同时有较大负弯矩和较大剪力作用的截面，例如框架节点和连续梁支座处及其附近，其机理是主筋屈服后拉区裂缝迅速向深处发展，压区混凝土面积不断缩小，于是在剪力作用下出现斜截面剪坏。屈服后剪坏时的剪力大小是由构件的抗弯屈服能力决定的，并不代表构件的实际抗剪能力。因此，屈服后剪坏的根本问题是限制了弯曲延性的充分发挥，剪力的存在使弯曲屈服截面（或区域）在变形过程中提前遭到剪坏。

屈服后剪坏是斜截面破坏，但在跨高比较小的构件中也可出现接近正截面的剪坏。屈服后剪坏的问题有一定的复杂性，目前尚没有可供定量分析的计算表达式。下面简要介绍清华大学相关实验给出的主要现象和提出的工程处理方法。

① 截面受弯屈服对抗剪能力的影响。设计试件使普通钢筋梁首先发生支座截面受弯屈服而经过塑性内力重分配后的最终抗弯能力又能高于抗剪能力。所以调质钢筋梁发生典型的屈服前剪坏，而普通钢筋梁则发生屈服后剪坏，但后者剪坏时的作用剪力均不低于前者，说明抗剪强度并未因截面的初始屈服而降低。支座截面屈服后的抗剪能力甚至可有稍许提高，但机理不是很清楚，从实验现象观察，可能与屈服后受弯裂缝发育从而抑制斜裂缝发展有关，也可能由于截面屈服后该处的弯矩 M 基本不变而剪力 V 则用塑性内力重分配而继续有所增长，于是剪跨比 M/Vh_0 降低而抗剪能力增长。

② 屈服后剪坏对延性的影响。

a. 屈服后剪坏时的延性主要与两个因素有关：一个是屈服截面的主筋配筋特征 $\rho f_y/f_c$；另一个是作用剪力比 V_1/V_0，这里 V_1 是由构件屈服弯矩决定的作用剪力，V_0 是构件截面未屈服时应有的抗剪能力，对无腹筋梁为 V_c，对有腹筋梁为 V，如式(6.52)所示。$\rho f_y/f_c$ 越小，截面开始屈服时的压区混凝土应力和应变越低。所以发展到最终剪坏的变形过程就越长，即延性越好。V_1/V_0 越小，延性也越好。在无腹筋梁中，如有 $V_1/V_c < 0.8$，则构件的弯曲延性受屈服后剪坏影响较少，如同时有 $\rho f_y/f_c < 0.08 \sim 0.1$，则一般不出现屈服后剪坏。

b. 如以屈服后截面的转动能力来表示延性，则剪力对极限转角的影响十分复杂。屈服后剪坏可以限制屈服界面的塑性转动能力，但剪力引起的斜裂缝也能扩大塑性区的长度，产生更大的转角。实验表明，箍筋能增大极限转角，但少量箍筋无助于改善屈服后剪坏的延性。屈限后剪坏的延性数据非常离散，尽管实验数量很多，但仍然得不到可靠的统计数据。

③ 考虑屈服后剪坏的工程处理方法。综合实验后总结出，当构件支座负弯矩截面的作用剪力限制在下列范围内，则其延性不受屈服后剪坏的严重影响，即

$$V \leqslant 0.8V_c + 1.5\rho_k f_{yk} bh_0 \tag{6.53}$$

跨高比较大时可取 V_c 与简支时相等，即按式(6.52) 计算，这样偏于安全。当 $l/h = 14$ 时，有 $0.8V_c = 0.181 f_c^{1/2}\alpha_\rho\alpha_h bh_0$；当 $l/h = 8$ 时，有 $0.8V_c = 0.284 f_c^{1/2}\alpha_\rho\alpha_h bh_0$。

对于 C30 混凝土，设计强度 $f_c = 15$ MPa，取 $\alpha_\rho = \alpha_h = 1$，得 $0.8V_c$ 在 $l/h = 8$ 时为 $0.073bh_0 f_c$；在 $l/h = 14$ 时，为 $0.046bh_0 f_c$。与《混凝土结构设计规范》(GB 50010—2010) 的公式相比，可知规范公式对混凝土强度等级不超过 C30 且构件跨高比不大于 8 的构件是安全的；当强度等级超过C30时，式中的 f_c 项可乘以系数 $\alpha_c = f_{c、c30}^{1/2}$，其中 $f_{c、c30}$ 为C30混凝土的抗压强度，当跨高比大于 8 时，规范式中的 f_c 项应再乘系数 α_1。

$$\alpha_1 = 1 - \frac{1}{15}\left(\frac{l}{h} - 8\right) \geqslant 0.6 \tag{6.54}$$

所以，考虑屈服后剪坏延性的设计计算公式再书写成规范中的形式为

$$V = 0.07 f_c bh_0 \alpha_c \alpha_1 + 1.5\rho_k f_{yk} bh_0 \tag{6.55}$$

上述修正未曾计入支座负弯矩的存在对 V_c 的有利影响，在确定折减系数 α_1 时也取了稍微偏大的数值，但是并未考虑截面高度 $h > 30$ cm 时 $\alpha_h < 1$ 的不利影响。前面已经提到，高度的影响对无腹筋构件最为显著，而实际工程中只有板可以是无腹筋。实验表明，构件弯曲破坏时压区混凝土的极限应变值越大，相应的抵抗屈服后剪坏的能力也越强(破坏时有更长的变形过程即更好的延性)，而板的极限压应变可比梁中大许多。综合这些有利和不利的方面，作为一种工程处理方案，式(6.55) 的表达方式看起来是适宜的，但对高度很大的梁式构件，再适当降低式中的 f_c 项系数可能还是有必要的。

(6) 爆炸动载下的剪力作用。

传统的结构设计方法是将荷载引起的结构内力与结构的承载能力进行比较，防护工程的抗剪设计计算首先要确定发生在结构构件中的动剪力，后者的作用特点因动载与结构而异，大体可以分成下列几种情况。

① 动载的作用过程 t_0 比结构基振周期 T 长许多，或者动载有较长的升压过程，例如核爆空气冲击及其引起的土中压缩波荷载。而且施加于结构的动载强度与结构所能承受的能力相应(在设计问题中，一般都是如此)，这时的结构挠曲变形曲线与静载作用下较为一致。当内力从小到大发展时，在较大内力时刻的最大剪力位置，此时的截面内力弯矩 M 与剪力 V 的比值 M/V 或剪跨比 M/Vh_0 和剪力沿跨长的分布图形等都与静载下基本相同。所以这种情况下的作用剪力完全可以用单自由度体系进行动力分析，或者用等效静载法给出最大剪力。

按照单自由度假定，设梁在弹性阶段的振型为静挠曲线型，塑性阶段的振型为塑性铰形成的三角形，很容易导出支座面的动剪力，最大动剪力发生在弹性阶段终止的时刻，所以跨中截面屈服使支座处的动剪力减少，对抗剪有好处。

当用等效静载法设计时，等效静载通常是按照挠度相等的关系和抗弯延性确定的。可以证明，按照上述单自由度体系的振型假定所求得的支座截面最大剪力 V_m 并不完全等于静载 q 作用下的剪力 V_0，但比值 $kv = V_m/V_0$ 在 $t_0 > T$ 且有荷载系数 $k_h = q/p_0 > 1$ 的情况下，一般均小于并且很接近于 1(p_0 为动载峰值)，这说明按照等效静载法确定计算剪力是偏于安全的，我国人防规范正是采用这一方法来确定剪力的。我国规范中的等效静载只根据抗弯延性确定，在这一前提下，在设计中必须十分注意一些对抗弯能力有利的因素可能带来的

不良后果。例如，土压力的马鞍形分布可降低作用弯矩，推力的存在可显著增大构件的抗弯能力，这些都对抗弯有利，使得动载下本来应该进入屈服状态的仍保持弹性工作，结果导致作用剪力增加，从而引起脆性剪坏。

由于截面的抗剪能力与 M/Vh_0 即剪跨比有关，而 t_0 比 T 长许多的情况下，M/Vh_0 的大小分布在静载下相近(仅指较大内力下)，因此静载下求得的抗剪能力在考虑了变形速度影响之后即可作为动载下的抗剪能力，这一点也为动力实验结果所证实。

② 如动载作用时间 t_0 小于结构构件的基振周期 T，高次振型影响对剪力来说不能忽略。若仍按抗弯延性从单自由度假定出发取得的等效静载为 q，相应的支座截面剪力为 $ql/2$，则实际的最大剪力与等效静载下剪力 $q/2$ 的比值 k_v 不能近似为 1。这种动力分析利用计算机容易求出。当荷载系数 $k_h = q/p_0$ 较小时，k_v 可比 1 大许多，k_v 随 t_0/T 增加而增大。

由于高次振型不能忽略，截面 M/Vh_0 值沿跨长的分布将随时间而改变，而且最大剪力也不一定发生在支座截面，因此难以根据静载下的抗剪强度来推定动载下的截面抗剪能力，这方面的实验验证资料较少，一般仍按静载抗剪能力考虑材料快速变形影响作为验算依据，估计偏于安全。

③ 当动载作用时间十分短促，$t_0 \leqslant T$，这时做动力分析时，还必须考虑截面转动惯量和剪切变形对动剪力的影响，即需按 Timoshenko 梁进行计算，而不能按通常材料力学中的 Bernoulli－Euler 梁进行计算。这时，动载作用下有梁的塑性从两侧向跨中移动，弯矩分布图形与静载下相差很大，尤其是剪力的分布图形相差很大，在半跨内可见反向的剪力出现，最大剪力可在接近跨中的部位发生，不论是弯矩或剪力图形均随时间发生剧烈变化。Slawson 认为高箍筋率($\rho_{sv} = 2\%$)截面抗剪能力比静截下有非常大的提高，当发生斜截面剪坏时，承载能力达到 $3.8(f_c bh_0)2^{1/2}$，Kiger 等提出，对于跨高比为 4 ～ 10 的钢筋混凝土构件，当荷载从静载转变为高强度的冲量荷载时，没有必要在设计中专门考虑动反力造成的剪切问题。变形速度在这一场合下很大，对抗剪能力可能产生重大影响。

④ 当 t_0 较小，且作用的动载强度超过实际承受值多倍时，结构构件可能在支座截面发生直剪破坏，美国进行的 FOAMHEST 实验最早发现了这种破坏现象，Ross 等对直剪破坏机理有过探讨。在动载作用下，支座处剪力在初始阶段发展较快，而跨中弯矩发展较慢，但稍后则相反，所以如果动载强度与梁的承载能力相应，则梁在稍后的阶段首先屈服，一般发生弯坏；如果动载强度非常大，梁在初始阶段的作用剪力首先达到抗剪能力，此时的弯矩尚不足以达到屈服状态，于是梁在弹性阶段下发生直剪破坏。

直剪破坏时的截面抗剪能力尚无充足的数据，Slawson 等认为可按钢筋混凝土整体节点直接剪坏的静载下计算公式再增加 50%。

我国设计规范中，混凝土设计强度在动载作用下的提高比值对于抗拉和拉压均取同一数值。这是由于抗拉强度虽然在快速变形下提高较多，但龄期引起的后期强度增长却不如抗压强度。规范同时考虑了动载引起快速变形和龄期引起后期强度变化这两种因素。从实用方便出发，动载下的抗剪强度可以借用静载设计所采用的公式，对公式中的混凝土项乘混凝土材料强度提高系数，箍筋项乘钢材强度提高系数，当混凝土项用 $f_c^{1/2}$ 表达时，材料强度提高系数应乘在根号外而不是根号内。

考虑到剪切破坏的脆性及其严重后果，美国一些防护结构设计手册中，多在抗剪计算公式中取混凝土的动力强度提高系数为 1。

由上述分析可知：

① 防护结构的主筋配筋率有时较低，而抗剪强度随着主筋配筋率的减少而降低，但实验表明，当主筋配筋率低到一定程度(约 0.8%) 以后，抗剪强度则与主筋配筋率无关。所以，低配筋率对抗剪强度的影响并不像一般认为的那样严重。

② 均布荷载下的抗剪强度与跨高比有关，也受支座负弯矩与跨中正弯矩的比值影响。规范中的实用近似公式一般多按最不利的情况，即按简支与较大的跨高比来规定抗剪能力的计算值，了解这些特点有助于正确处理工程设计问题。

③ 防护结构需要在屈服状态下正常工作，所以必须考虑屈服后剪坏的可能性，防止屈服后剪坏严重影响结构构件的延性。屈服后剪坏可发生在同时有负弯矩和较大剪力存在的支座或框架节点附近截面。为了保证屈服后剪坏不严重削弱构件延性，建议修改混凝土防护结构设计规范中的抗剪计算公式。

④ 动载作用下防护工程混凝土构件的剪力作用特征非常复杂，现在只有在动载作用过程相对较长、构件内力分布于静载作用下相近的情况，能够比较准确地给出作用剪力以及构件的抗剪能力。

⑤ 快速变形速度对抗剪能力提高的影响与不同的剪坏形态有关，斜拉破坏时最高，斜压破坏时最低。斜拉破坏时的强度可提高 40% 左右，但实际构件的抗剪破坏多属剪压或斜压破坏，故抗剪强度提高 20% 左右。防护工程设计要防止结构构件出现脆切剪坏，尽量使结构的承载力受弯坏控制而不是剪坏控制。抗剪能力受多种因素影响，而规范公式又不可能充分反映众多的参数，所以了解防护工程钢筋混凝土构件的剪力作用特点以及抗剪性能特点，对于设计技术人员来说是相当重要的。

6.3.4 钢构件的动力性能

目前，钢构件越来越多地用在防护结构中，如防护结构中的口部钢防护门、防爆波活门等防护设备，用于口部平战转换封堵的型钢梁、封堵钢板以及口部防倒塌棚架等受到爆炸动载作用的结构构件。

(1) 受弯构件。

钢结构受弯构件的设计或分析通常以构件的非弹性工作状态为依据。对于钢材，其设计方法属于塑性设计。塑性设计不仅使用塑性弯曲理论，而且还使用由于塑性铰形成产生的弯矩重分布概念。在对承受爆炸作用的钢构件承载能力的设计或分析过程中，可使用静载作用下钢结构塑性分析的许多概念和计算公式，但应计入材料的动力强度提高因素。

在结构型钢构件的塑性抗弯强度的估算中，一个重要的考虑是梁受压翼缘的侧向支撑问题。在梁到达弯曲强度之前，梁受压翼缘不应发生屈曲。

对于平板钢构件，其最大挠度和最大应力受板的几何形状及板边支撑形式的影响。除非设有加劲体系，否则平板在侧向荷载作用下只有很小的抗弯能力。在大部分情况下，板的大变形将产生薄膜作用，并主要由此承担荷载。使用井式形钢梁或加筋肋可减少平板的大挠度，例如钢防护门。根据井式形钢梁的特性，可给出类似的基本关系式来计算抗弯能力。此外，应该考虑扭曲的影响。

剪力影响构件的塑性弯曲能力。在弯矩和剪力同时存在的刚性或连续支撑处，剪切屈服的出现将使构件的弯曲能力降低。然而，I字形梁的上、下翼缘主要用于抗弯，腹板主要用于抗剪。由于较大的剪力和弯矩通常同时发生在弯矩梯度最陡的部位，实验表明，直到剪切屈服应力完全布满腹板的有效高度时，梁的塑性抗弯能力才有显著的降低。

钢梁的抗力函数与结构超静定程度有关，通常由两段或三段直线组成，有时也简化成刚塑性。受弯构件的延性比，对一般密闭、变形要求的可取 3 ～ 5；对没有变形要求的可取 10 或更大。

(2) 受压构件。

动载作用下，受压构件的承载能力计算、工作状态、破坏形态均可参照静载下的情况，但要考虑材料的动力效应。

受压构件包括轴心受压构件和压弯构件。当结构受到侧向爆炸荷载作用时，柱子将同时受到弯矩和轴向荷载作用，这时柱子应作为压弯构件来对待。

许多受压构件也受到弯矩作用，因此可视为压弯构件。如果承受轴向荷载的构件抗屈曲支撑足够牢固，那么施加的弯矩和轴力将使结构构件进入塑性状态。如果横向支撑不足和主轴之间的弯曲刚度差别太大时，结构构件将在弯矩作用平面外发生弯曲，同时产生扭曲。对于具有中等长细比的柱子，这种屈曲通常发生在柱子某些已经屈服的部分。

6.4　本章小结

动荷载导致的不同应变率下的相同材料应力－应变关系及其相关强度和变形指标是不同的，爆炸引起的高应变率下材料的力学行为，对防护结构构件的设计除了表现在动强度代表值上的影响外，也直接影响结构构件的变形性能，即延性系数，这是不同结构构件在动荷载下的受力性能差异主要来源。对于钢、混凝土、砌体三种主要结构材料动力性能分析后，可更好地进行所涉及结构构件在不同受力状态下的爆炸响应，在对受弯、受压(偏压)、受剪等较典型受力状态下结构构件受力阶段和破坏模式等性能的分析后，可发现其与常规静荷载下相应结构构件的异同，可建立武器爆炸动荷载下结构构件承载能力极限状态分析方法。

第7章 地下防护结构动力分析

7.1 概 述

荷载是因直接作用而施加在结构上的一组集中力或分布力。作用力如随时间迅速改变其大小、方向或作用位置,称为动力。作用于结构的这种荷载称为动力荷载或动荷载。结构在动力荷载作用下,其位移和内力也随时间发生变化。结构动力分析的主要目的是研究动荷载作用下结构的运动规律,并确定其最大位移和内力,以便进行结构设计。

防护结构在不同工作条件下,可能受到各种动力作用。防护结构主要承受武器直接接触的冲击爆炸作用,爆炸空气冲击波及其引起的岩土压缩波荷载。这些均属瞬态脉冲荷载或短时间作用的动力荷载。

进行防护结构设计时,如果是在动载作用下的工作状态中,不允许出现不可恢复的残余变形,动力分析时则将结构视为弹性体系。反之,如果设计时可以利用结构的塑性变形性能,则视为弹塑性体系。有些重要或有特殊要求的防护结构和设备,则要求按弹性体系进行动力分析和设计。例如,安全度要求很高,或防止产生残余变形影响设备开启,或不允许因构件裂隙过大引起毒气渗漏等。此外,结构按弹性体系动力分析的知识,也是进一步进行弹塑性动力分析的基础。

7.1.1 动力问题的基本特性

动力是随时间而变化的作用力,动载的作用使结构产生振动。在动载作用下,结构随时间变化的位移是由振动加速度所引起的。动力问题的基本特性是不能忽略结构质量运动加速度的影响,即在考虑结构的力平衡问题时,必须计入振动加速度引起的惯性力,或者在能量守恒中不能忽略动能的影响。

例如,简支梁在承受均布静载作用时,它的内力及挠度曲线形状直接依赖于给定的荷载,但如果简支梁承受的荷载为随时间而变化的动力荷载时,则此简支梁的内力及位移不仅与外加荷载相关,还与振动的加速度有关。如果此动力荷载变化得非常缓慢,以至于惯性力小到可以忽略不计,即使荷载和反应可能随时间而变化,也可使用静力分析的方法来解决。结构动力分析的根本难点在于引起惯性力的变形及位移本身又受这些惯性力的影响。

7.1.2 爆炸荷载作用下结构的动力响应特点

首先,从结构动力反应的宏观现象谈起。图7.1所示为弹性梁受核爆冲击波荷载作用时的变形情况,图中 $P(t)$ 曲线反映了冲击波压力荷载的变化规律,其特点是压力瞬时升到峰值 P_0,然后缓慢下降;$y(t)$ 曲线则表示梁在荷载作用下的跨中位移(挠度)随时间变化的规律。图7.2所示为弹性梁受化爆冲击波荷载作用时的变形情况,化爆冲击波荷载的特点是作用时间十分短促，只有十几毫秒甚至更短。

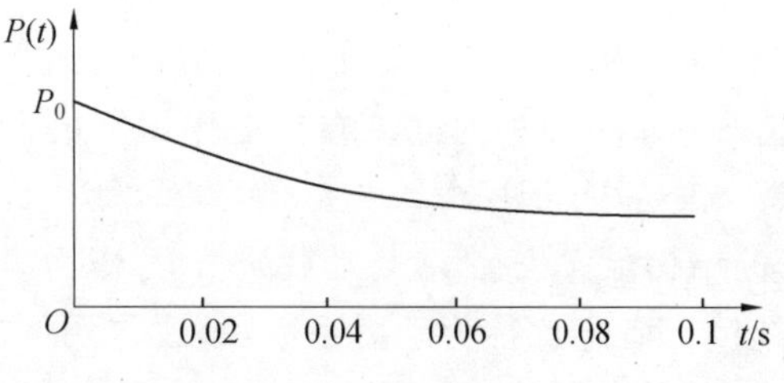

(a) 荷载－时间曲线

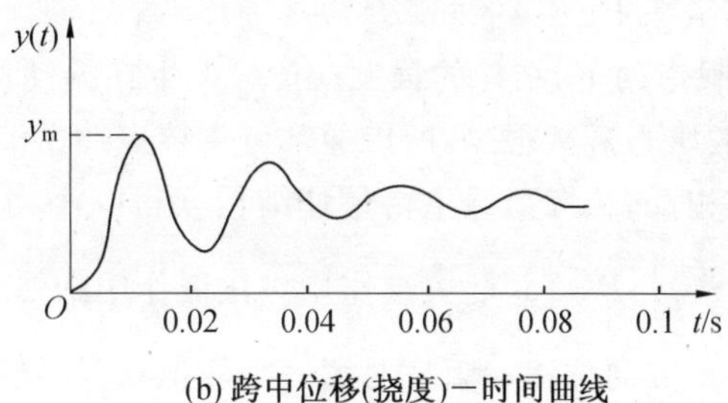

(b) 跨中位移(挠度)－时间曲线

图 7.1　弹性梁受核爆冲击波荷载作用时的变形情况

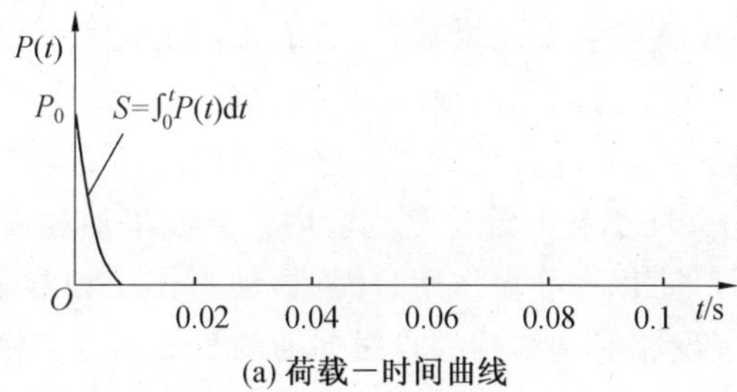

(a) 荷载－时间曲线

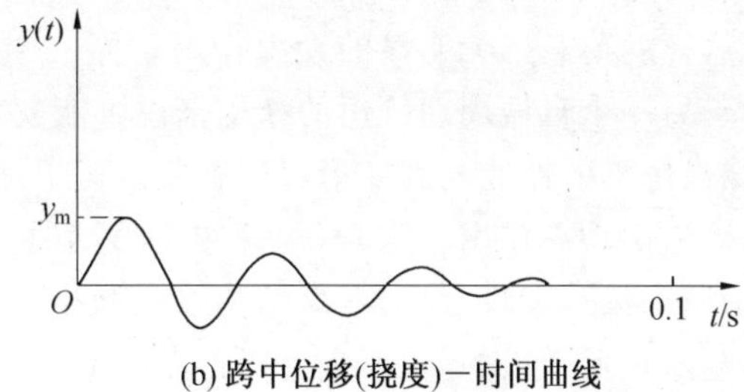

(b) 跨中位移(挠度)－时间曲线

图 7.2　弹性梁受化爆冲击波荷载作用时的变形情况

从图 7.1 和图 7.2 可以看出：

(1) 爆炸冲击波是单调变化的一次脉冲荷载，但梁的变形却随时间上下波动，即产生了振动。振动逐渐衰减反映了各种阻尼力的综合作用。结构在化爆动载作用下，作用时间相当短，构件在动载消失后振动，主要是自由振动；而结构在核爆作用下，作用时间相对较长，主要是强迫振动。由于阻尼作用，核爆动载作用下的位移最后随着荷载的不断衰减也呈单调减小，荷载消失后不再出现明显的自由振动。

结构自由振动时,上、下振动一周的时间,称为自振周期,自振周期是结构固有的重要动力特性。

(2) 位移的变化规律 $y(t)$ 与荷载的变化规律 $P(t)$ 并不一致。虽然荷载瞬时达到最大值,但梁的位移达到最大值却需要一定的时间。在化爆作用下最大位移一般发生在荷载消失之后。

(3) 动载 $P(t)$ 作用下的结构最大位移 y_m 与动载峰值 P_0 作为静载作用时的静位移 y_j 大不相同。在弹性工作阶段时,二者之比称为动力系数,核爆作用下的动力系数接近 2,化爆作用下可能小于 1。所以,在爆炸动载作用下动力反应的大小不仅和荷载峰值有关,还与荷载作用时间与自振周期的比值$\frac{t_0}{T}$有很大关系。

(4) 在突加的爆炸荷载作用下,结构的最大动位移发生在振动曲线中的第一个峰值,对于核爆冲击波来说,此时的压力衰减很少,所以通常可将核爆冲击波荷载简化为突加平台荷载来进行动力分析。与此相反,化爆荷载主要是使结构获得一个初始的运动速度而产生自由振动,所以荷载的冲量 $S=\int_0^t P(t)\mathrm{d}t$ 起关键作用。化爆作用的强弱常用冲量来表示,化爆作用下还出现数值很大的反方向位移。阻尼对第一个峰值 y_m 的影响不太显著,因此在计算最大动位移时往往不考虑阻尼作用,但在估计反弹负值位移时不宜忽视阻尼的影响。

从根本上来说,以上所产生的动力现象是不同于静力的。众所周知,在非常缓慢增减的静力作用下,弹性结构的位移随着荷载增减,二者成比例变化。而结构在动力作用下产生加速度进而具有惯性力是产生动力现象的根本原因,因而在动力作用下需要考虑惯性力。动力作用下任一瞬间的结构位移和内力可看成是这一时刻的动载(如果有阻力,则包括阻力在内)与这一时刻的惯性力共同引起的静位移和静内力。如果加速度或惯性力的影响小到可以忽略的程度,动力作用可简化为静力作用。因此,动力作用和静力作用是相对的,主要看外力随时间变化的迅速程度相对于结构的自振周期的长短而定。爆炸冲击波荷载是瞬时突加的,所以对任何结构都有动力作用,但如荷载有一定升压时间,则当升压时间与自振周期的比值较大(超过 4) 时,这样的荷载已无明显的动力作用。同一个随时间变化的力对于某一结构来说是动载,而对于另一个自振周期较短的结构来说可能就可看成静载。

结构材料在快速动载作用下的性能与其变形过程有关。对于爆炸冲击波或压力波作用下的结构构件,通常是承受一次动载作用。这时,构件的变形随时间单调增长至最大峰值,接着出现衰减振动。对于结构设计来说,只需考虑结构在最大变形峰值下是否能经受得住考验,以后的过程除了可能出现反弹以外,皆不是主要考虑因素。结构构件从开始受力到变形达到最大值的时间t_m 主要取决于以下几点。

(1) 构件的自振频率。

(2) 动载的特性,如作用时间t_0、升压时间t_1 及其与构件自振周期的比值t_0/T 或t_1/T。

(3) 塑性变形的利用程度,即动载作用下处于塑性阶段的最大动位移 y_m(或最大应变)及其与弹性极限位移 y_0 的比值 y_m/y_0。

动载下结构的变形过程取决于动载随时间的变化规律和结构的自振周期 T。弹性工作状态下,结构达到变位最大值的时间t_m,对于化爆其作用约为 $T/4$,对于核爆其作用接近且不超过 $T/2$。如果动载有升压时间t_1,则t_m 也与t_1 有关,但一般不超过$(t_1+T/2)$。结构若处于弹塑性工作状态，结构到达最大塑性变形的时间要大于弹性工作状态时的数值，而结构到达最大抗力或开始屈服的时间t_y则比弹性工作时的t_m值少。结构材料从开始变形到应力达最大值的时间，大体上就是结构变位或抗力达到最大值的时间（通常防护结构其值小于50 ms），从而可以大致确定防护结构在动载下的应变速率范围。由于结构材料从受力变形到破坏是一个变形过程，在快速变形时，这一过程表现为滞后，反映在材料强度指标上则是强度提高，但变形特征（如塑性性能等）一般变化不大。

防护结构允许进入塑性阶段工作，承受动载的构件设计也必须保证其具有足够的塑性变形能力，并避免发生突然性的脆性破坏。这也与动载作用下结构构件经历的工作状态和所表现的性能密切相关。

7.1.3　针对不同动力的结构设计特点

动载为一次作用的脉冲荷载，如爆炸冲击波荷载及其引起的岩石压缩波荷载。在这种荷载作用下，结构受到短暂力作用，所以设计时可利用结构的塑性性能，安全度也可稍低些。与此同时，由于材料强度在快速变形下有所提高，故材料的设计计算强度可以高于静载作用时。

动载为近地面爆炸引起的地震力。空气冲击波撞击地面时引起的地震作用较微弱，一般可不加考虑，但当核武器接地爆炸时，整个地层发生强烈运动，对结构及其内部人员设备有巨大的破坏作用，必须采取防震措施，如设缓冲垫层等。

动载为周期振动荷载，这种荷载通常由结构内部机器设备引起。当这种动载的振动频率与结构的自振频率重合或接近时，会引起结构的共振，共振下结构的变形不断增大而易导致结构最后发生破坏。在同期荷载反复作用下，构件塑性变形不断累积，表现为结构材料强度降低，最后导致结构破坏。因此，在设计承受此类荷载的结构时，不允许结构出现塑性变形。

7.1.4　结构的自由度及简化

结构动力分析时必须考虑惯性力的作用，这就需要研究质量的位置变化，必须考虑质量的分布及运动过程中位置的确定问题，因而首先要选定用来确定质量运动位置所需要的独立参数的个数，即体系的振动自由度数。图 7.3(a) 的梁具有连续分布质量，可将它分为许多微段，它们之间为弹性连接，则每一微段的质量均需有一个独立的参数确定其位置。此独立参数的数目称为结构或构件的自由度数。因此，实际的结构或构件严格来说都是无限自由度体系。除了可以用直角坐标参数来确定质量位置外，也可采用其他广义坐标，例如角度或用特定形状的变位曲线的幅度作为参数。对分布质量而言，任一时刻的变位曲线可视为一系列相互独立的位移函数之和，每一个位移函数具有固定的形状，但其幅值可以改变。这样的函数还必须满足支座边界条件。例如，图 7.3(b) 的简支梁的位移，可以用$\sum_{n=1}^{\infty} A_n \sin \frac{n\pi x}{l}$来表示，其中的$n$为任意的正整数。这里采用的广义参数是正弦函数的振幅A_n，共有无限个参数A_n，相应有无限个自由度。除了正弦曲线外，也可采用其他合适的位移函数作为广义坐标参数。

体系的自由度个数越多，动力分析就越复杂，所以在允许的误差范围内，常将无限自由

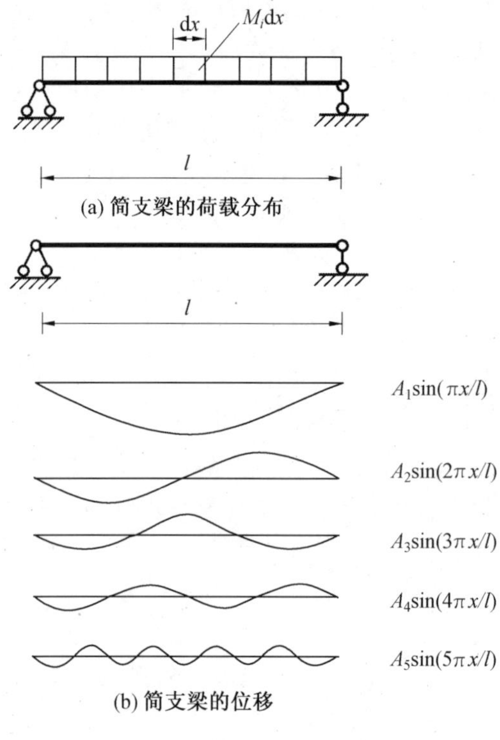

(a) 简支梁的荷载分布

(b) 简支梁的位移

图 7.3　简支梁的位移参数

度的实际结构简化成有限自由度体系。而在防护结构的动力分析中，经常简化成单自由度体系。一般减少自由度可采用下列方法。

(1) 将质量适当集中，变成有限自由度的集中质量体系。例如，图 7.4(a) 的简支梁将均布质量集中后成为单自由度或两个自由度的体系；图 7.4(b) 的地下框架将其质量集中后成为五个自由度体系。

(2) 假定振动变位曲线形状。图 7.3 的简支梁，在均布动载作用下取前五个正弦位移函数，由于荷载和结构都对称，反对称的位移函数不可能出现，这样就只有广义坐标参数A_1、A_3 和A_5，简化成三个自由度体系。如果进一步认为均布动载下第一个位移图形应占主导成分，忽略其他项，可简化成单自由度体系。构件的单自由度动力分析也可以取均布荷载作用下的静挠曲线形状作为振动曲线形状，以其跨中挠度作为这个单自由度体系的坐标参数。

(3) 将结构分段或分成单元。这种方法综合了前两种方法的某些特点，如用有限元法进行结构的动力分析。

7.1.5　结构动力分析的基本原理

动力体系中，惯性力由结构位移产生，反过来位移又受惯性力大小的影响。这种相互影响的关系使得分析显得非常复杂，必须将问题用微分方程表示。对于质量连续分布的实际结构，如果要确定全部的惯性力，则要求确定每一个质点的位移和加速度。此时，因为各质点的位置及时间都必须看作独立变量，故分析须用偏微分方程来描述。若已简化为单自由度体系，其动力位移的数学表达式仅为常微分方程。求解体系的运动微分方程可以得到结构体系的位移和变形的规律，进而可求得工程设计所需的结构内力和应力。建立动力体系

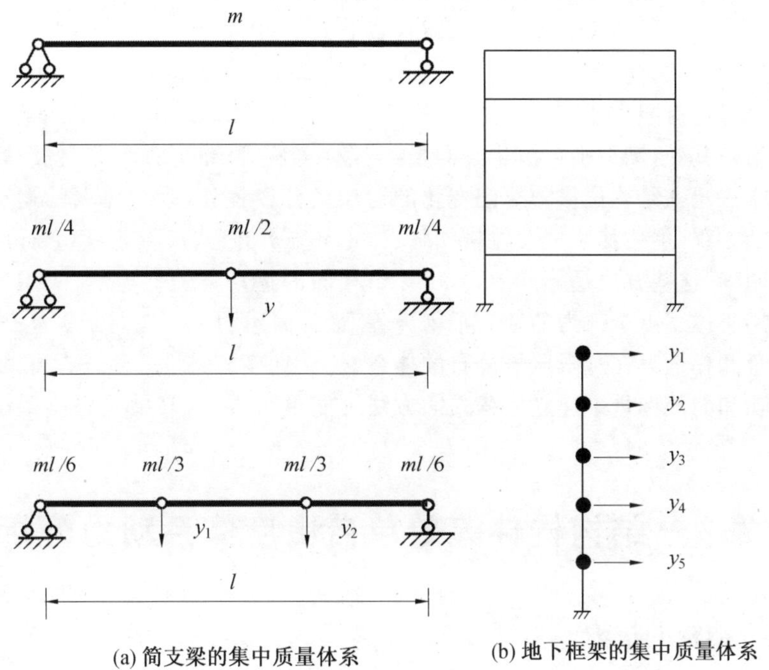

(a) 简支梁的集中质量体系　　(b) 地下框架的集中质量体系

图 7.4　集中质量体系

的运动方程可以用不同的方法，它们对研究不同的特殊问题各有其特点。下面介绍两种比较容易理解的方法。

(1) 直接平衡法。

动力作用下结构运动并发生变形，在结构内部产生与这一变形相应的内力称为抗力。如图 7.5 所示的集中质量体系，设作用于质量 M 上的外力为 P，体系抗力为 R，根据牛顿第二定律有

$$M\frac{\mathrm{d}^2 y}{\mathrm{d}t^2}=P-R \tag{7.1}$$

将质量与加速度的乘积称为惯性力 I，并取其方向与加速度方向相反，则得

$$P-R+I=0 \tag{7.2}$$

式中，$I=-M\frac{\mathrm{d}^2 y}{\mathrm{d}t^2}$。

式(7.2) 表明，在质点运动的任一瞬时，质点所受外力、抗力与质点的惯性力在形式上构成共点的平衡力系，这就是达朗贝尔(D'Alem bert)原理。直接平衡法是应用达朗贝尔原理来建立运动方程的。

图 7.5　集中质量体系受力图

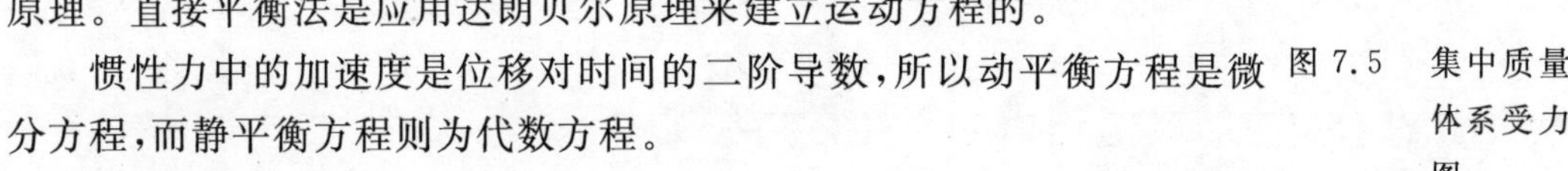

惯性力中的加速度是位移对时间的二阶导数，所以动平衡方程是微分方程，而静平衡方程则为代数方程。

(2) 能量法。

能量法是能量守恒原理的应用。结构在动力作用下因变形积蓄应变能，其质量因获得速度具有动能，外力则因作用点移动而做功。在任一时刻，外力到此时为止所做的功 W，等

于该时刻的结构应变能 U 与动能 K 之和，写成能量方程为

$$W = U + K \tag{7.3}$$

与静力问题相比，能量方程中多了一项动能。如为自由振动，则外力功的一项为常量。如果结构运动时还有阻力作用，则在方程内应加入一项阻力 D，在方程的外力功中应减去阻力消耗的能量。其中，动力平衡方程是向量(矢量) 方程，能量方程是非向量(标量) 方程。

除以上方法建立结构位移随时间变化的运动微分方程外，动力体系的运动方程还可以分别应用虚功方程(虚位移原理)、拉格朗日(Lagrange) 方程、汉密尔顿(Hamilton) 原理来建立。应当明确，这些方法是等同的，并可导出相同的运动方程。当然，应用达朗贝尔原理直接建立作用于体系上全部力的动力平衡方程，最为简单明了。但对于更复杂的体系，特别是对那些质量和弹性只在有限区域分布的体系，建立直接的矢量平衡方程可能较困难，而应采用仅包含功和能等标量来建立方程式的方法可能更为方便，其中又以应用虚位移原理的方法最直接。

7.2　结构构件等效单自由度体系动力分析

7.2.1　结构的抗力

体系的抗力是因结构变形而产生的内力，对于给定的材料，抗力 R 只与变形有关，变形与抗力的关系 $R(y)$ 称为抗力函数。图 7.6 所示为几种典型的抗力函数曲线，其中R_m 为体系的最大抗力，y_e 为弹性阶段体系振动的最大位移，y_u 为体系丧失抗力时的最大变形。

图 7.6(a) 为理想弹性体系。图 7.6(b) 为理想弹塑性体系。若弹性变形部分相对很小可以忽略，则抗力曲线可简化成图 7.6(c)，称为刚塑性体系。图 7.6(d) 为超过弹性极限变形后的线性强化体系。图 7.6(e) 为超过弹性极限变形后的线性衰减体系。图 7.6(f) 为抗

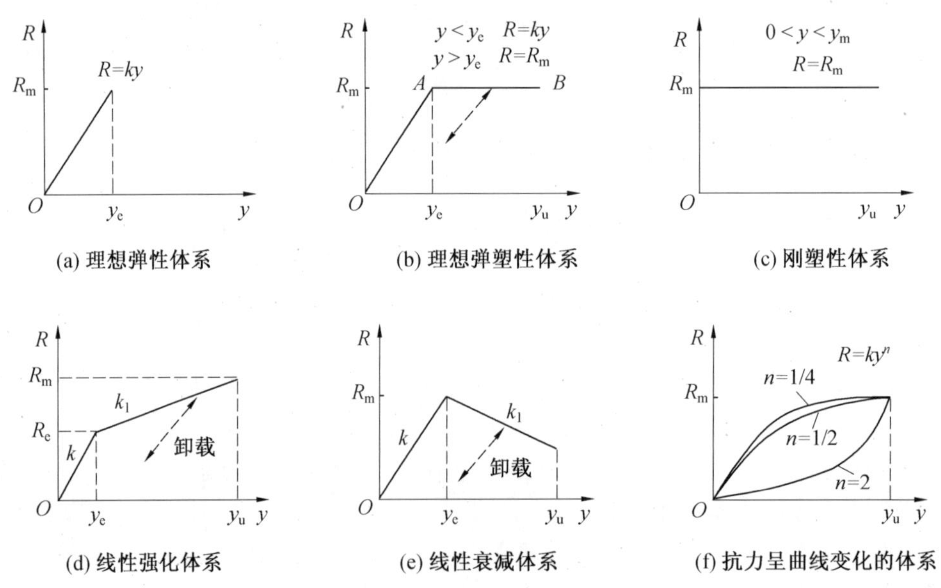

图 7.6　几种典型的抗力函数曲线

力呈曲线变化的体系。为便于运算，结构的抗力在数值上常用产生这一变形的外加静载来表示，所以结构的最大抗力在数值上等于结构所能承受的最大静载，抗力函数及其曲线上包含的R_m、y_e以及弹性阶段的弹性系数k等参数都是结构体系所固有的力学特性，单自由度集中质量体系的弹性系数与最大抗力如图 7.7 所示。若为理想弹塑性，则图 7.7(a) 中k为弹簧单位伸长所需静力；图 7.7(b) 中k为简支梁跨中产生单位水平位移所需静力，R_m为弹簧伸长到屈服时的外加静力(图 7.7(a))或梁中的最大弯矩达到断面的抗弯极限值M_R时的外加静力(图 7.7(b)、(c))。

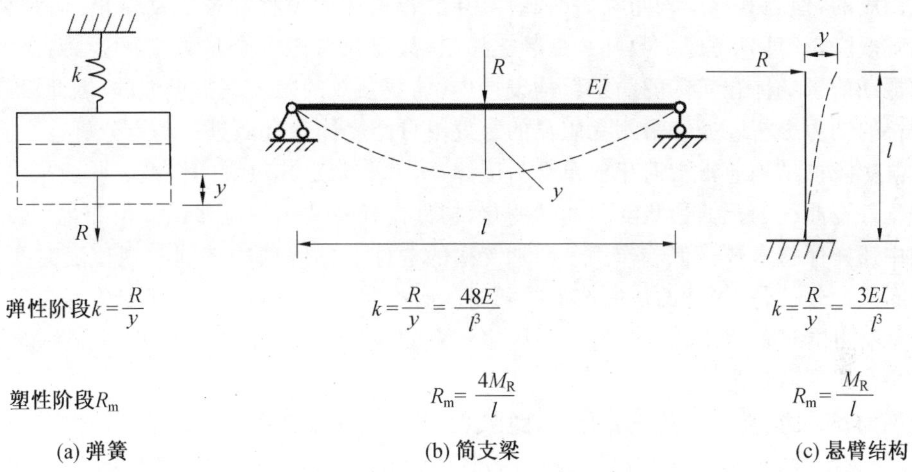

弹性阶段$k=\frac{R}{y}$　　$k=\frac{R}{y}=\frac{48E}{l^3}$　　$k=\frac{R}{y}=\frac{3EI}{l^3}$

塑性阶段R_m　　$R_m=\frac{4M_R}{l}$　　$R_m=\frac{M_R}{l}$

(a) 弹簧　　(b) 简支梁　　(c) 悬臂结构

图 7.7　单自由度集中质量体系的弹性系数与最大抗力

7.2.2　结构构件的等效体系

首先，引入无阻尼弹性体系的自振频率与振型的概念。

令式(7.1) 中 $P(t)=0$，则微分方程的解表示单自由度弹性体系的无阻尼自由振动，即

$$y=y_0\cos \omega t+\frac{\dot{y}}{\omega}\sin \omega t=A\sin(\omega t+\varphi) \tag{7.4}$$

式中，$A=\sqrt{y_0^2+\left(\frac{\dot{y}_0}{\omega}\right)^2}$；$\varphi=\arctan\left(\frac{\omega y_0}{\dot{y}_0}\right)$；$\omega=\sqrt{\frac{k}{M}}$；$y_0$与$\dot{y}$分别为初始位移和初始速度。

这种自由振动是一种以正弦函数规律随时间变化的简谐振动。自振周期 $T=2\pi\sqrt{\frac{M}{k}}$，$\omega=\sqrt{\frac{k}{M}}$称为自振周期，体系的质量$m$越大，刚度$k$越小，则自振频率越低，振动的最大位移$y_m$、最大速度$\dot{y}_m$和最大加速度$\ddot{y}_m$间有下列关系：

$$\omega=\frac{\dot{y}}{y_m},\quad \omega^2=\frac{\ddot{y}_m}{y_m} \tag{7.5}$$

多个自由度的体系，在某一适当初始条件下，体系内各质点可同时按某一固定频率做简谐振动，这时各质点间的位移比值在任一时间内均保持不变，体系按此频率发生的无阻尼自由振动称为主振动。体系做主振动时，保持固定的振动型式，称为主振型，一种主振动有一固定的频率与之相应，只需一个参数即能确定体系全部质点的位移。

体系有多少个自由度，就有可能有多少个主振型。每一主振型相应有一个自振频率，其中最低的一个自振频率称为第一自振频率或基频，相应主振型称为第一主振型或基振型。按照频率值从小到大，依次有第二自振频率、第三自振频率以及第二主振型、第三主振型等。

n 个自由度体系可以有 n 个主振型，这是弹性体系的固有特性，但弹性体系在动载作用下产生哪几种主振型的受迫振动，则与动载特征密切相关。

实际防护结构构件具有无限自由度，且有复杂的抗力函数关系，要精确确定其动力反应是很困难的，但当其承受均布动力荷载作用时，若求最大位移和最大动弯矩，而计算精度的要求一般时，就可只考虑少数几个低频主振型，甚至只考虑一个基频主振型，完全可以忽略高次振动的影响。在实际的防护结构设计中，动载参数的确定是很近似的，因此没有必要进行严格的动力分析。通常采用无阻尼的等效单自由度体系近似进行动力分析。

既然防护结构通常被简化成单自由度体系，就要确定其对应的振型。一般来说，动载作用下构件挠曲线的几何形状随时间的变化，构件内任意两点的位移比值也变化，而不是像主振型中那样保持常数。但若作用于两端支撑的构件上的动载均按同一规律随时间变化，荷载分布又比较均匀，构件的挠曲线形式随时间改变虽也发生变化，但其变化程度往往不大，这样就有可能近似假定构件是按某一固定不变的振型振动。通常可取动载作为静力作用时的静挠曲线形状作为振型。

例如，简支梁在均布荷载 q 作用(图 7.8)下的挠曲线方程为

$$y(x)=\frac{qx}{24EI}(l^3-2lx^2+x^3) \tag{7.6}$$

因体系做主振动时，只需一个参数即能确定体系全部质点的位移，故可令梁中任一点作为代表点，令其位移为 1，以跨中作为代表点，跨中挠度 $f=\dfrac{5ql^4}{384EI}$，故均布动载下的振型可取

$$X(x)=\frac{y(x)}{f}=\frac{16}{5l^4}(l^3x-2lx^3+x^4) \tag{7.7}$$

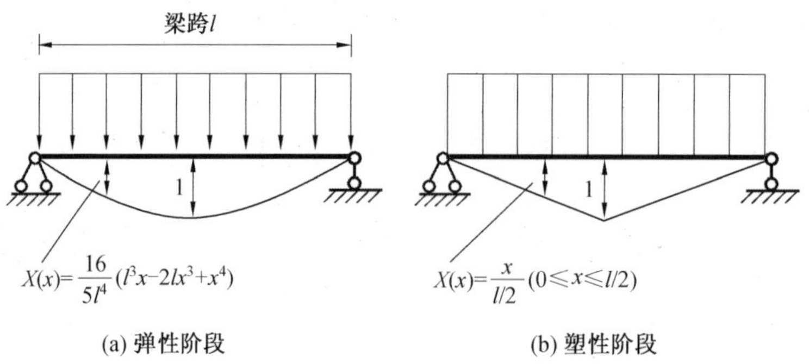

图 7.8　简支梁的假定模型

将上述简化成单自由度的分布质量体系，用简单弹簧质点体系来代表，称为实际构件的等效体系。等效体系中质点的位移与构件中具有代表性的点的位移完全相同，其自振频率与按照假定振型振动的构件的自振频率也相同。要满足上述两点要求，实际构件与等效体

系之间必须有完全相同的运动方程。运动方程可用能量原理建立，因此等效体系的动能、势能和荷载功必须与原构件中相应值相等。据此原则，可求出等效体系中的等效动载$P_e(t)$、等效集中质量M_e、等效体系的弹性常数k_e及最大抗力R_{me}与实际构件体系动载、质量、抗力之间的换算关系。

7.3　弹性体系动力分析

防护结构在不同工作条件下，可能承受各种动载作用。当结构在动载作用下的工作状态中不允许出现不可恢复的残余变形时，动力分析时将结构视为弹性体系。某些重要或有特殊要求的防护结构和设备，是按弹性体系进行动力分析和设计的。如安全度要求很高，或防止结构构件产生残余变形影响设备开启，或不允许因构件裂隙过大引起毒气渗漏等。

7.3.1　弹性构件的等效系数与等效体系的运动方程

(1) 荷载系数。

根据动载所做的功在实际构件体系与等效体系中做功应相等的原则可确定动载的变换关系。

设长为 l 的实际构件上的动载为分布荷载 $P(x)f(t)$ 和集中荷载$P_i f(t)$，其中 $P(x)$ 为峰值，$f(t)$ 为随时间变化规律。构件的振型为 $X(x)$，则任一点处任一时刻 t 的位移为 $X(x)y(t)$，相应于集中荷载P_i(位置为 $x=x_i$) 处的位移为$X_i y(t)$，其中$X_i=X(x)\big|_{x=x_i}$。

到时间 t 为止，等效体系的荷载$P_e(t)$ 所做的功为

$$W=\int_0^y P_e(t)\mathrm{d}y=\int_0^y P_e f(t)\mathrm{d}y \tag{7.8}$$

真实体系的荷载所做的功为

$$W=\int_0^y\int_0^l P(x)f(t)\mathrm{d}xX(x)\mathrm{d}y+\int_0^y\sum P_i f(t)\,X_i\mathrm{d}y \tag{7.9}$$

令式(7.8) 与式(7.9) 相等，可得

$$P_e(t)=\int_0^l P(x)f(t)X(x)\mathrm{d}x+\sum P_i f(t)\,X_i \tag{7.10}$$

如仅受均布荷载 $P(x)f(t)=P_m f(t)$ 作用，则上式为

$$P_e(t)=P_m f(t)\int_0^l X(x)\mathrm{d}x \tag{7.11}$$

定义构件在均布动载作用下的荷载系数为

$$K_L=\frac{1}{l}\int_0^l X(x)\mathrm{d}x \tag{7.12}$$

K_L 的物理意义是将作用于真实体系上的总荷载($P(t)=P_m lf(t)$)乘以荷载系数后，等于等效体系中的集中荷载$P_e(t)$(等效动载)。

以简支梁为例，弹性阶段的振型为静挠曲线形状 $X(x)=\dfrac{16}{5\,l^4}(l^3x-2lx^3+x^4)$，塑性阶段的振型为 $X(x)=\dfrac{x}{\frac{l}{2}}(0\leqslant x\leqslant l/2)$，将 $X(x)$ 代入式(7.12)，可得均布荷载下简支梁的荷

载系数如下。

对于弹性阶段,有

$$K_L=\frac{1}{l}\int_0^l \frac{16}{5l^4}(l^3x-2lx^3+x^4)\mathrm{d}x=0.64$$

对于塑性阶段,有

$$K_L=\frac{2}{l}\int_0^{l/2}\frac{x}{l/2}\mathrm{d}x=0.5$$

(2) 质量系数。

根据等效体系和真实体系的动能相等的原则来确定质量的变换关系。

设构件的质量沿构件长度分布为 $m(x)$,并有集中质量M_i,则动能为

$$T=\frac{1}{2}\int_0^l m(x)\mathrm{d}x\left[X(x)\frac{\mathrm{d}y}{\mathrm{d}t}\right]^2+\sum\frac{1}{2}M_i\left(X_i\frac{\mathrm{d}y}{\mathrm{d}t}\right)^2 \tag{7.13}$$

式中,$\frac{\mathrm{d}y}{\mathrm{d}t}$ 为点(跨中)的速度;$X(x)\frac{\mathrm{d}y}{\mathrm{d}t}$ 为构件任一点的速度;$X_i\frac{\mathrm{d}y}{\mathrm{d}t}$ 为集中质量m_i 的速度。

等效体系的动能为

$$T=\frac{1}{2}M_e\left(\frac{\mathrm{d}y}{\mathrm{d}t}\right)^2 \tag{7.14}$$

令式(7.13) 和式(7.14) 的动能相等,可得

$$M_e=\int_0^l m(x)X^2(x)\mathrm{d}x+\sum m_i X^2{}_i \tag{7.15}$$

对于等截面构件有 $m(x)=m$,则式(7.15) 可改写为

$$M_e=m\int_0^l X^2(x)\mathrm{d}x \tag{7.16}$$

定义均布质量构件的质量系数为

$$K_M=\frac{1}{l}\int_0^l X^2(x)\mathrm{d}x \tag{7.17}$$

此时,K_M 的物理意义是将真实体系的总质量 $M=ml$ 乘以质量系数后,等于等效体系中的集中质量M_e(等效质量)。

对于均匀荷载下的简支梁,将式 $X(x)$ 代入式(7.17),可得质量系数如下。

对于弹性阶段,有

$$K_M=\frac{1}{l}\int_0^l\left[\frac{16}{5l^4}(l^3x-2lx^3+x^4)\right]^2\mathrm{d}x=0.5$$

对于塑性阶段,有

$$K_M=\frac{2}{l}\int_0^l\left(\frac{x}{l/2}\right)^2\mathrm{d}x=0.33$$

(3) 抗力系数。

等效单自由度集中质量弹簧体系是将实际结构构件理想化的一种计算模型。结构构件的抗力也是与其构件的变形相对应的。为便于运算,结构的抗力在数值上常用产生这一变形的外加静载来表示,并取静载的分布形式与动载相同。所以结构的最大抗力在数值上等于结构所能承受的最大静载。根据等效体系的应变能必须等于真实体系应变能的原则,可以确定两者之间的抗力换算关系。当振型假定为静载作用下的挠曲线形状时,体系的应变

能必然等于产生这一变形状态的外加静载所做的功，所以抗力之间的换算关系与荷载之间的换算关系必定是一样的。这样，等效体系的抗力R_e与真实体系的总抗力 R 的比值，即变换的抗力系数K_R 必然与荷载系数K_L 相等，即

$$K_R = K_L \tag{7.18}$$

K_R 的物理意义是将原体系的抗力乘以抗力系数后，等于等效体系的抗力，显然有

$$K_R = \frac{R_e}{R} = \frac{K_e}{K} = K_L$$

式中，K 和K_e 分别为真实体系和等效体系的刚度（弹簧系数）。

(4) 等效体系的运动方程。

等效体系的 $y(t)$ 曲线是原构件中某一代表点的运动状态 $y(t)$ 曲线。因此，此处“等效”的确切含义仅是构件代表点处位移变形规律的等效。

当忽略阻尼时，图 7.9 所示等效体系的运动方程为

$$M_e \frac{d^2 y}{d t^2} + R_e = P_e(t) \tag{7.19}$$

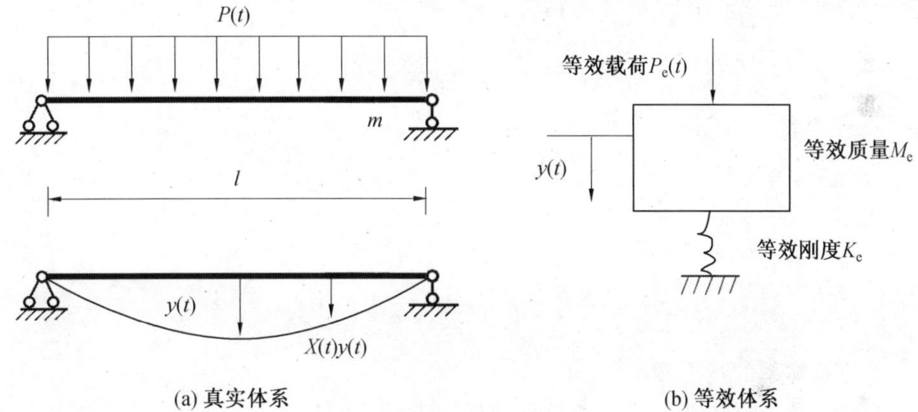

图 7.9　梁的等效单自由度体系

若真实体系的总质量为 M，总荷载为 $P(t)$，总抗力为 R，总刚度（弹簧常数）为 K，则有

$$M_e = K_M M$$
$$P_e(t) = K_L P(t)$$
$$R_e = K_L R$$

对于理想弹塑性体系，在弹性阶段，$R = Ky$；在塑性阶段，$R = R_m$。

将式(7.19) 中的M_e、$P_e(t)$ 和R_e 代入运动方程，得

$$K_M M \frac{d^2 y}{d t^2} + K_L R = K_L P(t) \tag{7.20}$$

或

$$K_{ML} M \frac{d^2 y}{d t^2} + R = P(t) \tag{7.21}$$

其中，

$$K_{ML} = \frac{K_M}{K_L}$$

式中，K_{ML} 为质量荷载系数。

因此，只要将图 7.9 所示构件的总质量乘以系数K_{ML}，就可以直接写出它的等效体系的运动微分方程。

等效体系是简单的质量弹簧体系，有关这种体系的动力分析的解答都可以直接引用。它的自振频率为

$$\omega=\sqrt{\frac{K_e}{M_e}}=\sqrt{\frac{1}{K_{ML}}\cdot\frac{K}{M}}$$

等效体系的 $y(t)$ 曲线是原构件中某一代表点的运动状态曲线，因此，等效仅是构件代表点处位移变形规律的等效，而等效体系的内力或支座反力与原构件的内力或反力是两回事。但如果已知原构件中某一点的运动规律，就不难据此推断出构件的内力和反力的近似值。

7.3.2　弹性构件等效系数的动力分析与动力系数

(1) 无阻尼单自由度弹性体系的动力分析。

式(7.19) 在弹性阶段的运动方程可写为

$$M_e\frac{d^2y(t)}{dt^2}+K_ey(t)=P_e(t) \tag{7.22}$$

或

$$\frac{d^2y(t)}{dt^2}+\omega^2y(t)=\frac{P_ef(t)}{M_e} \tag{7.23}$$

其中，

$$P_e(t)=P_ef(t),\quad \omega=\sqrt{\frac{K_e}{M_e}}$$

式中，ω 为等效体系的自振频率。

式(7.23) 是二阶常系数线性常微分方程，其通解可以用它的一个特解与对应的齐次方程的通解之和来表述。

应用高等数学中的参数变易法可求得特解，即

$$y(t)=\frac{P_e}{M_e\omega}\int_0^t f(\tau)\sin\omega(t-\tau)\,d\tau \tag{7.24}$$

故其通解为

$$y(t)=y_0\cos\omega t+\frac{\dot{y}_0}{\omega}\sin\omega t+\frac{P_e}{M_e\omega}\int_0^t f(\tau)\sin\omega(t-\tau)\,d\tau \tag{7.25}$$

式(7.25) 表达的是无阻尼单自由度弹性体系在一般动载下的动力反应。该式等号右边的前两项表示由初始条件引起的体系的自由振动，后一项表示荷载引起的强迫振动。

对于动载作用于初始静止的结构，则由动载引起的动力反应仅有

$$y(t)=\frac{P_e}{M_e\omega}\int_0^t f(\tau)\sin\omega(t-\tau)\,d\tau \tag{7.26}$$

在结构力学的单自由度体系动力分析中，式(7.26) 又称为无阻尼体系的杜哈梅积分。

现将式(7.26) 中的$\frac{P_e}{M_e\omega}$做一些变换。令y_{cm} 为把动载峰值视作静载作用下的体系代表

点(如结构构件的跨中)的挠度,则由等效体系可直接得出$y_{cm}=\dfrac{P_e}{K_e}$。

因此,有

$$\frac{P_e}{M_e\omega}=\frac{P_e\omega}{M_e\,\omega^2}=\frac{P_e\omega}{K_e}=y_{cm}\omega \tag{7.27}$$

将式(7.27)代入式(7.26),得

$$y(t)=y_{cm}\omega\int_0^t f(\tau)\sin\omega(t-\tau)\,d\tau \tag{7.28}$$

令

$$K(t)=\omega\int_0^t f(\tau)\sin\omega(t-\tau)\,d\tau \tag{7.29}$$

则

$$y(t)=K(t)\,y_{cm} \tag{7.30}$$

即动挠度 $y(t)$ 随函数 $K(t)$ 的变化而变化,其中 $K(t)$ 称为位移动力函数。令$\dfrac{dK(t)}{dt}=0$,可求得 $t=t_m$ 时$K_d=K(t_m)$。所以,最大动挠度为

$$y_{dm}=K_d\,y_{cm} \tag{7.31}$$

式中,K_d 为动力系数,表示动载对结构作用的动力效应,是最大动挠度与将动载最大值当作静载作用下的静挠度之比,即因动力效应而放大的倍数。

由表示动力函数 $K(t)$ 的式(7.29)可见,K_d 是结构自振频率及荷载随时间变化规律的函数,若已知动载对一定结构作用时,其动力系数K_d的数值仅与$f(t)$及ω有关,而与动载最大值的大小无关。

(2) 各种动载作用下的弹性体系动力系数。

① 突加线性衰减荷载。为简化计算,在进行结构动力分析时,常通过换算将爆炸空气冲击波荷载折算成直线衰减变化。

空气冲击波长作用时间的荷载,一般是结构在荷载作用期间达到了最大变位,即$t_m<t_1$,其中t_m为结构达到最大变位的时间,t_1为荷载作用时间。这相当于核爆空气冲击波荷载作用的情况。

空气冲击波长作用时间的荷载以超压形式表示可以写为

$$P(t)=P_m\omega\left(1-\frac{t}{t_1}\right) \tag{7.32}$$

$$K(t)=\omega\int_0^t\left(1-\frac{t}{t_1}\right)\sin\omega(t-\tau)\,d\tau=1-\cos\omega t+\frac{1}{\omega t_1}\sin\omega t-\frac{t}{t_1} \tag{7.33}$$

令$\dfrac{dK(t)}{dt}=0$,可求得t_m,即

$$\left.\frac{dK(t)}{dt}\right|_{t=t_m}=\omega\sin\omega t_m+\frac{1}{t_1}(\cos\omega t_m-1)=0 \tag{7.34}$$

化简后有

$$\omega\cos\frac{\omega t_m}{2}-\frac{1}{t_1}\sin\frac{\omega t_m}{2}=0$$

或

$$\tan\frac{\omega t_m}{2}=\omega t_1$$

t_m 可写为

$$t_m=\frac{2}{\omega}\arctan\omega t_1 \tag{7.35}$$

将t_m 代入式(7.33)，得

$$K_d=1-\cos\omega t_m+\frac{1}{\omega t_1}\sin\omega t_m-\frac{t_m}{t_1} \tag{7.36}$$

考虑到 $\tan\frac{\omega t_m}{2}=\omega t_1$，可求出

$$\sin\frac{\omega t_m}{2}=\frac{\omega t_1}{\sqrt{1+(\omega t_1)^2}}$$

$$\cos\frac{\omega t_m}{2}=\frac{1}{\sqrt{1+(\omega t_1)^2}}$$

然后再求出 $\sin\omega t_m$ 和 $\cos\omega t_m$ 并代入(7.36)，化简后得

$$K_d=2\left(1-\frac{1}{\omega t_1}\arctan\omega t_1\right) \tag{7.37}$$

式(7.37) 是在$t_m<t_1$ 的条件下导出的。由式(7.35) 可知式(7.37) 的适用条件为

$$\omega t_1\geqslant\frac{3}{4}\pi=2.356 \tag{7.38}$$

即$t_1\geqslant 3T/8$(T 为结构的自振周期)。这个条件对于核爆空气冲击波作用在防护结构的情况通常是满足的。

对于炮航弹等常规武器爆炸及普通炸药爆炸产生的冲击波，由于装药量较小，作用时间 t_1 也很小，式(7.38) 的条件通常难以满足。这就需要讨论短作用时间空气冲击波荷载的情况。

此时，通常$t_m>t_1$，现将 $t>t_1$ 情况下的动力函数 $K(t)$ 分析如下：

$$\begin{aligned}K(t)&=\omega\int_0^{t_1}\left(1-\frac{\tau}{t_1}\right)\sin\omega(t-\tau)\,\mathrm{d}\tau\\&=\frac{1}{\omega t_1}\sin\omega t(1-\cos\omega t_1)-\cos\omega t\left(1-\frac{1}{\omega t}\sin\omega t_1\right)\end{aligned} \tag{7.39}$$

同样，令

$$\left.\frac{\mathrm{d}K(t)}{\mathrm{d}t}\right|_{t=t_m}=\frac{1}{t_1}\cos\omega t_m(1-\cos\omega t_1)+\omega\sin\omega t_m\left(1-\frac{1}{\omega t_1}\sin\omega t_1\right)=0$$

由此求得

$$t_m=\frac{1}{\omega}\left[\pi-\arctan\left(\frac{1-\cos\omega t_1}{\omega t_1-\sin\omega t_1}\right)\right] \tag{7.40}$$

$$K_d=\sqrt{\left(\frac{\omega t_1-\sin\omega t_1}{\omega t_1}\right)^2+\left(\frac{1-\cos\omega t_1}{\omega t_1}\right)^2} \tag{7.41}$$

② 突加载。

动载不随时间而变化，称为突加载，如图 7.10 所示。当$t_1>5T$ 时，可将空气冲击波荷

载近似为突加载，若允许K_d 计算误差小于 5%，则可直接取$K_d = 2$。对于突加载，当 $\omega t_1 > 100$ 时，可近似取

$$t_m = \frac{T}{2} \tag{7.42}$$

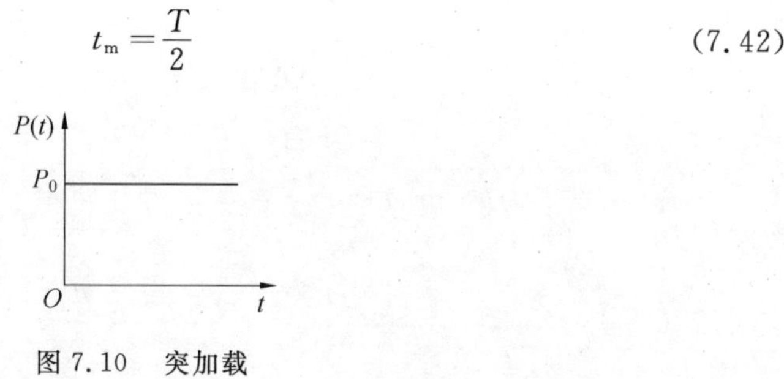

图 7.10　突加载

③ 瞬息冲量荷载。

瞬息冲量荷载是指作用时间比结构自振周期短得多的荷载，整个荷载的作用是给质点一个冲量使其获得初速度引起的自由振动。

当荷载作用时间极短，近似认为$t_1 \to 0$ 时，式(7.41) 可进一步简化为

$$q_d = K_d P_m = \lim_{t_1 \to 0} P_m \sqrt{\left(\frac{\omega t_1 - \sin \omega t_1}{\omega t_1}\right)^2 + \left(\frac{1 - \cos \omega t_1}{\omega t_1}\right)^2}$$

$$= \lim_{t_1 \to 0} \frac{P_m \omega t_1}{2} \sqrt{\frac{4}{(\omega t_1)^2}\left(1 - \frac{\sin \omega t_1}{\omega t_1}\right)^2 + \left(\frac{\sin \frac{\omega t_1}{2}}{\frac{\omega t_1}{2}}\right)^4} \tag{7.43}$$

$P_m t_1/2$ 是压力时程曲线图形围成的面积，表示冲击波压力的冲量 S 是一个有限值。而当$t_1 \to 0$ 时，有

$$\frac{\sin \frac{\omega t_1}{2}}{\frac{\omega t_1}{2}} \to 1$$

于是有

$$q_d = \omega S$$

因此，当一个化爆荷载作用直接给出其冲量数值时，不必考虑其压力随时间的变化规律，可直接计算出其等效静载。

通常对于$t_1 < T/4$ 的动载作用，均可按冲量荷载计算。

④ 有升压时间的平台荷载。

图 7.11 所示荷载的形式一般为

$$\Delta P(t) = \begin{cases} \Delta P_m \dfrac{t}{t_0}, & 0 \leqslant t \leqslant t_0 \\ \Delta P_m, & t > t_0 \end{cases} \tag{7.44}$$

当 $0 \leqslant t \leqslant t_0$ 时，动力函数 $K(t)$ 递增，不可能达到最大值，在 $t > t_0$ 时，

$$K(t) = \omega \int_0^{t_0} \frac{\tau}{t_0} \sin \omega (t - \tau)\, d\tau + \omega \int_{t_0}^{t} \sin \omega (t - \tau)\, d\tau$$

$$= 1 - \frac{2}{\omega t_0} \sin \frac{\omega t_0}{2} \cos \omega \left(t - \frac{t_0}{2}\right) \tag{7.45}$$

当 $\cos\omega\left(t_m-\frac{t_0}{2}\right)=\pm1$ 时，$K(t)$ 取得最大值，即

$$K(t)=1+\frac{\left|\sin\frac{\omega t_0}{2}\right|}{\frac{\omega t_0}{2}} \tag{7.46}$$

一般 $\sin\frac{\omega t_0}{2}$ 为正，由 $\cos\omega\left(t_m-\frac{t_0}{2}\right)=-1$ 可得

$$\omega\left(t_m-\frac{t_0}{2}\right)=n\pi,\quad n=1,3,5,\cdots \tag{7.47}$$

$$\frac{t_m}{t_0}=\frac{1}{2}+\frac{n}{2}\cdot\frac{T}{t_0} \tag{7.48}$$

式中，T 为结构自振周期；n 为$t_m>t_0$ 的最小正奇数。

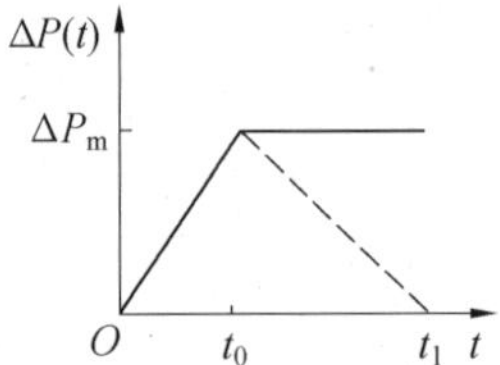

图 7.11　有升压时间的平台荷载

当升压时间与自振周期比值$\frac{t_0}{T}<0.1$ 时，$K_d\to2$，相当于突加平台荷载；当$\frac{t_0}{T}>4$ 时，$K_d\to1$，这时荷载已无明显动力作用而相当于静载。具体计算K_d 时，一般宜取相应图表中包络图，这样偏于安全。

7.3.3　弹性构件动力计算的等效静载法

(1) 等效静载法。

对于弹性阶段工作的体系来说，等效静载所产生的体系位移等于动载作用下最大动位移，因而等效静载下的弹簧内力与最大动内力相等。设计时，只需知道等效静载并按等效静载确定体系内力，就能满足动载下对结构最大抗力的要求，将上述概念推广应用到动载作用下实际结构的设计称为等效静载法。

基于上述概念，结构在动载作用下的最大动位移和最大动弯矩将与静载作用时的值保持线性关系。所以最大动弯矩为

$$M_d=K_d\cdot M_{cm} \tag{7.49}$$

这样，在实际弹性构件计算中，通常可先将动载最大值放大K_d 倍记作q_d，然后再确定此q_d 静载作用下的位移与弯矩，其值与动力分析方法计算的最大动位移与最大动弯矩值完全相等，因而称q_d 为等效静载。其计算公式定义为

$$q_d=K_d\cdot P_m \tag{7.50}$$

由此可以看出，按弹性动力体系等效静载法进行动力分析，最后归结为动力系数的计算。求出等效静载后就可按静力方法进行结构内力计算。

等效静载法的基本假定如下。

① 结构的动力系数K_d 等于相同自振频率的等效简单质量弹簧体系中的数值。

② 结构在等效静载作用下的各项内力如弯矩、剪力和轴力，等于动载下相应内力的最大值。

应当指出，等效静载法是一种近似的动力分析方法。从前述单自由度分布质量体系的等效体系讨论中可知，由于这种体系的惯性力分布规律与动载的分布形式不可能一致，因而在等效静载作用下一般只能做到某一控制截面的内力(如弯矩)与动载下的最大值相等。三者并不完全相等(即等于K_d)，而是存在误差。

等效静载法原则上只适用于单个构件，但实际工程中的结构都是由顶板、梁、外墙、柱等多个构件组成，是多构件结构体系。这些构件有的直接承受不同峰值的外力动载，有的承受上部构件传来的反力，动载作用的时间有先后，动载的变化规律也不一致，而且每一部分的延性不尽相同，对这种结构做综合的精确的动力分析是较困难的，所以使用等效静载法设计时，一般将结构分解成独立的构件，求出各自的等效静载。防空地下室结构计算中，常把由梁柱分割后的单块顶板，由内墙或柱分割后的单块外墙、底板、单块临空墙按单块板或框架进行结构等效静载计算。

(2) 结构自振频率的计算。

采用等效静载法，将结构承受动载按弹性体系计算的动力分析问题，归结为求动力系数K_d，而求动力系数K_d 首先要确定结构的自振频率。由前述可知，结构自振频率计算公式为

$$\omega=\sqrt{\frac{K_e}{M_e}}$$

分布质量构件简化为单自由度体系的自振频率通常用能量法确定。以受弯构件为例，假定振型为 $X(x)$，代表点的位移 $y=y(t)$，则构件任一点的位移为 $Y(x,t)=X\cdot y$，速度为 $\dot{Y}=X\cdot\dot{y}$，任取一微段 $\mathrm{d}x$，质量为 $m\mathrm{d}x$，有动能 $\mathrm{d}K=\frac{1}{2}m\mathrm{d}x\,(X\cdot\dot{y})^2$，应变能 $\mathrm{d}U=\frac{1}{2}EI\left[\frac{\mathrm{d}^2(X\cdot y)}{\mathrm{d}x^2}\right]^2\mathrm{d}x$。

整个构件的动能和应变能分别为 $K=\frac{1}{2}\int_0^l mX^2\dot{y}^2\mathrm{d}x$ 和 $U=\frac{1}{2}\int_0^l EI\left[\frac{\mathrm{d}^2X}{\mathrm{d}x^2}\right]^2y^2\mathrm{d}x$，最大动能为$K_m=\frac{1}{2}\int_0^l mX^2\dot{y}_m{}^2\mathrm{d}x$，最大应变能为$U_m=\frac{1}{2}\int_0^l EI\left[\frac{\mathrm{d}^2X}{\mathrm{d}x^2}\right]^2y_m{}^2\mathrm{d}x$。

自由振动时$K_m=U_m$，自由振动为简谐振动，故有$\omega^2=\left(\frac{\dot{y}_m}{y_m}\right)^2$，得

$$\omega^2=\frac{\int_0^l EI\left[\frac{\mathrm{d}^2X}{\mathrm{d}x^2}\right]^2\mathrm{d}x}{\int_0^l mX^2\mathrm{d}x}\tag{7.51}$$

若选取的振型是静荷载 q 作用下的静挠曲线形状，设挠曲线方程为y_x，则有$y_x=y_0\cdot X$，其中y_0 是 q 作用下代表点的挠度，将式(7.51) 右端分子分母同时乘以$y_0{}^2$，得

$$\omega^2=\frac{\int_0^l EI\left[\frac{\mathrm{d}^2y_x}{\mathrm{d}x^2}\right]^2\mathrm{d}x}{\int_0^l my_x{}^2\mathrm{d}x}\tag{7.52}$$

由因静载 q 作用下梁的应变能必等于静载 q 所做的功，即

$$\int_0^l EI\left[\frac{\mathrm{d}^2 y_x}{\mathrm{d}x^2}\right]^2 \mathrm{d}x=\int_0^l q y_x \mathrm{d}x \tag{7.53}$$

所以,式(7.52)可写为

$$\omega^2=\frac{\int_0^l q y_x \mathrm{d}x}{\int_0^l m y_x{}^2 \mathrm{d}x} \tag{7.54}$$

由于此式在杆件体系中应用比较方便,因此应用广泛。

用能量法按假定振型得出的自振频率偏大,因为任何不是真实的振型都相当于增加约束,所以体系的刚度增加。采用静载作用下的静挠曲线作为假定振型来求基频,通常有较好的精度。因为基频是最低频率,一般函数在其极值附近的变化非常缓慢,所以在改变其振型计算基频时,其值改变不显著。能量法的计算结果还可利用振型函数性质结合迭代法加以改进,从而得到任意要求的精确度。

(3) 几种常见结构自振频率的计算图表。

① 梁。梁的自振频率按下式计算:

$$\omega=\frac{\Omega}{l^2}\sqrt{\frac{EI}{m}} \tag{7.55}$$

式中,Ω 为频率系数(表7.1);l 为跨长;m 为单位长度质量;EI 为抗弯刚度。

表7.1 单跨及等跨梁、单向板的频率系数 Ω

结构型式和振型	Ω	结构形式和振型	Ω
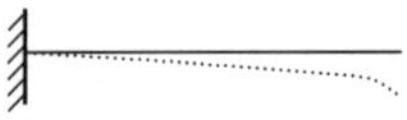	3.52	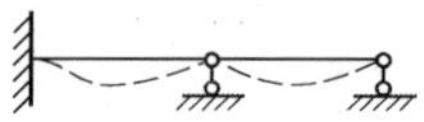	20.80
	9.87	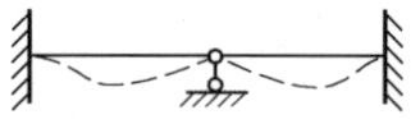	22.40
	15.42		18.47
	22.37	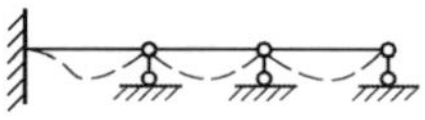	21.20
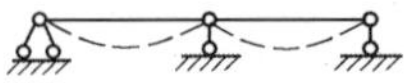	15.42	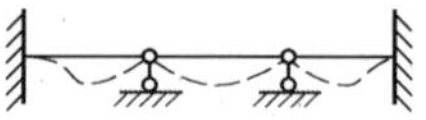	22.40

② 板。板的自振频率按下式计算:

$$\omega=\frac{\Omega}{a^2}\sqrt{\frac{D}{m}} \tag{7.56}$$

$$D=\frac{Eh^3}{12(1-\mu^2)}$$

式中,Ω 为频率系数;a 为板的短边计算跨度;D 为板的截面刚度,对于钢筋混凝土构件要考虑裂缝的影响,一般截面刚度折减0.6倍;m 为单位面积质量;E 为弹性模量;h 为板厚;μ 为泊松系数。

③ 框架结构。防护结构常可简化成平面框架结构进行计算。框架结构的振型应尽可能选定为动载作为静载作用时的挠曲线，否则会带来较大误差。平面框架由若干杆件组成，称为杆件系统，其频率确定方法类似于梁。框架结构的自振频率计算公式可简化为

$$\omega=\frac{\Omega}{l^2}\sqrt{\frac{EI}{m}} \tag{7.57}$$

式中，Ω 为频率系数，单跨框架可查表 7.2，更为复杂框架结构可查阅相关资料；l 为顶板构件跨度；EI 为顶板构件截面抗弯刚度；m 为构件单位长度质量。

表 7.2　框架结构的频率系数 Ω

结构形式	h/l	d_2/d_1					
		1	5/6	4/5	3/4	2/3	1/2
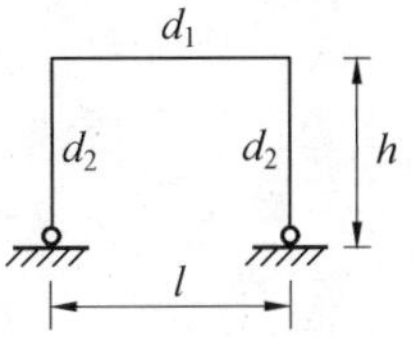 d_1：顶板厚度；d_2：侧墙厚度（铰支）	1.4	5.811	5.185	5.060	4.867	4.523	3.712
	1.2	7.568	6.764	6.608	6.371	5.958	4.999
	1.0	10.00	8.937	8.739	8.444	7.955	6.904
	0.9	11.451	10.219	9.993	9.661	9.128	8.072
	0.8	12.955	11.537	11.277	10.901	10.310	9.256
	0.7	14.369	12.770	12.474	12.045	11.379	10.281
	0.6	15.568	13.826	13.496	13.011	12.254	11.031
	0.5	16.538	14.713	14.353	13.818	12.964	11.545
	0.4	17.401	15.549	15.166	14.587	13.635	11.972
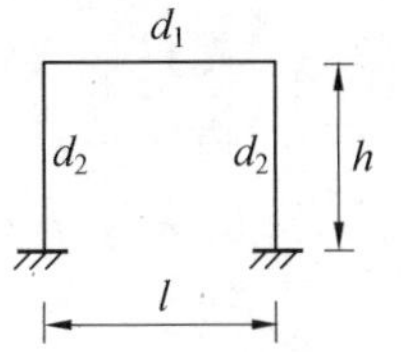 d_1：顶板厚度；d_2：侧墙厚度（固支）	1.4	8.393	7.436	7.251	6.971	6.489	5.400
	1.2	10.593	9.395	9.169	8.834	8.277	7.093
	1.0	13.140	11.642	11.365	10.961	10.318	9.125
	0.9	14.368	12.722	12.416	11.971	11.273	10.069
	0.8	15.442	13.674	13.340	12.852	12.088	10.826
	0.7	16.318	14.471	14.113	13.584	12.747	11.368
	0.6	17.032	15.151	14.774	14.209	13.298	11.757
	0.5	17.681	15.803	15.412	14.817	13.834	12.096
	0.4	18.382	16.538	16.138	15.517	14.460	12.492

7.4 弹塑性体系动力分析

7.4.1 理想弹塑性体系的抗力特性

体系的抗力是因变形引起的内力。抗力 R 与变形有关，结构抗力随变形的变化规律称为抗力函数。为便于运算，抗力在数值上常用产生这一变形的外加静载来表示，所以结构的最大抗力在数值上等于结构所能承受的最大静载。

不同结构体系对应不同的抗力曲线，图 7.6 所示为几种典型的抗力函数曲线，其中图 7.6(b) 为所要讨论的典型理想弹塑性体系。其最大抗力(极限抗力) 是体系弹性极限所对应的抗力。当变形增长但 $y < y_e$ 时，有 $R = ky$；若 $y > y_e$ 时，则 $R < R_m$ 不变。若变形减小(卸载)，则不论体系处于弹性阶段还是塑性阶段，抗力均按弹性恢复。

一般来说，抗力曲线中能够提供的最大变形值越大，体系能够承受的动载也越大。不论体系的抗力曲线形状为强化形或衰减形，塑性变形能力对提高体系的承载能力均至关重要。静载设计时衡量一个结构的承载能力主要看结构的最大抗力，而动载设计时衡量一个结构的承载能力则要看整个抗力函数，不仅要看最大抗力，还要看其塑性性能。一个塑性良好的结构，即使最大抗力稍差，抵抗动载的能力也很可能比另一个最大抗力虽高而塑性很差的结构要强得多。

7.4.2 防护结构的等效弹塑性体系

钢筋混凝土简支梁的抗力曲线可简化成图 7.6(b) 的形式。直线 OA 段称为构件的弹性工作阶段，直线 AB 段称为构件的塑性工作阶段，B 点对应结构的破坏。只考虑弹性工作阶段的体系为弹性体系；既考虑弹性工作阶段，又考虑塑性工作阶段的结构称为弹塑性体系。在塑性阶段，结构在某些断面或某些区域集中发展了塑性变形，称为可变体系，但对于超静定结构在弹性阶段与塑性阶段之间还有一个弹塑性阶段。在弹塑性阶段，虽然在结构某些断面或区域发展了塑性变形，但整个结构还未成为可变体系。

从 7.6(b) 可以看出，钢筋混凝土构件是在产生了相当大的塑性变形后才失去承载能力而破坏的。当结构承受静载作用时，结构被视为弹性体系，限制其最大变形不得超过最大弹性位移y_e，使其不进入塑性工作阶段。因为静载不随时间变化，结构在静载下的挠度一旦大于最大弹性位移进入塑性阶段后，构件将呈现屈服现象，变形急剧增长而很快失去承载能力。

由能量法可以了解到荷载所做的功即主结构的变形能。弹塑性体系的变形能抗力曲线与横坐标所围面积比弹性体系的变形能大很多，因而体系吸收荷载功的能力也大。对动载来说，这意味着结构可以充分利用材料的潜能，承受更大的设计荷载。但弹塑性体系在工作时结构会有较大的裂缝开展，因此对防毒密闭、防水要求较高的结构应采用弹性体系设计。

防护结构主要承受核爆冲击波等爆炸动载作用时，即使构件大的变形超出了弹性范围而进入了塑性阶段，只要构件的最大变形不超过结构破坏的极限变形，在动载作用消失后构件即可做有阻尼的自由振动，最后恢复到静止状态。构件在这种情况下没有破坏，仍具有一定承载能力，但出现了残余变形。

接近于理想弹塑性抗力曲线的构件有钢筋混凝土受弯构件、钢筋混凝土大偏心受压构件、钢结构构件等。当构件进入塑性阶段后的变形较大，则忽略弹性阶段的变形会给计算带来很大简化。这种忽略了弹性工作阶段仅考虑塑性工作阶段的体系称为刚塑性体系，如图 7.6(c) 所示，它的计算方法适用于具有很大塑性的钢结构。

防护结构的等效弹塑性体系可简化成单自由度体系进行受力分析。在结构最大内力达到极限值后，构件的主要变形集中在塑性铰处，在塑性铰之间的构件区段，可看作不再变形的刚片，结构的运动成为由刚片组成的可变机构的运动，因此，结构在塑性阶段的振动形式唯一，如图 7.8(b) 所示，体系在塑性阶段为单自由度体系。进入塑性阶段后体系按等效单自由度体系进行动力分析的精度比弹性阶段时高，因为在塑性阶段时，塑性铰处的塑性变形位移远大于塑性铰间构件区段的弹性变形位移，所以构件在塑性阶段时的实际振动形式非常接近于塑性铰和刚片组成的可变体系的运动形式，可将其视为塑性阶段的唯一振型。

考虑塑性变形后，构件可以承受更大的设计动荷载，而当动荷载大小相同时，弹塑性体系的构件截面比弹性体系的小，这里引入表征构件进入塑性阶段程度的参数 —— 延性比 β，延性比定义为给定荷载作用下结构的最大变形 y_m 与弹性终了变形 y_e 之比，即

$$\beta = \frac{y_m}{y_e} \tag{7.58}$$

β 越大，则弹塑性体系的结构越经济，同时也意味着损伤程度越高，当按弹性体系设计时，$\beta \leqslant 1$；按塑性体系设计且允许 y_m 处于塑性阶段时，$\beta > 1$。

表 7.3 提供了用不同方法表达的不同结构单元的允许延性比。

表 7.3　不同结构单元的允许延性比

结构单元		延性比 β
梁	剪切破坏(对角拉伸)	1.9
	剪切破坏(剪切压缩)	1.5
梁柱	压缩或屈曲破坏	1.5
双向平板	剪切破坏	2.0
	弯曲破坏	1.0

7.4.3　等效弹塑性体系动力分析

弹塑性体系动力分析的目的是确定具有一定抗力的结构在动荷载作用下的最大动挠度。在极限状态时，最大动挠度应等于容许的极限挠度[y_m]。这样可得出极限挠度 y_m、结构的最大抗力 q_m 与动载最大值 P_m 三者之间的关系。若已知其中两个，即可求出另外一个参数。

弹塑性体系的动力分析方法基本上类似于弹性体系的动力分析方法，但又有若干不同的特点。弹塑性体系的抗力函数，在弹性阶段的抗力和塑性阶段的抗力不同。塑性阶段动力反应与初始条件有关，而塑性阶段的初始条件就是弹性阶段终结时的体系运动状态。由

于弹性阶段构件的振型与塑性阶段的振型不一样，因此等效体系中的质量荷载系数在两个阶段中也是不同的。表 7.4 分别列出了均布荷载作用下梁(单向板)和正方形板的等效系数。

表 7.4　均布荷载作用下梁(单向板)和正方形板的等效系数

结构形式	支座情况	荷载情况	变形范围	荷载系数 K_L $(\bar{K}_L)$	质量系数 K_M $(\bar{K}_M)$	质量荷载系数 $K_{ML}=\frac{K_M}{K_L}$ $\left(\bar{K}_{ML}=\frac{\bar{K}_M}{\bar{K}_L}\right)$
单向板或梁	二端简支	均布	弹性	0.64	0.50	0.78
			塑性	0.50	0.33	0.66
	二端固定	均布	弹性	0.53	0.41	0.77
			塑性	0.50	0.33	0.66
	一端简支，一端固定	均布	弹性	0.58	0.45	0.73
			塑性	0.50	0.33	0.66
正方形板	四边简支	均布	弹性	0.45	0.31	0.68
			塑性	0.33	0.17	0.51
	四边固定	均布	弹性	0.33	0.21	0.63
			塑性	0.33	0.17	0.51

等效弹塑性体系如图 7.12 所示。

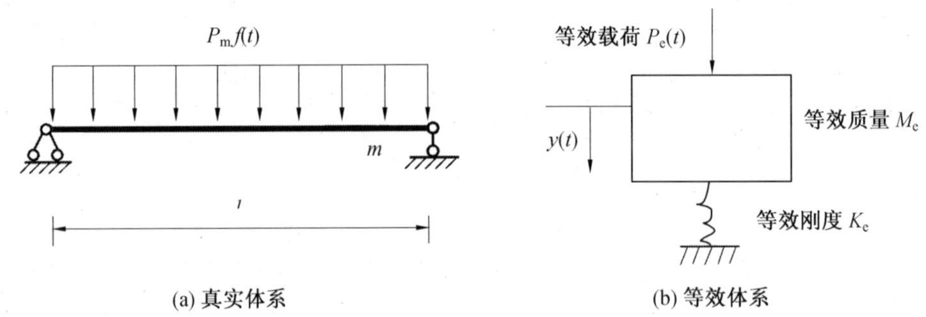

图 7.12　等效弹塑性体系

等效弹塑性体系运动方程如下。

在弹性阶段，有

$$M_{ML}M\ddot{y}(t)+R=P(t) \tag{7.59}$$

在塑性阶段，有

$$\bar{K}_{ML}M\ddot{y}(t)+R=P(t) \tag{7.60}$$

式中，$\bar{K}_{ML}$ 为塑性阶段的质量荷载系数，等于塑性阶段的质量系数与荷载系数的比值。

塑性阶段的初始条件为弹性阶段的终止条件。弹塑性体系的运动微分方程中的抗力项R应根据所处的不同变形阶段代以不同的数值,如果荷载的表达式比较复杂,求解过程将变得极为烦琐。一般需要求解微分方程的数值解。

这里考虑结构为理想弹塑性体系,其抗力曲线如图7.13所示。设y_e为弹性最终变形,y_m为最大变形。因此,在均布荷载$P_m f(t)$作用下,等效体系的运动方程变化如下。

当$y \leqslant y_e$时,有

$$K_{ML} M \ddot{y}(t) + K y(t) = P_m f(t) \tag{7.61}$$

当$y_e < y < y_m$时,有

$$\bar{K}_{ML} M \ddot{y}(t) + R_m = P_m f(t) \tag{7.62}$$

式中,M为总质量,$M = ml$;P_m为总荷载,$P_m = P_m l$;R_m为总抗力,$R_m = q_m l$。

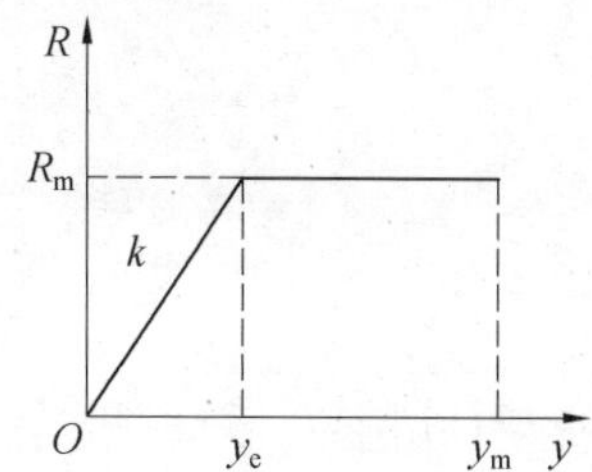

图7.13 理想弹塑性体系的抗力曲线

对于弹塑性体系,进行动力分析的最终目的是在计入动载的动力效应的条件下,确定结构所需提供的最大抗力。而按照约定的关于结构体系抗力的表达方式,弹塑性体系的最大抗力在数值上相当于体系能够承受的最大静载q_m。因此,类似于弹性阶段的位移动力系数,这里引入抗力动力系数K_h,即

$$K_h = \frac{q_m}{p_m}$$

式中,p_m为作用动载的峰值;q_m为弹塑性体系的最大抗力。

弹性体系的位移动力系数K_d值仅与体系的自振频率和动载的变化规律有关。但对于弹塑性体系,承受同样的动载,如果进入塑性阶段的最大位移不同,则体系可以有不同的最大抗力。因此,弹塑性体系的抗力动力系数K_h不仅与体系的自振频率和动载的变化规律有关,而且还与体系的塑性变形发展程度有关,即与反映这一状态的参数延性比β的大小有关。这就要求具体研究不同动载下弹塑性体系的变形运动规律,特别是进入塑性阶段后体系最大变位的发展状态,从而求得K_h的值。

下面介绍各种动荷载作用的动力系数及抗力与延性比的关系。

(1) 突加载。

突加载时有

$$P(t) = P_m, \quad f(t) = 1 \tag{7.63}$$

突加平台荷载的$P-t$曲线如图7.14所示。

运动微分方程如下。

弹性阶段

$$K_{ML} M \ddot{y} + K y = P_m \tag{7.64}$$

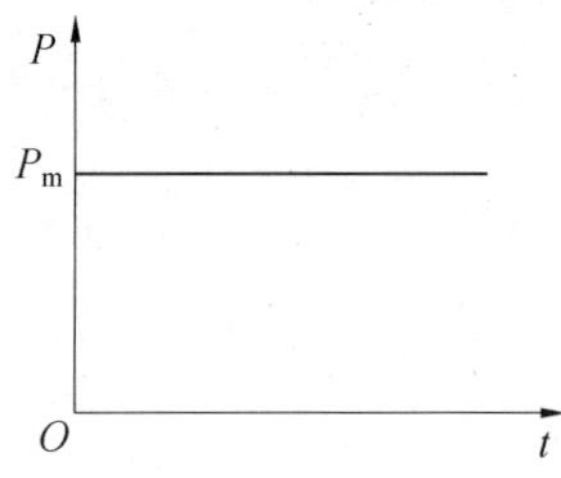

图 7.14　突加平台荷载

塑性阶段

$$\bar{K}_{ML} M \ddot{y} + R_m = P_m \tag{7.65}$$

式(7.64)的解为

$$\begin{cases} y = y_c(1 - \cos \omega t) \\ \dot{y} = \omega y_c \sin \omega t \end{cases} \tag{7.66}$$

式中，$\omega = \sqrt{\dfrac{K}{\bar{K}_{ML} \cdot M}}$；$y_c = \dfrac{P_m}{K}$。

当 y 达到 y_e 时弹性阶段终结，塑性阶段开始，设此时时间为 t_e，则

$$t_e = \frac{1}{\omega} \arccos \left(1 - \frac{y_e}{y_c}\right) \tag{7.67}$$

塑性阶段的初始条件为

$$\begin{cases} y = y_e \\ \dot{y} = \omega y_c \sin \omega t_e \end{cases} \tag{7.68}$$

式(7.65)的解为

$$\begin{cases} y = \dfrac{1}{2 \bar{K}_{ML} \cdot M}(P_m - R_m) t_1^2 + c_1 t_1 + c_2 \\ \dot{y} = \dfrac{1}{\bar{K}_{ML} \cdot M}(P_m - R_m) t_1 + c_1 \end{cases} \tag{7.69}$$

式中，$t_1 = t - t_e$；积分常数 c_1、c_2 根据初始条件 $t_1 = 0$ 求出。将 $t_1 = 0$ 代入上式得

$$c_1 = \omega y_c \sin \omega t_e, \quad c_2 = y_e$$

代入式(7.69)得塑性阶段位移曲线方程：

$$y = \frac{1}{2 \bar{K}_{ML} \cdot M}(P_m - R_m) t_1^2 + \omega y_e t_1 \sin \omega t_e + y_e \tag{7.70}$$

或

$$y = \frac{1}{2 \bar{K}_{ML} \cdot M}(P_m - R_m) t_1^2 + \frac{P_m}{\omega \bar{K}_{ML} \cdot M} t_1 \sin \omega t_e + y_e \tag{7.71}$$

令 $\dfrac{dy(t)}{dt_1} = 0$，即

$$\dot{y} = \frac{1}{\bar{K}_{ML} \cdot M}(P_m - R_m) t_1 + \frac{P_m}{\omega \bar{K}_{ML} \cdot M} \sin \omega t_e = 0$$

$$t_1 = t_m = \frac{\bar{K}_{ML} P_m}{\omega K_{ML}(R_m - P_m)} \sin \omega t_e \tag{7.72}$$

代入式(7.71),可得体系最大动位移:

$$y_m = y_e \left[1 + \frac{\bar{K}_{ML}}{2K_{ML}} \left(\frac{2 - \dfrac{R_m}{P_m}}{\dfrac{R_m}{P_m} - 1} \right) \right] \tag{7.73}$$

又 $\beta = y_m / y_e, K_h = \dfrac{R_m}{P_m}$ 将上式代入得

$$\beta = 1 + \frac{1}{2} \frac{\bar{K}_{ML}}{K_{ML}} \left(\frac{2 - K_h}{K_h - 1} \right) \tag{7.74}$$

因为弹塑性体系在两个变形阶段中的振型不同,所以 $\dfrac{\bar{K}_{ML}}{K_{ML}} \neq 1$,但一般梁板构件的 $\dfrac{\bar{K}_{ML}}{K_{ML}}$ 值在均布荷载下,即 0.8～0.9,且在数值变化对动力分析的计算结果影响不大,工程设计中可取其值为 1。

将 $\beta = \dfrac{y_m}{y_e}, K_h = \dfrac{R_m}{P_m}$ 代入式(7.73) 得

$$K_h = \frac{2\beta}{2\beta - 1} \tag{7.75}$$

体系到达最大位移时间 t_m 按下式计算:

$$\frac{t_m}{T} = \frac{1}{2\pi} \left[\arccos(1 - K_h) + \frac{\sqrt{2K_h - K_h^2}}{K_h - 1} \right]$$

式中,T 为自振周期。

若取体系允许延性比 $\beta = 3$,代入式(7.75) 得 $K_h = 1.2$,β 值越大,则 K_h 越小,但当 $\beta > 5$ 以后,K_h 的变化就缓慢了,此时利用塑性变形来降低最大抗力的作用已不明显。

若取 $\beta = 1$,即结构按弹性体系设计时,$K_h = 2$。而弹塑性体系的 $K_h < 2$,说明承受动载作用的防护结构按弹塑性设计比按弹性体系设计经济。

(2) 瞬息冲量荷载。

设瞬息冲量 $S = \int_0^{t_0} P(t) \mathrm{d}t$,则体系因冲量作用而引起自由振动的初速度为 $\dot{y} = S/M$,初位移为零,所以体系初动能和初应变能分别为

$$K_0 = \frac{1}{2} M \dot{y}_0^2 = \frac{1}{2} \frac{S^2}{M}$$

$$U_0 = 0$$

当体系运动到最大动位移 y_m 时,速度和动能 K_m 为零,此时应变能为(设抗力曲线呈理想弹塑性关系)

$$U_m = \frac{1}{2} R_m y_e + R_m (y_m - y_e)$$

由能量守恒 $U_m + K_m = U_0 + K_0$ 得

$$R_m = \frac{S^2}{M y_e \left(\dfrac{2 y_m}{y_e} - 1 \right)} \tag{7.76}$$

代入$y_e=R_m/K$得

$$R_m=\frac{S}{\sqrt{\frac{M}{K}}}\cdot\frac{1}{\sqrt{\frac{2y_m}{y_e}-1}}=\frac{S}{\sqrt{\frac{M}{K}}}\cdot\frac{1}{\sqrt{2\beta-1}}=\frac{\omega S}{\sqrt{2\beta-1}} \tag{7.77}$$

当$\beta=1.5$、3、5、10时可得所需最大抗力R_m分别为弹性设计时的71%、45%、33%和23%。若$\beta=\infty$,则所需最大抗力趋于零。可见冲量作用下考虑结构塑性比突加平台动载下更为有利。

在瞬息冲量S作用下,$K_h=\frac{q_m}{\omega S}(q_m=R_m)$,$q_m$与延性比$\beta$的关系:

$$K_h=\frac{1}{\sqrt{2\beta-1}}$$

瞬息冲量荷载作用下动力系数K_h与延性比β的关系如图7.15所示。

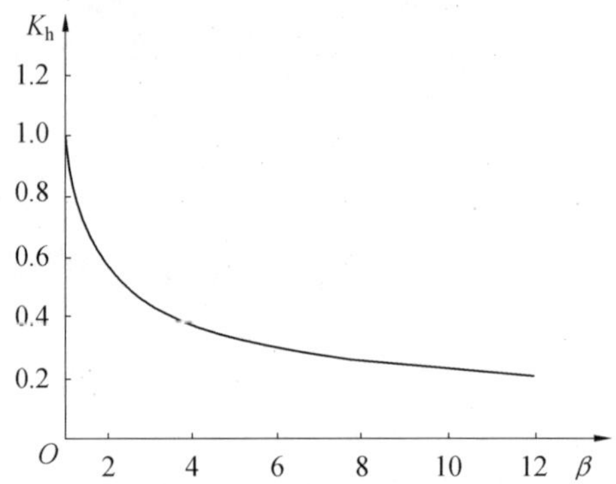

图7.15　瞬息冲量荷载作用下动力系数K_h与延性比β的关系

(3) 升压平台荷载。

升压平台荷载如图7.16所示,此时有

$$f(t)=\begin{cases}\frac{t}{t_0}, & t\leqslant t_0\\ 1, & t>t_0\end{cases} \tag{7.78}$$

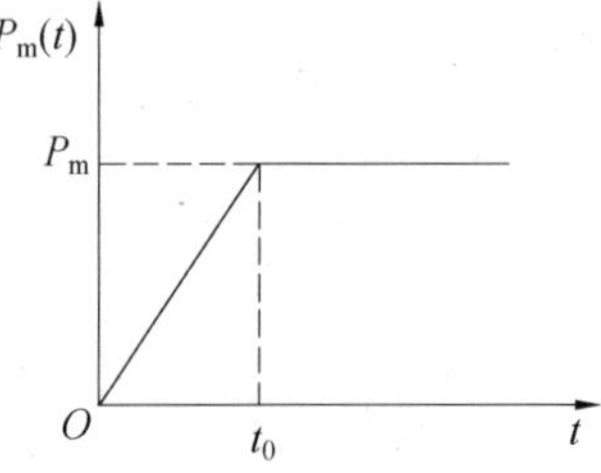

图7.16　升压平台荷载

此种荷载作用下的动荷载系数K_h及到达最大位移时间t_m,除了与延性比有关外,还与升压时间t_0和自振周期T的比值有关。K_h取值可查图(图7.17)。

(4) 突加线性衰减荷载。

突加线性衰减荷载的表达形式为

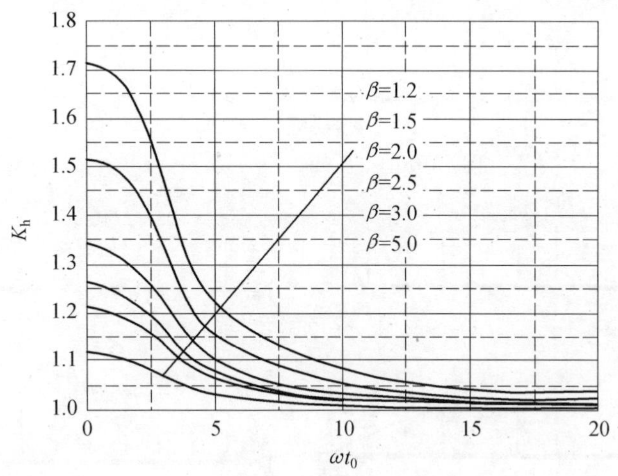

图 7.17　K_h 与 ωt_0 的关系

$$f(t)=\begin{cases}1-\dfrac{t}{t_0}, & t\leqslant t_0\\ 0, & t>t_0\end{cases} \tag{7.79}$$

此种荷载作用下的动荷载系数K_h及到达最大位移时间t_m，除了与延性比β有关外，还与荷载作用时间t_0和自振周期T的比值有关。一般按弹塑性体系设计时常取$\beta=3$。

7.5　结构构件的动内力与动反力的确定

7.5.1　构件的动内力

已知构件的动位移$X\cdot y(t)$后，可求出其加速度$X\cdot \ddot{y}(t)$，进一步可求得惯性力$I=MX\ddot{y}(t)$。动载作用下，构件在任一时刻的内力是该时刻的惯性力与动载二者共同作用产生的内力，如图7.18(a)所示。另一方面，由抗力的定义可知，构件任一时刻的内力又应是与该时刻抗力相应的静内力，如图7.18(b)所示。

由于惯性力的分布形状与振型成比例，同动载的分布形式不完全一致，而抗力的分布形式与动载相同，所以按照图7.18(a)、(b)两种方式得出的内力值不一定相同，二者都是近似值。一般情况下，在确定构件截面的最大弯矩时，宜按图7.18(b)由抗力确定内力。如简支梁在求得$R=K\cdot y(t)$后，得$M=\dfrac{Rl}{8}$，但根据抗力确定内力的方法用于求剪力和支座反力有较大误差，也不适于用来求框架结构的轴力和多杆件体系中柱子的弯矩，当遇到此情况时，宜采用图7.18(a)的方法确定内力。

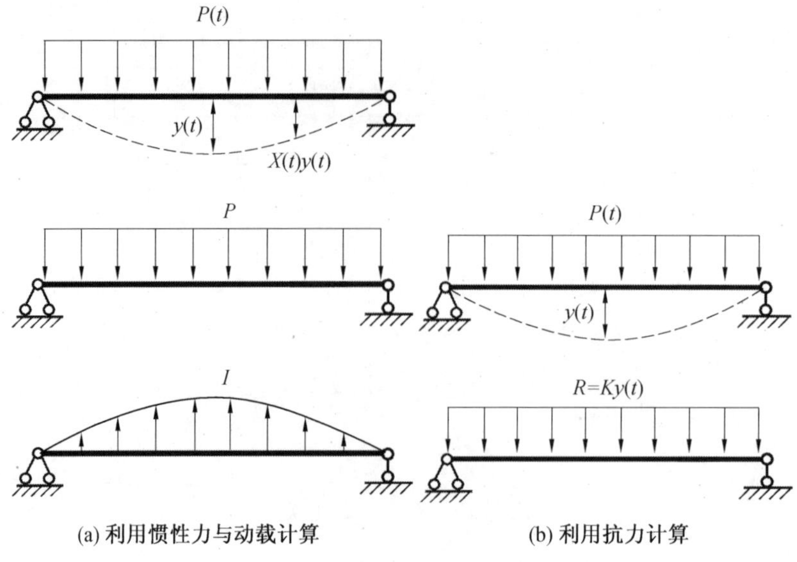

(a) 利用惯性力与动载计算　　(b) 利用抗力计算

图 7.18　两种确定内力的计算图形

7.5.2　构件的动反力

在防护结构中，冲击的作用是从一个构件以动反力作用的形式传递到另一个构件的，为了正确估计下部支撑结构的动力反应，需要知道上部构件的反力随时间的变化规律。下面以均布动载 $P(t)$ 作用下的简支梁为例，说明采用叠加惯性荷载法近似确定支座反力或支座截面剪力的方法和步骤。

(1) 弹性阶段。

设体系振型为静挠曲线形状 $X(x)$，跨中位移为 $y(t)$，则惯性力为 $I=(m\mathrm{d}x)X\ddot{y}(t)$。取半跨长的梁为隔离体，如图 7.19(a) 所示，作用于隔离体上的外力有动载 $\frac{1}{2}P(t)l$、惯性力 $\frac{I}{2}$、支座反力 $V(t)$ 及跨中截面的内力 $M_{l/2}(t)$。

$$M_{l/2}(t)=\frac{Rl}{8}=\frac{l}{8}Ky(t) \tag{7.80}$$

式中，K 为构件的弹性系数。

惯性力的合力中心到支座的距离为

$$a=\frac{\int_0^{l/2}x\cdot X(x)\mathrm{d}x}{\int_0^{l/2}X(x)\mathrm{d}x}=\frac{61}{192}l$$

将隔离体上全部作用力对惯性力的合力作用点取矩，得

$$V(t)\cdot a-M_{l/2}(t)-\frac{P(t)}{2}\left(a-\frac{l}{4}\right)=0$$

式中，$P(t)=P(t)\cdot l$ 为总荷载，将 $a=\frac{61}{192}l$，$M_{l/2}(t)=\frac{l}{8}Ky(t)$ 代入上式得

$$V(t)=0.39Ky(t)+0.11P(t)$$

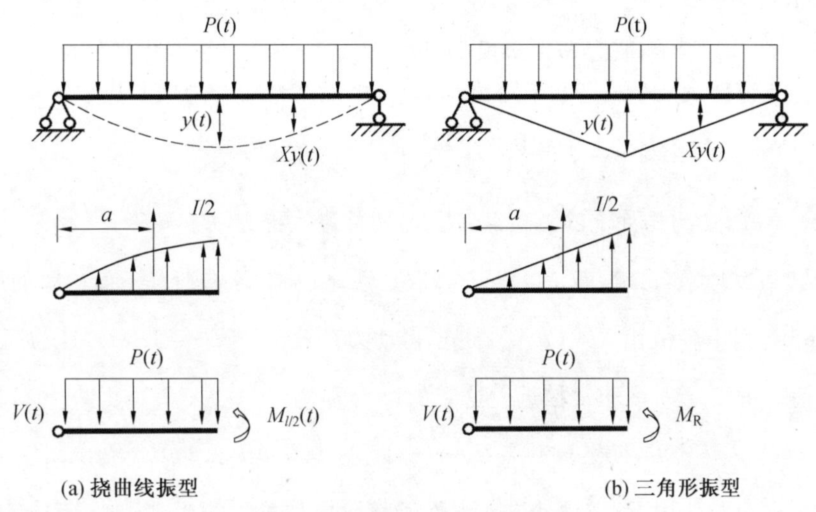

图 7.19　确定动反力的计算图形

又 $Ky(t)=R$，可得

$$V(t)=0.39R+0.11P(t) \tag{7.81}$$

若动载为突加平台荷载 $P(t)=P_m$，由构件运动微分方程可得

$$y(t)=\frac{P_m}{K}(1-\cos\omega t) \tag{7.82}$$

代入式(7.81)得

$$V(t)=0.39P_m(1-\cos\omega t)+0.11P_m=0.5P_m-0.39P_m\cos\omega t \tag{7.83}$$

式(7.83)动反力的曲线变化如图 7.20 所示，其动反力最大值 $V_m=0.89R_m=0.89P_m l$。图示的反力变化曲线是近似的，实际上在开始阶段并没有突增的起始值。

从式(7.82)可知动力系数 $K_h=\frac{y_m}{y_c}=2$，故等效静载为 $q=K_hP_m=2P_m$，按等效静载算得的反力为 $V_d=P_0=P_0l$。对于对称结构承受均布动载的情况，两种方法计算的反力最大值相差 10% 左右。

从图 7.20 中可以看到，反力在 $\frac{T}{2}$ 的时间达到峰值然后下降。这种形式的动载对于下部支撑构件来说，当其自振周期同上部构件相近时，会有较大的动力作用。但若支撑构件的自振频率非常高(如墙)，从图 7.19 中可看出其动反力的动力作用是很小的。

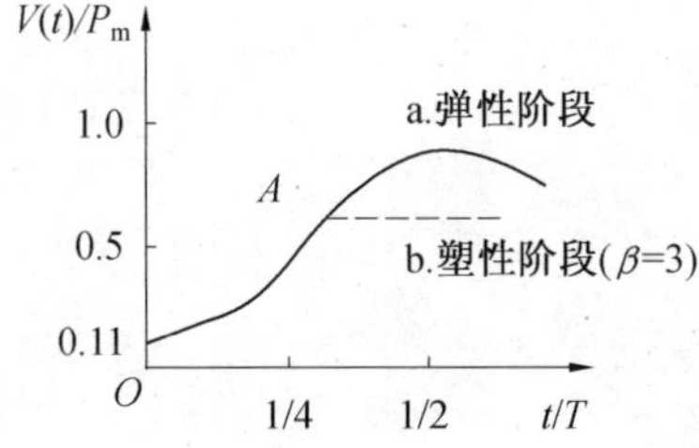

图 7.20　简支梁在突加平台荷载下的动反力

(2) 塑性阶段。

如图 7.19(b) 所示，假定塑性阶段的振型 $X(x)$ 为三角形，跨中弯矩$M_{l/2}=M_R$，惯性力合力中心到支座距离 $a=l/3$，取半跨梁为隔离体，对惯性力合力中心点取矩得

$$V(t)=\frac{3}{8}R_m+\frac{1}{8}P(t) \tag{7.84}$$

式中，$P(t)=P(t)l$ 为构件上的总荷载；R_m 为构件最大抗力，$R_m=\frac{8M_R}{l}$。

若荷载为突加平台形荷载 $P(t)=P_m$，取延性比$\beta=3$，均布荷载下简支梁的$K_{ML}=0.78$，$\bar{K}_{ML}=0.66$ 将以上各值代入式(7.74) 可求得动力系数$K_h=\frac{R_m}{P_m}=1.18$。这与简单弹簧体系在同样 β 值下的$K_h=1.2$ 非常接近。这时的反力为

$$V(t)=\frac{3}{8}\times1.18P_m+\frac{1}{8}P_m=0.568P_m\approx0.5R_m \tag{7.85}$$

突加平台荷载作用下，当构件进入塑性工作阶段后反力等于常数。若下部支撑构件的自振周期较长，动反力的升压过程相对较短，则动反力会对支撑构件产生相当大的动力作用。由于弹塑性体系的等效静载$q_m=K_hP_m=R_m$，因此等效静载下简支梁的反力也就是0.5 R_m，若将等效静载下的反力作为一种静力作用下的下部支撑构件，就有可能低估实际反力的动力作用。

从图 7.20 可以看出，由于跨中截面进入塑性阶段，支座反力显著降低，从而减小了支撑结构和支座附近截面抗剪的负担，因此组合结构体系上部构件设计过强有时反而有害。

7.6 本章小结

在理论上分析爆炸动荷载下结构动力响应，确定动内力和动变形等的主要前提是确定武器爆炸动荷载下的结构计算简图，可按地下防护结构的各个主要组成部分，常可按顶板、外墙、底板、临空墙等主体结构和口部等，结合构件的受力状态，通过对边界条件的简化，拆分后按连续梁、双向板、墙、柱等受弯和受压构件，考虑武器爆炸动荷载及其等效后的等效静荷载作用效应。经综合分析确定的延性系数和等效静荷载作用效应，直接应用到承载能力极限状态，可进行混凝土结构配筋计算、钢结构和砌体结构设计等。

第8章　防空地下室结构的武器爆炸动荷载作用

8.1　概　述

防空地下室应考虑的荷载作用除了常规的结构及附加面层自重、覆土自重等静荷载外，还应着重考虑两种武器爆炸条件下的动荷载作用，结构设计所需的外荷载作用效应，应考虑常规静荷载与爆炸荷载作用效应的组合。由于武器爆炸的动荷载效应明显，不但应在结构材料及结构构件受力性能上予以考虑，而且应满足结构设计的安全性需求。武器爆炸动荷载作用效应及其取值方法是本章的主要内容。实际上，即使是确定的结构形式，地下室不同部位对爆炸动荷载效应的响应程度是有区别的，而且不同级别地下室对武器爆炸动荷载作用效应的抵抗能力要求也是不同的，直接影响地下室结构动荷载的确定，以及既对应结构构件实际受力性能与响应，又符合结构设计需求的武器爆炸动荷载的简化。这种地下室不同部位荷载及其作用效应的分析方法是结构设计需要着重考虑的。

8.2　常规武器爆炸动荷载

对于防常规武器抗力级别5级与6级的防空地下室结构，其武器作用按距结构外墙及出入口有一定距离计算，因此，可忽略常规武器的局部破坏作用，而仅按防常规武器整体破坏作用进行设计。

8.2.1　常规武器地面爆炸空气冲击波及计算参数

如前所述，常规武器地面爆炸产生的空气冲击波的正相作用时间较短，一般仅数毫秒，往往小于结构发生最大动变形所需时间，且其升压时间极短。因此，结构计算时，可将常规武器地面爆炸空气冲击波波形取为按等冲量简化的无升压时间的三角形(图8.1)。其中，设计计算中常规武器等效TNT装药量、爆心至主体结构外墙外侧的水平距离以及爆心至口部的水平距离等，均应按国家现行有关规定确定。

8.2.2　常规武器地面爆炸土中压缩波及计算参数

同样如前所述，结构计算时，常规武器地面爆炸在土中产生的压缩波波形可取按等冲量简化的有升压时间的三角形(图8.2)。

常规武器空气冲击波绕过障碍物的能力较核爆空气冲击波大大减小，在结构顶板及室内出入口结构构件计算中，当上部建筑层数不少于二层，其底层外墙为钢筋混凝土或砌体承重墙，且任何一面外墙墙面开孔面积不大于该墙面面积的50%，或者上部为单层建筑，其承

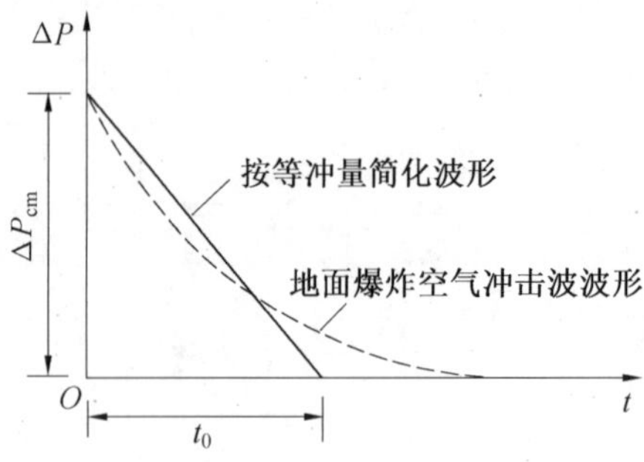

注：ΔP_{cm} 为常规武器地面爆炸空气冲击波最大超压（N/mm^2），t_0 为空气冲击波按等冲量简化的等效作用时间（s）。均按现行《人民防空地下室设计规范》（GB 50038—2005）取用。

图 8.1　常规武器地面爆炸空气冲击波简化波形

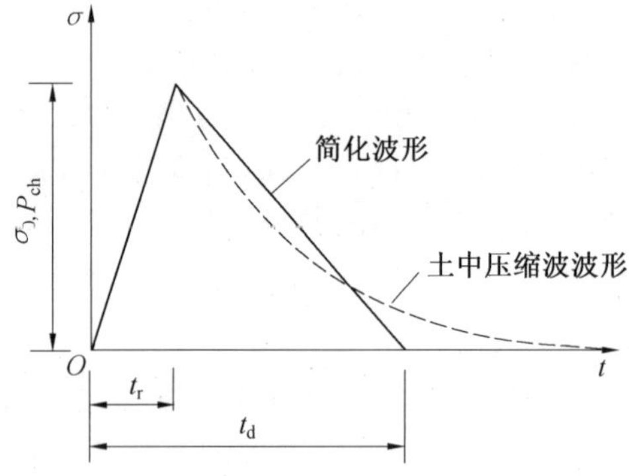

注：P_{ch} 为常规武器地面爆炸空气冲击波感生的土中压缩波最大压力（N/mm^2），σ_0 为常规武器地面爆炸直接产生的土中压缩波最大压力（N/mm^2），t_r 为土中压缩波的升压时间（s），t_d 为土中压缩波按等冲量简化的等效作用时间（s）。均按现行《人民防空地下室设计规范》（GB 50038—2005）取用。

图 8.2　常规武器地面爆炸土中压缩波简化波形

重外墙使用的材料和开孔面积不大于该墙面面积的 50%，且屋顶为钢筋混凝土结构时，可考虑上部建筑对常规武器地面爆炸空气冲击波超压作用的影响，将空气冲击波最大超压乘以 0.8 的折减系数。

8.2.3　周边常规武器爆炸动荷载的作用方式

常规武器地面爆炸时，作用在防空地下室结构构件上的动荷载可按均布动荷载进行动力分析。按地下室顶标高与室外地面是否存在高差，可分为全埋式防空地下室和顶板底面高出室外地面的防空地下室两种。

对于全埋式的情况，当常规武器地面爆炸时，作用在防空地下室结构上的动荷载可按均布进行受力分析；同一覆土厚度，不同区格跨度顶板的等效静荷载取单一数值；常 5 级、常 6

级防空地下室，底板可不计入常规武器地面爆炸产生的等效静荷载(图 8.3)。

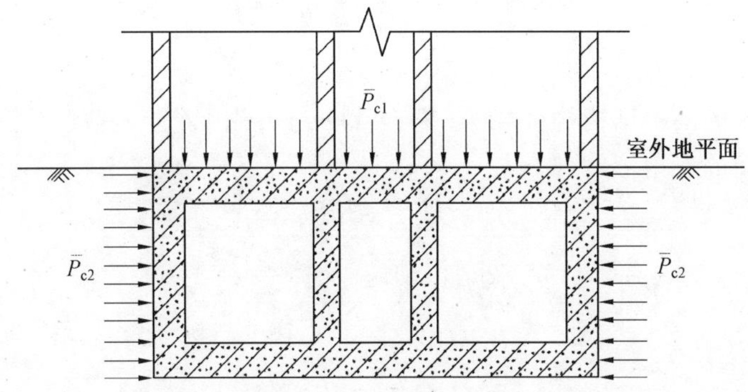

图 8.3　全埋式防空地下室结构周边常规武器爆炸动荷载作用方式

对于顶板底面高出室外地面的情况，在土中的顶板、底板及外墙上常规武器爆炸动荷载的作用方式同全埋式防空地下室；但应注意考虑地面空气冲击波对高出地面外墙的单向作用，为此，应验算地面空气冲击波对高出地面外墙的单向作用。考虑到冲击波作用方向的不确定性，按高出地面外墙四周均为迎爆面分别验算(图 8.4)。

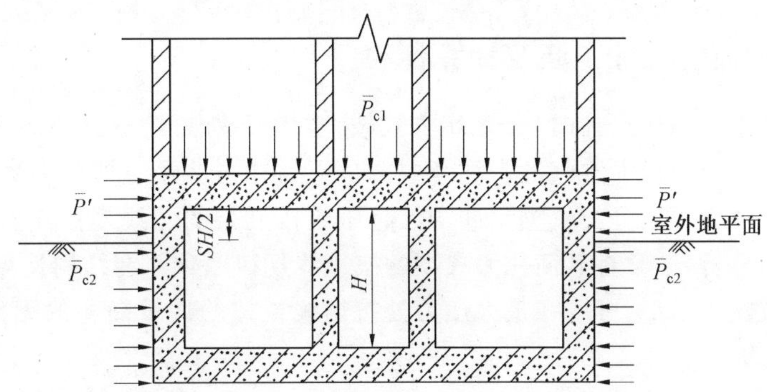

图 8.4　顶板地面高出室外地面的防空地下室结构周边常规武器爆炸动荷载作用方式

8.2.4　动力计算

常规武器爆炸作用时，一般采用等效静荷载法进行结构动力分析，下节详述。在常规武器爆炸动荷载作用下，不同材料结构构件的允许延性比[β]取值不同，对于砌体结构构件，应取 1.0，对于钢筋混凝土结构构件，可按表 8.1 取值。

表 8.1　常规武器爆炸动荷载作用下钢筋混凝土结构构件的允许延性比[β]

结构构件使用要求	受力状态			
	受弯	大偏心受压	小偏心受压	轴心受压
密闭、防水要求高	2.0	1.5	1.2	1.0
密闭、防水要求一般	4.0	3.0	1.5	1.2

对于暴露于空气中的结构构件(如防护密闭门、门框墙、临空墙、不覆土顶板等)，常规武器爆炸动荷载波形简化为无升压时间的三角形，此时，

$$K_d=\left[\frac{2}{\omega t_0}\sqrt{2[\beta]-1}+\frac{2[\beta]-1}{2[\beta]\left(1+\frac{4}{\omega t_0}\right)}\right]^{-1} \tag{8.1}$$

式中，$[\beta]$ 值可按表 8.1 确定。

对于埋入土中的围护结构构件(如有覆土顶板、土中外墙等)，常规武器爆炸动荷载波形简化为有升压时间的三角形，此时，

$$K_d=\bar{\xi}\overline{K_d} \tag{8.2}$$

$$\overline{K_d}=\left[\frac{2}{\omega t_d}\sqrt{2[\beta]-1}+\frac{2[\beta]-1}{2[\beta](1+\frac{4}{\omega t_d})}\right]^{-1} \tag{8.3}$$

$$\bar{\xi}=\frac{1}{2}+\frac{\sqrt{[\beta]}}{\omega t_r}\sin\left(\frac{\omega t_r}{2\sqrt{[\beta]}}\right) \tag{8.4}$$

式中，动力系数计算时，顶板和外墙应分别依据《人民防空地下室设计规范》(GB 50038—2005) 附录的相关规定确定。结构构件的自振圆频率 $\omega(s^{-1})$ 见 8.4 节。

8.3 核武器爆炸动荷载

8.3.1 地面空气冲击波及计算参数

防核武器地下室结构设计时，核爆炸方式按“空爆”考虑，防空地下室所受的冲击波作用按平行于地表传播的地面空气冲击波考虑。超压是冲击波最主要的参数，地面超压值也是防空地下室抗力级别划分的依据。冲击波超压是按复杂的曲线规律随时间变化的荷载，为便于进行动力分析，通常将其简化为典型的按直线规律变化。在结构计算中，核武器爆炸地面空气冲击波超压波形，可取在最大压力处按切线或按等冲量简化的无升压时间的三角形(图 8.5)。

防空地下室结构设计采用的地面空气冲击波最大超压(简称地面超压)ΔP_m 及其他设计参数应按国家现行有关规定取值。

8.3.2 土中压缩波及计算参数

空气冲击波作用于地表，压迫土体并使其产生运动，这种土体的压缩状态由上向下在土中逐层传播形成土中压缩波。在结构计算中，土中压缩波波形可取简化为有升压时间的平台形(图 8.6)，核武器爆炸土中压缩波的最大压力 P_h 及土中压缩波升压时间 t_{0h} 可按《人民防空地下室设计规范》(GB 50038—2005) 计算，其中 h 为土的计算深度(m)，计算顶板时，取顶板的覆土厚度；计算外墙时，取防空地下室结构土中外墙中点至室外地面的深度。

8.3.3 周边核武器爆炸动荷载的作用方式

对于全埋式防空地下室，武器爆炸动荷载可按同时作用在结构各部位进行受力分析；顶板和底板的核武器爆炸动荷载为垂直荷载，沿跨度均匀分布；侧墙的核武器爆炸动荷载为水平荷载，沿高度均匀分布(图 8.7)。

对于顶板底面高出室外地面的防空地下室，在土中的顶板、底板及土中外墙上核武器爆

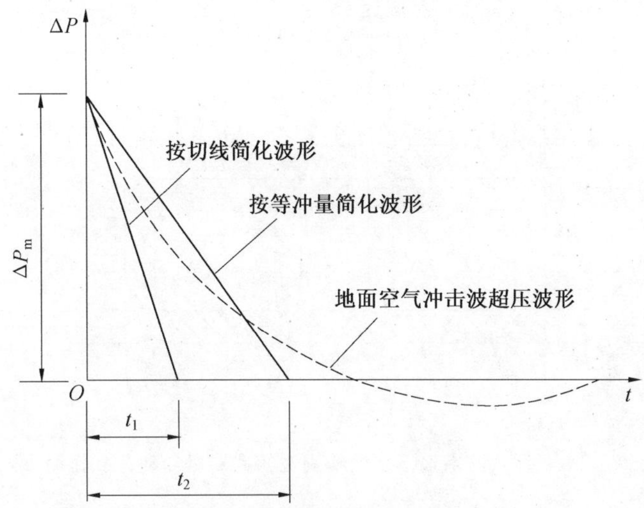

注：ΔP_m 核武器爆炸地面空气冲击波最大超压（N/mm^2），t_1 为按切线简化的等效作用时间（s），t_2 为按等冲量简化的等效作用时间（s）。

图 8.5　核武器爆炸地面空气冲击波简化波形

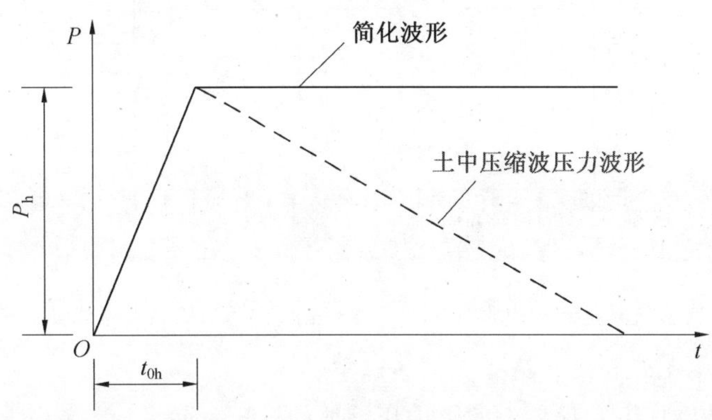

图 8.6　核武器爆炸土中压缩波简化波形

炸动荷载的作用方式同全埋式防空地下室，应验算地面空气冲击波对高出地面外墙的单向作用。由于空气冲击波的实际作用方向不确定，可按四周高出地面的外墙均可能成为迎爆面分别验算（图 8.8）。

作用在防空地下室顶板、外墙、底板上的核武器爆炸动荷载的最大压力 P_{c1}、P_{c2} 及 P_{c3} 可按《人民防空地下室设计规范》（GB 50038—2005）相关规定计算确定，并应注意以下几个参数的取值方法。

（1）对于核 5 级、核 6 级和核 6B 级防空地下室，当覆土厚度 $h \leqslant 0.5$ m 时，顶板核武器爆炸动荷载综合反射系数可取 $K=1.0$；当覆土厚度 $h \geqslant h_m$（结构不利覆土厚度）时，K 值可按《人民防空地下室设计规范》（GB 50038—2005）中表 4.5.3 确定；当 $0.5\ \text{m} < h < h_m$ 时，K 值可按线性内插法确定。

（2）ξ 及 η 根据工程所在地的地质情况，分别按《人民防空地下室设计规范》（GB

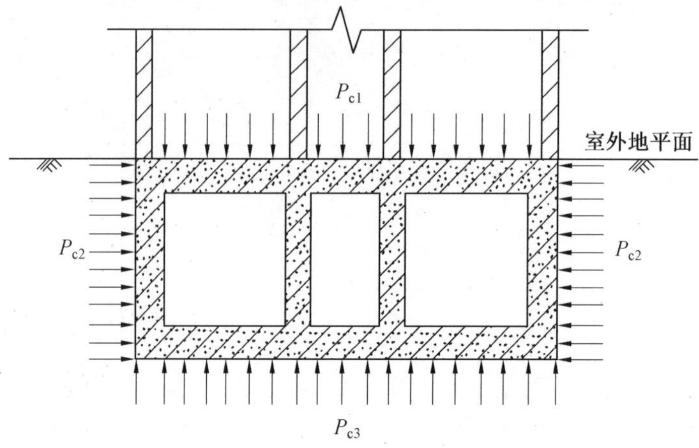

图 8.7　全埋式防空地下室结构周边核武器爆炸动荷载作用方式

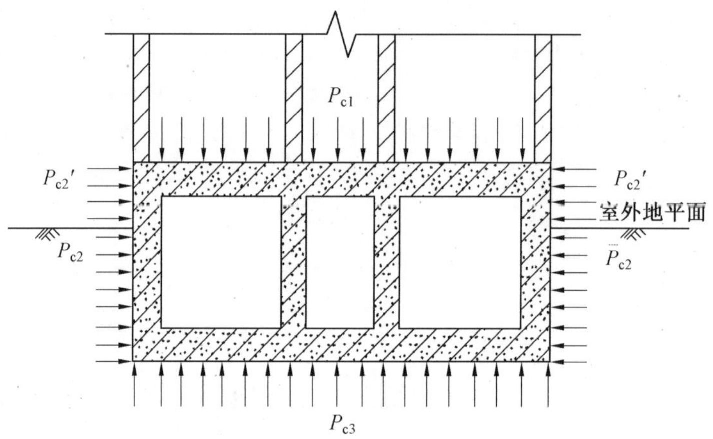

图 8.8　顶板底面高出室外地面的防空地下室结构周边核武器爆炸动荷载作用方式

50038—2005）中第 4.5.5 条和第 4.5.7 条确定。

（3）作用在防空地下室顶板上的土中压缩波的升压时间 t_{0h}，当考虑上部建筑影响时，应增加 0.025 s。

（4）当核 6 级、核 6B 级防空地下室的顶板底面高出室外地面时，直接承受空气冲击波作用的外墙最大水平均布压力 P_{c2}' 可取 $2\Delta P_m$。

8.3.4　动力计算

等效静荷载法一般适用于单个构件。然而，防空地下室结构为顶板、底板、墙、梁、柱等多构件体系，顶板、底板与外墙直接承受不同的外加动荷载，内墙、柱、梁承担上部构件传来的动荷载。由于动荷载作用的试件有先后，变化规律也不一致，因此，对结构体系进行综合精确分析十分困难，一般将结构体系拆成顶板、外墙、底板等结构构件，分别按单独的等效单自由度体系进行动力分析。各构件之间支座边界条件应按近似于实际支撑条件进行选取，如混凝土结构，顶板与外墙间二者刚度相近，可近似按固端与铰接之间的支座条件考虑；底板与外墙之间，由于二者刚度相差较大，计算外墙时可将底板视为固定端。

在核武器爆炸动荷载作用下，结构构件的允许延性比[β]，对于砌体结构构件，应取1.0；对于钢筋混凝土结构构件，可按表 8.2 取值。

表 8.2　核武器爆炸动荷载作用下钢筋混凝土结构构件的允许延性比[β]

结构构件使用要求	受力状态			
	受弯	大偏心受压	小偏心受压	轴心受压
密闭、防水要求高	1.0	1.0	1.0	1.0
密闭、防水要求一般	3.0	2.0	1.5	1.2

暴露于空气中的结构构件(如防护密闭门、门框墙、临空墙、不覆土顶板等)，核武器爆炸动荷载波形简化为无升压时间的三角形，动力系数 K_d 表达式为

$$K_d=\frac{2[\beta]}{2[\beta]-1} \tag{8.5}$$

埋入土中的围护结构构件(如有覆土顶板、土中外墙及底板等)，核武器爆炸动荷载波形简化为有升压时间的平台形，动力系数 K_d 表达式为

$$K_d=\frac{[\beta]\left\{1+\sqrt{1-\frac{1}{[\beta]^2}(2[\beta]-1)(1-\varepsilon^2)}\right\}}{2[\beta]-1} \tag{8.6}$$

式中，$\varepsilon=\dfrac{\sin\frac{\omega t_0}{2}}{\frac{\omega t_0}{2}}$。

也可根据结构构件自振圆频率 ω、升压时间 t_{0h} 及允许延性比[β] 查表确定设计时动力系数 K_d，结构构件的自振圆频率 ω(s^{-1}) 见 8.4 节。

8.4　常规武器爆炸作用下结构等效静荷载

在保证设计精度的情况下，为简化设计可采用等效静载法进行常规武器爆炸作用下结构构件的动力分析。一般来说，常规武器爆炸作用在防空地下室结构构件上的动荷载是不均匀的，采用等效静载法分析时，需对结构构件上的等效静荷载均布化处理。

在常规武器爆炸动荷载作用下，8.2 节所示地下室结构的顶板、外墙上作用的等效静荷载标准值 q_{ce1}、q_{ce2}，可分别按《人民防空地下室设计规范》(GB 50038—2005) 相关公式计算。按静力分析方法，可计算在等效静荷载标准值下相关结构构件内力。

乙类防空地下室各部位结构构件设计考虑战时荷载作用时，所取的等效静荷载标准值为常规武器爆炸作用下等效静荷载标准值。

8.4.1 主体结构设计采用等效静荷载标准值

地下室结构不同部位的等效静荷载标准值取值不同。

(1) 顶板。

当防空地下室仅设在地下一层,其顶板为混凝土肋梁楼盖、密肋楼盖板结构以及无梁楼盖,且在常规武器爆炸动荷载作用下按允许延性比[β]=4.0计算时,设计采用的等效静荷载标准值可按表8.3确定。

表8.3 顶板等效静荷载标准值 kN/m²

顶板覆土厚度 h/m	考虑上部建筑影响		不考虑上部建筑影响	
	抗力级别		抗力级别	
	常6级	常5级	常6级	常5级
$0 < h \leqslant 0.5$	32～40	72～88	40～50	90～110
$0.5 < h \leqslant 1.0$	24～32	56～72	30～40	70～90
$1.0 < h \leqslant 1.5$	12～24	40～56	15～30	50～70
$1.5 < h \leqslant 2.0$	不计入	24～40	不计入	30～50
$2.0 < h \leqslant 2.5$	不计入	12～24	不计入	15～30
$2.5 < h$	不计入	不计入	不计入	不计入

注:1. 当顶板覆土厚度为表中小值时,顶板等效静荷载标准值取大值。

2. 可按规定考虑上部建筑对等效静荷载取值的影响。

需要注意的是,当顶板覆土厚度对于常5级大于2.5 m,对于常6级大于1.5 m时,顶板可不计入该等效静荷载,但顶板设计应符合防空地下室结构的相关构造要求。

其余条件下的等效静荷载应按《人民防空地下室设计规范》(GB 50038—2005)相关要求计算确定。

(2) 外墙。

对埋置于非饱和土中的钢筋混凝土外墙,当计算高度不大于5 m,且在常规武器爆炸动荷载作用下按允许延性比[β]=3.0计算时,应考虑埋置深度和土的类别,等效静荷载标准值可按表8.4确定;对埋置于饱和土中的外墙,相同条件下,按表8.5确定。

当外墙计算高度大于5 m时,可近似采用表8.5中的数值;当顶板埋置深度大于3.0 m或防空地下室位于地下二层及以下时,可近似按表8.4、表8.5中顶板埋置深度等于3.0 m确定。

表 8.4　非饱和土中混凝土外墙等效荷载标准值　　kN/m²

顶板顶面埋置深度 h/m	土的类别	抗力级别	
		常 6 级	常 5 级
$0 < h \leqslant 1.5$	碎石土、粗砂、中砂	20 ~ 30	40 ~ 70
	细砂、粉砂	15 ~ 25	35 ~ 55
	粉土	15 ~ 30	40 ~ 60
	黏性土、红黏土	15 ~ 20	35 ~ 55
	老黏性土	15 ~ 30	40 ~ 65
	湿陷性黄土	15 ~ 25	35 ~ 55
	淤泥质土	10 ~ 15	25 ~ 35
$1.5 < h \leqslant 3.0$	碎石土、粗砂、中砂	15 ~ 20	30 ~ 40
	细砂、粉砂	10 ~ 15	25 ~ 35
	粉土	10 ~ 15	25 ~ 40
	黏性土、红黏土	10 ~ 15	25 ~ 35
	老黏性土	10 ~ 15	25 ~ 40
	湿陷性黄土	10 ~ 15	20 ~ 35
	淤泥质土	5 ~ 10	15 ~ 25

注：当顶板覆土厚度为小值时，等效荷载取大值。

表 8.5　饱和土中混凝土外墙等效荷载标准值　　kN/m²

顶板顶面埋置深度 h/m	饱和土含气量（空气的体积分数）α_1 /%	抗力等级	
		常 6 级	常 5 级
$0 < h \leqslant 1.5$	1	30 ~ 50	80 ~ 100
	$\leqslant 0.05$	50 ~ 70	100 ~ 140
$1.5 < h \leqslant 3.0$	1	25 ~ 30	60 ~ 80
	$\leqslant 0.05$	30 ~ 50	80 ~ 100

注：1. 表中数值为按混凝土外墙计算高度不大于 5 m，允许延性比[β] 取 3.0 确定。

2. 当含气量 $\alpha_1 > 1\%$ 时，按非饱和土取值；当 $0.05\% < \alpha_1 \leqslant 1\%$ 时，按线形内插法确定。

3. 顶板埋置深度 h 为小值时，等效静荷载取大值。

对于砌体外墙，地下室必须位于地下水位以上，顶板埋置深度不大于 1.5 m，并应符合相关构造措施。当地下室室内净高不大于 3 m，开间不大于 5.4 m，且在常规武器爆炸动荷载作用下按允许延性比[β]＝1.0 计算时，砌体外墙等效静荷载标准值可按表 8.6 确定。不满足时或位于饱和土中时，外墙应采用混凝土结构。

表 8.6　砌体外墙等效静荷载标准值　　kN/m²

顶板顶面埋置深度 h/m	土的类别	抗力级别	
		常 6 级	常 5 级
$0 < h \leqslant 1.5$	碎石土、粗砂、中砂	25 ～ 45	60 ～ 85
	细砂、粉砂	20 ～ 35	50 ～ 70
	粉土	20 ～ 40	55 ～ 70
	黏性土、红黏土	25 ～ 35	50 ～ 70
	老黏性土	25 ～ 45	60 ～ 80
	湿陷性黄土	20 ～ 35	50 ～ 70
	淤泥质土	15 ～ 25	40 ～ 50

注：当顶板覆土厚度为小值时，等效荷载取大值。

对于顶板底面高出室外地面的防空地下室，直接承受空气冲击波作用的混凝土外墙按弹塑性工作阶段设计时，等效静荷载标准值 q_{ce2} 常 5 级时取 400 kN/m²，对常 6 级可取 180 kN/m²；而室外地平面以下外墙等效静荷载标准值则同全埋式防空地下室。

需要注意的是，乙类防空地下室底板可不计入常规武器地面爆炸作用的等效静荷载，但底板应满足相关构造要求。

8.4.2　多层地下室等效静荷载标准值确定方法

工程实践中，存在多层地下室，即出现了防空地下室上、下层为同一防护单元，相邻楼层划分为上、下两个抗力级别相同或不同的防护单元，防空地下室设在下层、其上层为普通地下室（考虑到平时使用要求，这种情况较为普遍），防空地下室设在最上层、其下部为普通地下室，以及防空地下室位于中间层、其上下均为普通地下室等不同情况。应根据防空地下室所在位置确定等效静荷载，其基本取值原则是当防空地下室设在地下二层及以下各层时，顶板可不计入常规武器地面爆炸产生的等效静荷载，但顶板设计应符合相关构造要求。

具体可按如下方法确定。

(1) 当乙类防空地下室上、下层为同一防护单元时，中间楼板及底板不计入常规武器地面爆炸动荷载的作用，顶板、外墙等效静荷载取值方法同单层。

(2) 当相邻楼层划分为上、下两个抗力级别相同或不同的防护单元时，中间楼板及底板不计入常规武器地面爆炸动荷载的作用，顶板、外墙等效静荷载取值方法同单层。

(3) 多层地下室，当乙类防空地下室设在下层，其上层为普通地下室时，防空地下室顶板及底板均不计入常规武器地面爆炸产生的等效静荷载。外墙的等效静荷载标准值取值方法同单层乙类防空地下室。

(4) 多层地下室，当防空地下室设在最上层时，应确保防空地下室达到密闭要求，防止毒剂从普通地下室进入防空地下室内部。此时防空地下室顶板和防空地下室及其以下各层的内墙、外墙、柱均应考虑常规武器爆炸动荷载作用，防空地下室底板可不计入常规武器爆炸动荷载作用，按平时使用荷载计算，且应符合相关构造要求。

(5) 多层地下室，当乙类防空地下室设在中间层时，其顶板及底板均不计入常规武器地面爆炸动荷载作用，但应符合相关构造要求，外墙的等效静荷载标准值取值方法同单层乙类防空地下室。

(6) 前述(4) 和(5) 所设置防空地下室结构受力不合理,经济性差,尽量避免采用,按(3)将防空地下室设在最下层较为合理。

(7) 当乙类防空地下室设在地下二层及以下各层,其顶板、上下两个防护单元之间楼板及底板均不计入常规武器地面爆炸动荷载作用,外墙的等效静荷载标准值取值方法同单层乙类防空地下室。

8.4.3　其他结构构件等效静荷载

其他结构构件包括出入口通道、竖井、临空墙、防护单元间隔墙及与普通地下室相邻隔墙、扩散室及楼梯等口部结构,也应对常规武器爆炸动荷载作用进行合理考虑,其等效静荷载标准值可按现行《人民防空地下室设计规范》(GB 50038—2005) 相关规定执行。

8.4.4　结构自振频率

对于混凝土单跨和多跨的等截面梁(单向板) 挠曲型自振圆频率 ω,可按下式计算(刚度折系数 $\psi=0.6$):

$$\omega=\frac{812\Omega dK}{l^2} \tag{8.7}$$

式中,Ω 为梁(单向板) 的频率系数,两端弹性嵌固的单跨及等跨梁可按表 8.7 采用,其余可按《人民防空地下室设计规范》(GB 50038—2005) 附表采用;d 为梁截面高度(单向板厚度)(m);l 为梁(单向板) 的计算跨度(m);K 为混凝土强度等级影响系数,可按表 8.8 采用。

表 8.7　两端弹性嵌固的单跨及等跨梁的频率系数 Ω

支撑情况与振型	Ω	支撑情况与振型	Ω
l	16.12	l　l　l	20.44
l　l	18.9		

表 8.8　混凝土强度等级影响系数 K

混凝土强度等级	C25	C30	C35	C40	C45	C50	C55	C60	C65	C70	C75	C80
K	1	1.04	1.06	1.08	1.09	1.11	1.13	1.13	1.14	1.15	1.16	1.17

对于板厚为 d 的混凝土双向薄板挠曲型自振圆频率 ω,取可按下式计算(刚度折减系数 $\psi=0.6$):

当 $a/b\leqslant 1$ 时,

$$\omega=\frac{823\Omega_a dK}{a^2} \tag{8.8}$$

当 $a/b>1$ 时，

$$\omega=\frac{823\Omega_b dK}{b^2} \tag{8.9}$$

式中，a、b 为双向板两个方向计算跨度(m)；Ω_a、Ω_b 为频率系数，可按《人民防空地下室设计规范》(GB 50038—2005) 附表 C.0.2 采用；K 按表 8.8 查表确定。

对于混凝土无梁楼盖自振圆频率可按式(8.7) 计算，其频率系数 Ω 可按表 8.9 采用。

表 8.9　无梁楼盖频率系数 Ω

结构形式	l_1/l	Ω
	0.05	14.42
	0.10	15.17
	0.15	15.87
	0.20	16.61
	0.25	17.38
	0.30	18.17
	0.35	18.98
	0.40	19.82

注：l_1 为柱帽边长，l 为柱中心线距离(轴线距)。

8.5　核武器爆炸作用下结构等效静荷载

甲类防空地下室结构应承担常规武器和核武器爆炸动荷载各一次作用，其控制荷载效应工况：① 平时使用状态下荷载；② 战时常规武器爆炸等效静荷载与常规静荷载同时作用；③ 战时核武器爆炸等效静荷载与常规静荷载同时作用。设计时，应取三种工况中最不利的情况作为甲类防空地下室结构控制工况。需要强调的是，结构设计所采用的等效静荷载标准值不体现荷载作用方式，仅是设计计算的取用值。

需要注意的是，当位于室外地平面以上及以下的外墙在常规武器爆炸动荷载作用下的等效静荷载标准值均大于核武器爆炸动荷载作用下时，外墙设计采用的等效静荷载标准值可按常规武器爆炸作用取值；当位于室外地平面以下的外墙在常规武器爆炸动荷载作用下的等效静荷载标准值小于核武器爆炸动荷载作用下的等效静荷载标准值时，外墙应分别按常规武器和核武器爆炸动荷载作用进行内力分析，并取较大的内力进行截面设计。

8.5.1　主体结构设计采用等效静荷载标准值

与常规武器爆炸等效静荷载取用方法相似，对于结构不同部位或不同结构构件，核武器爆炸等效静荷载标准值是不同的。

(1) 顶板。

对于采用混凝土梁板及密肋板地下室顶板，在核武器爆炸动荷载作用下按允许延性比 $[\beta]=3.0$ 或在常规武器爆炸动荷载作用下按允许延性比 $[\beta]=4.0$ 计算时，设计采用的等效静荷载标准值可按表 8.10 确定。相同条件下的采用无梁楼盖结构的地下室顶板，设计采用的等效静荷载标准值可近似按表 8.10 取用。对于短边净跨最大值小于 3.0 m 的顶板区格，可采用后文给出的通道顶板的等效静荷载标准值。不满足前述条件下，应按《人民防空地下室设计规范》(GB 50038—2005) 相关规定分别计算常规武器爆炸等效静荷载标准值与核武器爆炸等效静荷载标准值，并取其中的较大值作为设计取用值。

表 8.10　甲类防空地下室顶板等效静荷载标准值　kN/m²

顶板覆土厚度 h/m	顶板区格最大短边净跨 l_0/m	考虑上部建筑影响			不考虑上部建筑影响		
		抗力级别			抗力级别		
		核 6B 级 常 6 级	核 6 级 常 6 级	核 5 级 常 5 级	核 6B 级 常 6 级	核 6 级 常 6 级	核 5 级 常 5 级
$0 < h \leqslant 0.5$	$3.0 \leqslant l_0 \leqslant 9.0$	35 ～ 40*	55	100	40 ～ 50*	60	120
$0.5 < h \leqslant 1.0$	$3.0 \leqslant l_0 \leqslant 4.5$	40	65	120	45	70	140
	$4.5 < l_0 \leqslant 6.0$	40	60	115	45	70	135
	$6.0 < l_0 \leqslant 7.5$	40	60	110	45	65	130
	$7.5 < l_0 \leqslant 9.0$	40	60	110	45	65	130
$1.0 < h \leqslant 1.5$	$3.0 \leqslant l_0 \leqslant 4.5$	45	70	135	50	75	145
	$4.5 < l_0 \leqslant 6.0$	40	65	120	45	70	135
	$6.0 < l_0 \leqslant 7.5$	35	60	115	40	70	135
	$7.5 < l_0 \leqslant 9.0$	35	60	115	40	70	130
$1.5 < h \leqslant 2.0$	$3.0 \leqslant l_0 \leqslant 4.5$	45	75	140	50	80	165
	$4.5 < l_0 \leqslant 6.0$	40	70	130	50	80	160
	$6.0 < l_0 \leqslant 7.5$	40	65	120	45	70	135
	$7.5 < l_0 \leqslant 9.0$	35	60	115	40	70	135
$2.0 < h \leqslant 2.5$	$3.0 \leqslant l_0 \leqslant 4.5$	45	75	135	50	80	155
	$4.5 < l_0 \leqslant 6.0$	45	70	135	50	80	160
	$6.0 < l_0 \leqslant 7.5$	40	65	125	45	75	150
	$7.5 < l_0 \leqslant 9.0$	40	65	120	45	70	145

注：表中带 * 的为常规武器爆炸动荷载作用下顶板等效静荷载标准值，当顶板覆土厚度为小值时，等效静荷载标准值取大值。

(2) 外墙。

对于形式为单向板或双向板的混凝土外墙，当埋置于非饱和土中、计算高度不大于 5 m，且在核武器爆炸动荷载作用下按允许延性比[β]＝2.0 或在常规武器爆炸动荷载作用下按允许延性比[β]＝3.0 计算时，设计采用的等效静荷载标准值可按表 8.11 确定。而相同条件下，对于埋置于饱和土中外墙，则应根据工程所在地土的类别，分别按表 8.12 与表 8.13 查得的较大值作为设计用等效静荷载标准值。当外墙计算高度大于 5.0 m 时，可近似采用表 8.12 或表 8.13 中的较大值。当顶板埋置深度大于 3.0 m 或防空地下室位于地下二层及以下时，土中外墙等效静荷载标准值可近似按顶板埋置深度等于 3.0 m 时确定。不满足这些条件时，也应按《人民防空地下室设计规范》(GB 50038—2005) 相关规定分别计算常规武器爆炸等效静荷载标准值与核武器爆炸等效静荷载标准值，并取较大值。

表 8.11　甲类防空地下室非饱和土中混凝土外墙等效荷载标准值　kN/m²

顶板顶面埋置深度 h/m		$0<h\leqslant 1.5$					
土的类别		考虑上部建筑影响			不考虑上部建筑影响		
		抗力级别			抗力级别		
		核 6B 级 常 6 级	核 6 级 常 6 级	核 5 级 常 5 级	核 6B 级 常 6 级	核 6 级 常 6 级	核 5 级 常 5 级
碎石土		20* ~ 30*	20* ~ 30*	40* ~ 70*	20* ~ 30*	20* ~ 30*	40* ~ 70*
砂土	粗砂、中砂	20* ~ 30*	20* ~ 30*	42 ~ 70*	20* ~ 30*	20* ~ 30*	40* ~ 70*
	细砂、粉砂	15* ~ 25*	17 ~ 25*	36 ~ 55*	15* ~ 25*	15* ~ 25*	35* ~ 55*
粉土		15* ~ 30*	22 ~ 30*	42 ~ 60	15* ~ 30*	15* ~ 30*	40* ~ 60*
黏性土	坚硬、硬塑	15* ~ 20*	15* ~ 28	35* ~ 55*	15* ~ 20*	15* ~ 25	35* ~ 55*
	可塑	17 ~ 28	28 ~ 44	54 ~ 90	15 ~ 25	25 ~ 40	45 ~ 75
	软塑、流塑	28 ~ 33	44 ~ 50	90 ~ 102	25 ~ 30	40 ~ 45	75 ~ 85
老黏性土		15* ~ 30*	17 ~ 30*	40* ~ 65*	15* ~ 30*	15* ~ 30*	40* ~ 65*
红黏土		15* ~ 22	17 ~ 33	42 ~ 60	15* ~ 20*	15 ~ 30	35 ~ 55*
湿陷性黄土		15* ~ 25*	15* ~ 28	35* ~ 55*	15* ~ 25*	15* ~ 25*	35* ~ 55*
淤泥质土		28 ~ 33	44 ~ 50	84 ~ 96	25 ~ 30	40 ~ 45	70 ~ 80
顶板顶面埋置深度 h/m		$1.5<h\leqslant 3.0$					
土的类别		考虑上部建筑影响			不考虑上部建筑影响		
		抗力级别			抗力级别		
		核 6B 级 常 6 级	核 6 级 常 6 级	核 5 级 常 5 级	核 6B 级 常 6 级	核 6 级 常 6 级	核 5 级 常 5 级
碎石土		15* ~ 20*	15* ~ 20*	30* ~ 42	15* ~ 20*	15* ~ 20*	30* ~ 40*
砂土	粗砂、中砂	15* ~ 20*	17 ~ 28	42 ~ 54	15* ~ 20*	15 ~ 25	35 ~ 45
	细砂、粉砂	11 ~ 17	17 ~ 22	36 ~ 48	10 ~ 15	15 ~ 20	30 ~ 40
粉土		11 ~ 17	22 ~ 28	42 ~ 60	10 ~ 15	20 ~ 25	35 ~ 50
黏性土	坚硬、硬塑	10* ~ 17	11 ~ 28	30 ~ 54	10* ~ 15	10 ~ 25	25 ~ 45
	可塑	17 ~ 28	28 ~ 44	54 ~ 90	15 ~ 25	25 ~ 40	45 ~ 75
	软塑、流塑	28 ~ 33	44 ~ 50	90 ~ 102	25 ~ 30	40 ~ 45	75 ~ 85
老黏性土		11 ~ 17	17 ~ 28	30 ~ 60	10 ~ 15	15 ~ 25	25 ~ 50
红黏土		11 ~ 22	17 ~ 33	42 ~ 60	10 ~ 20	15 ~ 30	35 ~ 50
湿陷性黄土		11 ~ 17	11 ~ 28	30 ~ 54	10 ~ 15	10 ~ 25	25 ~ 45
淤泥质土		28 ~ 33	44 ~ 50	84 ~ 96	25 ~ 30	40 ~ 45	70 ~ 80

注：1. 表中数值为按外墙构件计算高度不大于 5.0 m，允许延性比 $[\beta]$ 取 2.0 计算确定；

2. 碎石土及砂土，密实、颗粒粗的取小值；黏性土，液性指数低的取小值。

表 8.12　核武器爆炸动荷载下饱和土中混凝土外墙等效静荷载标准值　　kN/m²

土的类别	考虑上部建筑影响			不考虑上部建筑影响		
	抗力级别			抗力级别		
	核 6B 级	核 6 级	核 5 级	核 6B 级	核 6 级	核 5 级
碎石土、砂土	33 ～ 39	50 ～ 61	96 ～ 126	30 ～ 35	45 ～ 55	80 ～ 105
粉土、黏性土、老黏性土、红黏土、淤泥质土	33 ～ 39	50 ～ 66	96 ～ 138	30 ～ 35	45 ～ 60	80 ～ 115

注：1. 表中数值为按外墙构件计算高度不大于 5.0 m，允许延性比[β]取 2.0 计算确定。

2. 含气量 $\alpha_1 \leqslant 0.1\%$ 时取大值。

对于甲类防空地下室采用砌体外墙时，防空地下室必须位于地下水位以上，且顶板埋置深度不大于 1.5 m，并应符合相关构造要求。在外墙结构净高不大于 3 m，开间不大于 5.4 m，且在核武器爆炸动荷载作用下或在常规武器爆炸动荷载作用下按允许延性比[β]＝1.0 计算时，设计采用的等效静荷载标准值可按表 8.13 确定。否则，应采用混凝土结构外墙。

表 8.13　甲类防空地下室非饱和土砌体外墙等效静荷载标准值　　kN/m²

土的类别		考虑上部建筑影响			不考虑上部建筑影响		
		抗力级别			抗力级别		
		核 6B 级 常 6 级	核 6 级 常 6 级	核 5 级 常 5 级	核 6B 级 常 6 级	核 6 级 常 6 级	核 5 级 常 5 级
碎石土		25* ～ 45*	25* ～ 45*	60* ～ 85*	25* ～ 45*	25* ～ 45*	60* ～ 85*
砂土	粗砂、中砂	25* ～ 45*	28 ～ 45*	60 ～ 85*	25* ～ 45*	25 ～ 45*	60* ～ 85*
	细砂、粉砂	20* ～ 35*	28 ～ 35*	50* ～ 72	20* ～ 35*	25 ～ 35*	50* ～ 70*
粉土		20* ～ 40*	33 ～ 44	66 ～ 78	20* ～ 40*	30 ～ 40	55 ～ 70*
碎石土		25* ～ 45*	25* ～ 45*	60* ～ 85*	25* ～ 45*	25* ～ 45*	60* ～ 85*
黏性土	坚硬、硬塑	25* ～ 35*	25* ～ 39	50* ～ 70*	25* ～ 35*	25* ～ 35	50* ～ 70*
	可塑	25* ～ 35*	39 ～ 61	72 ～ 120	25* ～ 35*	35 ～ 55	60 ～ 100
	软塑、流塑	28 ～ 39	61 ～ 66	120 ～ 126	25 ～ 35	55 ～ 60	100 ～ 105
老黏性土		25* ～ 40*	25* ～ 44	60* ～ 96	25* ～ 40*	25* ～ 40	60* ～ 80*
红黏土		25* ～ 35*	33 ～ 50	54 ～ 108	25* ～ 35*	30 ～ 45	50* ～ 90
湿陷性黄土		20* ～ 35*	20* ～ 35*	50* ～ 78	20* ～ 35*	20* ～ 35*	50* ～ 70*
淤泥质土		33 ～ 39	55 ～ 61	108 ～ 120	30 ～ 35	50 ～ 55	90 ～ 100

注：表中带*的为常规武器爆炸动荷载作用下外墙等效静荷载标准值，当顶板覆土厚度为小值时，外墙等效静荷载标准值取大值，其余为核武器爆炸动荷载作用下顶板等效静荷载标准值，对于碎石土及砂土，密实、颗粒组的取小值；对于黏性土，液性指数低的取小值。

对于顶板底面高出室外地面的核 6B 级、核 6 级甲类防空地下室，直接承受空气冲击波单向作用的混凝土外墙按弹塑性工作阶段设计时，等效静荷载标准值可按表 8.14 确定。而位于室外地平面以下部分外墙的等效静荷载标准值，同全埋式地下室。

表 8.14　甲类防空地下室直接承受空气冲击波作用的外墙等效静荷载标准值　kN/m^2

动荷载类别	抗力级别	
	核 6B 级、常 6 级	核 6 级、常 6 级
核武器爆炸作用	80	130
常规武器爆炸作用	180	180

(3) 底板。

甲类防空地下室底板仅考虑核武器爆炸作用，可不考虑常规武器爆炸作用。在核武器爆炸动荷载作用下，按允许延性比[β]＝3.0 计算底板等效静荷载。对于未布置桩基础的无桩基整体式底板，可按表 8.15 进行等效静荷载标准值取用。而当顶板短边区格净跨最大值小于 3.0 m 时，可采用后文中通道底板的等效静荷载标准值。否则，也应按《人民防空地下室设计规范》(GB 50038—2005) 中相关规定计算确定。

表 8.15　甲类防空地下室(核 6B 级、核 6 级) 无桩基底板等效静荷载标准值　kN/m^2

顶板覆土厚度 h/m	顶板区格最大短边净跨 l_0/m	抗力级别 核 6B 级		抗力级别 核 6 级	
		地下水位以上	地下水位以下	地下水位以上	地下水位以下
$0<h\leqslant0.5$	$3.0\leqslant l_0\leqslant9.0$	30	30 ~ 35	40	40 ~ 50
$0.5<h\leqslant1.0$	$3.0\leqslant l_0\leqslant4.5$	30	35 ~ 40	50	50 ~ 60
	$4.5<l_0\leqslant6.0$	30	30 ~ 35	45	45 ~ 55
	$6.0<l_0\leqslant7.5$	30	30 ~ 35	45	45 ~ 55
	$7.5<l_0\leqslant9.0$	30	30 ~ 35	45	45 ~ 55
$1.0<h\leqslant1.5$	$3.0\leqslant l_0\leqslant4.5$	35	35 ~ 45	55	55 ~ 70
	$4.5<l_0\leqslant6.0$	30	30 ~ 40	50	50 ~ 60
	$6.0<l_0\leqslant7.5$	30	30 ~ 35	45	45 ~ 60
	$7.5<l_0\leqslant9.0$	30	30 ~ 35	45	45 ~ 55
$1.5<h\leqslant2.0$	$3.0\leqslant l_0\leqslant4.5$	35	35 ~ 45	60	60 ~ 70
	$4.5<l_0\leqslant6.0$	30	30 ~ 40	55	55 ~ 65
	$6.0<l_0\leqslant7.5$	30	30 ~ 40	50	50 ~ 60
	$7.5<l_0\leqslant9.0$	30	30 ~ 35	45	45 ~ 55

续表 8.15

顶板覆土厚度 h/m	顶板区格最大短边净跨 l_0/m	抗力级别 核 6B 级		抗力级别 核 6 级	
		地下水位以上	地下水位以下	地下水位以上	地下水位以下
$2.0 < h \leqslant 2.5$	$3.0 \leqslant l_0 \leqslant 4.5$	35	35 ～ 45	60	60 ～ 70
	$4.5 < l_0 \leqslant 6.0$	35	35 ～ 45	55	55 ～ 65
	$6.0 < l_0 \leqslant 7.5$	30	30 ～ 40	50	50 ～ 60
	$7.5 < l_0 \leqslant 9.0$	30	30 ～ 40	50	50 ～ 60

顶板覆土厚度 h/m	顶板区格最大短边净跨 l_0/m	抗力级别 核 5 级 考虑上部建筑影响		抗力级别 核 5 级 不考虑上部建筑影响	
		地下水位以上	地下水位以下	地下水位以上	地下水位以下
$0 < h \leqslant 0.5$	$3.0 \leqslant l_0 \leqslant 9.0$	75	75 ～ 95	79	79 ～ 100
$0.5 < h \leqslant 1.0$	$3.0 \leqslant l_0 \leqslant 4.5$	90	90 ～ 115	95	95 ～ 122
	$4.5 < l_0 \leqslant 6.0$	85	85 ～ 110	90	90 ～ 116
	$6.0 < l_0 \leqslant 7.5$	85	85 ～ 105	90	90 ～ 111
	$7.5 < l_0 \leqslant 9.0$	80	80 ～ 100	85	85 ～ 106
$1.0 < h \leqslant 1.5$	$3.0 \leqslant l_0 \leqslant 4.5$	105	105 ～ 130	111	111 ～ 137
	$4.5 < l_0 \leqslant 6.0$	90	90 ～ 115	95	95 ～ 122
	$6.0 < l_0 \leqslant 7.5$	90	90 ～ 110	95	95 ～ 116
	$7.5 < l_0 \leqslant 9.0$	85	85 ～ 105	90	90 ～ 111
$1.5 < h \leqslant 2.0$	$3.0 \leqslant l_0 \leqslant 4.5$	110	110 ～ 135	115	115 ～ 140
	$4.5 < l_0 \leqslant 6.0$	105	105 ～ 125	110	110 ～ 130
	$6.0 < l_0 \leqslant 7.5$	100	100 ～ 115	105	105 ～ 120
	$7.5 < l_0 \leqslant 9.0$	90	90 ～ 110	95	95 ～ 115
$2.0 < h \leqslant 2.5$	$3.0 \leqslant l_0 \leqslant 4.5$	105	105 ～ 130	110	110 ～ 135
	$4.5 < l_0 \leqslant 6.0$	105	105 ～ 130	110	110 ～ 135
	$6.0 < l_0 \leqslant 7.5$	95	95 ～ 120	100	100 ～ 125
	$7.5 < l_0 \leqslant 9.0$	90	90 ～ 115	95	95 ～ 120

注：1. 表中核 6B 级和核 6 级底板等效静荷载标准值对考虑与不考虑上部建筑影响均适用。

2. 位于地下水位以下的底板，含气量 $\alpha_1 \leqslant 0.1\%$ 时取最大值。

对于布置了桩基的整体式底板，当基础采用桩基且按单桩承载力特征值设计时，底板设计采用的等效静荷载标准值可按表 8.16 确定，而桩本身应按计入上部墙、柱传来的核武器爆炸动荷载的荷载组合验算其承载力。当防空地下室采用控制沉降的复合桩基或抗拔桩时，底板的等效静荷载标准值应按有桩基的整体式底板确定，见表 8.16。

当基础采用条形基础或独立柱基加防水底板时，底板上的等效静荷载标准值，对核 6B 级可取 15 kN/m²，对核 6 级可取 25 kN/m²，对核 5 级可取 50 kN/m²。

表 8.16　有桩基混凝土底板等效静荷载标准值　kN/m²

底板下土的类型	防核武器抗力等级					
	核 6B 级		核 6 级		核 5 级	
	端承桩	非端承桩	端承桩	非端承桩	端承桩	非端承桩
非饱和土	—	7	—	12	—	25
饱和土	15	15	25	25	50	50

8.5.2　多层地下室结构等效静荷载标准值

对多层地下室结构，当防空地下室未设在最下层时，宜在临战时对防空地下室以下各层采取临战封堵转换措施，确保空气冲击波不进入防空地下室以下各层。此时，防空地下室顶板和防空地下室及其以下各层的内墙、外墙、柱以及最下层底板均应考虑核武器爆炸动荷载作用，防空地下室底板可不考虑核武器爆炸动荷载作用，按平时使用并按照相关构造要求配筋荷载计算，但该底板混凝土折算厚度应不小于 200 mm，并按照相关构造要求配筋。

与常规武器爆炸荷载作用起控制作用的情况相同，核武器爆炸作用对于甲类多层防空地下室，也存在不同部位等效静荷载取值问题，其具体取值原则如下。

(1) 当多层甲类防空地下室上、下层为同一防护单元时，中间楼板可不计入武器爆炸动荷载的作用，顶板、外墙、底板设计采用的等效静荷载标准值同单层甲类防空地下室。

(2) 当相邻楼层划分为上、下两个抗力级别相同的防护单元时，中间楼板设计采用的等效静荷载标准值，对核 5 级可取 100 kN/m²，对核 6 级可取 50 kN/m²，对核 6B 级可取 30 kN/m²，且只计入作用在楼板上表面的等效静荷载标准值。

(3) 当相邻楼层划分为上、下两个抗力级别不同且下层抗力级别大于上层的防护单元时，按下层防护单元的抗力级别计入作用在楼板上表面的等效静荷载标准值。当下层抗力级别为核 5 级时取 100 kN/m²，核 6 级时取 50 kN/m²。

(4) 当甲类防空地下室设在下层，其上层为普通地下室时，中间楼板的等效静荷载标准值可按考虑上部建筑影响的防空地下室顶板取值。

(5) 当甲类防空地下室设在最上层时，宜在临战时对防空地下室以下各层采取临战封堵转换措施，确保空气冲击波不进入防空地下室以下各层。此时防空地下室顶板和防空地下室及其以下各层的内墙、外墙、柱以及最下层底板均应考虑武器爆炸动荷载作用，防空地下室底板可不考虑核武器爆炸动荷载作用，按平时使用荷载计算，但该底板应符合相关构造要求。

(6) 当甲类防空地下室设在中间层时，其顶板等效静荷载标准值取值方法同(4)，其余构件取值方法同(5)。

(7) 按以上(5)、(6) 设置的防空地下室在结构受力上不合理，且不够经济，尽量避免采用，宜按(4) 将防空地下室设在最下层。当防空地下室不是满堂红全覆盖或与防空地下室无关的管线较多时，防空地下室应设在最下层。

8.6　结构动力计算

地下室结构动力计算过程中，应注意考虑上部建筑对地下室结构荷载取值的影响。

(1) 顶板。

在计算结构顶板武器爆炸动荷载时，对核 5 级、核 6 级和核 6B 级甲类防空地下室或常 5 级、常 6 级乙类防空地下室，当符合下列条件之一时，可计入上部建筑对地面空气冲击波超压作用的影响，即上部建筑对顶板荷载的影响。这里的上部建筑是指防空地下室上方的非人防建筑，可能是地面建筑，也可能是多层地下室（包括无地面建筑的纯地下室）中防空地下室层上方的非防空地下室层。

① 上部建筑层数不少于二层，其底层外墙为钢筋混凝土或砌体承重墙，且任何一面外墙墙面开孔面积不大于该墙面面积的 50%。

② 上部为单层建筑，其承重外墙使用的材料和开孔比例符合上条规定，且屋顶为混凝土结构。

核 5 级、核 6 级和核 6B 级甲类防空地下室，作用在其上部建筑底层地面的空气冲击波超压波形可采用有升压时间平台形。按《人民防空地下室设计规范》(GB 50038—2005) 相应条款计算时，升压时间取 $t_0 = 0.025$ s，空气冲击波超压计算值对于核 5 级防空地下室取 $\Delta P_{ms} = 0.95\Delta P_m$，对于核 6 级和核 6B 级取 $\Delta P_{ms} = \Delta P_m$，其中 ΔP_m 为地面超压，应按国家现行有关规定取值。

而常 5 级和常 6 级乙类防空地下室，按《人民防空地下室设计规范》(GB 50038—2005) 附录 B 计算时，可将空气冲击波最大超压 ΔP_m 乘以 0.8 的折减系数。

若无上部建筑，或不符合上述条件时，不应考虑上部建筑对地下室顶板等效静荷载取值的影响。

(2) 外墙。

在计算土中外墙核武器爆炸动荷载时，对核 5 级、核 6 级和核 6B 级甲类防空地下室，应按下列情况计入上部建筑对地面空气冲击波超压作用的影响，此处上部建筑是指地面建筑。

对于核 5 级防空地下室，当上部建筑的外墙为钢筋混凝土承重墙时，防空地下室外墙采用的空气冲击波超压计算值取 $\Delta P_{ms} = 1.2\Delta P_m$；对于核 6 级和核 6B 级防空地下室，当上部建筑的外墙为钢筋混凝土承重墙，或为抗震设防的砌体结构或框架结构外墙时，防空地下室外墙采用的空气冲击波超压计算值取 $\Delta P_{ms} = 1.1\Delta P_m$。

当不符合前述条件或无地面建筑时，防空地下室外墙荷载不考虑上部建筑影响。此时，防空地下室外墙采用的空气冲击波超压计算值取 $\Delta P_{ms} = \Delta P_m$。

乙类防空地下室外墙主要受直接地冲击作用，不考虑上部建筑对结构外墙荷载的影响。

8.7 荷载效应组合

如前所述,两类不同等级的地下室结构的最不利荷载效应取值是不同的。

甲类防空地下室结构应分别按平时使用状态的结构设计荷载、战时常规武器爆炸等效静荷载与静荷载同时作用以及战时核武器爆炸等效静荷载与静荷载同时作用三种荷载(效应)组合进行设计;乙类防空地下室结构应分别按前两种的荷载(效应)组合进行设计,并应取各自的最不利的效应组合进行设计。其中,平时使用状态的荷载(效应)组合应按国家现行有关标准执行。

常规武器爆炸等效静荷载与静荷载同时作用,结构各部位的荷载组合可按表8.17的规定确定。

表8.17　常规武器爆炸等效静荷载与静荷载同时作用的荷载组合

结构部位	荷载组合
顶板	顶板常规武器爆炸等效静荷载,顶板静荷载(包括覆土、战时不拆迁的固定设备、顶板自重及其他静荷载)
外墙	顶板传来的常规武器爆炸等效静荷载、静荷载,上部建筑自重,外墙自重;常规武器爆炸产生的水平等效静荷载,土压力、水压力
内承重墙(柱)	顶板传来的常规武器爆炸等效静荷载、静荷载,上部建筑自重,内承重墙(柱)自重

注:上部建筑自重是指防空地下室上部建筑的墙体(柱)和楼板传来的静荷载,即墙体(柱)、屋盖、楼盖自重及战时不拆迁的固定设备等。

核武器爆炸等效静荷载与静荷载同时作用下,结构各部位的荷载组合可按表8.18的规定确定。

表8.18　核武器爆炸等效静荷载与静荷载同时作用的荷载组合

结构部位	防核武器抗力级别	荷载组合
顶板	6B、6、5、4B、4	顶板核武器爆炸等效静荷载,顶板静荷载(包括覆土、战时不拆的固定设备、顶板自重及其他静荷载)
外墙	6B、6	顶板传来的核武器爆炸等效静荷载、静荷载,上部建筑自重,外墙自重;核武器爆炸产生的水平等效静荷载,土压力、水压力
	5	顶板传来的核武器爆炸等效静荷载、静荷载;当上部建筑外墙为钢筋混凝土承重墙时,上部建筑自重取全部标准值;其他结构形式,上部建筑自重取标准值之半;外墙自重核武器爆炸产生的水平等效静荷载,土压力、水压力
	4B、4	顶板传来的核武器爆炸等效静荷载、静荷载;当上部建筑外墙为钢筋混凝土承重墙时,上部建筑自重取全部标准值;其他结构形式,不计入上部建筑自重;外墙自重;核武器爆炸产生的水平等效静荷载,土压力、水压力

续表 8.18

结构部位	防核武器抗力级别	荷载组合
内承重墙（柱）	6B、6	顶板传来的核武器爆炸等效静荷载、静荷载，上部建筑自重，内承重墙（柱）自重
	5	顶板传来的核武器爆炸等效静荷载、静荷载；当上部建筑为砌体结构时，上部建筑自重取标准值之半；其他结构形式，上部建筑自重取全部标准值；内承重墙（柱）自重
	4B	顶板传来的核武器爆炸等效静荷载、静荷载；当上部建筑外墙为钢筋混凝土承重墙时，上部建筑自重取全部标准值；当上部建筑为砌体结构时，不计入上部建筑自重；其他结构形式，上部建筑自重取标准值之半；内承重墙（柱）自重
	4	顶板传来的核武器爆炸等效静荷载、静荷载；当上部建筑物外墙为钢筋混凝土承重墙时，上部建筑物自重取全部标准值；其他结构形式，不计入上部建筑物自重；内承重墙（柱）自重
顶板	6B、6、5、4B、4	顶板核武器爆炸等效静荷载，顶板静荷载（包括覆土、战时不拆的固定设备、顶板自重及其他静荷载）
基础	6B、6	底板核武器爆炸等效静荷载（条、柱、桩基为墙柱传来的核武器爆炸等效静荷载）；上部建筑物自重，顶板传来静荷载，防空地下室墙体（柱）自重
	5	底板核武器爆炸等效静荷载（条、柱、桩基为墙柱传来的核武器爆炸等效静荷载）；当上部建筑为砌体结构时，上部建筑自重取标准值之半；其他结构形式，上部建筑自重取全部标准值；顶板传来静荷载，防空地下室墙体（柱）自重
	4B	底板核武器爆炸等效静荷载（条、柱、桩基为墙柱传来的核武器爆炸等效静荷载）；当上部建筑外墙为钢筋混凝土承重墙时，上部建筑自重取全部标准值；当上部建筑为砌体结构时，不计入上部建筑自重；其他结构形式，上部建筑自重取标准值之半；顶板传来静荷载，防空地下室墙体（柱）自重
	4	底板核武器爆炸等效静荷载（条、柱、桩基为墙柱传来的核武器爆炸等效静荷载）；当上部建筑外墙为钢筋混凝土承重墙时，上部建筑自重取全部标准值；其他结构形式，不计入上部建筑自重；顶板传来静荷载，防空地下室墙体（柱）自重

注：上部建筑自重是指防空地下室上部建筑的墙体（柱）和楼板传来的静荷载，即墙体（柱）、屋盖、楼盖自重及战时不拆迁的固定设备等。

在确定核武器爆炸等效静荷载与静荷载同时作用下防空地下室基础荷载组合时，当地下水位以下无桩基防空地下室基础采用箱基或筏基，且按表 8.17 及表 8.18 规定的建筑物自重大于水的浮力，则地基反力按不计入浮力计算时，底板荷载组合中可不计入水压力；若地基反力按计入浮力计算时，底板荷载组合中应计入水压力。对地下水位以下带桩基的防空地下室，底板荷载组合中应计入水压力。

防空地下室结构在确定等效静荷载和静荷载后，可按静力计算方法进行结构内力分析。对于超静定的钢筋混凝土结构，可按由非弹性变形产生的塑性内力重分布计算内力。防空地下室结构在确定等效静荷载标准值和永久荷载标准值后，其承载力设计应采用下列极限状态设计表达式：

$$\gamma_0(\gamma_G S_{Gk}+\gamma_Q S_{Qk})\leqslant R \tag{8.10}$$

$$R=R(f_{cd},f_{yd},a_k,\cdots) \tag{8.11}$$

式中，γ_0 为结构重要性系数，可取 1.0；γ_G 为永久荷载分项系数，当其效应对结构不利时可取 1.3，有利时可取 1.0；S_{GK} 为永久荷载效应标准值；γ_Q 为等效静荷载分项系数，可取 1.0；S_{QK} 为等效静荷载效应标准值；R 为结构构件承载力设计值；$R()$ 为结构构件承载力函数；f_{cd} 为混凝土动力强度设计值，可按相关规定确定；f_{yd} 为钢筋（钢材）动力强度设计值，可按相关规定确定；a_k 为几何参数标准值。

8.8 本章小结

不同防护等级要求的防空地下室为达到在外部荷载作用下安全使用的设计目标，首先应解决武器爆炸动荷载作用效应；为简化设计，我国采用了将武器爆炸动荷载作用效应针对不同部位和作用方式，等效为均布荷载的方式，与不同防护等级和地下室结构级别相对应，确定了相应的等效静荷载；因为在防空地下室设计中，结构的重要性已完全体现在抗力级别上，故将结构重要性系数 γ_0 取为 1.0。防空地下室结构设计中考虑两类武器爆炸动荷载作用效用的组合，是起控制作用的，应着重分析。

第 9 章　防空地下室结构设计与实例

9.1　概　述

与上部建筑物同时设计、施工的具有武器爆炸防护要求的附建式地下室，为防空地下室。我国要求在县级以上城市规划区内的国有土地上新建的民用建筑(除工业生产厂房外)，均应按相关规定同步设置防空地下室。其中，新建 10 层以上或者基础埋深 3 m 以上的民用建筑按地面首层建筑面积修建抗力等级 6 级以上的防空地下室；对于一类、二类人民防空重点城市以及县城其他的新建的居民住宅楼，按照地面总建筑面积一定比例修建抗力等级 6B 级防空地下室。其余的民用建筑，按地面总面积一定比例修建抗力等级 6 级以上的防空地下室。

防空地下室按抗力等级不同承担着常规武器及核武器爆炸动力的作用，决定着结构选型、材料选择、结构布置，同时使其截面选择、混凝土结构的配筋设计与构造要求等均与常规地下室有所不同。

9.2　结构选型与布置

(1)结构选型。

在防空地下室结构选型时，应综合考虑防护等级要求，平、战时使用要求，上部建筑结构类型，工程地质和水文地质条件等。防空地下室应与上部结构形成整体，可依据上部结构形式确定结构类型和进行结构构件的布置，需要说明的是，上部结构的竖向结构构件与防空地下室的竖向结构构件应有对应关系。

(2)按结构材料划分的防空地下室类型。

一般来说，防空地下室结构主要包括混凝土结构和砌体结构，且应优先采用混凝土结构。仅当上部建筑为砌体结构，且抗力级别为核 6 级、常 6 级及以下时，可采用砌体结构防空地下室。

砌体结构防空地下室按内外墙结构材料不同，分成内外墙均为砌体墙及混凝土外墙与砌体内墙两种。其中，由防护密闭门至密闭门的防护密闭段，均应采用现浇混凝土结构；当地下水位埋深位于基础以上或有盐碱腐蚀情况，或地下室顶板面高于室外地面时，外墙应采用混凝土结构。

(3)防空地下室楼盖结构体系。

防空地下室楼盖采用的混凝土结构体系，主要有梁板结构(肋梁楼盖)、板－柱结构(无梁楼盖)两种。上部建筑为剪力墙结构时，可结合剪力墙的布置和剪力墙结构基础等，对防空地下室采用箱形结构等。当然，平战结合条件下，平时所需的较大柱网的楼盖结构可采用双向密肋楼盖结构与现浇空心楼盖结构等。

近年来,超长地下室作为城市综合体的一部分有大量应用,为解决平时使用要求设置为大空间、大柱网,尤其是考虑大型地下结构存在因超大、超长导致的温度和混凝土收缩裂缝等,可在相同截面尺寸情况下实现较大柱网以及有效平衡、减小温差和收缩应力的预应力混凝土结构也逐步受到重视,并在相关工程中得到应用。

(4)基础选型。

防空地下室的基础也同时是其上部结构的基础,即防空地下室基础承担着将上部结构荷载及其所受到的平时外部作用传递到地基的作用;当然,最主要的是,将战时遇到的常规武器和核武器爆炸荷载作用传递给地基,保证地下室结构及基础结构自身安全。

因此,防空地下室基础应按工程地质和水文地质条件、平时和战时使用要求、上部建筑结构要求等确定所需要的基础形式。与常规工程结构相似,可供防空地下室选择的基础形式包括筏板、箱形基础、桩基础、桩一筏基础等,也可采用刚性条形基础、扩展条形基础、独立基础等。采用了条基或独立基础,且地下水位埋深位于基底标高以上时,应设置混凝土防水底板,且防水底板应考虑等效静荷载作用。

当然,防空地下室结构在武器爆炸动荷载作用下,应验算基础本身的承载力(受弯、受剪、受冲切等),可不验算地基承载力与地基变形。基础平面尺寸根据平时荷载组合作用计算确定,在武器爆炸动荷载作用下可不进行验算。

(5)混凝土结构设计。

一般来说,防空地下室结构的设计使用年限应按 50 年采用,当上部结构设计使用年限大于 50 年时,其设计使用年限则应与上部结构相同。由于所考虑的战时荷载效应组合结构重要性已完全体现在抗力级别上,战时荷载效应组合的地下室结构的承载能力极限状态设计时,结构重要性系数 γ_0 均取 1.0。

需要注意的是,按平时荷载效应组合时,承载能力极限状态的设计,结构重要性系数 γ_0 仍应按结构的安全等级或设计使用年限取值。

防空地下室结构设计应在满足相应荷载效应组合下结构承载力要求的同时,符合“强柱弱梁(弱板)”及“强剪弱弯”的要求。对于可发生较大挠曲变形的受弯构件和较大侧向变形的大偏心受压构件,具有明显的延性,可吸收两类武器爆炸动荷载作用的能量,设计时应使其发生塑性破坏,避免出现剪切破坏。由于两类武器爆炸动荷载下梁板可能发生回弹或大变形时坍塌,因此,受弯构件应布置为双筋截面。同时,应保证梁、板、柱的纵筋锚固要求。

结构设计时,应充分考虑地下室各部位的外部作用不同、可能的破坏形态不同及安全储备不同等,应保证武器爆炸动荷载下地下室结构不出现承载能力的薄弱环节降低地下室防护能力。

如前所述,动荷载下的混凝土结构构件可按弹塑性工作阶段设计,使其在动荷载作用下具有足够的变形能力;这取决于结构构件的允许延性比$[\beta]$,即构件允许出现的最大变形与弹性极限变形之比,其大小主要与结构构件的材料、受力特征及使用要求有关。按允许延性比进行弹塑性设计的防空地下室,可认为满足防护和密闭要求。

因此,两类武器爆炸动荷载作用下防空地下室结构可仅进行承载能力极限状态计算,不必单独进行武器爆炸动力作用下结构变形和裂缝控制验算,这是由于在确定结构构件允许延性比时,已考虑变形限制和防护密闭要求。

9.3　承载能力极限状态计算

防空地下室结构采用以概率论为基础的极限状态设计法。考虑武器爆炸作用效应的设计应使承载能力极限状态满足要求，即抗力不低于考虑武器爆炸作用的外部作用效应。由于防空地下室的主要结构构件包括梁、板、柱、墙四种，在外部作用下，应着重考虑的承载能力极限状态包括正截面受弯承载力、正截面受压承载力、斜截面受剪承载力、局部受压承载力等计算，同时应使不同结构构件满足相关构造要求。

9.3.1　基本要求

考虑武器爆炸作用效应组合的结构构件承载能力计算方法，除了需要考虑材料的动力效应影响外，其承载力计算方法与静载下是一致的，即在承载力计算表达式中，可将相应的材料强度指标值直接替换为如前所述的钢筋动力强度设计值、混凝土动力强度设计值等。

进行承载能力极限状态的计算时，也应着重考虑武器爆炸动荷载作用的特殊性，以及结构构件在爆炸动荷载下的响应。对于混凝土结构构件，宜考虑结构构件塑性铰的形成、发展并达到极限转动能力，连续梁和连续板可考虑内力重分布的影响，按考虑弯矩重分布的方法进行设计计算。当然，这种考虑需使结构构件具有足够的延性变形能力，这主要是由结构构件相对受压区高度决定的，而相对受压区高度受到所配置的截面纵筋配筋率的控制。

为此，混凝土结构构件按弹塑性设计时，受拉钢筋配筋率不宜大于 1.5%。当大于 1.5% 时，受弯构件或大偏心受压构件的允许延性比[β]值应满足以下公式，且受拉钢筋最大配筋率不宜大于《人民防空地下室设计规范》(GB 50038—2005) 规定。

$$[\beta] \leqslant \frac{0.5}{\dfrac{x}{h_0}} \tag{9.1}$$

$$\frac{x}{h_0} = (\rho - \rho')f_{yd}/(\alpha_c f_{cd}) \tag{9.2}$$

式中，x 为混凝土受压区高度(mm)；h_0 为截面的有效高度(mm)；ρ、ρ' 分别为纵向受拉、受压钢筋配筋率；f_{yd} 为钢筋抗拉动力强度设计值(N/mm^2)；f_{cd} 为混凝土轴心抗压动力强度设计值(N/mm^2)；α_c 为混凝土强度等级相关系数，应按表 9.1 取值。

表 9.1　α_c 的取值

混凝土强度等级	≤C50	C55	C60	C65	C70	C75	C80
α_c	1	0.99	0.98	0.97	0.96	0.95	0.94

由第 8 章可知，结构构件的武器爆炸动荷载作用效应，常简化为等效静荷载，对应于不同结构构件的承载能力极限状态，按等效静荷载法分析确定的结构内力，应分别进行折减。具体如下。

(1) 当按等效静荷载法分析得出的内力，进行墙、柱受压构件正截面承载力验算时，混凝土及砌体的轴心抗压动力强度设计值应乘以折减系数 0.8。

(2) 当按等效静荷载法分析得出的内力，进行梁、柱斜截面承载力验算时，混凝土及砌体的动力强度设计值应乘以折减系数 0.8。

9.3.2 斜截面受剪承载力

与常规结构不同，较好的人防工程受弯构件具有配筋率不高和跨高比较小的特点，较低的配筋率可使结构构件具有更好的弹塑性和极限变形能力；而多在 8 ～ 14 范围内的跨高比使其具有相对大的截面尺寸，截面剪应力分布和斜截面受剪破坏尺寸效应的存在将导致直接应用静载下受剪承载力计算方法偏于不安全，为此，需引入跨高比以便考虑对较小跨高比受剪承载力的影响。目前的处理方法是，对混凝土项引入跨高比影响系数，而箍筋项与常规计算方法相同。

跨高比影响系数是在收集国内外实验数据，发现在均布荷载下跨高比为 8 ～ 14 之间的受弯构件，可能发生受拉纵筋屈服后斜截面破坏的问题，并参考美国《混凝土结构设计规范》(ACI 318) 的思路进行确定的。

具体来说，对于均布荷载作用下的混凝土梁，当按等效静荷载法分析得出的内力进行斜截面承载力验算时，斜截面受剪承载力需做跨高比影响的修正。当仅配置箍筋时，斜截面受剪承载力应符合下列规定：

$$V \leqslant 0.7\psi_1 f_{td} b h_0 + 1.25 f_{yd} \frac{A_{sv}}{s} h_0 \tag{9.3}$$

$$\psi_1 = 1 - \frac{\frac{l}{h_0} - 8}{15} \tag{9.4}$$

式中，V 为受弯构件斜截面上的最大剪力设计值(N)；f_{td} 为混凝土轴心抗拉动力强度设计值(N/mm^2)；b 为梁截面宽度(mm)；h_0 为梁截面有效高度(mm)；f_{yd} 为箍筋抗拉动力强度设计值(N/mm^2)；A_{sv} 为配置在同一截面内箍筋各肢的全部截面面积(mm^2)，$A_{sv} = nA_{sv1}$，n 为同一截面内箍筋的肢数，A_{sv1} 为单肢箍筋的截面面积(mm^2)；s 为沿构件长度方向的箍筋间距(m)；l 为受弯构件计算跨度(mm)；ψ_1 为梁跨高比影响系数。当 $l/h_0 \leqslant 8$ 时，取 $\psi_1 = 1$；当 $l/h_0 > 8$ 时，ψ_1 应按式(9.4) 计算确定，当 $\psi_1 < 0.6$ 时，取 $\psi_1 = 0.6$。

9.4 梁板式结构设计

梁板式防空地下室结构与常规结构的布置原则与方法是相同的。对于整体式梁板结构(肋梁楼盖)，也可划分为单向板梁板(肋梁) 结构和双向板梁板(肋梁) 结构两种。对于双向板梁板结构，可整体计算，也可简化为单跨双向板进行近似计算。梁板式结构的边界条件与静载下常规结构相同。地下室外墙墙体也按梁板式结构的思路进行设计。

9.4.1 楼盖结构

防空地下室梁板式结构初步设计时，结构构件截面尺寸可按其跨高(厚) 比估算，具体来说，板厚可按表 9.2 取值，但板厚最小值为 200 mm；梁截面高度可按表 9.3 及表 9.4 取值。

表 9.2　板截面的跨高(厚)比

q /(kN·m^{-2})	单向板(h/l)		四边嵌固双向板(h/l)	q /(kN·m^{-2})	单向板(h/l)		四边嵌固双向板(h/l)
	简支	连续			简支	连续	
60 ~ 80	$\frac{1}{12}$	$\frac{1}{15}$	$\frac{1}{23}\sim\frac{1}{17}$	200 ~ 220	$\frac{1}{7}$	$\frac{1}{9}$	$\frac{1}{13}\sim\frac{1}{10}$
90 ~ 110	$\frac{1}{10}$	$\frac{1}{12}$	$\frac{1}{19}\sim\frac{1}{14}$	230 ~ 260	$\frac{1}{7}$	$\frac{1}{8}$	$\frac{1}{12}\sim\frac{1}{9}$
120 ~ 150	$\frac{1}{9}$	$\frac{1}{11}$	$\frac{1}{17}\sim\frac{1}{11}$	270 ~ 370	$\frac{1}{6}$	$\frac{1}{7}$	$\frac{1}{11}\sim\frac{1}{8}$
160 ~ 190	$\frac{1}{8}$	$\frac{1}{10}$	$\frac{1}{14}\sim\frac{1}{10}$	380 ~ 450	$\frac{1}{5}$	$\frac{1}{6}$	$\frac{1}{10}\sim\frac{1}{8}$

注：q 为等效静荷载和静荷载同时作用下的荷载标准值，h 为板厚，l 为板格短边长度，单位为 m。

表 9.3　简支梁高跨比 h/l

$\frac{q}{l}$ /(kN·m^{-1})	40 ~ 60	70 ~ 110	120 ~ 250	260 ~ 400
$\frac{h}{l}$	$\frac{1}{7}\sim\frac{1}{6}$	$\frac{1}{6}\sim\frac{1}{5}$	$\frac{1}{5}\sim\frac{1}{4}$	$\frac{1}{3.5}\sim\frac{1}{3}$

注：1. q 为等效静荷载和静荷载同时作用下的荷载标准值，梁截面高度 h 及跨度 l 单位为 m。

2. 均布荷载作用下梁的高跨比取大值，三角形荷载作用下高跨比取小值，梯形荷载作用下高跨比取中间值(平均值)。

表 9.4　连续梁高跨比 h/l

$\frac{q}{l}$ /(kN·m^{-1})	40 ~ 50	60 ~ 80	90 ~ 140	150 ~ 310	320 ~ 400
$\frac{h}{l}$	$\frac{1}{8}\sim\frac{1}{7}$	$\frac{1}{7}\sim\frac{1}{5}$	$\frac{1}{6}\sim\frac{1}{4}$	$\frac{1}{5}\sim\frac{1}{3}$	$\frac{1}{4}\sim\frac{1}{3}$

注：1. q 为等效静荷载和静荷载同时作用下的荷载标准值，梁截面高度 h 及跨度 l 单位为 m。

2. 均布荷载作用下梁的高跨比取大值，三角形荷载作用下高跨比取小值，梯形荷载作用下高跨比取中间值(平均值)。

需要注意的是，当板的周边支座横向伸长受到约束时，考虑到板的四周由于侧移受约束产生一定的推力而使板的承载力有所提高，其跨中截面的计算弯矩值对梁板结构可乘以折减系数 0.7，若在板的计算中已计入轴力的作用，则不应乘以折减系数。

防空地下室结构顶板可考虑按塑性设计方法确定其内力，进行配筋计算；为避免出现剪切破坏，顶板应进行斜截面承载力验算，需要注意的是，此时混凝土强度应乘以折减系数 0.8；对于主梁，一般采用弹性设计方法确定其内力，进行配筋计算，对于较低配筋率的主梁，也可采用弹塑性设计方法。

防空地下室底板的计算简图与顶板可取相同，需要注意的是，对于有防水要求的底板，宜按弹性设计方法设计。

9.4.2 主体结构外墙

按根据两个方向长度比值的不同，外墙也可划分为单向受力为主或双向受力为主，在等效静荷载作用下也应按弹塑性设计方法确定内力。

混凝土墙的支撑边界条件应按相对线刚度比确定，通常来说，与顶板连接的外墙可为铰接（或弹性嵌固），与底板连接的墙底可为固端。

外墙在垂直方向可按偏心受压计算，当为双向板时，水平方向可按受弯构件考虑。由于外墙在垂直方向往往为大偏心受压，为简便和偏于安全，也可不考虑墙顶所受轴心压力，将受压弯作用的墙板简化为受弯构件。

9.5 板－柱结构设计

9.5.1 结构布置

与常规承担重荷载的平板－柱结构相同，防空地下室顶板或底板采用无梁楼盖时，应在结构布置、截面尺寸选择、内力分析和配筋计算方面注意与常规梁支撑板的差异，这主要由于等效静荷载下平板－柱仍是双向承担全部竖向荷载，且板柱节点承担着较大的冲切作用。

柱网选择和具体布置的原则如下。

(1) 在两个方向柱网均不应少于三跨。

(2) 柱网宜采用正方形或矩形。

(3) 板格长短边的比值不应大于 1.5。

(4) 相邻板格同一方向板格边长之比不宜大于 4∶3。

对于板内布置的纵向受力钢筋，宜按以纵横两个方向划分为柱上板带和跨中板带进行配筋，板带的宽度取垂直于计算方向柱距的一半，如图 9.1 所示。

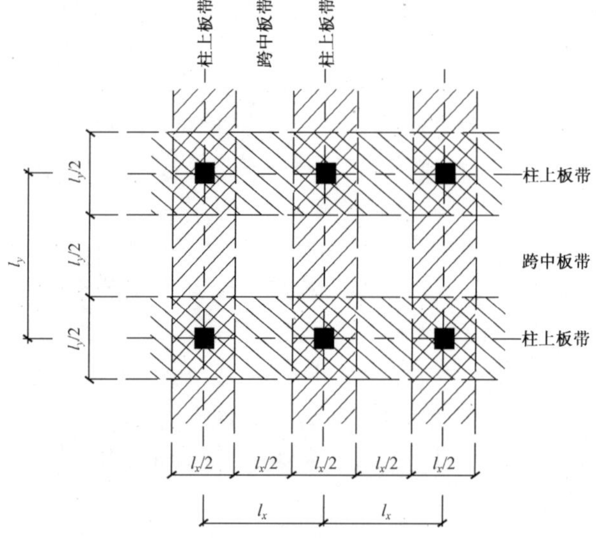

图 9.1 无梁楼盖板带划分

9.5.2　内力分析

按等效静荷载考虑武器爆炸作用效应时，无梁楼盖的内力分析宜采用等代框架法，即将厚度为板厚、宽度为两相邻板格中心距的板梁等代为框架梁后，将外墙及考虑垂直方向梁扭转影响后的框架柱作为等代框架柱，即可形成平板－柱结构的等代框架。若外墙为砌体墙也可采用经验系数法。当采用等代框架法时，等代框架梁（板梁）的计算宽度取垂直于计算跨度方向的两相邻板格中心之间的距离（图 9.2）。

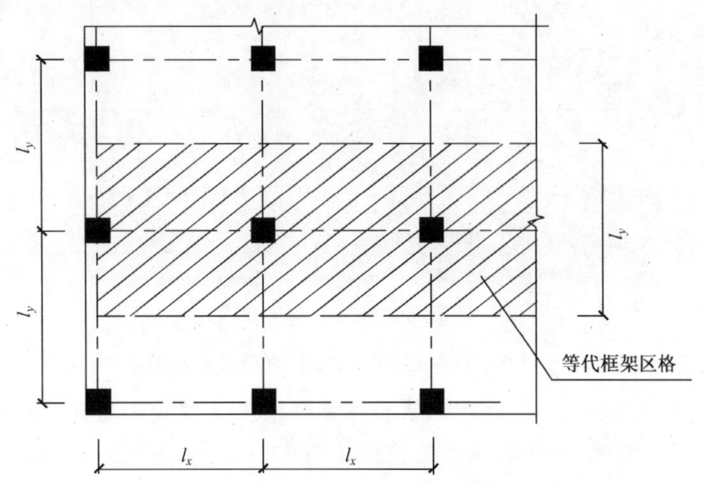

图 9.2　等代框架梁（板梁）计算宽度

需要特别指出，计算中纵横两个方向均应承担全部荷载，即分别按两个方向各自承担全部等效静荷载和常规竖向荷载的共同作用，按等代框架法确定板的内力。

考虑到将武器爆炸作用效应简化为等效静荷载的主要特点，防空地下室顶板和底板的内力计算时，等代框架的计算简图可按如下方法确定。

(1) 多层防空地下室，可将所计算楼盖的下层柱远端为固端，即按防护等级所要求的顶板和底板等效静荷载作用，分别以顶板和底板为分析对象，确定各自等效静荷载作用下的内力，并按要求与常规竖向荷载下的内力进行组合，计算简图如图 9.3 所示。

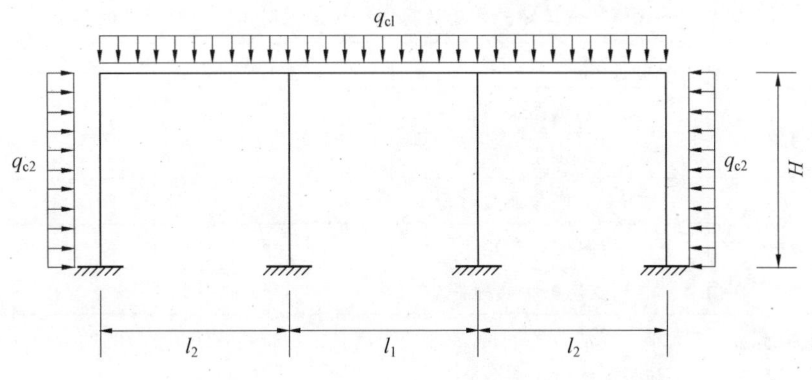

图 9.3　多层地下室等代框架计算简图

(2) 单层防空地下室，按等代框架法进行分析时，同样按防护等级确定的顶板和底板等效静荷载作用，分别以顶板和底板为分析对象，则应综合考虑顶板、底板和外墙对结构分析对象的影响，所确定的计算简图为顶板、底板和墙组成的封闭框架，如图 9.4 所示。

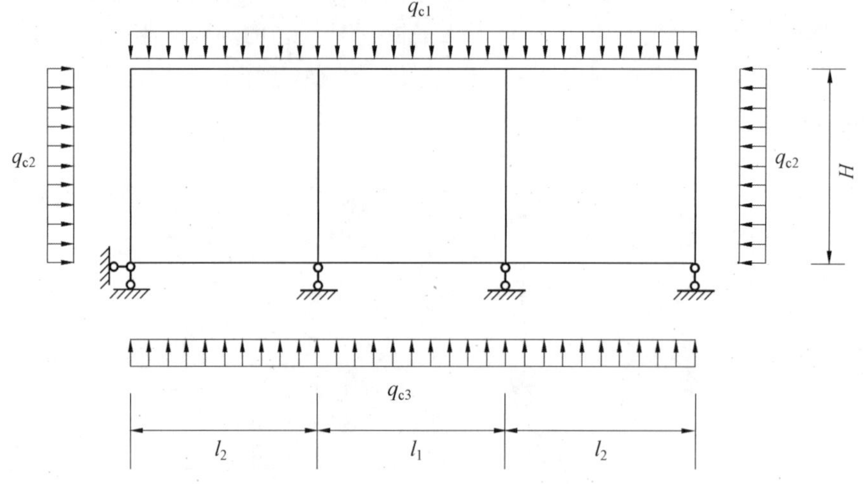

图 9.4 单层地下室等代框架计算简图

按等代框架法进行分析时，等代框架的计算跨度应考虑板梁与柱节点刚域对板梁内力计算的影响，即节点刚域(用柱的截面边长或柱帽边长 c 予以考虑) 减小了等代板梁的计算跨度，经分析，可确定相应的计算跨度如下。

$$\begin{cases} l_1 = l_x - \dfrac{4}{3}c, & \text{对于中间跨度} \\ l_2 = l_x - \dfrac{2}{3}c, & \text{对于边跨} \end{cases} \tag{9.5}$$

按等代框架法确定了武器爆炸动荷载作用的等效静荷载作用效应及顶板、底板的等代框架梁弯矩计算值后，还应考虑柱上板带和跨中板带弯矩分布的不均匀性，即实际上，板梁的同一控制截面，柱上板带承担了大部分弯矩，为此，应对按弹性方法计算的等代框架内力进行合理分配，并以分配后的弯矩计算值为基础，分别确定各控制截面处柱上板带和跨中板带的纵向受拉钢筋。柱上板带和跨中板带的弯矩分配方法见表 9.5。

表 9.5 等代框架法确定的弯矩计算值在柱上板带和跨中板带上的分配 %

截面位置		柱上板带	跨中板带
内跨	支座截面负弯矩	75	25
	跨中正弯矩	55	45
端跨	第一支座截面负弯矩	75	25
	跨中正弯矩	55	45
	边支座截面负弯矩	60	40

注：在保证总弯矩大小不变的条件下，若有需要可将柱上板带负弯矩值的 10% ～ 15% 调整给跨中板带(为避免柱上板带配筋过于密集)。

9.5.3　截面设计

按板带确定各控制截面弯矩计算值后，考虑武器爆炸动荷载作用效应的组合时，应考虑混凝土和钢筋动力强度设计值，并按常规的正截面承载力计算方法确定柱上板带和跨中板带各控制截面所需的纵向受力钢筋面积计算值。

设计时，需要注意以下两个问题。

一是应考虑柱帽的存在，实际上是增大了柱上板带负弯矩区的截面高度，明显增大了板梁的截面高度，按不同的柱帽类型，柱上板带的支座控制截面板梁有效高度可取为：当为Ⅰ、Ⅱ 型柱帽时，取等于板的有效高度加 $h_n/2$，如图 9.5(a)、(b) 所示；当采用 Ⅲ 型柱帽时，如柱帽上部的斜度(垂直尺寸与水平尺寸之比) 不大于 1/3 时，支座截面的有效高度取距柱中心线为 C 的实际有效高度，当斜度大于 1/3 时，板的有效高度仍按此法取值，但不得大于板的有效高度加 $h_n/2$，如图 9.5(c) 所示。

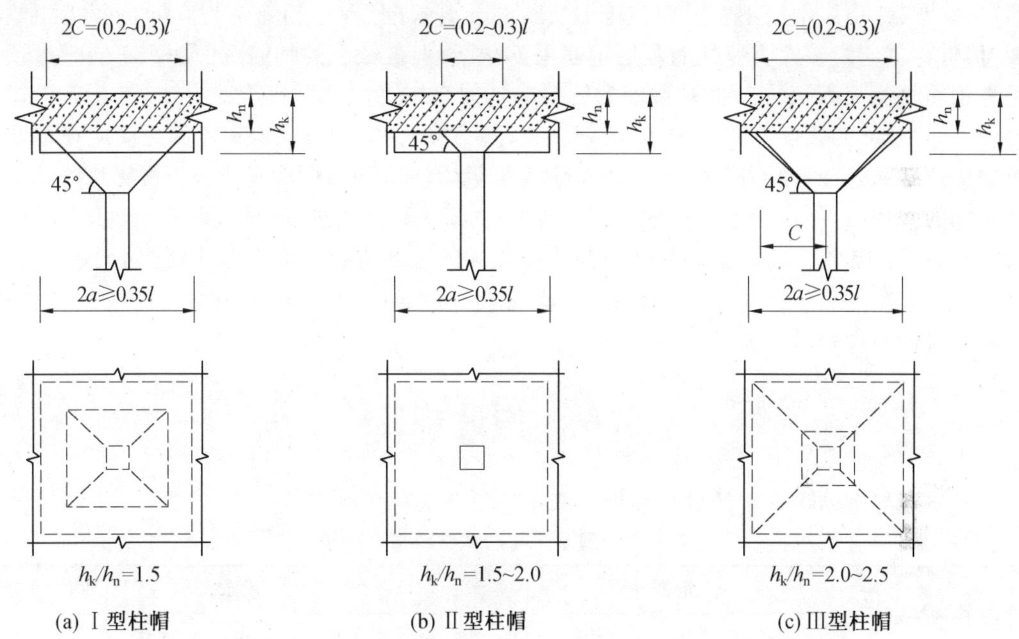

(a) Ⅰ型柱帽　(b) Ⅱ型柱帽　(c) Ⅲ型柱帽

图 9.5　不同类型板托和柱帽对柱上板带负弯矩区板梁截面高度的影响

二是考虑到拱效应的影响，对柱上板带和跨中板带的跨中控制截面弯矩计算值均可乘以折减系数 0.9。然而，若等代框架法分析时已计入轴力作用，则不应再乘以该折减系数。

9.5.4　板柱节点冲切设计

由于在武器爆炸动荷载作用和常规竖向荷载共同作用下，板－柱节点作用着较大的冲切作用，为抵抗冲切作用效应，可依据冲切作用效应的大小采取不同的措施。

(1) 仅设置柱帽。

(2) 仅设置板托。

(3) 同时设置柱帽和板托。

同时，柱帽和板托内应按计算要求配置所需的抗冲切钢筋，并使抗冲切钢筋满足构造要求。

进行板－柱节点抗冲切承载力计算时，相应的计算截面为5个：柱边、柱帽边、托板边、板厚变化、抗冲切钢筋配筋率变化截面。

除了将混凝土强度、钢筋强度替换为相应的动荷载下强度设计值外，平板－柱节点受冲切承载力等同于静载下计算方法。

需要说明的是，当无梁楼盖的跨度大于6 m或其相邻跨度不等时，冲切荷载设计值应取按等效静荷载和静荷载共同作用下求得冲切荷载的1.1倍；当无梁楼盖的相邻跨度不等，且长短跨之比超过4∶3，或柱两侧节点不平衡弯矩与冲切荷载设计值之比超过$0.05(C+h_0)$（C为柱边长或柱帽边长）时，应增设箍筋。

在构造上，无梁楼盖的板内纵向受力钢筋的配筋率不应小于0.3%和$0.45f_{td}/f_{yd}$中的较大值。无梁楼盖的板内纵向受力钢筋宜通长布置，间距不应大于250 mm，且应注意，邻跨之间的纵向受力钢筋宜采用机械连接或焊接接头，或伸入邻跨内锚固；底层钢筋宜全部拉通，不宜弯起；顶层钢筋不宜采用在跨中切断的分离式配筋；当相邻两支座的负弯矩相差较大时，可将负弯矩较大支座处的顶层钢筋局部截断，但被截断的钢筋截面面积不应超过顶层受力钢筋总截面面积的1/3，被截断的钢筋应延伸至按正截面受弯承载力计算，不需设置钢筋处以外，延伸的长度不应小于20倍钢筋直径。顶层钢筋网与底层钢筋网之间应设梅花形布置的拉结筋，其直径不应小于6 mm，间距不应大于500 m，弯钩直线段长度不应小于6倍拉结筋的直径，且不应小于50 mm。距柱（帽）边$1.0h_0$范围内，箍筋间距不应大于$h_0/3$，箍筋面积A_{sv}不应小于$0.2\mu_m h_0 f_{td}/f_{yd}$，并应按相同的箍筋直径与间距向外延伸不小于$0.5h_0$的范围。对厚度超过350 mm的板，允许设置开口箍筋，并允许用拉结筋部分代替箍筋，但其截面面积不得超过所需箍筋面积A_{sv}的25%。

9.6 构造规定

防空地下室结构选用的材料强度等级不应低于表9.6的规定。

表9.6 混凝土与砌体材料强度等级

构件类别	混凝土		砌体			
	现浇	预制	砖	料石	混凝土砌块	砂浆
基础	C25	—	—	—	—	—
梁、楼板	C25	C25	—	—	—	—
柱	C30	C30	—	—	—	—
内墙	C25	C25	MU10	MU30	MU15	M5
外墙	C25	C25	MU15	MU30	MU15	M7.5

注：1. 防空地下室结构不得采用硅酸盐砖和硅酸盐砌块。

2. 严寒地区，饱和土中砖的强度等级不应低于MU20。

3. 装配填缝砂浆的强度等级不应低于M10。

4. 防水混凝土基础底板的混凝土垫层，其强度等级不应低于C15。

防空地下室混凝土结构构件当有防水要求时，其混凝土的强度等级不宜低于C30；防水混凝土的设计抗渗等级应根据工程埋置深度按表9.7采用，且不应小于P6。

表 9.7　防水混凝土设计抗渗等级

工程埋置深度 /m	设计抗渗等级
＜10	P6
10 ～ 20	P8
20 ～ 30	P10
30 ～ 40	P12

楼板、外墙、承重内墙、临空墙、防护密闭门门框墙和密闭门门框墙的最小厚度应符合表 9.8 规定。

表 9.8　结构构件最小厚度　mm

构件类别	材料种类			
	钢筋混凝土	砖砌体	料石砌体	混凝土砌块
顶板、中间楼板	200	—	—	—
承重外墙	250	490(370)	300	250
承重内墙	200	370(240)	300	250
临空墙	250	—	—	—
防护密闭门门框墙	300	—	—	—
密闭门门框墙	250	—	—	—

注：1. 表中最小厚度不包括甲类防空地下室防早期核辐射对结构厚度的要求。

2. 表中顶板、中间楼板最小厚度是指实心截面。如为密肋板，其实心截面厚度不宜小于 100 m；如为现浇空心板，其板顶厚度不宜小于 100 mm；且其折合厚度均不应小于 200 mm。

3. 砖砌体项括号内最小厚度仅适用于乙类防空地下室和核 6 级、核 6B 级甲类防空地下室。

4. 砖砌体包括烧结普通砖、烧结多孔砖以及非黏土砖砌体。

承受动荷载的钢筋混凝土结构构件，纵向受力钢筋的最小配筋率不应小于表 9.9 规定的数值。

表 9.9　混凝土结构构件纵向受力钢筋的最小配筋率　%

分类	混凝土强度等级		
	C25 ～ C35	C40 ～ C55	C60 ～ C80
受压构件的全部纵向钢筋	0.60(0.40)	0.60(0.40)	0.70(0.40)
偏心受压及偏心受拉构件一侧的受压钢筋	0.20	0.20	0.20
受弯构件、偏心受压及偏心受拉构件一侧的受拉钢筋	0.25	0.30	0.35

注：1. 受压构件的全部纵向钢筋最小配筋率，当采用 HRB400 级、RRB400 级钢筋时，应按表中规定减小 0.1。

2. 当为墙体时，受压构件的全部纵向钢筋最小配筋率采用括号内数值。

3. 受压构件的受压钢筋以及偏心受压、小偏心受拉构件的受拉钢筋的最小配筋率按构件的全截面面积计算，受弯构件、大偏心受拉构件的受拉钢筋的最小配筋率按全截面面积扣除位于受压边或受拉较小边翼面积后的面积计算。

4. 受弯构件、偏心受压及偏心受拉构件一侧的受拉钢筋的最小配筋率不适用于 HPB235 级钢筋，当采用 HPB235 级钢筋时，应符合《混凝土结构设计规范》(GB 50010—2010) 中的有关规定。

5. 对卧置于地基上的核 5 级、核 6 级和核 6B 级甲类防空地下室结构底板，当其内力是由平时设计荷载控制时，板中受拉钢筋最小配筋率可适当降低，但不应小于 0.15%。

在动荷载作用下，混凝土受弯构件和大偏心受压构件中纵向受拉钢筋的最大配筋率宜符合表 9.10 的规定。

表 9.10　纵向受拉钢筋的最大配筋率　%

混凝土强度等级	C25	≥C30
HRB335 级钢筋	2.2	2.5
HRB400 级钢筋	2.0	2.4
RRB400 级钢筋		

混凝土受弯构件宜在受压区配置构造钢筋，构造钢筋的面积不宜小于纵向受拉钢筋的最小配筋率；在连续梁支座和框架节点处不宜小于受拉主筋面积的 1/3。

连续梁及框架梁在距支座边缘 1.5 倍梁的截面高度范围内，箍筋配筋率应不低于 0.15%，箍筋间距不宜大于 $h_0/4$，且不宜大于主筋直径的 5 倍。在受拉钢筋搭接处，宜采用封闭箍筋，箍筋间距不应大于主筋直径的 5 倍，且不应大于 100 m。

除截面内力由平时设计荷载控制，且受拉主筋配筋率小于表 9.10 规定的卧置于地基上的核 5 级、核 6 级、核 6B 级甲类防空地下室和乙类防空地下室结构底板外，双面配筋的钢筋混凝土板、墙体应设置梅花形排列的拉结钢筋，拉结钢筋长度应能拉住最外层受力钢筋。当拉结钢筋兼作受力箍筋时，其直径及间距应符合箍筋的计算和构造要求(图 9.6)。

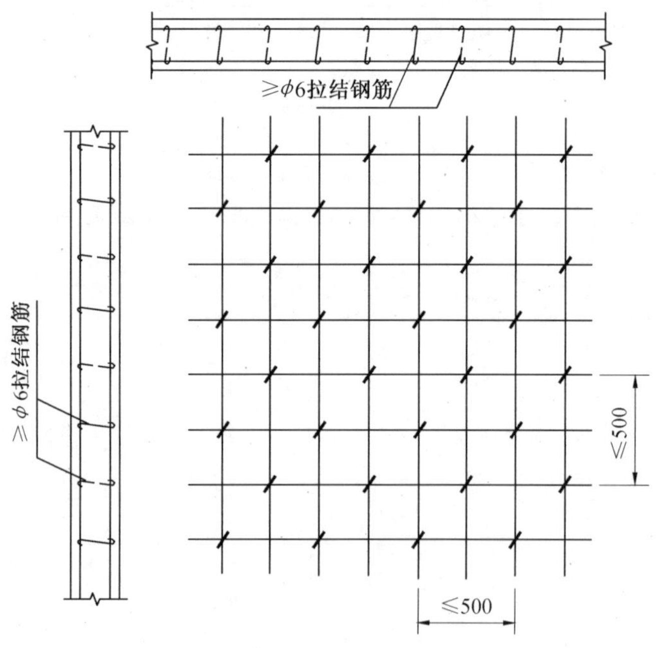

图 9.6　拉结钢筋配筋形式

此外，作为地下工程结构，防空地下室的混凝土结构构件中钢筋的混凝土保护层厚度(钢筋外边缘至混凝土表面的距离)不应小于钢筋的公称直径，且应符合表 9.11 的规定。

表 9.11　纵向受力钢筋的混凝土保护层厚度　　mm

外墙外侧		外墙内侧、内墙	板	梁	柱
直接防水	设防水层				
40	30	20	20	30	30

注：钢筋混凝土基础宜设置混凝土垫层，基础中钢筋的混凝土保护层厚度应从垫层顶面算起，且不应小于 40 mm，无垫层时不应小于 70 mm。

还应注意的是，防空地下室混凝土结构构件中纵向受力钢筋的锚固和连接应符合相关规定。

9.7　设计实例

(1) 工程概况。

我国某地下一层附建式人防工程，平时为大型小汽车库，战时为二等人员掩蔽所。工程防核武器的抗力级别为 6 级，防常规武器的抗力级别为 6 级，防化级别二等人员掩蔽所丙级。设计合理使用年限为 50 年，结构安全等级为二级，耐火等级为一级。

该工程抗震类别为丙类，建筑场地类别为 Ⅱ 类，该场地为抗震一般地段。抗震设防烈度为 6 度，设计基本地震加速度值为 0.05g，设计地震分组为第二组，设计特征周期为 0.35 s。框架和剪力墙抗震等级为三级。

楼盖采用混凝土梁板结构、外墙为混凝土剪力墙，口部通道及风道为混凝土封闭框架结构。地下室层高 3.850 m，柱下基础结合了筏板的柱墩，墙下基础为筏板，筏板厚 400 mm。地下室顶板防水等级为一级，其他为二级。由于环境土对混凝土结构有微腐蚀性，对混凝土结构中的钢筋有微腐蚀性，因此，地下室内部分环境类别为一类，基础、底板及地下室外墙环境类别为 2b 类。

场地标准冻土深度 1.2 m。基础持力层为 3 层粗砂，地基承载力特征值 $f_{ak}=200$ kPa。地质勘查期间见有一层地下水，为孔隙潜水，稳定水位埋深为 2.5 ～ 3.1 m，水位标高为 131.37 ～ 131.85 m，主要存在于细砂层及以下各土层中，地下水主要补给源为大气降水和地下径流，地下水年水位变化幅度在 1.00 ～ 2.50 m，抗浮水位建议按照绝对高程 134.2 m 考虑。

该工程基础、底板、外墙、框架梁、顶板均采用抗渗等级为 P6 的 C35 混凝土，临空墙和混凝土柱分别采用设计强度等级为 C35 和 C50 的混凝土。

有前述结构构件的高跨比可确定结构构件的截面尺寸，地下室顶板厚度 0.35 m、底板厚度 0.40 m、外墙厚度 0.30 m、临空墙厚度 0.30 m；横向框架梁的截面尺寸 $b\times h=$ 400 mm × 800 mm，纵向框架梁截面尺寸以 $b\times h=$450 mm × 1 050 mm 为主；所确定的框架柱截面尺寸 $b\times h=$500 mm × 500 mm。

(2) 动荷载的确定。

顶板覆土 2.2 m，最大短边净跨 6.6 m，地下室覆土及外墙周边回填土为粉质黏土，为非饱和土。根据《全国民用建筑工程设计技术措施：防空地下室(2009 年版)》，可确定：

甲类防空地下室顶板等效静荷载标准值不考虑上部建筑，取值为 80 kN/m^2。

甲类防空地下室外墙在非饱和土中，不考虑上部建筑影响的情况下，等效静荷载取值为 40 kN/m^2。

(3) 荷载组合。

① 顶板。

覆土重(2.0 m)：$1.8\times20=3.6$ kN/m^2。

顶板重：$0.35\times25=8.75$ kN/m^2。

设备荷载：1.0 kN/m^2。

消防车均布载：$q=20.0$ kN/m^2。

地面堆载：$q=5.0$ kN/m^2。

人防区战时等效静载：地库 $q_{e1}=80.0$ kN/m^2。

则地下室顶板平时荷载组合设计值：

$$q_1=1.3\times(36+10+1)+1.5\times20.0=91.1\ (\text{kN/m}^2)$$

地下室顶板战时荷载组合设计值：

$$q_{e1}=1.3\times(36+10+1)+1.0\times80=141.1\ (\text{kN/m}^2)$$

② 外墙。

见(5) 墙体－① 外墙。

③ 底板。

a. 作用在地下室底板上表面的荷载。

面层：$0.050\times20=1$ kN/m^2。

底板重：$0.40\times25=10$ kN/m^2。

汽车库活载：4.0 kN/m^2。

则作用在地下室底板上表面的荷载组合设计值：

$$q_{3上}=1.3\times(1+10)+1.5\times4.0=20.3\ (\text{kN/m}^2)$$

b. 作用在地下室底板下表面的荷载。

底板战时等效静载：$q_{e3}=25$ kN/m^2

(4) 顶板结构构件配筋计算。

顶板结构分为框架梁和楼板，均可先采用弹性设计方法确定内力；再考虑等效静荷载与常规竖向荷载组合效应的弯矩重分布影响，可确定框架梁弯矩设计值，以及相应的剪力设计值；考虑到地下室顶板板格尺寸最大值为 6.1 m×7.8 m，楼板厚度 350 mm 与短边尺寸的比值为 1/17.4，满足表 9.2，可按要求考虑“板周边约束”影响对弹性设计方法确定的弯矩设计值进行调整。

按战时和平时两种工况，可分别确定相应框架梁各控制截面的弯矩设计值和剪力设计值，以及各典型板格支座和跨中控制截面弯矩设计值。再将混凝土和钢筋静载强度设计值分别代换为相应的动强度设计值后，即可分别按正截面承载力和斜截面承载力计算方法确定框架梁和楼板的所需配筋。结构构件的最终配筋为分别按战时和平时两种工况的配筋最大值确定。

(5) 其他结构构件配筋计算。

同理，可计算确定防水底板(筏板和柱下独立基础墩)、框架柱和临空墙的内力设计值，并按相同的方法确定相应控制截面的内力和所需的配筋。需要注意的是，在平时和战时两种工况下，防水底板计算时均应考虑地下水的浮力。

(6) 外墙配筋计算。

室外地坪标高按 0.7 m，地下室顶标高为 −1.30 m，外墙厚度为 300 mm；边界条件为顶边简支、底边固定及侧边简支；地下水埋深为 2.8 m，土的天然容重为 18 kN/m³，土的饱和容重为按水土分算法计算静土压力，作用在墙顶的上部恒载标准值平时、战时均为 5 kN/m；活载标准值平时为 5 kN/m，地面活载标准值为 5 kN/m²。等效静荷载标准值为 50 kN/m²，计算简图如图 9.7 所示。按连续梁计算竖向弯矩，平时组合按弹性板法、战时组合按塑性板法，塑性板 $\beta=1.8$。确定竖向配筋时，按纯弯和压弯两种条件分别计算，取较大值。外纵筋保护层厚度取为 40 mm，内纵筋保护层厚度取为 20 mm。

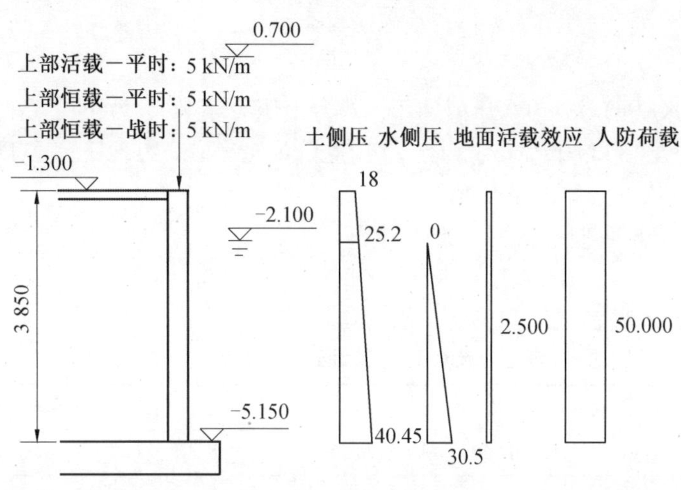

图 9.7　外墙计算简图

① 荷载说明。

永久荷载：土压力荷载，上部恒载 − 平时，上部恒载 − 战时。

可变荷载：地下水压力，地面活载，上部活载 − 平时，人防荷载。

平时组合：平时荷载基本组合。

战时组合：战时荷载基本组合。

准永久组合：平时荷载准永久组合(用于裂缝计算)。

② 荷载计算。

a. 墙上竖向压力。

平时组合：$1.200\times5.000+1.400\times5.000=13.000$ (kN/m)。

战时组合：$1.200\times5.000=6.000$ (kN/m)。

准永久组合：$5.000+0.500\times5.000=7.500$ (kN/m)。

b. 侧压荷载计算。

(a) 土压力标准值(kPa)。

水土分算，土侧压按静止土压力计算，静止土压力系数 $k=0.500$。

地下室顶面，标高 −1.300 m，总埋深 2.000 m，全位于地下水位以上：

$$p = k\gamma h = 0.5 \times 18 \times 2 = 18\ (\text{kPa})$$

$$p_w = 0$$

土压力起算位置，标高 0.700 m：

$$p = 0$$

$$p_w = 0$$

负 1 层底，标高 −5.150 m，总埋深 5.850 m，地下水位以上 2.800 m，地下水位以下3.050 m：

$$p = k\gamma h_1 + k(\gamma_{sat} - \gamma_w)h_2 = 0.5 \times 18 \times 2.8 \times 0.5 \times (20 - 10) \times 3.05 = 40.45\ (\text{kPa})$$

$$p_w = \gamma_w h = 10 \times 3.05 = 30.5\ (\text{kPa})$$

地下水位处，标高 −2.100 m，埋深 2.800 m：

$$p = k\gamma h = 0.5 \times 18 \times 2.8 = 25.2\ (\text{kPa})$$

$$p_w = 0$$

式中，p 为土压力(kPa)；p_w 为水压力(kPa)；k 为土压力系数；γ 为土的天然容重(kN/m^3)；γ_{sat} 为土的饱和容重(kN/m^3)；γ_w 为水的容重(kN/m^3)；h_1 为地下水位以上的土层厚度(m)；h_2 为地下水位以下的土层厚度(m)。

(b) 地面上活载等效土压力(标准值，kPa)。

$$p = kG_k = 0.500 \times 5.000 = 2.500\ (\text{kPa})$$

(c) 荷载组合系数表(表 9.12)。

表 9.12　荷载组合系数表

组合	人防荷载	土压力	水压力	平时地面活载	上部恒载	上部活载
平时组合	—	1.20	1.40	1.40	1.20	1.40
战时组合	1.00	1.20	1.40	—	1.20	—

(d) 侧压荷载组合计算(表 9.13)。

表 9.13　侧压荷载组合计算　　kPa

位置	标高	土压力	水压力	地面活载等效	平时组合	准永久组合	人防荷载	战时组合
负 1 层顶	−1.30	18.00	0.00	2.50	25.10	19.25	50.00	71.60
地下水位	−2.10	25.20	0.00	2.50	33.74	26.45	50.00	80.24
负 1 层底	−5.15	40.45	30.50	2.50	94.74	56.95	50.00	141.24

(e) 侧压荷载分解结果表。

表 9.14　侧压荷载分解结果表　　kPa

	平时组合		准永久组合		战时组合	
地下室层号	均布荷载	三角荷载	均布荷载	三角荷载	均布荷载	三角荷载
−1	25.100	69.640	19.250	37.700	71.600	69.640

注：表中所列三角荷载值是对应于各层底的荷载值(最大)。

③ 内力计算。

按连续梁计算。

竖向弯矩按连续梁模型计算，水平向弯矩仍按板块模型计算。调幅前((kN·m)/m)外墙荷载组合如表 9.15 所示。

表 9.15　调幅前外墙荷载组合　(kN·m)/m

层		部位	平时组合	准永久组合	战时组合
水平向	−1 层	左边	0.00	0.00	0.00
		跨中	0.00	0.00	13.53
		右边	0.00	0.00	0.00
竖向	−1 层	顶边	0.00	0.00	0.00
		跨中	52.36	35.94	100.45
		底边	−109.35	−72.27	−195.50

结果不进行调幅。

三种荷载组合如图 9.8 所示。

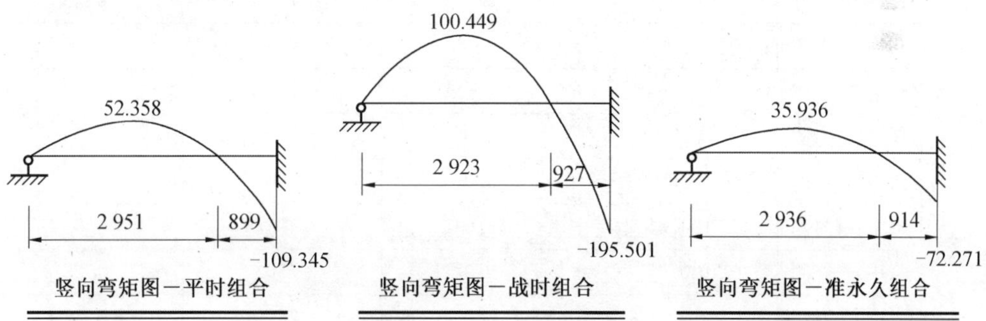

图 9.8　三种荷载组合(单位:(kN·m)/m)

④ 配筋及配筋成果表(表 9.16 ～ 9.20)。

水平按纯弯配筋，竖向取压弯与纯弯配筋的大值。

表 9.16　平时组合计算配筋表

−1 层	部位	$M/(\mathrm{kN\cdot m\cdot m^{-1}})$	$N/(\mathrm{kN\cdot m^{-1}})$	$A_s/(\mathrm{mm^2\cdot m^{-1}})$	配筋率 /%
水平向	左边 − 内侧	0.00	—	600	0.20
	左边 − 外侧	0.00	—	600	0.20
	跨中 − 内侧	0.00	—	600	0.20
	跨中 − 外侧	0.00	—	600	0.20
	右边 − 内侧	0.00	—	600	0.20
	右边 − 外侧	0.00	—	600	0.20

续表 9.16

-1层	部位	$M/(kN\cdot m\cdot m^{-1})$	$N/(kN\cdot m^{-1})$	$A_s/(mm^2\cdot m^{-1})$	配筋率/%
竖向	顶边-内侧	0.00	13.0	600	0.20
	顶边-外侧	0.00	13.0	600	0.20
	跨中-内侧	52.36	13.0	713	0.24
	跨中-外侧	52.36	13.0	600	0.20
	底边-内侧	-109.35	13.0	600	0.20
	底边-外侧	-109.35	13.0	1 504	0.50

表 9.17　战时组合计算配筋表

-1层	部位	$M/(kN\cdot m\cdot m^{-1})$	$N/(kN\cdot m^{-1})$	$A_s/(mm^2\cdot m^{-1})$	配筋率/%
水平向	左边-内侧	0.00	—	750	0.25
	左边-外侧	0.00	—	750	0.25
	跨中-内侧	13.53	—	750	0.25
	跨中-外侧	13.53	—	750	0.25
	右边-内侧	0.00	—	750	0.25
	右边-外侧	0.00	—	750	0.25
竖向	顶边-内侧	0.00	6.0	750	0.25
	顶边-外侧	0.00	6.0	750	0.25
	跨中-内侧	100.45	6.0	1 157	0.39
	跨中-外侧	100.45	6.0	750	0.25
	底边-内侧	-195.50	6.0	750	0.25
	底边-外侧	-195.50	6.0	2 257	0.75

表 9.18　控制情况计算配筋表

层	部位	计算配筋 $A_s/(mm^2\cdot m^{-1})$	选筋	实际配筋 $A_s/(mm^2\cdot m^{-1})$	实际配筋率/%	控制组合
水平向	左边-内侧	750	C14@200	770	0.26	战时组合
	左边-外侧	750	C14@200	770	0.26	战时组合
	跨中-内侧	750	C14@200	770	0.26	战时组合
	跨中-外侧	750	C14@200	770	0.26	战时组合
	右边-内侧	750	C14@200	770	0.26	战时组合
	右边-外侧	750	C14@200	770	0.26	战时组合

续表 9.18

层	部位	计算配筋 A_s /($mm^2 \cdot m^{-1}$)	选筋	实际配筋 A_s /($mm^2 \cdot m^{-1}$)	实际配筋率 /%	控制组合
竖向	顶边－内侧	750	C14@200	770	0.26	战时组合
	顶边－外侧	750	C14@200	770	0.26	战时组合
	跨中－内侧	1 157	C14@130	1 184	0.39	战时组合
	跨中－外侧	750	C14@200	770	0.26	战时组合
	底边－内侧	750	C14@200	770	0.26	战时组合
	底边－外侧	2 257	C16@80	2 513	0.84	战时组合

注：表中“计算 A_s”取平时组合与战时组合计算配筋的较大值。

按实际配筋及相应于准永久组合的弹性内力进行计算与裂缝验算。

表 9.19　外墙计算配筋表

层	部位	M_q/($kN \cdot m \cdot m^{-1}$)	N_q /($kN \cdot m^{-1}$)	选筋	实际配筋 A_s /($mm^2 \cdot m^{-1}$)	裂缝 /mm	结论
水平向	左边－内侧	0.0	—	C14@200	770	0.000	满足
	左边－外侧	0.0	—	C14@200	770	0.000	满足
	跨中－内侧	0.0	—	C14@200	770	0.000	满足
	跨中－外侧	0.0	—	C14@200	770	0.000	满足
	右边－内侧	0.0	—	C14@200	770	0.000	满足
	右边－外侧	0.0	—	C14@200	770	0.000	满足
竖向	顶边－内侧	0.0	7.5	C14@200	770	0.000	满足
	顶边－外侧	0.0	7.5	C14@200	770	0.000	满足
	跨中－内侧	35.9	7.5	C14@130	1 184	0.036	满足
	跨中－外侧	35.9	7.5	C14@200	770	0.000	满足
	底边－内侧	－72.3	7.5	C14@200	770	0.000	满足
	底边－外侧	－72.3	7.5	C16@80	2 513	0.084	满足

表 9.20　实际配筋表

－1层	部位	选筋	实际配筋 A_s /($mm^2 \cdot m^{-1}$)	配筋率 /%	配筋控制
水平向	左边－内侧	C14@200	770	0.26	战时组合
	左边－外侧	C14@200	770	0.26	战时组合
	跨中－内侧	C14@200	770	0.26	战时组合
	跨中－外侧	C14@200	770	0.26	战时组合
	右边－内侧	C14@200	770	0.26	战时组合
	右边－外侧	C14@200	770	0.26	战时组合

续表 9.20

−1层	部位	选筋	实际配筋 A_s /($mm^2 \cdot m^{-1}$)	配筋率 /%	配筋控制
竖向	顶边－内侧	C14@200	770	0.26	战时组合
	顶边－外侧	C14@200	770	0.26	战时组合
	跨中－内侧	C14@130	1 184	0.39	战时组合
	跨中－外侧	C14@200	770	0.26	战时组合
	底边－内侧	C14@200	770	0.26	战时组合
	底边－外侧	C16@80	2 513	0.84	战时组合

需要指出的是，除上述设计计算过程所包括的底板、顶板和外墙外，防空地下室还应包含临空墙、隔墙、通道、出入口及楼梯等结构构件的设计计算，其设计思路与前述相似，设计计算结果和构造要求等也应满足相关设计技术标准。

9.8 本章小结

防空地下室结构在结构选型、布置、荷载取值与荷载组合上有不同于其他结构形式的特点，主要应围绕防护不同等级的武器爆炸动荷载效应，对应于不同防护等级的防空地下室，也应使平时和战时相结合，既满足平时抵抗常规外部作用效应需求，也符合战时安全防护的需要。由于防空地下室常与上部结构一体化设计为附建式，防空地下室结构的设计过程也应充分考虑上部结构的抗震设防要求以及承担上部竖向荷载的要求等，对于防护等级不高而抗震等级较高的框架柱，起控制作用的常为考虑地震作用的荷载效应组合。

参考文献

[1] 第八届全国人大常委. 中华人民共和国人民防空法[Z]. 北京:法律出版社,2014.

[2] 中华人民共和国建设部. 人民防空地下室设计规范:GB 50038—2005[S]. 北京:中国计划出版社,2005.

[3] 中华人民共和国建设部. 地下工程防水技术规范:GB 50108—2001[S]. 北京:中国计划出版社, 2001.

[4] 龚维明, 童小东, 缪林昌, 等. 地下结构工程[M]. 南京:东南大学出版社,2004.

[5] 陈志龙. 人民防空工程技术与管理[M]. 北京:中国建筑工业出版社, 2004.

[6] 建设部工程质量安全监督与行业发展司, 国家人民防空办公室工程组, 中国建筑标准设计研究所. 全国民用建筑工程设计技术措施——防空地下室[M]. 北京:中国计划出版社,2003.

[7] 耿永常. 地下空间建筑与防护结构[M]. 哈尔滨:哈尔滨工业大学出版社, 2005.

[8] 中国工程院课题组. 中国城市地下空间开发利用研究[M]. 北京:中国建筑工业出版社, 2001.

[9] 方秦, 柳锦春. 地下防护结构[M]. 北京:中国水利水电出版社, 2010.

[10] 王铁成. 混凝土结构基本构件设计原理[M]. 北京:中国建筑工业出版社, 2002.

[11] 钱七虎. 钱七虎院士论文选集[C]. 北京:科学出版社, 2007.

[12] 李国豪. 工程结构抗爆动力学[M]. 上海:上海科学技术出版社, 1989.

[13] 清华大学. 地下防护结构[M]. 北京:中国建筑工业出版社, 1982.

[14] BAKER. Explosion hazards and evaluation[M]. New York: Elsevier Scientific Publishing Company, Second Impression, 1986.

[15] United States. Fundamentals of protective design for conventional weapons[S]. Washington D C: US Department of Army, Manual TM5-855-1, 1986.

[16] 卢芳云, 蒋海邦. 武器战斗部投射与毁伤[M]. 北京:科学出版社, 2019.

[17] 王新建. 爆破空气冲击波及其预防[J]. 中国人民公安大学学报(自然科学版), 2003, 9(4):41-43.

[18] 庞伟宾, 何翔, 李茂生. 空气冲击波在坑道内走时规律的实验研究[J]. 爆炸与冲击, 2003(06):93-96.

[19] 张奇, 覃彬, 孙庆云, 等. 战斗部壳体厚度对爆炸空气冲击波的影响[J]. 弹道学报, 2008(02):21-23,27.

[20] PENNETIER O, WILLIAM-LOUIS M, LANGLET, et al. Numerical and reduced-scale experimental investigation of blast wave shape in underground transportation infrastructure[J]. Process Safety and Environmental Protection, 2015, 94:96-104.

[21] CHOCK J M K. Review of methods for calculating pressure profiles of explosive air

blast and its sample application[D]. Virginia: Virginia Polytechnic Institute and State University, 1999.

[22] WADLEY H N G, DHARMASENA K P, HE M Y, et al. An active concept for limiting injuries caused by air blasts [J]. International Journal of Impact Engineering, 2010, 37(3): 317-323.

[23] 陈龙珠，吴世明，曾国熙. 弹性波在饱和土层中的传播[J]. 力学学报，1987，19(3)：276-283.

[24] 赵成刚，杜修力，崔杰. 固体、流体多相孔隙介质中的波动理论及其数值模拟的进展[J]. 力学进展，1998(01)：83-92.

[25] 王明洋，钱七虎. 爆炸波作用下准饱和土的动力模型研究[J]. 岩土工程学报，1995，06(6)：103-110.

[26] 陆建飞，王建华. 饱和土中的任意形状孔洞对弹性波的散射[J]. 力学学报，2002，11(6)：904-913.

[27] 范俊余，方秦，柳锦春. 炸药地面爆炸条件下土中浅埋结构上荷载的作用特点[J]. 解放军理工大学学报：自然科学版，2008(6)：676-680.

[28] BIOT, M A. Theory of propagation of elastic waves in a fluid-saturated porous solid higher frequency range[J]. The Journal of the Acoustical Society of America, 1956, 03(2): 179.

[29] 陈宗平，薛建阳，刘义. 混凝土结构设计原理[M]. 北京：中国电力出版社，2010.

[30] 沈蒲生，梁兴文. 混凝土结构设计原理[M]. 4 版. 北京：高等教育出版社，2011.

[31] 宦祥林. 考虑行波荷载影响的地下防护结构的动力分析[J]. 爆炸与冲击，1986，6(4)：358-367.

[32] 刘晶波，杜义欣，闫秋实. 地下箱形结构在爆炸冲击荷载作用下的动力反应分析[J]. 解放军理工大学学报(自然科学版)，2007(05)：520-524.

[33] 刘殿书，冯明德，王代华. 复合防护结构的动力响应及破坏规律研究[J]. 中国矿业大学学报，2007(03)：63-66.

[34] 陈震元，钱七虎. 核爆炸冲击波作用下土中浅埋刚性结构动力反应分析[J]. 爆炸与冲击，1985(02)：26-35.

[35] 柳锦春，方秦，龚自明，等. 爆炸荷载作用下钢筋混凝土梁的动力响应及破坏形态分析[J]. 爆炸与冲击，2003(01)：25-30.

[36] 熊建国，高伟建. 土中箱形结构动力反应分析[J]. 爆炸与冲击，1981(01)：49-57.

[37] 方秦，陈力，张亚栋，等. 爆炸荷载作用下钢筋混凝土结构的动态响应与破坏模式的数值分析[J]. 工程力学，2007，24(z2)：135-144.

[38] 李秀地，郑颖人，徐干成. 爆炸荷载作用下地下结构的局部层裂分析[J]. 地下空间与工程学报，2005(06)：853-855，877.

名词索引

B

饱和土 5.4
爆炸相似律 4.6
本构模型 5.3

C

层裂 5.2
长径比 2.1
超压 1.2
冲击波 1.2
穿甲弹 2.3

D

弹坑 1.3
当量 1.3
等效单自由度体系 1.5
等效荷载 4.5
等效静载法 1.5
等效质量 7.3
地冲击 1.3
动荷载 1.3
动力提高系数 6.2
动力响应 4.5

F

反射系数 4.7
防护工程 1.1
防护门 1.1
非饱和土 5.4

G

刚塑性 6.3
钢筋混凝土 1.3
隔震 2.3

H

核辐射 1.3
核聚变 2.2
核裂变 2.2
核武器 1.1

J

集束炸弹 2.1
极限承载力 6.3
剪切破坏 3.1

K

抗力 1.1
抗力等级 1.2
可靠度 1.5
坑道工事 1.3
空气冲击波 1.2
口部 1.3

L

链式反应 2.2
榴弹 1.2
漏斗坑 3.1

M

马赫反射 4.5
密闭门 1.1

P

配筋率 1.5

破甲 2.1

Q

砌体 6.2
强度准则 3.4
侵彻 1.1
屈服面 6.2

R

燃烧 2.1
绕射 4.5
热辐射 1.6
人防工程 1.1

S

射弹 1.2
射流 2.1
失效概率 1.5
塑性铰 1.5
损伤 1.2

T

透射波 5.2
土中压缩波 1.3

W

弯曲破坏 3.1

X

纤维混凝土 3.2
斜反射 4.3
斜入射 4.5
卸载波 3.4

Y

延性比 1.6
应变率效应 3.1
应力波 2.3